# 新技术·新媒介·新文化译丛

| 主　　　编 | 唐绪军　程　维　赵剑英 |
| --- | --- |
| 执 行 主 编 | 殷　乐　梁　虹　陈肖静 |
| 编译委员会<br>（以姓氏笔画为序） | 王怡红　陈肖静　赵剑英　唐绪军<br>殷　乐　梁　虹　程　维 |

新技术·新媒介·新文化译丛

[德] 彼得·沃德勒 等著  殷乐 高慧敏 译

# 永久在线 永久连接
## POPC世界中的生存与交流

Permanently Online
Permanently Connected

Living and Communicating in a POPC World

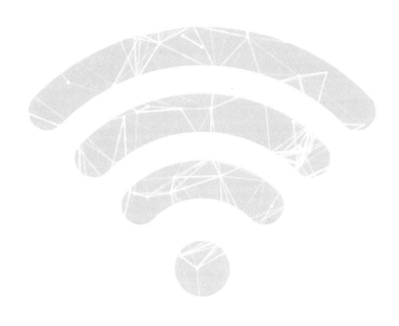

中国社会科学出版社

图字：01-2018-5582号

**图书在版编目(CIP)数据**

永久在线　永久连接：POPC 世界中的生存与交流 / (德) 彼得·沃德勒等著；殷乐，高慧敏译. —北京：中国社会科学出版社，2021.11

（三新译丛）

书名原文：Permanently Online, Permanently Connected: Living and Communicating in a POPC World

ISBN 978-7-5203-9045-3

Ⅰ. ①永… Ⅱ. ①彼… ②殷… ③高… Ⅲ. ①移动终端—影响—研究 Ⅳ. ①TN87

中国版本图书馆 CIP 数据核字 (2021) 第 192596 号

| | |
|---|---|
| 出 版 人 | 赵剑英 |
| 责任编辑 | 陈肖静 |
| 责任校对 | 刘　娟 |
| 责任印制 | 戴　宽 |

| | |
|---|---|
| 出　　版 | 中国社会科学出版社 |
| 社　　址 | 北京鼓楼西大街甲 158 号 |
| 邮　　编 | 100720 |
| 网　　址 | http://www.csspw.cn |
| 发 行 部 | 010-84083685 |
| 门 市 部 | 010-84029450 |
| 经　　销 | 新华书店及其他书店 |
| 印　　刷 | 北京明恒达印务有限公司 |
| 装　　订 | 廊坊市广阳区广增装订厂 |
| 版　　次 | 2021 年 11 月第 1 版 |
| 印　　次 | 2021 年 11 月第 1 次印刷 |
| 开　　本 | 710×1000　1/16 |
| 印　　张 | 27 |
| 插　　页 | 2 |
| 字　　数 | 438 千字 |
| 定　　价 | 58.00 元 |

凡购买中国社会科学出版社图书，如有质量问题请与本社营销中心联系调换

电话：010-84083683

版权所有　侵权必究

Permanently Online, Permanently Connected: Living and Communicating in a POPC World 1ˢᵗ Edition / by Peter Vorderer, Dorothée Hefner, Leonard Reinecke, and Christoph Klimmt / ISBN: 978-1-138-24500-6（pbk）; ISBN: 978-1-138-24499-3（hbk）; ISBN: 978-1-315-27647-2（ebk）

Copyright © 2018 by Routledge
Authorized translation from English language edition published by Routledge, part of Taylor & Francis Group LLC; All Rights Reserved.
本书原版由 Taylor & Francis 出版集团旗下 Routledge 出版公司出版，并经其授权翻译出版。版权所有，侵权必究。

China Social Sciences Press is authorized to publish and distribute exclusively the **Chinese**（**Simplified Characters**）language edition. This edition is authorized for sale throughout **Mainland of China**. No part of the publication may be reproduced or distributed by any means, or stored in a database or retrieval system, without the prior written permission of the publisher.
本书中文简体翻译版授权由中国社会科学出版社独家出版并仅限在中国大陆地区销售，未经出版者书面许可，不得以任何方式复制或发行本书的任何部分。

Copies of this book sold without a Taylor & Francis sticker on the cover are unauthorized and illegal.
本书贴有 Taylor & Francis 公司防伪标签，无标签者不得销售。

# "三新"译序

这套"三新译丛"是"文化传播前沿研究与翻译实践平台"的合作成果。

"文化传播前沿研究与翻译实践平台"是由中国社会科学院新闻与传播研究所、北京第二外国语学院和中国社会科学出版社三家于2016年1月宣布成立的。合作三方认为，当今全球语境下的传播和文化正在发生着剧烈而深刻的变化，这种变化不仅正在改变相关产业的技术、受众与业态，甚至在一定程度上颠覆了之前在文化与传播研究上的知识积累和理论建树。因此，亟待各方智慧的凝聚，以应对乃至引领这一变革。合作共建这一"平台"，即为科研机构、高等院校以及出版单位联手意欲有所作为的一次尝试和创新。光阴荏苒，两年很快就过去了。这个"平台"尝试和创新的合作成果之一，就是这套冠名为"三新译丛"的译著。

何谓"三新"？对曰：新技术、新媒介、新文化。新技术指的是信息传播技术：互联网、移动互联网、物联网、量子通讯……，所有这些新技术正在重构着既有的传播格局，给我们已有的认知带来了巨大的冲击，比如：什么是新闻？记者还要不要了？新闻业将何去何从？这些疑问来自于新技术所催生的新的传播媒介：微博、微信、脸书、推特……，是谓新媒介。基于这些层出不穷、花样不断翻新的新媒介，"公民记者"蜂拥而起，"后真相"取代了真相，"王者荣耀"大行其道……，它们形塑着我们还不熟悉的新文化。毫无疑问，人类今天正处在一个全新时代的开端。比之于印刷术的发明、无线电的应用所开启的过去的那些时代，这个新时代更加激动人心，更加扑朔迷离，也更让我们感觉疑惑。尽管我们还不知道该怎样命名这样的一个新时代，互联网时代？数字化时代？众媒时代？智能时代？共享时代？公共传播时代？但我们确知，这个新时代一定会有一套迥异于现有的新知识、新理念、新规则。

那么，这套新知识、新理念、新规则会是什么样的呢？这就需要研究，需要探讨，需要从研究历史的过往中去发现规律性，需要从探讨当下的实践中去归纳普遍性，需要对技术的价值和意义进行不断的追问。习近平总书记2016年5月17日《在哲学社会科学工作座谈会上的讲话》中指出："人类社会每一次重大跃进，人类文明每一次重大发展，都离不开哲学社会科学的知识变革和思想先导。""历史表明，社会大变革的时代，一定是哲学社会科学大发展的时代。"诚如斯言。当技术突飞猛进，渗透进我们生活的各个领域，给我们带来惊喜、带来恐惧、带来疑虑时，正是需要哲学社会科学给予解释、给予说明、给予澄清之际。技术是人发明和创造的，是为人服务的，人类不能被技术左右，而必须左右技术。

网络传播开创了人类相互沟通、交流、传递信息的新方式。然而，网络绝不仅仅是人类发明的一项新技术，网络传播也绝不仅仅是由于运用一项新技术而改变了传播的方式和传播的形态。新技术催生了新媒介，新媒介形塑了新文化，新文化影响着人们的思想和行为，从而改变着这个世界。在数字化技术将全球一"网"打尽、网络空间建构起虚拟世界的今天，我们尤其应该对网络传播的价值和意义进行追问，从而在追问中产生新知识，形成新理念，确立新规则。

面对复杂的、互相连通的世界，以及不确定的人类未来，各国的哲学社会科学工作者以极大的热情和锲而不舍的精神，从不同的角度持续不断地对新技术的价值和意义进行追问，给出了各种各样的解释和答案，其中不乏真知灼见。了解这些真知灼见有助于我们开拓视野，洞悉未来。习近平总书记《在哲学社会科学工作座谈会上的讲话》中还说过："要坚持古为今用、洋为中用，融通各种资源，不断推进知识创新、理论创新、方法创新。我们要坚持不忘本来、吸收外来、面向未来，既向内看、深入研究关系国计民生的重大课题，又向外看、积极探索关系人类前途命运的重大问题；既向前看、准确判断中国特色社会主义发展趋势，又向后看、善于继承和弘扬中华优秀传统文化精华。"我们这套译丛的志趣就在于"不忘本来，吸收外来，面向未来"。因此，介绍国外与新技术、新媒介、新文化相关的新知识、新理念、新规则就成为"三新"的第二重含义。

"三新"的第三重含义是"苟日新，日日新，又日新"。这是"文化传播前沿研究与翻译实践平台"举行成立仪式那天，我所资深研究员王怡红女士发言中引用的一句古语，典出《礼记·大学》。意思是说："如果能够一天新，就应保持天天新，新了还要新。"我们关注的是新技术、新媒介、新文化，意在介绍国外与此"三新"相关的新知识、新理念、新规则，我们本身也就必须要以新的合作模式，新的协同方式，新的工作形式来对待我们所面临的"新"。

首先是科研机构、高等院校和出版单位的连手合作国内还不多见，是谓新。我们所是从事新闻与传播研究的国家级专业机构，掌握国内外新闻与传播研究的最新动态；北京第二外国语学院是培养外语人才的高等院校，拥有一大批精通各种外国语言的老师和研究生，与国外学术界也有着广泛的联系；中国社会科学出版社是国内一流的哲学社会科学综合出版社，与全球各大国际出版集团建立了紧密的版权关系。这样的合作模式可以优势互补，有助于以较快的速度把国外最新的学术成果译介到国内来。

其次是在译者和校者的协同上，我们采取了语言专家和学术专家相结合的方式，语言专家重点解决语言顺畅的问题，学术专家重点解决专业靠谱的问题，这也是一种新的尝试。翻译不易，高质量的翻译尤难，但凡经历者均有体会。老一代翻译家严复先生在其《天演论·译例言》中就曾大倒苦水："译事三难，信、达、雅。求其信，已大难矣！顾信矣不达，虽译犹不译也，则达尚焉。"要把一种语言的著作，尤其是学术著作，"信达雅"地翻译成另一种语言，没有点真本事是万万不成的。我们采取语言专家与学术专家协同翻译的做法，就是为了相互取长补短，以保证这套译丛尽可能地做到"信达雅"。

再次是在培养新人上。每本译著我们都建议老师带着其指导的研究生做一些工作，最好让学生试译或者试校其中一两章。这有两方面的考虑。其一，老师们基本上人届中年了，对一些网络流行语或非主流的亚文化可能并不如网络原生代的年轻人那么熟悉，长幼搭配可以相得益彰。其二，让学生们参与进来，也是在实际操作中培养他们的专业能力，以便使他们尽快成长。文化是需要传承的，我们的"平台"也需要不断补充新鲜血液。一代又一代学术新人的涌现，才能保证"日日新，又日新"。

# "三新"译序

综上所述，本着"不忘本来，吸收外来，面向未来"志趣，以"苟日新，日日新，又日新"的创新精神，关注新技术、新媒介、新文化的发展动态，介绍与此"三新"相关的新知识、新理念、新规则是本译丛的最大特点。我们希望，我们的这种努力庶几能给同道带来些许助益。

是为序。

中国社会科学院新闻与传播研究所所长、研究员　唐绪军

# 编者简介

亚龙·希伯来（Yaron Ariel），以色列马克斯·斯特恩耶斯列山谷学院（Max Stern Yezreel Valley College, Israel）传播学系教师。他的研究方向为新媒体、交互性（interactivity）和计算机中介传播（computer-mediated communication），从"以用户为中心"的视角研究移动媒体和社交媒体。他曾编撰《牛津大学网络心理学与网络空间心理维度手册》（*Oxford Handbook of Internet Psychology* and *Psychological Aspects of Cyberspace*），同时还在《信息技术与信息学》（*Telematics and Informatics*）《战争与冲突》（*War and Conflict*）及《大西洋传播学期刊》（*Atlantic Journal of Communication*）等期刊上发表文章。

鲁斯·阿维达（Ruth Avidar），以色列马克斯·斯特恩耶斯列山谷学院传播学系教师。她的研究方向为网络公共关系、社交媒体、营销传播、计算机中介传播和新技术，曾多次在专业期刊上发表文章。她曾在以色列议会工作两年，其间担任政策顾问，近10年来还担任多家以色列商业公司和非营利机构的发言人。

伊娃·鲍曼（Eva Baumann），德国汉诺威音乐、戏剧与媒体学院（Hanover University of Music, Drama and Media）传播学教授，汉诺威健康传播中心负责人（Hanover Center for Health Communication）。她的研究方向为健康与风险传播战略、健康信息查询、电子健康以及健康相关态度与行为的社会环境因素。目前，鲍曼任德国传播学会（German Communication Association）副主席。

马蒂亚斯·布兰德（Matthias Brand），德国杜伊斯堡—埃森大学（University of Duisburg-Essen）普通心理学教授，德国埃森市埃文·哈恩核磁共振成像研究所（Erwin Hahn Institute for Magnetic Resonance Imaging）所长。他的研究方向为行为成瘾，包括网络成瘾以及人类决策过程。布兰德是杜伊斯堡大学行为成瘾研究中心（Center for Behavioral Addiction Research）的创始人和负责人。

阿吉巴·A. 科恩（Akiba A. Cohen），以色列特拉维夫大学（Tel Aviv University）传播学教授（名誉教授），国际传播学会（International Communication Association）成员，还曾担任该学会主席。他的主要研究方向为新闻比较研究、图标图像以及移动传播。他曾合著《奇迹之地的神奇手机：以色列移动电话》（*The Wonder in the Land of Miracles: Mobile Telephony in Israel*）（with Dafna Lemish and Amit Schejter, Hampton Press, 2008）。

乔纳森·柯恩（Jonathan Cohen），以色列海法大学（University of Haifa）传播系副教授，他的研究方向及教授课程内容涉及叙事性说服、媒介特征与受众的关系以及媒介影响认知。近期在《传播学刊》（*Journal of Communication*）、《媒体心理学》（*Media Psychology*）、《传播研究》（*Communication Research*）及其他杂志上发表上述主题相关的论文。

普拉布·戴维德（Prabu David），美国密歇根州立大学（Michigan State University）传播学教授，研究方向为移动手机使用、多任务处理、移动媒体的健康影响以及移动媒体对儿童的影响。

杜杰（Jie Du），阿姆斯特丹自由大学（Vrije Universiteit Amsterdam）传播科学系博士研究生，研究方向为自我控制与社交媒体使用。

戴维德·埃沃德森（David R. Ewoldsen），美国密歇根州立大学媒体与信息系教授，研究方向为媒体心理学，涉及刻板印象、合作视频游戏、理解过程及青少年风险行为等方面的内容。目前，他担任《国际传播学会年报》（*Annals of the International Communication Association*）编辑，还曾担任期刊《媒体心理学》（1997—2007）和《传播学方法与技巧》（*Communication Methods and Measures*）（2006—2010）编辑。

蒂洛·哈特曼（Tilo Hartmann），阿姆斯特丹自由大学传播科学系副教授，研究方向为媒介使用与效应的心理机制。他编写书籍《媒体选择：理论与实践概论》（*Media Choice: A Theoretical and Empirical Overview*），还是《传播学刊》《人类传播研究》和《媒体心理学》的编辑委员会成员。

多萝茜·赫夫纳（Dorothee Hefner），德国汉诺威音乐、戏剧与媒体学院助理研究员，研究方向为（永久性）手机使用与数字化连接的关系及其对人际沟通、政治信息和个人幸福感的影响。

R. 兰斯·霍尔伯特（R. Lance Holbert），美国天普大学（Temple University，位于美国东岸宾夕法尼亚州的费城）媒体与传播学院战略传播系主任、教授，研究方向为政治传播、娱乐媒体及劝服。

本杰明·K. 约翰逊（Benjamin K. Johnson），荷兰阿姆斯特丹自由大学传播科学系副教授，其研究方向为新媒体环境下的选择性接触，尤其与印象管理、社交对比和自我调节过程相关的媒介选择方式。其出版物内容主要探讨政治新闻、健康新闻、科学新闻、社交媒体、电子商务以及娱乐叙事背景下的媒介选择、处理及其影响。

艾米·B. 乔丹（Amy B. Jordan），美国宾夕法尼亚大学（University of Pennsylvania）安娜伯格传播学院负责本科阶段学习的副院长。她曾任国际传播学会会长（2015—2016）、《儿童与媒体杂志》（*Journal of Children and Media*）联合主编，编著了五本关于媒体与儿童及青少年幸福感的书籍。她的研究得到美国疾病预防与控制中心（Centers for Disease Control and Prevention）、美国国立卫生研究院（National Institutes of Health）及罗伯特·伍德·约翰逊基金会（Robert Wood Johnson Foundation）的资助。她在《经济学人》《纽约时报》、CNN 以及国家公共广播电台以及众多育儿杂志都开设专栏。

克里斯托弗·克利姆特（Christoph Klimmt），德国汉诺威音乐、戏剧与媒体学院传播学教授。他的主要研究方向为媒体娱乐，尤其是视频游戏，此外，他还对新闻、广告、风险、健康以及科学传播中媒介效应的研究感兴趣。目前，克利姆特担任《媒体心理学》期刊副主编。

卡琳·克诺普（Karin Knop），德国曼海姆大学（University of Mannheim）媒体与传播研究院助理研究员，目前研究方向为手机使用的机遇与风险与新媒介素养。

凯瑟琳·克诺普－霍尔斯（Katharina Knop-Huelss），德国汉诺威音乐、戏剧与媒体学院初级研究员、博士研究生。她的研究方向为永久在线和永久连接背景下媒介使用及其对社会群体的影响，以及聚焦于道德、信息处理和学习成果的娱乐研究。

里奇·林（Rich Ling），新加坡南洋理工大学（Nanyang Technological University）肖恩基金会（Shaw Foundation）教授，与挪威电信研究院（Telenor Research）有密切合作，同时在美国密歇根大学兼任职位。

## 编者简介

他曾编写《移动连接》（*The Mobile Connection*）（Morgan Kaufmann, 2004）、《新技术，新关系》（*New Tech, New Ties*）（MIT, 2008）以及《习以为常》（*Taken for Grantedness*）（MIT, 2012）。他还是《移动媒介与传播》期刊以及牛津大学出版社移动传播丛书的创始联合主编。

布莱恩·D. 洛德（Brian D. Loader），英国约克大学（University of York）政治社会学家，其学术兴趣为数字媒介世界中的权力社会关系，包括社交媒体和公民参与。具体而言，他的研究方向为青年公民、公民参与和社交媒体；社会运动与数字化民主；社区信息学；数字鸿沟。他还担任国际期刊《信息、传播与社会》的主编。他近期编辑的书籍包括：《数字时代的青年公民》（*Young Citizens in the Digital Age*）（Routledge, 2007）、《社交媒体与民主》（*Social Media and Democracy*）（Routledge, 2012）、《网络年轻公民：社会媒体、政治参与与公民参与》（*Social Media and Democracy*）（edited with Ariadne Vromen, Routledge, 2014）。

维尔德·马尔卡（Vered Malka），以色列马克斯·斯特恩耶斯列山谷学院传播学系教师，其专业领域为政治传播、新媒体时代的新闻业以及新媒体在当代社会中的角色。近期她主要研究作为新闻传播新工具的智能手机与推特。她多次在《媒体、战争与冲突》（*Media, War, and Conflict*）《霍华德传播学期刊》（*Howard Journal of Communications*）《公共关系评论》（*Public Relations Review*）等刊物上发表文章。

尤塔·马塔（Jutta Mata），德国曼海姆大学健康心理学教授。在此之前，曾在致力于人类发展的德国马克斯·普朗克研究所（Max Planck Institute）、美国斯坦福大学（Stanford University）、葡萄牙里斯本理工大学（Technical University of Lisbon）、瑞士巴塞尔大学（University of Basel）任职。她的研究方向为长期健康行为改变的决定因素以及健康新闻对幸福感的影响，她尤其对个人、心理因素如何与环境特征（包括网络、社会、信息或建筑环境）相互作用来决定健康及健康行为感兴趣。

玛丽·贝丝·奥利弗（Mary Beth Oliver），美国宾尼法利亚大学传播学特聘教授及媒体效果实验室联合主任，其研究方向为娱乐心理以及社会认知与媒介。她特别感兴趣的是媒体如何被用于社会公益目的（如意义、连接性和幸福感）。

蒂洛·冯·帕珀（Thilo von Pape），德国霍恩海姆大学（Hohenheim University）博士后研究员，其研究兴趣为媒介使用、网络传播、移动传播以及媒体创新。他还是《移动媒体与传播》（*Mobile Media and Communication*）期刊的联合创办者与主编。

亚娜·彭泽尔（Jana Penzel）曾就读于德国曼海姆大学，致力于媒体与传播研究。她的研究方向为社交网站及移动通信应用程序用户的隐私及自我表露的方方面面，以及自我追踪应用程序与可穿戴设备的使用与效果。她现在是一家德国时装公司的网络销售人员。

萨宾娜·莱奇（Sabine Reich），德国汉诺威音乐、戏剧与媒体学院助理研究员。她的研究方向为娱乐媒体的使用及效果，网络传播和音乐。她感兴趣的是媒体在社会认同研究、获得幸福感、倡导亲社会（如健康）和反歧视信息（如性别、种族主义）等方面的作用。

伦纳德·莱纳克（Leonard Reinecke），德国美因茨约翰内斯·古腾堡大学（Johannes Gutenberg University Mainz）传播学系助理教授，研究方向为媒介使用与效果、媒体娱乐及网络传播。他对媒体使用与幸福感相关的各个方面进行了研究，包括媒体驱动的压力缓解，以及媒体使用和自我控制的交互作用。

戴安娜·里格尔（Diana Rieger），德国曼海姆大学媒体与传播研究所博士后研究员。她主要专注于媒体效果与媒体心理学的交叉研究，具体内容为大众传播（电影与电脑游戏）、网络宣传（右翼极端分子和伊斯兰极端分子）及人际传播（智能手机）中媒体对幸福感相关结果与应对方式的影响。

艾克·马克·里克（Eike Mark Rinke），德国曼海姆大学欧洲社会研究中心助理研究员。他的研究侧重于政治传播和媒体效应，并从国际和个人以及规范的角度来进行探讨和研究。

尼古拉斯·罗宾逊（Nicholas Robinson），美国天普大学（位于美国东岸宾夕法尼亚州的费城）博士研究生。他的研究主要侧重于不断演进的媒介技术与政治运动（包括抗议组织和反建制政党）与候选人之间的关系。

弗兰克·M. 施耐德（Frank M. Schneider），德国曼海姆大学媒体与传播研究所博士后研究员。他的研究方向为传播过程与效果，重点关注网络传播、娱乐研究以及政治传播，此外还追踪传播学方法论前沿发展动态。

迈克尔·D. 斯莱特（Michael D. Slater），美国俄亥俄州立大学（Ohio

## 编者简介

State University）传播学院社会与新闻学特聘教授。他的研究方向为叙事处理及影响的理论建构以及媒介使用和身份建构及维护的动态过程的理论构建。他已经围绕利用媒介传播来影响健康态度和行为开展了一个广泛的研究项目。

萨宾娜·桑纳塔格（Sabine Sonnentag），德国曼海姆大学工作与组织心理学教授，她的研究主要解决员工如何在实现高工作绩效的同时保持身心健康这一问题，具体研究内容为摆脱工作压力、积极的工作行为以及工作中的自我调节（主要与个人幸福感相关）。近期，她对员工在工作中永久在线并与他人永久连接的经历感兴趣。

萨宾娜·特莱皮特（Sabine Trepte），德国霍恩海姆大学媒体心理学教授，研究方向为心理学视角下的网络接触与隐私。

索尼娅·乌茨（Sonja Utz），德国图宾根大学（University of Tubingen）社交媒体传播学教授，图宾根莱布尼兹学院（Leibniz-Institut für Wissensmedien in Tübingen）社交媒体研究实验室负责人。目前，她的研究方向为社交媒体使用在人际关系和专业领域的情感和信息优势。她还是德国心理学会（German Psychological Society）媒体心理学部门副主席。

吉多·M. 范柯宁斯布昌根（Guido M. van Koningsbruggen），荷兰阿姆斯特丹自由大学传播学系助理教授。除了研究媒体使用中的自我调节之外，他还研究健康传播的媒体效应以及健康行为中的自我调节等问题。

彼得·沃德勒（Peter Vorderer），德国曼海姆大学媒体与传播学研究教授。曾经在加拿大多伦多大学（University of Toronto），德国汉诺威音乐、戏剧与媒体学院，美国南加州大学（University of Southern California）以及荷兰阿姆斯特丹自由大学就职。2014年至2015年担任国际传播学会主席。他的研究方向为媒介使用与媒介效果，尤其关注娱乐研究和新媒体以及移动终端的永久性连接如何改变个人和社会。

阿丽雅德妮·弗洛蒙（Ariadne Vromen），澳大利亚悉尼大学（University of Sydney）政府与国际关系学院政治社会学教授。她的研究方向为政治参与、社会运动、倡导组织、数字化政治及青年与政治。她还就青年政治参与问题开展广泛的研究。近期，她出版的新书为《数字公民和政治参与》（*Digital Citizenship and Political Engagement*），探究网络倡导组织的出现及其影响。

王征（Zheng Wang，音译），美国俄亥俄州立大学（Ohio State University）传播学院认知与脑科学中心传播学院副教授，传播与心理生理学研究实验室主任。她的研究方向之一是人们如何处理和使用媒介，尤其对一段时间内媒体选择/使用行为和媒体信息处理之间的动态交互影响感兴趣。她参与撰写著作《计算机与数学心理学牛津手册》（*The Oxford Handbook of Computational and Mathematical Psychology*）（2015）。

卡利娜·温曼（Carina Weinmann），德国曼海姆大学媒体与传播研究所博士研究生、研究助理。她的主要研究方向为政治传播和娱乐研究，尤其关注这两个领域之间的联系。2007年至2013年，她在曼海姆大学学习媒体与传播、德语及心理学。

哈特穆特·韦斯勒（Hartmut Wessler），德国曼海姆大学媒体与传播学教授、曼海姆欧洲社会研究中心（MZES）成员。曾在德国柏林自由大学和不来梅雅各布大学任职。他主要研究政治传播和跨国传播的交互作用，特别关注如何通过大众媒体和网络媒体讨论全球问题的文化差异。

朱莉娅·R. 温克勒（Julia R. Winkler），德国曼海姆大学媒体与传播研究所助理研究员。她的研究方向为各种媒体环境下的群体准则、表述与认知，以及媒体娱乐及其对心理健康、自我认知和亲社会效应的影响。

凯尔西·伍兹（Kelsey Woods），美国俄亥俄州立大学博士研究生、研究生助理研究员。她的研究方向为媒介多任务运行中信息的处理方式，尤其是与叙事参与度（narrative engagement）与劝服、健康传播、青少年/青年媒体使用相关的内容。

迈克尔·A. 瑟诺斯（Michael A. Xenos），美国威斯康辛大学麦迪逊分校（University of Wisconsin-Madison）传播艺术系主任、传播艺术合作伙伴教授（Communication Arts Partners Professor），泰勒—弗朗西斯出版社发行的《信息技术与政治》（*Journal of Information Technology & Politics*）期刊主编。他的研究方向为个人、政治候选人、记者及其他政治人物如何适应信息和传播技术的变化，以及如何更广泛地影响政治传播和公众思考。

徐珊（Shan Xu，音译），美国俄亥俄州立大学传播学院博士研究生，研究方向为媒介技术、媒介处理方式以及媒介效果，尤其关注媒介效果对幸福感以及健康传播的影响。

# 目 录

## 第一部分 引言

第一章　永久在线，永久连接（POPC）：一种传播学研究的
　　　　新范式？ ………………………………………………………（3）
第二章　个人定位技术发展简史：移动通信在永久
　　　　连接中的作用 …………………………………………………（12）
第三章　永久在线与永久连接思维方式：移动互联网使用的
　　　　认知结构建构 …………………………………………………（24）
第四章　POPC 传播研究方法面临的挑战 ……………………………（39）

## 第二部分　POPC 与决策：选择、处理及多任务处理

第五章　智能手机应用程序重新定义"使用与满足"理论：
　　　　以 WhatsApp 为例 ……………………………………………（59）
第六章　一直在线？冲动对媒介接触影响之阐释 ……………………（73）
第七章　在线访问的永久性与网络成瘾 ………………………………（89）
第八章　多任务处理：这一切是否真实存在？ ………………………（105）
第九章　永久在线与永久连接生态系统中多任务处理与活动
　　　　切换的线程认知方法 …………………………………………（123）

## 第三部分　POPC 的社会动态：自我、群体及关系

第十章　活在当下：永久连接媒体用户的自我叙事 …………………（141）
第十一章　拥抱 POPC 时也应安不忘危：意义与
　　　　　隐私的计算 …………………………………………………（155）

# 目 录

第十二章　永久在线与永久连接环境下的叙事体验：多任务处理、自我延伸及娱乐效果 ……………………（169）

第十三章　共同处于POPC状态：永久连接与群体动态 …………（189）

第十四章　POPC与社交关系 ……………………………………（206）

第十五章　论在线监督和性短信：永久连接和亲密关系 …………（221）

## 第四部分　POPC环境中的社会化：成长、技能习得及文化影响

第十六章　伴随网络成长：媒介使用与青春期早期发展 …………（245）

第十七章　用心相连：应对POPC世界中青少年面临的挑战 ……（264）

第十八章　全球永久连接：POPC中的跨文化差异与跨文化交流 …………………………………………（283）

## 第五部分　POPC公民：政治和参与

第十九章　POPC公民：第四政治传播时代的政治信息 …………（299）

第二十章　作为POPC公民的网络化年轻公民 ……………………（312）

第二十一章　永久性娱乐与政治行为 ………………………………（329）

## 第六部分　美丽新世界：网络化生活与幸福感

第二十二章　POPC与幸福感：风险—收益分析 …………………（349）

第二十三章　工作中的永久在线与永久连接：一种需求—资源视角 …………………………………………（366）

第二十四章　剂量决定毒性：健康相关POPC的理论思考与挑战 …………………………………………（383）

索引 ………………………………………………………………（399）

致谢 ………………………………………………………………（412）

# 第一部分

# 引　言

# 第一章

## 永久在线，永久连接(POPC)：一种传播学研究的新范式？

彼得·沃德勒、多萝茜·赫夫纳、伦纳德·莱纳克、
克里斯托弗·克利姆特
(Peter Vorderer, Dorothee Hefner, Leonard Reinecke and Christoph Klimmt)

在教室里与学生交谈，在餐厅与朋友约会，与同事一起组队工作，和孩子讨论某一天的日程安排，甚至与恋人亲密接触，无论这种人际传播的特定情景如何形成，都会出现这样一种现象：你的交谈对象的注意力会在你和他/她的移动设备之间游离，他们会同时和你以及智能手机另一端的某个人进行人际交流，或者，另有可能的是，他/她正在浏览新闻网站、微博、电子杂志、电视、视频或电影。换言之，这个人在参与在线讨论或大众传播的同时也能与你面对面交流。

直到最近，传播学者已经系统地区分了大众传播和人际传播（后者为面对面或借助于媒介），但由于不同传播形态趋于融合，这一分类也走向模糊。常见的一个现象是，我们和同伴交往、完成工作或参与某项活动的同时，一部分注意力也分配给了智能手机、可穿戴设备或其他网络设备屏幕上显示的信息。即便我们在离线环境中与真实存在的人进行社会交往或参与某项工作，我们仍能同时从互联网上检索信息（保持永久在线［PO］），仍然可以通过任何网络传播形式（保持永久连接［PC］）与他人保持联系。

这种形式的"永久在线永久连接"（POPC）行为当然也需要一定的POPC思维方式。我们认为，POPC思维方式或多或少是围绕数字传播内容形成的，具体内容呈现形式为：与朋友和同伴的互动、社交网站

的新帖、通过新闻获取的公开信息、网络游戏中玩家的新决策和新任务。POPC 思维方式是指（1）人们与智能手机及其传播生态的密切关系并赋予人们永久访问权；（2）个人与他人永久连接的相关传播预期，这些预期在用户如何处理事情、解决问题、控制情绪、与人交往、做出决策及很多其他行为和社会生活中的重要领域中扮演关键角色（详情参见 Klimmt、Hefner、Reinecke、Rieger 及 Vorderer 的第三章）。

## 本书概览

数字化传播与永久连接似乎成为当代社会的"新常态"。这貌似已经成为一种默认模式，而一旦想要逃离这种数字化的传播生态，就需要给同伴、朋友及同事一个合理的解释。我们认为"离线世界"转向"在线世界"产生了颠覆式的变革，影响了人们的思维方式、情感认知方式以及行为模式。从历史角度来看，人们可能会将这种永久传播机会的到来与早期新基础设施的出现作比较并认为，与 19 世纪晚期至 20 世纪早期电网的安装以及汽车、城市街道和长途公路带来的大规模流动一样，"永久在线与永久连接"也将对个人和社会进程的发展产生类似的影响。传播的新永久性特征对个人用户、二元关系、社会群体及整个社会和文化都产生重大影响。如果可能的话，本书旨在描述和阐释移动在线传播过程中新出现的永久性机会的多元化表现、影响及结果。我们主要关注 POPC 模式下的个人发展及影响，并深知该模式也将会对经济价值的生产或者公众舆论的形成等宏观发展过程产生深远影响。

本书用六个部分来阐述 POPC 的多元化表现及影响。接下来为开篇章节，"引言"部分立足历史视角（参见 Ling 编写的第二章）和理论视角（参见 Klimmt、Hefner、Reinecke、Rieger 及 Vorderer 编写的第三章）来解释 POPC 现象，并讨论 POPC 在传播学研究中（参见 Schneider、Reich 及 Reinecke 编写的第四章）面临的方法论挑战。

第二部分为"POPC 与决策：选择、处理及多任务处理"，阐述永久数字化传播中信息选择和决策相关的观点。该部分的第一章也就是本书的第五章是由马尔卡（Malka）、希伯来（Ariel）、阿维达（Avidar）及科恩（Cohen）三位作者合写，通过分析"WhatsApp"应用程序在危机时期的使用情况，以揭示"使用与满足"理论与 POPC 环境的相关性。之后进一步讨论当今的富媒体环境（media-rich environment）如何成为冲动型媒介使用行为的强大诱因，这些行为可能违背一些目标和责任（参见 van Koningsbruggen、Hartmann 及 Du 编写的第六章）；在线传播的永久性特征对其发展产生怎样的影响，此外还讨论如何预防和应对病理性互联网使用行为（参见 Klimmt 与 Brand 编写的第七章）。考虑到 POPC 环境现状，该部分最后章节评论和探讨了该环境中日趋重要的一个现象，即多任务处理和任务切换现象（见 Xu 与 Wang 编写的第八章以及 David 编写的第九章）。

第三部分为"POPC 中的社会动态：自我、群体与关系"，阐述 POPC 在社会和个人相关发展语境中的影响。本部分前三章讲述 POPC 世界中的自我发展过程，如自我叙述的新形式及其对幸福感的影响（参见 von Pape 编写的第十章），在 POPC 世界中体验感的满足与隐私保护存在潜在冲突（参见 Trepte 与 Oliver 编写的第十一章），以及 POPC 模式如何影响叙事参与（narrative engagement）（参见 Woods、Slater、Cohen、Johnson 及 Ewoldsen 编写的第十二章）。后三章内容是关于 POPC 对于社会关系的影响。作者也阐明了一些问题：POPC 如何影响群体的发展过程及动态（参见 Knop-Huelss、Winkler 及 Penzel 编写的第十三章）？永久连接尤其是永久主体间传播（interstitial communication）对社会关系有何影响（参见 Utz 编写的第十四章）？POPC 状态对亲密关系的建立、维护及结束有何影响（参见 Rieger 编写的第十五章）？

第四部分为"POPC 环境中的社会化：发展、技能习得及文化影响"，探讨了 POPC 条件下影响社会化发展过程的因素。该部分前两章聚焦于青少年的发展阶段。其中，乔丹（Jordan）编写的第十六章阐述了一个问题，即青少年成长于 POPC 世界的网络环境意味着什么？赫夫纳（Hefner）、克诺普（Knop）与克利姆特（Klimmt）编写的第十七章介绍了当今青少年为应对生存于 POPC 环境中所面临的挑战应具备的重要能力的相关概念。第十八章由韦斯勒（Wessler）、科恩（Cohen）、里格尔（Rieger）与沃德勒（Vorderer）编写，讨论了文化对 POPC 行为的影响，以及不同文化背景的人们在永久的跨国 POPC 交流中如何重构文化认同。

第五部分为"POPC 公民：政治和参与"，讨论了政治布局情况，这可能与当今传媒生态及其提供的政治传播和参与机会不无关联。第十九章由赫夫纳（Hefner）、里克（Rinke）及施耐德（Schneider）编写，

## 第一部分 引言

阐述了人们在POPC的多元化选择和强刺激媒体环境中如何接触和处理政治信息。在第二十章中，弗洛蒙（Vromen）、瑟诺斯（Xenos）与洛德（Loader）主要分析了POPC环境中的年轻人及其参与政治的新形式。第二十一章由霍尔伯特（Holbert）、温曼（Weinmann）与罗宾逊（Robinson）编写，聚焦于政治传播与娱乐交汇的领域，讨论了POPC环境为娱乐与政治相结合提供新契机，这对公民产生何种影响。

本书最后一部分为"美丽新世界：网络化生活与幸福感"，探讨了POPC环境赋予人们的权利与义务，以及POPC对健康和生活质量的不同方面的影响。其中，第二十二章由莱纳克（Reinecke）编写，概述了POPC行为及POPC思维模式对人们的心理健康和幸福感的潜在影响。桑纳塔格（Sonnentag）在第二十三章专门探讨当今媒体与传播在工作与个人生活的交融中所扮演的角色，也讨论了POPC在工作中的作用——平衡生活。最后，马塔（Mata）与鲍曼（Bauman）在第二十四章中主要阐述了一个问题，即POPC环境如何与心理健康和健康行为相互影响。

### 公开的问题与未来挑战

本书各章节旨在阐述和分析移动在线传播的表征、意义及影响，这些都与个人及整个社会最为相关。本书所阐述的大多数观点都围绕"永久在线/永久连接"对个人发展的影响，然而这些观点本身对传播学、媒介心理学及其相关领域的研究构成挑战。结合所有章节内容，作者提出结论部分，这为未来的学科建设提供了指导和方向，以后的相关研究可能更倾向于个人或心理学视角。我们还认为POPC现象在其他方面也产生重要影响，即传播学研究的视角和方法将趋于全球化。例如，我们应该仔细思考网络基础设施及人们对这些设施的大规模使用将如何影响整个社会（Castells, 2001）。我们建议制定新的研究程序设计方案，逐步将目前POPC环境下的个人思维和行为的观察结果与群体、组织及社会等各层面的全球化发展建立联系，进而阐明我们的想法，首先我们从个人层面来简明扼要地罗列一些案例。

从个人发展层面来看，我们相信POPC是一种可能对人们的社会现实认知、身份演变以及动机结构和需求、健康行为及追求幸福（Vorderer, 2016）等方面产生深刻影响的现象。一般而言，人们在参与和依赖永久性传播时可能会对网络化的自我有新认知，在解决问题及自我调节时有全新应对之策，对社会交往、恋爱关系以及与组织和社会的关系有新的期许和偏好。同时，他们在追求健康和幸福的过程中也面临新挑战，在幸福感、认知功能及社交资本方面也面临新的威胁与机遇。POPC的生活方式可能对公民、雇员、父母及伙伴等传统角色提出质疑。POPC环境中的人们会对于孤独、与他人的地理距离、旅行、移动性持有不同的观点、态度、期望，也会产生恐惧。此外，POPC生活环境可能会重新赋予生活新的意义和目标，也会刷新个人对伤亡、分离及绝望等负面情绪的体验和表达方式。如果是这样的话——我们相信本卷章节为这种预期提供了很多证据——交流的永久性也将为我们建构、解释及预测关于个人行为、体验、期望、情绪及决策的理论与模型带来挑战。

其中一个久经考验的例证就是，POPC环境对个人构成挑战的同时也在满足他们的需求（Vorderer, 2016; Vorderer, Kromer & Schneider, 2016）。目前定制化应用程序已是大势所趋，在最大化满足人们利益的同时（Sundar, 2015），也强调这样一个事实：尽管媒体用户对其利用个性化定制应用程序交往时的隐私安全心存忧虑，但这类程序已经成为当下流行趋势。因为一个似乎比任何人都更了解自己的系统承诺为人们提供支持、帮助并让其解脱，这听起来显然太诱人了，因此越来越多的用户依赖于这样的支持平台。这可能甚至会赋予应用程序更大的个人决策权，不仅为个人提供"最佳与最相关的信息"，还告知用户，如果不是强制决策，个人在某个时间锻炼身体、吃饭会更健康或者在特定时间约会更合适。纵观传播学科历史，大多数人都希望找一个代理人来管理他们的生活，时至今日，这样的时代已经到来。随着技术的更新迭代，人们决策的速度和频率都较以往更快、更高，因此他们也从长期的决策压力中得到了解放。

从二元关系视角来看，一方面，手机及其应用程序已经突破地理距离的藩篱，为人们轻松持续地保持联络创造了条件。这尤其为伴侣之间保持亲密关系带来了福音，指尖轻轻一点，就能为伴侣带来一种归属感，突破距离的限制，创造出一种新型亲密互动形式，从而增进了伴侣之间的感情（Hassenzahl, Heidecker, Eckoldt, Diefenbach & Hillmann, 2012）。与此同时，我们必须质疑的是，这种新的交流方式能否通过持续互动而非应用程序中经常中断的互动方式来取代"煲电话粥"（可能会变得稀有）。（参阅本书中里 Rieger 与 Utz 各自编写的内容）。

## 第一部分 引言

另一方面，永久性数字化连接也让人们倍感困惑与尴尬：人们需要从亲近的人那里获得社会支持，但这样却又失去了独处的机会，以至于他们无法了解自己的应对能力，也无法体验自我效能感。当然，人们在陌生的环境中却能一直得到伙伴、最好的朋友以及母亲的帮助，这是令人欣慰的事情。在亲子关系中尤其如此，POPC 对于家长与孩子都有很大的诱惑力，它可以让双方都随时处于"待命"状态，这样父母就可以随时确认孩子是否安好，孩子也可以随时向父母寻求建议或支持。然而，青少年也需要学会在没有父母的情况下独自应对挑战，因为父母的长期庇护对于孩子在成长中的独立会产生负面影响（e.g., Schiffrin et al., 2014）。

从中观或群体层面来看，人们在与群体互动时通常以 POPC 特定的方式行事，这一事实也可能伴随着对通用惯例的深刻改变。POPC 看似能增强组织和团队的稳定性和凝聚力，但也可能加剧组织结构、成员、生产力、相互信任及整体社会资本的波动性及更迭速度（参看本书中 Knop-Huelss 等编写的内容）。这些组织总是以虚拟实体的形式出现，并通过技术来确定其"位置"与"总部"，如固定的聊天室或 WhatsApp 渠道，因此组织机构也将变得更加透明，组织内部成员之间的交流更加便捷。群体界限感知（如谁属于这个群体与谁不属于这个群体之间的明显区别，或者一个群体预先确定的任务或共同利益）很可能会失去稳定性并日益变得模糊。例如，出于工作需要而结成的群体可能会逐渐不再那么关注工作相关问题，因为成员之间的永久性沟通还会卷入其他话题、讨论、冲突及贡献（cf. Marwick, 2011）。因此，POPC 现象很可能会改变现有群体及其社会结构和非正式层级结构，因为群体内部成员社会地位和领导地位之间的平衡将会受到新规则和其他声誉途径的影响（如有技巧地自我表现，Kramer & Haferkamp, 2011）。同样，在 POPC 条件下，新社会群体的发展和形成也可能遵循新规律，他们必须应对各种复杂情况。为了与合作伙伴在传播过程中保持永久性合作关系，新组织的出现也就不言而喻。虽然 POPC 环境为每个群体成员在参与传播时提供了机会也规定了义务，但成员之间的可靠承诺和积极贡献等维系团队可持续发展的重要因素却更难以得到保障。同样，从 POPC 对个人影响来看，组织的发展态势受到其成员在 POPC 环境中行为的影响，取决于所涉及个体的自身目标及立场，因此其发展趋势可能更具多元化、不可预测且利弊参半等特点。

最后，从宏观层面来看，通过验证一般分析中的变化假设并进而讨论这些可能存在的变化，这也是件有趣的事情。POPC 趋势似乎与宏观发展的步调一致。其中，一些社会学家将宏观发展概括为颠覆式变革的表征，如生活节奏的全面加速（Rosa，2013）及知识经济的飞速发展使得工人、员工、领导层及企业家的需求和压力都日益增加（最重要的是，增加了未来持续的波动性及不确定性，cf. Sennett，1998，2006）。在社会凝聚力和社会资本方面出现了一个有意思的现象，即 POPC 与两极分化或（甚至极端）多样化的政治与官方观点总是相伴存在。这些发展趋势已经初现端倪，如世界各地许多国家对于极端主义政党的支持，针对民权、社会平等、保护少数民族和公民自由及民主结构支持者的强烈抗议有时候得到令人称奇的良好反响（Rod & Weidmann，2015）。POPC 已经成为许多人的生活常态，因此 POPC 与上述宏观趋势（加速、弹性化及两极化）重构双向关系这会对知识层面带来严峻挑战，同时也为掌握和预测全球变化趋势提供了令人振奋的新契机。对于活动家、立法者、非政府组织等社会变革者而言，POPC 可能成为他们了解社会动态的一种途径，同时也是影响社会动态发展的一种工具。

毫无疑问，"POPC 成为并且将成为激进式和颠覆性变革（几乎是前无古人）的重要因素"这一观点还需要传播学者投入大量精力来进一步研究验证，如采用更加系统和经验性的研究方法来验证。本书已经探讨了目前在线交流的永久性相关的个别研究、概念、术语及理论模型。许多学者从多元化视角着手进行深入研究，给人以启示。我们需要的是将传播和连接中的永久性变成一种共识，使其成为定义该领域研究对象且具有本体论本质的关键因素。传播学学科认同的传统观点主要围绕传播过程中的特定部分（最新或最重要）及媒介图景（如报纸或电视），或者是更加传统的哲学与方法论的应用，如社会学、心理学、政治学、文化研究及媒体与传播（Craig，1999）。传播中的永久性为多向度变革提供了强大动力，传播学者将这一特性融入到相关的、感兴趣的以及相近学科领域的定义中。私人与公共，娱乐与信息，宣传与教育，无论出于何种目的，未来的传播都将是永久性传播。因此传播学领域在颁发奖学金时必须要将永久性考虑在内：我们坚信 POPC 中的个人、群体以及社会将是未来的研究对象。

# 第一部分 引言

如果可以的话，我们希望以一条建议作为结尾：我们建议现在关掉其他所有设备，专心阅读本书各章节内容。我们希望并且坚信读者中断在线模式来认真研读书中各位作者的观点和建议是值得的。技术和人类的发展路径鲜有简单明了的形式，虽然称不上拐弯抹角，但大多都比较复杂且呈现多个维度。即使是在POPC为主的世界中，也会有一些与众不同的行为，而有时候读书可能就成为其中之一。

## 参考文献

Castells, M., *The Internet galaxy: Reflections on the Internet, business, and society*, Oxford: Oxford University Press, 2001.

Craig, R. T., Communication theory as a field, *Communication Theory*, 1999, 9 (2): 119 – 161.

Hassenzahl, M., Heidecker, S., Eckoldt, K., Diefenbach, S. & Hillmann, U., All you need is love: Current strategies of mediating intimate relationships through technology, *ACM Transactions on Computer-Human Interaction*, 2012, 19 (4): 1 – 19. http://doi.org/10.1145/2395131.2395137.

Kramer, N. C. & Haferkamp, N., Online self-presentation: Balancing privacy concerns and impression construction in social networking sites, In S. Trepte & L. Reinecke (Eds.), *Privacy online: Perspectives on privacy and self-disclosure in the social web* (pp. 127 – 141), Heidelberg: Springer, 2011.

Marwick, A. E., I tweet honestly, I tweet passionately: Twitter users, context collapse, and the imagined audience, *New Media & Society*, 2011, 13 (1): 114 – 133.

Rød, E. G. & Weidmann, N. B., Empowering activists or autocrats? The Internet in authoritarian regimes, *Journal of Peace Research*, 2015, 52 (3): 338 – 351.

Rosa, H., *Social acceleration: A new theory of modernity*, Columbia: Columbia University Press, 2013.

Schiffrin, H. H., Liss, M., Miles-McLean, H., Geary, K. A., Erchull, M J. & Tashner, T., Helping or hovering? The effects of helicopter parenting on college students' well-being, *of Child and Family*

*Studies*, 2014, 23 (3): 548 – 557.

Sennett, R., *The corrosion of character: The personal consequences of work in the new capitalism*, New York: Norton, 1998.

Sennett, R., *The culture of the new capitalism*, New Haven, CT: Yale University Press, 2006.

Sundar, S. S. (Ed.), *The handbook of the psychology of communication technology*, Malden, MArWiley Blackwell, 2015.

Vorderer, R., Communication and the good life: Why and how our discipline should make a difference, *Journal of Communication*, 2016, 66: 1 – 12.

Vorderer, P., Kromer, N. & Schneider, E. M., Permanently online-permanently connected: Explorations into university students' use of social media and mobile smart devices, *Computers in Human Behavior*, 2016, 63: 694 – 703. http://dx.doi.Org/10.1016/j.chb.2016.05.085.

# 第二章

# 个人定位技术发展简史：移动通信在永久连接中的作用

里奇·林
(Rich Ling)

## 引 言

过去几十年来，我们已经见证了人际传播的根本性转变，其主要特征为"永久在线，永久连接"（Vorderer, Kromer & Schneider, 2016）。我们从依赖固定地理位置的电信设备转向可以追踪定位的移动设备，这是电话学领域中的重要部分（Ling, 2008）。当前，我们也看到在物联网中，无线连接的广度正在拓展。本章将主要集中阐述基于人的连接以及移动通信所带来的社会影响。在这一章节后半部分，我将会探讨未来的几个发展方向。

个人定位（individual addressability）技术的发展过程并不复杂，也是最容易梳理和追溯的历史。全球南方国家（Global South）对移动通信技术的采用，就是这段历史的一个截面。1982 年，电话学概念主要根植于固定终端，这一时期国际电信联盟（International Telecommunications Union）举行了"国际电信联盟全权会议"（International Telecommunication Union Plenipotentiary Conference）。在此次会议中，成立了一个致力于实现世界范围内电信需求的委员会，唐纳德·梅特兰德（Donald Maitland）担任委员会主席。该委员会还制定了 20 世纪 80 年代最权威的电信发展准则《缺失的环节：世界电信发展独立委员会报告》(The Missing Link: Report of the Independent Commission for World Wide

Telecommunications Development）（Maitland，1984）①，主要用于审核全球电信的可用性。此外，该报告还进一步阐述了电话普及对经济发展潜力发挥的作用。因此，该报告对全球南方国家电话业的关注也就不足为奇了。该报告结果显示，东京电话数量比整个非洲地区还要多，这一发现令世界瞩目。报告作者认为：

> 发展中国家的电话使用情况与发达国家俨然形成鲜明对比。在大多数发展中国家，电信系统不足以维持基本服务，广袤的领土上电信系统的布局却为零。无论是以共同人类的名义，还是基于共同利益，这种差距都令人无法接受。（*Maitland*，1984，p. I）

以坦桑尼亚为例，作者发现1981年该国共有41000条电话线，每条线路承担约400个人。在农村地区，每1000人共用一条电话线（Maitland，1984，p. 107）。

这些地方的信息流动较弱。世界电信发展独立委员会主要帮助各国深入了解通信问题以及移动通信技术应用之前时代的逻辑。上述报告阐述了目前存在的一系列问题，如官员无法获取关键信息，银行家因缺乏最终客户的信用评级而无法处理贷款，医疗工作者无法了解流行病的传染范围，食品生产者无法核查粮食供应者的身份，家庭成员之间无法联络等等。

报告作者写道，电信服务能带动商业、医疗、应急服务业、农业生产以及社会关怀等领域的发展。然而，该委员会指出，从经济视角来看，电信业（主要为固定电话）的发展很难满足服务需求。作者指出，增加固定电话所需的平均投资为2800美元（考虑到通货膨胀，2015年约为6500美元）；在埃塞俄比亚，这一平均投资为36400美元（2015年为84000美元）。目前，解决这些问题的技术包括有线固定电话连接技术、无线主干网络服务，以及最终与地理固定终端的卫星连接。

委员会发布报告时，全球北方国家（Global North）的移动电话使用也才刚步入商业化阶段。凯利（Kelly）（2005）认为，这个行业花了

---

① 《缺失的环节：世界电信发展独立委员会报告》又称为《梅特兰德报告》（Maitland Report）。——译者注

## 第一部分 引言

20年的时间才实现了第一个10亿移动用户的目标，然而，第二个10亿用户目标的实现则要等四年以后。截至2016年，手机用户数量超过76亿，也就是说，全球的手机用户数量已经超过了世界总人口[1]。

回顾当年《梅特兰德报告》（Maitland Report）中所描述的坦桑尼亚情况，最后结果如何？梅特兰德委员会当时的描述准确吗？正如已经提到的，作者们并没有从中看到移动通信的影子。实际上，当时移动电话已经出现，而并非卫星电话或固定电话当道。在坦桑尼亚，移动手机用户的数量已经从2000年的每100人不到1部手机增加到2014年的每100人近63部手机[2]。各类研究表明，移动通信技术适用于全球南方国家（Global South）且在这些国家有迫切需求（Donner & Escobari, 2010; Jensen, 2007）。一个移动通信基站能够同时与多个人建立联系，而有线固定电话系统的建设则要耗费大量资源。

即便如此，詹森（Jensen）（2007）与唐娜（Donner）和埃斯科瓦里（Escobari）（2010）的研究仍表明"电话有利于促进各方面发展"。如他们所述，通常点对点通信的接入会为各类创业提供支持（Ling, Oreglia, Aricat, Panchapakesan & Lwin, 2015）。经验表明，这种通信类型有很大需求。

然而，大量移动设备在发展初期并没有发挥移动通信的社会效应。对于目前人手一部手机的许多坦桑尼亚人而言，这是他们第一次体验各类电子媒介传播。手机改善了他们生活的方方面面，既可以解决商业物流问题，也可与家人和朋友保持联系（Stark, 2013）。

这一系列影响在全球南方国家尤其显著，目前已经蔓延至全世界。实际上，亚特兰大、伦敦及芝加哥移动通信为了实现更好地协调和互动，就像阿克拉①、拉各斯②和金奈③一样。无论我们在哪里，口袋中的移动设备都会将我们与他人永久性地连接在一起，这是一个不争的事实。无论他们联络我们，还是我们联络他们，都是永久性的个人访问，这是个人可访问性（individual accessibility）的基础。不管我们在哪里，他人都可以立即联系到我们，他们可以打电话聊天或发送短信、照片或

---

① 阿克拉为加纳共和国首都。——译者注
② 拉各斯为尼日利亚首都。——译者注
③ 金奈为印度第四大城市。——译者注

语音信息。移动设备还可以用于商业及物流，来收集信息或与朋友联络。如此，官员、银行家、农民或爱人之间都能快速建立联系，他们可以向我们发送各类信息，从爱人之间的柔情蜜语到老板的紧急命令，甚至是一次咖啡厅聊天的定位都有涉及。简而言之，个人定位技术已经改变了人与人之间的沟通协调、物流方式、信息共享及表达互动。

## 从地理定位到个人可定位的流变

地理（固定电话）定位技术逻辑

固定电话产生了一种在固定地理位置沟通的逻辑。这些地点以多种方式来拓展。在公共领域，定位可以通过部署电话亭或公用电话，或允许需要打电话的人使用办公室电话来实现。在私人领域，分机被视为一种扩大固定电话覆盖范围的方式。这些可能只是第二个（第三个或第四个）终端设备。例如，1966年挪威电信公司一项研究表明，8%的家庭有一个分机，1%的家庭有多个分机（Johannesen，1981）。

本质而言，固定电话以电话处于固定位置为假设前提，这在很多方面都有体现。如"他不能来接电话"这样的措辞被用来指这个人不愿意说话。这个短语暗指电话处于固定位置，人们需要移动到这个位置来接电话。电话的固定性也体现于各类家具中，包括带有一个座位的电话椅、小型电话桌以及用来保存电话簿及信息记录等相关物品的抽屉。

书面电话留言是另一种消失的行为或艺术，它是在人们认为电话终端占据固定位置的那个时代诞生并发展起来的。实际上，主叫用户是在冒险，他们希望能在某个特定地点"抓住"他们的目标对话者。如果被叫用户不在电话旁边，或者他们无法接电话，就需要留言。留言通常被记录在专用的纸质笔记本上，记录留言的人可以记下呼叫者的名字、电话号码、时间、日期和电话性质。随着时间的推移，纸质留言与语音留言改变了之前的互动关系，留言者期待收到信息的人回来后会回电。所有这些行为的假设前提为：呼叫或消息传递的轨迹在固定电话位置的半径之内。虽然录音"语音邮件"已经过渡到移动时代，但可能只有那些脾气暴躁的高管们仍会接收纸质信息。

固定电话时代的其他服务，如呼叫转移以及最终的寻呼系统，也促进了个体移动性与通信能力融合的趋势。呼叫转移服务将通话从一个固定电话转接到另一个电话，因此仍然是以电话终端的固定性为假设前提。寻呼机尤其是早期的单线系统，能够提醒人们接到电话。然而，人们要想回电，需要再次找到固定电话。显而易见，随着移动电话技术的发展及手机永久可用性的提升，之前的那些系统已经逐渐淡出市场。

个人定位之逻辑

手机的普及暴露了固定电话的局限性。个人定位逻辑逐渐取代了固定终端逻辑。随着个人定位逻辑的出现，增加分机、呼叫转移以及寻呼系统等服务逐渐消失。人们相互之间可以直接打电话（或发信息），书面信息的需求也日渐式微。虽然这些功能在使用移动电话时有所体现，但从挖掘移动电话的技术潜力到其文化普及的实现还需要一些时日（Ogburn，1922，p.200）。这是一种幸运，因为这样人们就不会随时被找到。确实，在移动通信技术的早期阶段，凯伦（Karen）等人于1997年在挪威接受采访时强调，"我很高兴我还没有处于随叫随到的状态"。在人们与电话之间距离消失的时代，凯伦正重新唤起固定电话时代的标准，捍卫自己与电话之间的距离。受访者们已经注意到随时连接会让他们产生压力。卡丽（Kari）意识到手机背后隐藏的紧张感，并认为"手机提供帮助的同时也增加了负担"。她指出手机简化了处理日常生活中各种琐事的流程，但也使得人们易受到其他纷繁复杂需求的干扰。

## 个人定位的社会影响

我们已经逐渐了解了移动通信与个人可联络性（individual availability）所带来的影响。一方面，个人可联络性促使交互行为深化和细化。由于我们处于随时可联系的状态，因此我们可以根据需要来互动和微协调。利科普（Licoppe）（2004）的观点认为，人与人之间有一种相互联系的存在感，这种感觉在熟人圈里最为强烈，我们对彼此的期望也由此而生。另一方面，智能手机催生各种定位服务，我们甚至可以在目前还没有通信可能的地方使用定位功能。

微协调与移动可联络概念的建构

移动通信的个人定位技术使得微协调成为可能（Ling & Yttri，2002）。换言之，手机支持即时、细微的协调行为，这在固定电话应用中闻所未闻。手机可以帮助我们完成动态规划、中期调整以及灵活调整日程安排（Ling，2004），帮助我们按照迭代方式计算出社交互动的时间和地点。如果约会确定的时间或地点不可行（餐厅位置已满，你愿意在街角的咖啡馆见面吗?),我们能够随时联系其他参与者来制定"B计划"。即使参与者正在前往约会地点,也可以随时沟通。此外,我们还能够按需调整活动时间(我可能晚点到,你可以在我办公室稍等一会儿)。例如,手机的这个功能也会用于以下情况:青少年处理他们所遇到的各种问题(Ling,2005),恋人之间如何在牙买加这样的地方联络(Horst & Miller,2005),缅甸的三轮车经营者如何安排出行(Ling et al.,2015)。

微协调有助于我们持续与他人联络,这反过来又促进了社会交往,增强了社会凝聚力。分析表明,这种社会交往通常围绕紧密的个人核心展开。实际上,人们一半的短信与电话都发给了固定的四五个人(Ling,Bertel & Sundsoy,2012)。这四五个人构成了一个核心社群,他们之间经常相互联络。手机和个人定位技术有助于我们能够与这群亲密伙伴建立密切联系,这加快了交流速度,正如降低互动门槛一样。打电话与发信息的动机并非本文关注重点,它仅是本文所讨论的一个次要问题。

手机不仅改变了社会凝聚力的潜力,而且还改变了人们对彼此可联络的期望。由于手机终端突破了固定电话的地理限制,我们一直处于有空状态,而且期待随时被联络或联络别人。如果我们没有接电话,或出于某种原因如手机出问题或落在家里,我们就很难利用手机来社交。其他人也无法联系到我们并向我们发送调整后的最新信息,这与我们不能解决日常的物流问题一样。总而言之,我们已经将手机终端纳入到日常生活中。这符合社会学家涂尔干(Durkheim)提出的社会事实(social fact)概念,指"能够给与个人以外在约束力的行为、思维以及感知方式"(Durkheim,1938,p.52)。而手机的交互操作系统就处于个体独家代理人的范畴之外。此外,人们也越来越不能对这类现象视而不见。在某种程度上,无法取得联系或没有可用电话,这都是一种逃避社会责任的做法。

智能手机转向

随着移动电话技术的发展,以媒介为主的人际传播也发生重要转变。在20世纪90年代与新千禧年的第一个十年中,随着2G与3G手机的广泛使用,我们开始放弃固定电话的逻辑而逐渐采用微协调的方式。直至2007年及之后的一段时间内,基于文本或移动语音的点对点交流成为手机互动的主要形式。这表明如果几个人试图协调互动，那么就需要一个人充当所有消息的中心，因为交往对象只能同时一次与一个人发信息或对话[3]。

2007年，3G网络与移动互联网蓬勃发展，苹果手机大规模上市，这为中介式互动（mediated interaction）形式开辟了道路。随着即时通讯应用程序的发展，交互形式不再依赖于早期的点对点通信形式的轴辐式拓扑结构（hub-and-spoke topology），这为多向交互提供了可能。的确，移动通信与微协调也呈现新的发展方向（Ling & Lai，2016）。WhatsApp，Facebook Messenger，MXit，Line与BlackBerry Messenger等即时通信软件突破了短信和移动语音通信的局限。智能手机与网络能力的提升意味着多个人可以同时参与讨论和制订计划。

再回到个人定位问题，群发信息成为人们永久可联络的一个新因素（Vorderer & Kohring，2013）。在制订社交互动计划或慷慨激昂讨论时，人们内心期待可以随时参与和他人或其他群体之间的聊天。也期待可以群发信息，而并非一次只能与一个社交圈的单个成员交流。我们持续可以被联络这个事实，促进了这种交往形式的出现。

## 超越熟人社交圈内的联络

### 共享经济与众包

可以断言，移动通信和个人定位技术为所谓"共享经济"的发展赋能（Allen，2015；Owyang，n. d.）。如优步（Uber）和爱彼迎（Airbnb）提供的服务就有显著的共享经济特征。在许多方面，这类服务平台都以通过互联网收集信息为前提。手机及其泛在连接性拓展了这类服务平台的发展方向，这些服务以各种形式为用户之间建立联系，如加强运输系统或共享当地信息。

各种实时拼车、乘车信息收集及类似出租车等服务平台的出现使得个人能够广播自己的位置和目的地（Alexander & Gonzalez，2015）。然后，人们可以利用这些应用程序搜寻出那些愿意以免费或捐赠形式为他们提供服务的人，形成一种准正规化商业模式。这些服务平台植入智能手机的全球定位系统（Global Position System，GPS）功能和地图功能，以便乘客与司机能够交流上车地点与行程等细节。除此之外，在探讨商业服务时，通常会提到支付功能，这为直接转账提供便利。最后，每个参与者都能评价服务质量或平台信用度。乘客与司机的个人定位能力为这类服务提供了可能，正如智能手机的高级定位功能为地理物流和金融物流的安排带来便利，提供评估也有利于之后的用户在选择司机时做出更合理的选择。[4]

在其他移动应用程序中，基于定位功能的服务平台再次嵌入了移动通信的直接访问功能。在这种情况下，并不是消费者寻找服务供应商，而正好与之相反。事实上，移动电话最初功能之一就是在需要时寻求帮助。在移动电话时代初期，人们已经有了买手机以备不时之需的意识（Ling，2004，p.42），因为他们常常被寒冬天气和健康相关问题困住手脚。早期用户已经将手机终端的可连接功能与寻求帮助关联起来，但当时还没有传输位置信息的功能，人们需要告诉对方他们在什么地方。随着时代的进步，具备 GPS 功能的智能手机的发展表明手机已能够直接传输定位信息，因此服务提供方更容易找到寻求帮助的人。立足于此，当人们的汽车抛锚或燃料耗尽时，援助司机的服务平台也应运而生。[5]

其他具有定位功能的应用程序也拓展了可操作信息的类型，包括记录城市问题的应用程序，如记录各种破坏形式（坑洼、垃圾倾倒等）。[6] 在某些情况下，这些应用程序主要依靠用户来记录问题，他们可以拍照并将其发送到平台。除此之外，以 Bump 软件为例，该应用程序利用手机的加速计来记录凹坑的位置，这些地理标记最后被列入到政府街道维修的待办事项中。在其他情况下，手机的实时个人定位技术为用户"描绘"（crowdmap）各种现象提供了可能（Furtado, Caminha, Ayres & Santos, 2012）。例如，开源紧急报警平台"目击者"（Ushahidi）[7] 已被用来追踪一些问题，如针对妇女和少数民族的暴力行为（Bahree，2008），墨西哥湾深水地平线（Deepwater Horizon）钻油平台漏油事件等环境灾难（Louisiana Bucket Brigade, n.d.）及澳大利亚昆士兰洪灾（Ross & Potts, 2011）带来的破坏性。此外，还有其他海量应用程序涌现。

移动网络和智能终端的迭代升级进一步推动了这一发展进程。如此，我们可以从云服务中收集信息，而不局限于两个人之间的简单互动，如可以订购服务，实时报告各类信息，也可以提醒其他人（包括已知的和未知的）新发现。例如，司机可以在服务平台上报告事故，然后平台再将其推送到同一高速公路上其他司机的移动设备上[8]，虽然用户之间唯一的共同点在于他们共用部分路段，但是只要他们访问网络

## 第一部分 引言

就可以分享重要信息。

### 物联网

个人定位功能的延续是一个将交流从人拓展到物体的过程，这在物联网中发挥的淋漓尽致（Atzori，Iera & Morabito，2010）。移动电话可以对个人进行定位，物联网将这种功能延伸至我们所生存环境的各种物体中。正如移动电话及后来的智能手机和移动网络一样，催生出新的交互形式和物流形式，我们同样期待物联网也能带来类似的影响。

从智慧建设、卫生保健、供应链/物流及其他各种社交应用程序（Li，Da Xu & Zhao，2015）的发展，我们都能看到物联网与神经网络发展（Schmidhuber，2015）的影子。就像移动电话为物流和协调提供了便利，物联网在机器层面也产生同样的影响。

## 结 论

本章节的讨论立足于考察全球南方国家人民在使用电话之前所经历的问题。梅特兰德委员会的报告揭示了人们在当时社会交往、工作及商业所面临的尴尬。随着第一代固定电话的诞生和之后移动通信的发展，人与人直接且实时互动的能力越来越强。

实际上，这是向移动通信的一次转型，实现了个人定位，满足了人们在需要时随时联系到对方的需求（Vorderer et al.，2016）。我们已经不再依赖于地理位置上与固定电话的接近，而是进入了一个无处不在的、通过中介永久连接的时代。研究表明，这种可访问性促进了协调，我们可以直接融入到社会领域中。这增强了社会凝聚力，实际上也加强了人们对可联络的社会期待。

我们现在正进入一个终端传播的时代，它不仅是点对点互动或通过移动设备的人与人之间的互动。我们正在与多个群体互动，也可以访问各种云服务平台。最后，我们希望终端之间也开始建立连接，这样就可以满足它们主人的需求。

## 注 释

1 GSMA Intelligence，https://gsmaintelligence.com/.
2 参见ITU网站：www.itu.int/en/ITU-D/Statistics/Pages/stat/default.aspx。

3 诚然，如果一个人精通技术的话，那么他就有可能进行多方通信，但这并非是一套通用技能。设置多方通话通常需要键入一连串的数字和特殊代码。(Granted, if one was technically deft, it was possible to have multisided communications, but it was not a common skill set. Setting up a multisided call often required keying in long series of numbers and special codes.)

4 然而，在某些情况下，这些系统也可能被欺骗（These systems can, however, be gamed in some cases.）。

5 Wefuel. www. wefuel. com/.

6 例如参见 ichangemycity（www. ichangemycity. com/）or Bump（http：// bu. mp/）。

7 Ushahidi. www. ushahidi. com/.

8 Waze. www. waze. com/.

## 参考文献

Alexander, L. P. & Gonzalez, M. C., Assessing the impact of real-time ride-sharing on urban traffic using mobile phone data, Presented at the *UrbComp'*15, Sydney, Australia, Retrieved from http：//humnetlab. mit. edu/ wordpress/wp-content/uploads/2014/04/sig-alternate. pdf, 2015.

Allen, D., The sharing economy, *Review-Institute of Public Affairs*, 2015, 67（3）：24 – 27.

Atzori, L., Iera, A. & Morabito, G., The internet of things：A survey, *Computer Networks*, 2010, 54（15）：2787 – 2805.

Bahree, M., Citizen voices, *Forbes*, https：//www. forbes. com/global/2008/1208/114. html, 2008, November 29.

Donner, J. & Escobari, M. X., A review of evidence on mobile use by micro and small enterprises in developing countries, *Journal of International al Development*, 2010, 22（5）：641 – 658.

Durkheim, E., *The rules of the sociological method*, New York：The Free Press, 1938.

Furtado, V., Caminha, C., Ayres, L. & Santos, H., Open government and citizen participation in law enforcement via crowd mapping, *IEEE*

Intelligent Systems, 2012, 27 (4): 63 – 69. http://doi.org/10.1109/MIS.2012.80.

Horst, H. A. & Miller, D., From kinship to link-up: Cell phones and social networking in Jamaica, *Current Anthropology*, 2005, 46 (5): 755 – 778.

Jensen, R., The digital provide: Information (technology), market performance and welfare in the South Indian fisheries sector, *The Quarterly Journal of Economics*, 2007, 122 (3): 879 – 924.

Johannesen, S., *Sammendrag av markedsundersokelsergjennomfortfor televerket i tiden 1966—1981*, Kjeller: Telev-erkets Forskninginstitutt, 1981.

Kelly, T., Twenty years of measuring the missing link, In G. Milward-Oliver (Ed.), *Maitland + 20: Fixing the missing link*, 2005, (pp. 23 – 33). Bradford on Avon: Anima Centre Limited.

Li, S., Da Xu, L. & Zhao, S., *The internet of things: A survey*, 2015, 77 (2): 243 – 259.

Licoppe, C., Connected presence: The emergence of a new repertoire for managing social relationships in a changing communications technoscape, *Environment and Planning D: Society and Space*, 2004, 22 (1): 135 – 156.

Ling, R., *The mobile connection: The cell phone's impact on society*, San Francisco, CA: Morgan Kaufmann, 2004.

Ling, R. Mobile communications vis-a-vis teen emancipation, peer group integration and deviance, In R. Harper, A. Taylor & L. Palen (Eds.), *The inside text: Social perspectives on SMS in the mobile age*, 2005, (pp. 175 – 194). London: Klewer.

Ling, R., *New tech, New ties: How mobile communication is reshaping social cohesion*, Cambridge, MA: MIT Press, 2008.

Ling, R., Bertel, T. F. & Sundsøy, P. R. The socio-demographics of texting: An analysis of traffic data, *New Media & Society*, 2012, 14 (2): 281 – 298. http://doi.org/10.1177/1461444811412711.

Ling, R. & Lai, C. -H. Micro coordination 2.0: Social coordination in the age of smartphones and messaging apps, *Journal of Communication*, 2016, 66 (5): 834 – 856.

Ling, R., Oreglia, E., Aricat, R. G., Panchapakesan, C. & Lwin, M., The use of mobile phones among trishaw operators in Myanmar, *International Journal of Communication*, 2015, 9 (1S).

Ling, R. & Yttri, B., Hyper-coordination via mobile phones in Norway, In J. E. Katz & M. Aakhus (Eds.), *Perpetual contact: Mobile communication, private talk, public performance*, 2002, (pp. 139 – 169). Cambridge: Cambridge University Press.

Louisiana Bucket Brigade (n. d.), iWitness pollution map, http://map.labucketbrigade.org/.

Maitland, D., The missing link, *Independent Commission jor Worldwide Telecommunications Development Report*, 1984, December.

Ogburn, William Fielding, *Social change with respect to culture and original nature*, New York: BW Huebsch, Inc., 1922.

Owyang (n. d.), *The mobile technology stack for the collaborative economy*, RetrievedJanuary 28, 2016, from http://venturebeat.com/2015/02/17/the-mobile-technology-stack-for-the-collaborative-economy/.

Ross, N. & Potts, M., ABC's crowdsourced flood-mapping initiative, *ABC Technology and Games*, www.abc.net.au/technology/articles/2011/01/13/3112261.htm, 2011, January 13.

Schmidhuber, J., Deep learning in neural networks: An overview, *Neural Networks*, 2015, 61: 85 – 117.

Stark, L., Transactional sex and mobile phones in a Tanzanian slum, *Suomen Antropologi: Journal of the Finnish Anthropological Society*, 2013, 38 (1): 12 – 36.

Vorderer, P. & Kohring, M., Permanently online: A challenge for media and communication research, *International Journal of Communication*, 2013, 7: 1 – 20.

Vorderer, P., Kromer, N. & Schneider, E. M., Permanently online—permanently connected: Explorations into university students' use of social media and mobile smart devices, *Computers in Human Behavior*, 2016, 63: 694 – 703. http://doi.Org/10.1016/j.chb.2016.05.085.

# 第三章

## 永久在线与永久连接思维方式：移动互联网使用的认知结构建构

克里斯托弗·克利姆特、多萝茜·赫夫纳、伦纳德·莱纳克、
戴安娜·里格尔、彼得·沃德勒
(Christoph Klimmt, Dorothee Hefner, Leonard Reinecke,
Diana Rieger and Peter Vorderer)

高性能智能手机和几乎无处不在的移动互联网接入对全球无数人的日常生活产生了深远的影响。在现代社会数字化的早期阶段，许多影响似乎在加剧、加速或以其他方式持续扩散。然而，本书认为随着"随时在线"（always online）技术的大规模扩散，许多用户的思维方式正在或已经发生颠覆性变化，而这种变化的核心在于承认交流的永久性（"永久在线"，Vorderer, 2016; Vorderer & Kohring, 2013, p.190; Vorderer, Kromer & Schneider, 2016）。就在几年前，人们在连接网络、使用媒介及利用技术与他人交流时，都还要考虑他们对硬件及终端的使用目的、计划以及空间安排。然而，"永久在线"技术，尤其是具有联网功能的智能手机的出现，使得近年来的情况发生逆转：参与媒介传播及保持可联络状态已成为许多人在一天内大部分时间的常态（Ling, 2012）。目前，用户在放弃使用媒介或者从通信联络中抽身时，才需要考虑意图、计划及具体安排等因素。显然，这种发展态势已将人们的交流行为（例如个人的媒介使用及与他人通过媒介的交流）置于其日常生活重心并成为主要生活方式（Mihailidis, 2014; Quinn & Oldmeadow, 2013）。

上述发展趋势已经对个人和社会产生一系列影响，涉及公共领域建

构与政治辩论机会、市场营销传播及客户行为、人际关系、儿童与青少年的个人发展、一般健康问题及精神压力、媒介用户的娱乐和幸福感及其他更多方面,我们坚信有必要系统地研究这些影响。但是,在对特定领域调查之前,我们需要从理论视角来看传播的永久性对个人到底有何影响:我们该如何描述处于"永久在线与永久连接"环境中人们的思维方式?人们在走路、与朋友聊天、开车、上厕所、躺在床上,甚至和伴侣亲密接触时都会盯着他们的手机,那么是什么样的认知结构驱使他们产生这一系列行为?(Vorderer et al., 2016; David, this volume; Xu and Wang, this volume)

本章讨论的问题是人们在日常生活中习惯性、频繁及几乎永久性使用手机及其功能的这种行为会产生什么影响?个人的认知结构和思维方式对这一系列行为有何影响?本章旨在阐释"永久在线与永久连接"(*permanently online and permanently connected*)环境中人们的心理状态。为此,我们首先将智能手机有关的习惯性认知分为两个层次,这构成了POPC思维方式。第一个层次指用户经常使用智能手机时所感受到的密切、强烈甚至朝夕相伴的亲近关系,以及智能手机赋予其永久访问权限的通信环境。在该层面上,我们对于POPC思维方式的界定包括三个方面,共同构成了在线警觉(online vigilance)概念:用户专注于智能手机功能和移动网络传播(显著性)(*salience*),对手机上的活动与移动网络传播的回应能力(回应性)(*reactibility*),以及持续关注数字传播环境(监测性)(*monitoring*)。

关于认知结构的第二个层面,我们认为人们的认知结构与频繁使用智能手机共同进化并且与交流期望(expectations)有关。也就是说,重度智能手机用户对这一观点表示赞同,并将其应用于多种情境中(不局限于日常生活,还有非常规情境)来指导他们的行为(Bayer, Campbell & Ling, 2016)。因此,认知结构的第一个层面强调用户内在自我与智能手机(及其他各种通信方式)的关系,第二个层面则体现了重度智能手机用户与外在社交场域的关联。在用户如何处理和解释现状、解决问题、调节情绪、与他人互动、做出决策以及在许多其他行为和社会生活的重要领域,用户的期望将扮演重要角色。我们认为,通过这些期望,POPC思维方式的核心要素(显著性、回应性及监测性)也对个人行为和社交互动产生潜在影响。我们希望通过阐述个人期望来开启

POPC 领域的大门，期待未来能进一步针对这个领域在不同学术团体、传播学领域及其他学科领域开展理论和实证研究。

## 口袋里的手机如何形塑人类推理（Human Reasoning）：在线警觉是 POPC 思维方式的核心

关于智能手机使用的描述性研究表明，许多用户已经养成了顽固习惯，他们在一天内频繁查看手机来进行交流（例如，发短信、阅读社交媒体文章及浏览新闻）；而且，运动应用程序及手机拍照功能会延长用户使用智能手机的时间（Oulas-virta, Rattenbury, Ma & Raita, 2012; Rosen, Carrier & Cheever, 2013）。特别是，青少年已经养成了积极参与社交媒体活动的习惯；他们发布消息、图片、视频和网络见闻，也经常与朋友、同学和其他粉丝分享这些内容，如此会更为频繁地接触手机（e.g., Mihailidis, 2014; Lenhart, 2015; Quinn & Oldmeadow, 2013）。因此，我们认为许多（重度）手机用户已经在他们的思维模式中建构出新的认知结构，其前提是：人们能够随时随地使用手机，并且可以服务于他们的目标。我们认为，对于用户而言，智能手机的使用是合法、有效和必要的，在许多情况下，甚至已经成为一种司空见惯的现象和常识。换言之，智能手机的具体使用指标也成为许多日常活动的一部分。例如，给美食拍照并分享到网络这种日常行为，似乎已经成为人们去餐馆的认知图式（cognitive script）中（Diehl, Zauber-man & Barasch, 2016）。

人们在 POPC 状态下习惯性使用智能手机似乎在他们的思维中留下了认知痕迹，那么这些认知痕迹是如何系统化的呢？我们建议从三个维度来考察在线警觉概念，即在线交流对象、服务平台及交流可能性等要素在日常思维的永久性呈现。换言之，重度智能手机用户的 POPC 思维方式以及日常自我体验由显著性、回应性及监测性三个维度构成。

### 显著性

与移动在线交流相伴随，线上与线下环境的相互交织形成了人们的多元交流方式，而这些交流方式会影响重度智能手机用户的思维方式。一个人的网络世界是无形的，但却以可连接的形式存在，这已经成为日常信息处理的一部分。至少对于重度用户而言，网络内容与人际关系的相关性非常显著，他们在参与活动时没有使用手机或其他任何网络终端

（Cheever, Rosen, Carrier & Chavez, 2014）亦是如此。显著性是指那些身处特定情境（如在工作、居家、运动、与朋友约会、排队等待）的用户会有认知地上网与处理其他信息，并思考当前所处特定社会情境之外发生的事情。这表明人们并非要身体力行来社交，而需要思考当前所处的网络环境中发生了什么，如我的朋友正在聊什么？在我的网络媒体环境中发生了哪些重大公共事件或社会事件？我错过了什么（Przybylski, Murayama, DeHaan & Gladwell, 2013）？我应该打卡或更新状态吗？我现在应该玩《精灵宝可梦 Go》（Pokémon Go）或其他游戏吗？显著性表明，线上网络环境是线下现实生活的隐性层面，因为我们可以随时随地置身其中（e.g., Lee, 2013）。网络空间中的显著性特征并非都体现于有意识的思考；相反，关于网友、服务或资源的永久性意识可能以自觉性认知或内隐认知存在。显著性是许多用户随时在现实环境（面对面约会或使用文字处理程序）与网络环境之间自由切换的认知基础，这也拉近了他们与联系人，访问内容及使用功能的心理距离，因为用户几乎随时随地会想着这些人与事。

显著性是否会带来一些风险（e.g., Rosen et al., 2013），如人们在参加线下活动时心不在焉（e.g., Stothart, Mitchum & Yehnert, 2015），在现实工作中有拖延倾向（e.g., Meier, Reinecke & Meltzer, 2016），以及还可能会产生文献与公共讨论中提到的其他技术风险，当然，这些还需要系统性的实证研究。而且即使大多数重度手机用户仍能够在现实生活中表现得很好，但我们也还是认为他们的思维方式中隐含着这样一种现象，即个人网络空间中有对现实环境认知和理解的影子。我们认为，用户在认知中与网络空间保持连接，而智能手机就像一个可以随时进入网络空间的门户。

回应性

我们认为，许多人养成频繁使用手机的习惯的主要原因是，他们能从中产生了积极体验（Oulasvirta et al., 2012, Wang & Tchernev, 2012）。手机通常用来传递消息，提供多种社会支持渠道或其他有用信息资源的获取途径；手机也有助于自我提升（如运动、节食、睡觉及压力管理），它们可谓无所不能。

手机的特点是将如此多吸引人的功能融为一体，用一个传播学术语概括就是它可以可靠、频繁地提供各种满足感（gratification），智能手

## 第一部分 引言

机的这些特性得到了用户的认可并在他们的日常生活中占据重要地位（de Reuver, Nikou & Bouwman, 2016）。很多用户除了从移动互联网获取满足感之外，他们在一些情况中（如遵守工作要求或避免与家人发生冲突）回应收到的在线交流信息是出于责任感，有些甚至是在压力驱使下完成。用户依据过去的积极与消极体验推断：无论手机上发生了什么——如收到手机短信、社交媒体通知、随境游戏（pervasive game）①提醒——人们都该立即关注。因此，POPC用户的思维方式包含了对于刚收到的或无意识的智能手机信息做出反应的意愿和准备。具体包括以下两种情况：用户注意到移动设备的铃声或震动，但不使用手机；用户正在使用手机，决定是先回应所显示信息（如朋友在社交媒体上发的新帖），还是先处理当前离线环境中的事情。

大多数人们都与朋友、亲戚及同事联络，这构建了庞大的网络社区，这样也就不可避免地会产生大量的人际消息与组群消息（LaRose, Connolly, Lee, Li & Hales, 2014; Utz, this volume）。如此，终端设备与网络服务平台提供了相应的社交环境；习惯性回应是指如果可能的话，用户"必须"经常立即对社交环境做出反应，因为在此之前用户对于回应行为已经训练有素。理解重度人工智能手机用户核心思维模式的关键在于，应意识到可以将手机信号当作线索，因为它可以触发自觉性反应与积极或消极的强化反应机制，如立即关注并准备回应收到的信息（Bayer et al., 2016）。

人们越来越倾向于使用手机交流并对收到的消息和通知立刻做出回应，这表明回应性较高的用户为了上网或保持在线，情愿中断非手机活动或从线下环境中抽身。这可能（但也不一定）会产生一些不良后果，比如人们面对面接触时出现不礼貌行为（低头），无法全神贯注，或者线下活动碎片化（Chotpitayasunondh & Douglas, 2016; David, Kim, Brickman, Ran & Curtis, 2015）。因为个人与所处情境之间的差异较大，所以人们在分配注意力时会存在潜在冲突。媒介多任务（media multitasking）等概念（Wang & Tchernev, 2012; also see the chapters by Xu and Wang and by David, this volume）指出，对手机信号的快速反应

---

① 随境游戏是指游戏中所涵盖的环境（或是场景），包括了现实物理环境与虚拟的游戏环境。——译者注

不一定会消解人们在现实环境中的认知与感知；无论在线上还是线下的生态环境中，智能手机的密集使用这一现实似乎都比心理上的真实存在要复杂得多。

例如，年轻人对交谈对象将注意力迅速转向手机而打断线下人际交流这种现象貌似更加包容（e.g., Gonzales & Wu, 2016）。他们似乎遵循新的对话规则，允许交谈对象对智能手机做出回应，这样主动将智能手机交流纳入到线下人际交谈中，或者当一个人参与到智能手机交流中时，线下谈话的其余参与者可以继续交谈。有时，其他交谈对象也会关注各自的移动设备来应对这种多线程交流的情况，因此人们对智能手机的高频次回应带来的负面效果可能比通常假设要小。为了更好地了解这种交际情境并判断回应性是否会引发不良效果，还需要实证研究来验证。

监测性

显著性与回应性特征将智能手机用户思维方式描述为网络世界永久性介入的产物。这种介入不但会影响一个人的实际感知能力，而且会影响他在现实生活中的体验与行为。在线警觉的第三个构成要素是对网络空间的习惯性主动监测行为。WhatsApp、Instagram 及 Facebook 等移动社交媒体的运行不局限于通过推送信息来触发手机信号（如哔哔声或灯光闪烁）。当然，它们还以"线程""信息流"及"时间线"等形式来引导网络社交空间产生与传播的大部分信息。也就是说，社交媒体成为交流活动的"存储库"（发布、共享丰富的媒体资源等），以图片、信息、视频等方式对近期网络社区活动数据归档，这样用户就可以实时了解他们在网络环境中的动态。

重度手机用户会定期监控在线动态，并频繁实时更新网络社交空间消息。通常，他们只需要几秒钟的智能手机接触就可以完成信息更新（Oulasvirta et al., 2012）。重度智能手机用户的特点是，习惯于对网络环境中的新动态保持警惕，这与他们为了检索相关信息或更新动态而观察线下环境如出一辙。因此，在 POPC 环境中，用户不仅经常关注网络空间（显著性），对网络环境发出的信号做出回应（回应性），而且还要定期进入网络环境，追踪网络渠道发布的最新动态和联系人的相关信息（监测性）。人们青睐的一些手机应用程序往往具有较高的实用性和经济性，它们降低了进入网络世界的门槛，人们不用耗费太多的时间和精力就可以查看智能手机。因此，重度智能手机用户将确保他们能随时掌握网络社区的动态，这样他们的频繁查看行为和对某种状态的监控也产生了永久性的连接感（e.g., Mascheroni & Vincent, 2016）。这也为用户带来一种实时分享网络好友社交生活的体验感。当然，这些行为模式表明，重度手机用户已经习惯了以类似于跟踪现实环境的方式来观察他们所处的网络生态环境。因此，在线警觉有同时参与现实社会与虚拟社会的意味（e.g., Burchell, 2014）。

小 结

人们口袋里有智能手机的感觉与在各种情况下使用手机的体验和生活方式形成了特定的 POPC 思维方式，也就是说，这种认知结构与（应对）行为模式也让人们对日常现实生活的感知和应对都打上了永久性连接的烙印。我们提出显著性、回应性和监测性是构成 POPC 思维方式的三个维度，并描述了经验丰富的重度智能手机用户如何处理他们的内心世界和外部世界。由于用户及其所处情况不同，显著性、回应性和监测性的表现可能也各有差异，这可能会对搜索信息、应对压力、消费选择相关决策及解决问题等传播及社交生活的方方面面产生影响。但总体而言，这三个特征基本可以区分重度手机用户、轻度用户及不使用移动网络设备用户之间的思维方式。一个或多个特征明显的用户在不同环境中使用手机的频次更高，他们认为使用手机是一种默认的、正常的日常行为模式，与交谈、吃饭、喝水或穿衣服等行为一样实用和普遍。因此，他们的常态行为都具有很高的在线警觉性特征。

## 我认识的每个人都有手机，因此……身处 POPC 状态催生了默认期待

智能手机有一种强大的吸引力和效用感，很大程度上源于这样一个事实：大部分人们都能够买得起且现在也拥有这种设备，并在彼此之间建立了紧密的通信联系网络（Foucault Welles, Vashevko, Bennett & Contractor, 2014）。重度智能手机用户通常会与其他重度用户交流，他们在移动互联网基础设施中享有永久使用权，这是 POPC 环境中新现象产生的关键性先决条件（如群成员之间的微协调，Ling & Lai, 2016）。从个人用户视角来看，他们与交流对象都有相似的知识与经验，即在共享的网络空间中的显著性、回应性及监控性等特征凸显，因此人们对其他相关者与所属社交群体在特定情况下如何交流及表现如何充满了期待

(Ling, 2012)。例如，假设一个人的网络朋友圈所有成员的回应频次较高，那么他/她会期待这些（至少一些）网友可以随叫随到而不受所在位置的牵制，以为其提供建议和社会支持。人们期待社会资本永久可用，这对于安全感、恐惧、自我效能以及其他深层认知和情感状态等多种情况都产生深远影响。鉴于此，为了探索POPC用户的思维模式，我们将概述重度智能手机用户中最常见的期望类型，这对于研究高频移动在线交流有重要的理论意义。

永久性连接社交网络与获取所需信息

"永久在线"用户最主要的期待是可以在任何时间和任何情况下获取互联网资源。这里的资源是指人们可能需要检索的各种信息，包括新闻、学术知识、商业相关建议及在陌生环境中的实用指南。但是，用户也期望可以永久访问个人社交网络。Facebook与WhatsApp等社交媒体与聊天软件将朋友、家人、同事及不太熟的人（"弱关系"）聚集到一个社群内，以方便用户与他们取得联络，这既可以开启新的交流，也可以维持原有的交流。通过口袋里的智能手机，"他们每时每刻在我身边"的假设可能而且会经常出现在人们的脑海中（e.g., Mascheroni & Vincent, 2016），这种期望具有深远的激励意义。

社交网络中的永久性观察

移动互联网终端主要用于人际交流（Quinn & Old-meadow, 2013; Vorderer et al., 2016），因此许多人都积极进入网络空间来交换信息，如此与他人的联络也就更为频繁。用户通过关注网友动态并从他们那里得到反馈，从而可能会得出这样的结论：他们自身的网络活动得到他人永久性关注。在活跃的社交网络中，用户将他们的数字化互联生活视为他们在虚拟舞台上的表演（Hogan, 2010）：因为用户会在（社交）媒体上以永久性交流与自我呈现等方式留下痕迹，而他人则通过找寻这种痕迹来关注社交媒体用户。因此，用户可能成为"永久性观众"并得到关注，对此他们时而开心，时而也颇感压力。但无论如何，重度智能手机用户可能期望他人在网络中关注自己，因此他们在交流时会调整自身的行为。

网络成员之间的永久性交流

智能手机用户除期望在网络中得到关注外，他们也希望网络社区成员（不一定包括所有成员）之间也应保持联络。因此，新的即时通信圈可能很快就形成了，人们永远不知道一些"朋友"在和他们交流的同时是否还与他人交流。然而，很多智能手机用户都参与过多条对话流（Wang, Irwin, Cooper & Srivastava, 2015），因此将这种经历类推到其他用户身上可能会产生这样一种预期，即朋友或同事之间的交流是在没有自己参与的情况下进行的。因此，他们生怕自己错过重要的信息（Przybylski, Murayama, DeHaan & Gladwell, 2013），或是担心在网络中遭受人际排斥（Vorderer & Schneider, 2017），因此他们也更加期望能够主动参与网络社群。一般而言，参与一个网络交流社群的经历可能会让你明白，一个人不一定会参与这个社群的所有活动。

相关（公共）事件的实时通知

永久性交流（可能性）的另一个重要方面是，人们渴望信息快速流动且能够实时掌握重要动态。由于移动终端处于永久在线状态，人们可以持续搜索并更新信息，因此也可以在第一时间获取新闻——可能是灾难或国际危机中的外交突破等公共事件，亦或是明星分手等私人八卦。"随时在线"的用户可能期待持续不断地接收新闻媒体和社交类媒体发出的重要通知（Turcotte, York, Irving, Scholl & Pingree, 2015）；因此，移动互联网终端的重度用户可能进一步期待自己处于永久被通知的状态以及快速了解重大事件。

避免出现负面情绪

智能手机常用功能呈现各种娱乐化表征。游戏、（搞笑）网络视频、迷因①（memes）及其他社交媒体幽默形式是移动网络终端中常用的"情绪管理器"（Zillmann, 2000），它们对于冲动消费或持续消费颇为奏效。智能手机娱乐功能的持续使用对处于负面情境的用户更有意义，特别是在等待、通勤、（无聊的）讲座等场景以及其他令人拘束的环境中效果更佳。手机成为打发无聊时间的终极法宝（Matic, Pielot & Oliver, 2015），但也可能会加剧悲伤或愤怒等负面情绪。我们认为，重度用户在即时性与永久性地获取乐趣时会产生一种期待，即智能手机可以避免在日常生活中产生消极心态；也可以迅速缓解消极事件（日常困扰）带来的负面情绪。

小 结

许多智能手机用户已经将这种交流的永久性特征内化，这也会影响他

---

① 迷因指某个理念或信息迅速在互联网用户间传播的现象。——译者注

们对交流的期望。与"永久在线"之前的时代相比，我们认为这五类期望已经成为移动媒体用户的一种共识，它们的典型性特征为：期待永久性联系他人与获取信息；期待社交网络对自身的永久关注；期待网络成员之间的永久性交流；期待实时接收相关事件推送信息；期待避免出现消极心理。在（重度）智能手机用户日常生活中，他们几乎在任何既定交流情境下都可能产生上述一种或多种预期。当然，频繁使用手机也可能对更深层的认知结构或预期产生影响，就当前理解"随时在线"交流的目的来看，我们认为上述五类预期最为重要，因为这塑造了用户的动机状态（motivational state），反过来也影响了用户对交流行为的实际选择。

## 结论　赋权与压制夹缝中的 POPC 思维方式

本章节主要阐述重度使用智能手机的行为如何形塑用户思维方式，并论证了中介传播对日常生活的重要性。我们认为，过去的经验与对未来永久连接的期望将构成了人们的日常思维模式，这既与个人及他人的智能手机和网络空间有关，也与各自的行为有关（Bayer et al., 2016）。一名重度用户的自我体验表明，永久连接建构了现实社会的新维度，这对他人而言是隐性的，而于自身却非常显著和重要。永久性访问对人们的思维、感觉及行为产生多重影响（图 3.1）。

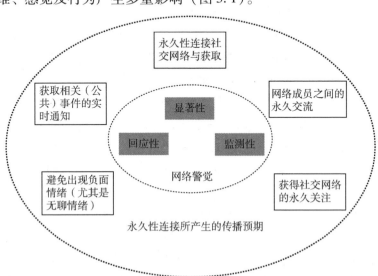

图 3.1　POPC 心态：移动互联网重度用户的习惯与认知结构特征

因此，我们得出结论：手机的重度使用既为用户赋权，同时也带来一种压迫感。用户的赋权印象来自于从永久连接中获得的满足感等积极体验，如用户提高解决问题的能力，消解孤独感，抑或克服消极情绪。我们认为重度手机用户会期待在未来情境或日常生活中被赋权，但不管怎样，他们还是会随身携带智能手机。

然而，人们的这些认知结构在某些情况下可能会让他们不知所措，比如收到大量让人觉得有必要立即做出回应的信息（Mai, Freudenthaler, Schneider & Vorderer, 2015），网友与网络社群对交流产生强烈需求（Reinecke et al., 2017），网络关注带来社交压力（e.g., Hefner & Vorderer, 2016）。一些重度手机用户囿于年龄、性格及网络经历等因素，他们可能会低估身处 POPC 环境所带来的不良后果。因此，与积极影响一样，这些不良后果带来的风险也值得学者们关注。

上述 POPC 思维模式图可以衍生出更为广泛的传播学研究议题。在个别研究领域中，学者们已经就相关主题进行讨论；尤其广泛发布了关于手机使用动机与体验的调查。我们建议应拓展相关研究，观察用户不使用智能手机时会产生什么影响（e.g., Cheever et al., 2014）。所提到的 POPC 思维模式或在线警觉的实证表现形式如何？个人与环境之间的差异如何？不同类型手机用户之间的差异又如何？

POPC 思维方式对用户心理功能与社会行为的影响也需要通过实证研究来分析或验证。在此，实际上传播学所有分支领域都可以通过提问等方式来得到启示，如在线警觉如何影响用户对每日新闻的消费、参与及理解等行为（参见 Hefner、Rinke 及 Schneider 在本书的内容）？POPC 思维方式如何影响用户对于中介式娱乐（mediated entertainment）的偏好与体验？POPC 生活环境对于劝服（如广告、宣传或政治竞选）有哪些影响？POPC 思维方式与心理健康、压力及幸福感有什么关系（Reinecke, this volume; Mata and Baumann, this volume）？虽然这些问题与传播学中的核心问题相关，但也还是有许多心理学观点需要讨论：POPC 思维方式对用户在工作团队（Sonnentag, this volume）和其他社群（Knop-Huelss, Winkler, and Penzel, this volume）中的自我意识（von Pape, this volume）、真实性（Trepte and Oliver, this volume）、自尊心、自信心、自我效能感、共情、体验式参与意愿及亲密关系中的社会行为（Rieger, this volume）等方面的影响如何？考虑到 POPC 思维构成要素的重要性，传播学及其他社会科学领域的相关研究可能会产生一些新的视角,如重度智能手机用户的 POPC 思维方式及共同预期。

## 参考文献

Bayer, J. B., Campbell, S. W. & Ling, R., Connection cues: Activating the norms and habits of social connectedness, *Communication Theory*, 2016, 26: 128 – 149. doi: 10.1111/comt.12090.

Burchell, K., Tasking the everyday: Where mobile and online communication take time, *Mobile Media & Communication*, 2014, 3: 36 – 52. doi: 10.1177/2050157914546711.

Cheever, N. A., Rosen, L. D., Carrier, L. M. & Chavez, A., Out of sight is not out of mind: The impact of restricting wireless mobile device use on anxiety levels among low, moderate and high users, *Computers in Human Behavior*, 2014, 37: 290 – 297. doi: 10.1016/j.chb.2014.05.002.

Chotpitayasunondh, V. & Douglas, K. M., How "phubbing" becomes the norm: The antecedents and consequences of snubbing via smartphone, 2016, 63: 9 – 18. doi: 10.1016/j.chb.2016.05.018.

David, P., Kim, J. - H., Brickman, J. S., Ran, W. & Curtis, C. M., Mobile phone distraction while studying, 2015. *New Media & Society*, 17, 1661 – 1679. doi: 10.1177/1461444814531692.

de Reuver, M., Nikou, S. & Bouwman, H., Domestication of smartphones and mobile applications: A quantitative mixed-method study, *Mobile Media & Communication*, 2016, 4: 347 – 370. doi: 10.1177/2050157916649989.

Diehl, K., Zauberman, G. & Barasch, A., How taking photos increases enjoyment of experiences, *Journal of Personality and Social Psychology*, 2016, 111: 119 – 140. doi: 10.1037/pspa0000055.

Foucault Welles, B., Vashevko, A., Bennett, N. & Contractor, N., Dynamic models of communication in an online friendship network, *Communication Methods and Measures*, 2014, 8 (4): 223 – 243.

Gonzales, A. L. & Wu, Y., Public cellphone use does not activate negative responses in others, *Unless they hate cellphones*, *of Computer-Mediated Communication*, 2016, 21: 384 – 398. Doi: 10.1111/jcc4.12174.

Hefner, D. & Vorderer, R. , *Digital stress: Permanent connectedness and multitasking*, In L. Reinecke & M. – B. Oliver (Eds.), *Handbook of media use and well-being* (pp. 237 – 249), New York: Routledge, 2016.

Hogan, B. , The presentation of self in the age of social media: Distinguishing performances and exhibitions online, *Bulletin of Science, Technology & Society*, 2010, 30 (6): 377 – 386. doi: 10.1177/0270467610385893.

LaRose, R. , Connolly, K. , Lee, H. , Li, K. & Hales, K. D. , Connection overload? A cross cultural study of the consequences of social media connection, *Information Systems Management*, 2014, 31: 59 – 73. doi: 10.1080/10580530.2014.854097.

Lee, D. H. , Smartphones, mobile social space, and new sociality in Korea, *Mobile Media & Communication*, 2013, 1: 269 – 284. doi: 10.1177/2050157913486790.

Lenhart, A. , *Teens, social media & technology overview* 2015, Retrieved from www.pewinternet.org/2015/04/09/teens-social-media-technology-2015/, 2015.

Ling, R. , *Taken for grantedness: The embedding of mobile communication into society*, Cambridge, MA: MIT Press, 2012.

Ling, R. & Lai, C. H. , Microcoordination 2.0: Social coordination in the age of smartphones and messaging, *Journal of Communication*, 2016, 66 (5): 834 – 856. doi: 10.1111/jcom.12251.

Mai, L. M. , Freudenthaler, R. , Schneider, F. M. & Vorderer, P. , "I know you've seen it!" Individual and social factors for users' chatting behavior on Facebook, *Computers in Human Behavior*, 2015, 49: 296 – 302. doi: 10.1016/j.chb.2015.01.074.

Mascheroni, G. & Vincent, J. , Perpetual contact as a communicative affordance: Opportunities, constraints, and emotions, *Mobile Media & Communication*, 2016, 4: 310 – 326. doi: 10.1177/2050157916639347.

Matic, A. , Pielot, M. & Oliver, N. , Boredom-computer interaction: Boredom proneness and the use of smartphone, In *Proceedings of the*

*2015 ACM International Joint Conference on Pervasive and Ubiquitous Computing*, 2015, (pp. 837 – 841). ACM.

Meier, A., Reinecke, L. & Meltzer, C. E., "Facebocrastination" Predictors of using Facebook for procrastination and its effects on students' well-being, *Computers in Human Behavior*, 2016, 64: 65 – 76. doi: 10.1016/j.chb.2016.06.011.

Mihailidis, P., A tethered generation: Exploring the role of mobile phones in the daily life of young people, *Mobile Media & Communication*, 2014, 2: 58 – 72. doi: 10.1177/2050157913505558.

Oulasvirta, A., Rattenbury, T., Ma, L. & Raita, E., Habits make smartphone use more pervasive, *Personal and Ubiquitous Computing*, 2012, 16 (1): 105 – 114. doi: 10.1007/s00779 – 011 – 0412 – 2.

Przybylski, A. K., Murayama, K., DeHaan, C. R. & Gladwell, V., Motivational, emotional, and behavioral correlates of fear of missing out, *Computers in Human Behavior*, 2013, 29 (4): 1841 – 1848.

Quinn, S. & Oldmeadow, J., The Martini effect and social networking sites: Early adolescents, mobile social networking and connectedness to friends, *Mobile Media & Communication*, 2013, 1: 237 – 247. doi: 10.1177/2050157912474812.

Reinecke, L., Aufenanger, S., Beutel, M. E., Dreier, M., Quiring, O., Stark, B., Muller, K. W., Digital stress over the life span: The effects of communication load and Internet multitasking on perceived stress and psychological health impairments in a German probability sample, *Media Psychology*, 2017, 20: 90 – 115. doi: 10.1080/15213269.2015.1121832.

Rosen, L. D., Mark Carrier, L. & Cheever, N. A., Facebook and texting made me do it: Media-induced task-switching while studying, *Computers in Human Behavior*, 2013, 29 (3): 948 – 958. doi: 10.1016/j.chb.2012.12.001.

Stothart, C., Mitchum, A. & Yehnert, C., The attentional cost of receiving a cell phone notification, *Journal of Experimental Psychology: Human Perception and Petformance*, 2015, 41 (4): 893 – 897. doi:

10. 1037/xhp0000100.

Turcotte, J., York, C., Irving, J., Scholl, R. M. & Pingree, R. J., News recommendations from social media opinion leaders: Effects on media trust and information seeking, *Journal of Computer-Mediated Communication*, 2015, 20 (5): 520 – 535. doi: 10. 1111/jcc4. 12127.

Vorderer, P., Communication and the good life. Why and how our discipline should make a difference, *Journal of Communication*, 2016, 66: 1 – 12.

Vorderer, R. & Kohring, M., Permanently online: A challenge for media and communication research, *International Journal of Communication*, 2013, 7: 188 – 196.

Vorderer, P., Kromer, N. & Schneider, E. M., Permanently online-permanently connected: Explorations into university students' use of social media and mobile smart devices, *Computers in Human Behavior*, 2016, 63: 694 – 703. doi: 10. 1016/j. chb. 2016. 05. 085.

Vorderer, P. & Schneider, E., Social media and ostracism, In K. D. Williams & S. A. Nida (Eds.), *Ostracism, exclusion, and rejection*, 2017, (pp. 240 – 257). New York: Psychology Press.

Wang, Z., Irwin, M., Cooper, C. & Srivastava, J., Multidimensions of media multitasking and adaptive media selection, *Human Communication Research*, 2015, 41: 102 – 127. doi: 10. 1111/hcre. 12042.

Wang, Z. & Tchernev, J. M., The "myth" of media multitasking: Reciprocal dynamics of media multitasking, personal needs, and gratifications, *Journal of Communication*, 2012, 62 (3): 493 – 513.

Zillmann, D., Mood management in the context of selective exposure theory, In M. E. Roloff (Ed.), *Communication Yearbook*, 2000, 23, (S. 123 – 145). Thousand Oaks: Sage.

# 第四章

# POPC 传播研究方法面临的挑战

弗兰克·M. 施耐德、萨宾娜·莱奇、伦纳德·莱纳克
(Frank M. Schneider, Sabine Reich and Leonard Reinecke)

智能终端世界的到来推动了传播学研究及邻近学科的发展。学者们在大众传媒学全文数据库（Communication and Mass Media Complete，简称 CMMC）中，对 2015 年 1 月到 2016 年 5 月的文献搜索关键词 "smartphone" "smartphone" 或 "mobilephone"，共发现 1816 条相关结果。这与在线社交网络和通信工具的发展基本一致，因为同样在 CMMC 数据库中搜索关键词 "social networking site" 或 "social media" 得到 5986 条搜索结果，当时引发学界热议，而且至今犹存。智能移动终端及其通信功能已嵌入到我们的日常生活中（e.g., Vorderer & Kohring, 2013）。然而，智能手机的普及不仅体现于用户的多平台行为，如收到社交网站和手机运动或健康应用程序推送的消息，而且还涉及产生信息流的多终端设备，如笔记本电脑、平板电脑、智能手机以及智能手表等可穿戴设备，这对于传播学的研究方法提出挑战。因为持续与高频率开展多平台传播相关的实证研究——研究内容涉及影响因素、环境、内容、动态及短期与长期的影响——并非易事，尤其在获得完整、可靠及有效信息方面困难重重。例如，许多智能手机用户沉浸于碎片化的主体间交流（Utz, this volume），这种体验对交流频率、交流顺序及交流心理相关性方面的自陈报告（self-report）测量效度提出挑战，因为用户可能无法记忆或概括他们所产生的碎片化消息。

在本章节中，我们将综述"永久在线永久连接"现象相关的已有研究路径，讨论所面临的挑战，评述可能的解决方案。新技术作为一种

## 第一部分　引言

研究的辅助手段和社会科学方法检索的利器，似乎展现出无限可能。

### POPC 的研究方法：方法现状

#### POPC 是什么？不是什么？

尽管针对 POPC 现象的考察视角和理念各不相同，但都围绕一个共同理念，即所考察的 POPC 行为与状态具有持续性、经常性或永久性等特征。此外，在考察过程中考虑 POPC 的如下两方面也颇为受益：一是经常使用移动网络设备的行为（包括娱乐、新闻或人际传播），二是移动终端和潜在互动行为背后的警觉性心理状态（参见 Klimmt、Hefner、Rei-necke、Rieger 及 Vorderer 在本书的内容），以对所接收信息、与他人的互动及可检索内容做出回应（e.g., Bayer, Campbell & Ling, 2016; Vorderer, Kromer & Schneider, 2016; Walsh, White & Young, 2010）。为了研究这些现象，学者们需要从理论上来区分"习惯"、"多任务处理"和"成瘾"等相近概念，以厘清 POPC 过程及其前因后果。毋庸置疑，用户身处"永久在线"状态时所表现出来的外显行为可能会成为习惯（如查看行为，Oulasvirta, Rattenbury, Ma & Raita, 2012，或手机铃声幻听行为，Hartmann & Vermeulen, 2015）。然而，这些习惯可能会成为潜在问题，以至于人们丧失了有效自我调节这些行为的能力（LaRose, Lin & Eastin, 2003）。然而，这种封闭行为本身的永久性特点与习惯性使用行为或潜在成瘾行为无关（参见 Klimmt 与 Brand 在本书的内容）。同样，多任务处理——同时处理两项任务的行为（参见 Xu、Wang 及 David 在本书的内容）——可能是 POPC 产生的影响之一，而非其要求或表征。POPC 还会产生其他影响，如人们在永久在线状态中的警觉性会让他们倍感压力（参见 Reinecke 在本书的内容；Hefner & Vorderer, 2017）。移动网络媒体的传播与可连接等功能也同样能够满足人们的社交需求和信息需求。随着 POPC 现象日趋凸显，用户越来越倾向于使用移动手机（Walsh et al., 2010）。用户对永久在线状态的青睐可能是由于自控力与冲动控制（impulse control）不够（参见 van Koningsbruggen、Hartmann 及 Du 在本书的章节），也可能与交际模式或依恋类型有关。此外，"永久在线"与"永久连接"可能相互建构，因为交流警觉性可能会产生检查手机、开启对话和引导对话流等一系列行为；同样，这些行为也为人们之间的持续互动提供可能，这反过来又提高了用户对传入通信的警觉性。人们倾向于建立社交关系（如归属需求、沟通方式与意愿、依赖类型、反复求证等；参见本书 Utz 与 Rieger 所写的章节），这也会进一步影响他们对于永久连接的敏感度。总而言之，所有这些相近概念都是 POPC 逻辑关系网络（nomological network）的组成部分。然而，若仅仅将这些概念作为测量 POPC 的指标，可能还无法满足 POPC 普适性的要求。

在简要阐述了 POPC 概念及其潜在原因和影响之后，我们将继续讨论在研究 POPC 现象时所遇到的方法论挑战，还会探讨人们在 POPC 状态下的手机使用新模式对于整个传播学研究领域研究方法带来的挑战。

测量 POPC：挑战与机遇

要想真正把握 POPC 的内涵，我们不仅需要描述现象，还应该对已有的方法进行检验：哪种方法适用于测量 POPC 现象？目前已经有哪些成功案例？我们是否具备恰当的工具来开展新研究？我们在测量 POPC 现象时，是否需要制定新的研究方案，改善或放弃某些特定研究方法呢？传统方法与新方法有哪些缺点？

然而，研究者在测量 POPC 行为与在线警觉心理状态时也分别面临不同的机遇与挑战。与外显行为一样，自陈报告和观察也是测量 POPC 活动的常用方法。之前的研究已经尝试通过自陈报告测量方法来阐释 POPC 行为。沃德勒、克罗默和施耐德（2016）针对德国学生的 POPC 行为进行了一项调查研究，他们测量了各种社会情境与生活环境中 POPC 活动发生的频率。

尽管结果明确显示，采用自陈报告方法来测量 POPC 行为是可行的，但是与 POPC 环境中媒介使用的某些特征相伴随，自陈报告的效度也可能会备受质疑。早在移动媒体使用之前，采用自陈报告法来测量媒介接触行为就存在批判性论争，当时主要是针对传统媒介接触（e.g., Prior, 2009）。现有证据表明，由于受访者存在记忆误差，受偏见的引导，或者缺乏积极性，因此在回答媒介使用的相关问题时他们承受相当大的认知压力，这都会导致对媒介接触行为的误判（De Vreese & Neijens, 2016; Prior, 2009）。在 POPC 环境中，利用自陈报告法测量媒介使用行为所面临的传统挑战也成倍增加：移动终端不仅增加了人们接触媒介的机会，而且移动媒体使用通常呈现碎片化（Oulasvirta et al., 2012），这是一种习惯性、无意识的行为，而非有意识的媒介接触决策（Bayer, Dal

## 第一部分 引言

Cin, Campbell & Panek, 2016)。因此, 仅 POPC 行为的发生频率之快、肤浅使用、用户的无意识行为等这些因素就使得采用自陈报告法精准测量 POPC 行为变得尤为困难 (DeVreese & Neijens, 2016)。

幸运的是, POPC 现象不仅在研究方法上面临新问题, 而且还为媒介使用行为的冷门 (unobtrusive) 评估方法提供了新契机。实际上, 绝大多数 POPC 活动将人们的多平台使用汇聚于一个中心终端 (如智能手机), 因此追踪用户行为的数字轨迹及创建行为观察的各种数据库比以往时候更为容易。例如, 个别手机应用程序能够记录手机本身及其应用程序的使用轨迹 (e.g., iYouVU, Asselbergs et al., 2016; Menthal, applied in Montag et al., 2015)。实际上, 之前的研究已明确显示, 自陈报告法相关的日志数据对于研究一般的互联网使用 (Scharkow, 2016), 尤其是移动手机使用 (Boase & Ling, 2013) 存在优势。此外, 越来越多的研究已经成功地将跟踪数据方法应用到 POPC 语境中。例如, 小林 (Kobayashi)、博阿瑟 (Boase)、苏祖基 (Suzuki) 及铃木 (Suzuk) (2015) 等研究者们专门开发应用程序, 从智能手机的地址栏收集数据, 并记录通讯数据 (如语音通话、短信息、邮件消息), 以调查关系强度及弱关系交流。欧拉斯维尔塔 (Oulasvirta) 及其同事 (2012) 主要研究手机用户的查看行为以及他们在使用定制软件时对于信息提示的反应。

此外, 智能手机上装有各种传感器, 这有助于进一步的行为观察 (behavioral observations)。例如, 全球定位系统 (GPS) 和辅助全球定位系统 (Assisted GPS) (如将卫星、附近基站及无线局域网的信号集于一体) 有助于调查用户的日常活动 (e.g., Wolf Figueredo & Jacobs, 2013); 内置于智能手机的加速计可以监测用户的行为活动 (如用户多久拿起手机回复收到的消息; 详情参见 Miller, 2012); 此外, 麦克风也可以用来追踪 POPC 听觉环境中的声音数据 (e.g., Lacour & Vkvreck, 2014)。甚至智能手机的前后摄像头和闪光灯也可视作 POPC 环境的生理监测指标, 用于测评用户的心跳和呼吸频率 (Nam, Kong, Reyes, Reljin & Chon, 2016)。这些行为和生理观测数据有助于测量 POPC 现象的各项指标, 或更精确地描述 POPC 环境 (即 POPC 现象发生的条件)。

然而, 我们在概念化 POPC 现象时也将警觉性心理纳入其中, 因此基于服务器或日志文件数据的行为轨迹并不能记录人们是否在查看智能手机屏幕上的任何信号或提示，是否在收到手机信号后给予它们关注，或者思考及感受这些信号。因此，在POPC环境中，自我报告和日志数据的结合似乎是一种特别有效的衡量方法。

虽然POPC的行为构成要素（*behavior component*）已经得到一定关注（见上文），但人们身处POPC环境时的心理状态，即时刻准备着并等待即将到来的交流，充其量也只是附带被提到。此前的研究已经对POPC现象产生的多个潜在因素与影响进行探讨。虽然这些测量指标并不能直接明了地评估POPC相关概念，但是它们可以作为POPC行为与在线警觉行为的实证监测工具。在这一研究中，标准化心理测试或量表（*standardized psychological testsor scales*）已被用于测量性格类概念结构（trait-like constructs），如大五人格（Big Five），将归属需求或自尊心作为POPC环境相关结果变量的预测因子。关于永久在线，研究者们已经用自陈报告式问卷来测量受访者的网络媒介接触行为（Vorderer et al.，2016）及平台功能使用行为（如Facebook功能，Smock, Ellison, Lampe & Wohn, 2011）。关于永久连接，之前的研究已经测量了人们对智能手机提示的反应速度（Mai, Freudenthaler, Schneider & Vorderer, 2015），或他们参与移动网络终端时的体验（Walsh et al., 2010）。而其他自陈报告法也主要用于测量POPC现象中用户的相关体验或行为。例如，塔尼斯（Tanis）等人（2015）的研究表明，大部分人们有幻听电话信号的经历，当遇到与手机信号类似的环境信号时，就触发了查看手机的行为模式。当人们无法使用移动网络终端（Sapacz, Rockman & Clark, 2016），或与其他人联系不上时（Quan-Haase & Collins, 2008）产生的不适感，这也可以作为评估POPC环境的指标。

大多数研究都是采用横断面调查设计①（cross-sectional survey designs）。也就是说，预测因子和结果变量是在一个特定的情况下同时测量的，因此（在其他情境、时间和环境中）很难做出因果推断和概括。因此，人们就提出了电子日记（electronic diaries）和体验抽样（experi-

---

① 横断面调查设计，又称为现况调查，是一种观察式研究，指在某一特定时间对某一定范围内的人群，就某一问题以个人为单位收集和描述人群的特征，参见Lee, James (1994)。——译者注

ence sampling）方法，以更准确地监测日常生活中不同环境与不同场景下人们的体验和行为。例如，体验抽样方法①（Experience Sampling Method，简称 ESM）主要用于收集日常生活情境中的自陈报告数据。尽管在传播研究中这种方法并不常用，但在 POPC 环境中智能手机的普遍使用与网络连接可能有助于克服技术障碍。例如，体验抽样方法被用于调查日常娱乐和拖延性媒体使用行为发生的前因和后果（Reinecke & Hofmann, 2016）或 Facebook 使用与主观幸福感（subjective well-being）之间的关系（Kross et al., 2013）。在这些研究中，调查者用智能手机发送提示信息来提醒用户立即或在给定时间内填写（在线）调查或日记，具体通过文字信息（通过短消息服务；例如，使用 SurveySignal 公司的软件，Hofmann & Patel, 2015）、电子邮件（通过 SoSci Survey 等在线调查工具管理，Leiner, 2014），或通过已安装的发送提示消息的应用程序（如 movisensXS，http：//xs.movisens.com）来完成。与传统的 ESM 研究相反，上述研究不再需要其他设备（Hofmann & Patel, 2015），每个人口袋里的智能手机足矣。此外，在手机覆盖率高的国家，手机调查所获得的答复率要远远高于网络调查（Woo, Kim & Couper, 2015）。

在 POPC 领域中，我们青睐于采用收集数据方法，这表明智能手机为传播学研究者提供了有效的外部条件和环境，但是也不应该忽略以实验室为主的传统实验环境。实验设备不仅可以采用令人满意的方式（如捕捉注意力的眼动追踪技术，Vraga, Bode & Troller-Renfree, 2016, 或者通过生理措施对手机信号做出防御性反应，Clay-ton, Leshner & Almond, 2015）来评估那些通常无法采用移动技术来测量的概念，而且还可以通过确保环境因素的稳定性（如屏幕大小、网络连接状态等），及利用技术来控制第三方变量（如随机化、并行化等因素），以保证实验的较高内部效度。一方面，这些案例表明实验设置存在缺陷：POPC 环境的构成要素以及利用手机交流都具有人为性特征，而且实验结果既不能从特定情境推广到日常生活情境，也没有将在线交流情境的动态性

---

① 体验式抽样方法，也指每日日记法或生态瞬时评估（EMA），是一种强化纵向研究方法，通过要求参与者报告他们的想法、感觉、行为及存在的多维度环境，通过给定的心理量表及开放式问题来测量参与者所处的时空环境，具体操作可以通过网络或电子设备来完成，参见 Bolger, N.; Laurenceau, J. P. (2013)。——译者注

特征考虑在内。但另一方面又体现了实验研究的优点：实验设置对于进一步阐述 POPC 概念及其因果关系至关重要。无论何时，只要实验设计不可行或不可能，人们就可能会选择纵向方法①（longitudinal approaches）作为备选方案，那么在这种情况下，不是所有的第三变量都可以被控制，但决定因素会先于结果产生影响。除了之前提到的日记法、体验抽样方法和跟踪法等研究方法外，在 POPC 相关研究领域中，只有少数关于自陈报告的案例将纵向设计应用于两种以上测量情况（如 Bødker, Gimpel & Hedman, 2014）。

总而言之，上述 POPC 测量方法综述表明，研究领域缺乏统一的测量标准。过去的研究主要用于阐述 POPC 相关概念，探寻 POPC 现象产生的原因与结果，而鲜有利用工具明确测量人们在 POPC 环境中的行为和心理构成因素。此外，由于 POPC 行为具有发生频率高、琐碎且无意识等特征，因此准确测量这类行为也就变得异常困难。然而，POPC 行为测量不仅面临方法论挑战，还获得许多新机遇，如获取行为追踪数据、大数据以及 ESM 数据收集的创新形式。

## POPC：传播学科所面临的方法论挑战

除在确定 POPC 行为和心理构成因素时面临方法论问题外，由 POPC 生活方式产生的新的媒介使用方式对于方法论的影响远超出 POPC 语境本身，也对整个媒介使用和效果研究领域产生影响（Vorderer et al., 2015）。

上述讨论的新传播模式所引发的诸多问题不仅使 POPC 行为测量更加复杂，也让传播学研究者在 POPC 研究领域之外的工作更加扑朔迷离。随着移动通信无处不在及媒介多任务处理的盛行，正如考察自陈报告法在 POPC 环境中的有效性一样，传统的自陈报告法被用于测量传播学研究中各领域的媒介接触行为的有效性也面临挑战（De Vreese & Neijens, 2016）。因此，研究者们经常采用自陈报告法与行为追踪数据方法相结合的方式也势在必行，这不仅让那些对 POPC 现象与在线交流

---

① 纵向研究（纵向调查或小组研究）是指在短期或长期内对一个变量进行重复观察的研究设计，它通常是一种观察性研究，是纵向随机实验的一部分，参见 Shadish, William R.; Cook, Thomas D.; Campbell, Donald T. (2002), p. 267。

# 第一部分 引言

现象特别感兴趣的研究者困难重重，而且对于以媒介使用行为（如新闻接触）为核心的传播学所有分支领域（如公众舆论研究、政治传播）构成严峻挑战。因此，本章所讨论的方法论面临的挑战不完全适用于 POPC 现象的测量。相反，POPC 行为的新模式可能呼吁一个新时代的到来，即利用替代性方法来测量传播研究中各种语境下的媒介接触行为。

在 POPC 现象研究中，除媒介接触行为的测量方法面临挑战外，媒介效果研究也遇到新问题，这导致需要考虑的情境因素呈指数级增长。智能手机的出现催生出大量新技术基础设施和软件界面，它们与媒介使用和媒介效果相互影响。与 POPC 之前的时代相比，当时媒介使用的技术环境相对稳定——如通过电视机来看电视连续剧，或在网络浏览器中登录 Facebook——然而具有不同技术特征的智能手机（如屏幕大小）和软件架构（如应用程序与浏览器）增加了技术复杂性及可供性，这对于用户群的类化也越来越困难。除技术环境因素的日趋增加外，媒介使用移动性的凸显也在其他情境中产生影响。人们在使用媒介时不再局限于特定环境（如在客厅看电视），而可以随时随地使用，如在火车上、浴室中及谈话中。环境因素的爆炸式增长对媒介效果研究的影响至关重要，即使不考虑媒介使用环境，我们也不会期待一条媒体信息对用户产生相同影响。实际上，越来越多的研究表明，说服（Kim & Sundar，2016 年）或自我披露（Murthy，Bowman，Gross & McGarry，2015 年）等重要方法在移动媒体使用环境中的实施过程并不同。环境因素的重要性日趋显著对于传统的媒介效果研究方法是一个挑战：许多潜在相关且需要评估的环境因素超出了传统调查研究范围。传统实验设计的外部效度也备受质疑，因为在实验过程中环境因素被视为研究结果失真的源头，所以需要剔除或至少保持不变。POPC 生活方式相关的媒介多任务行为的日益盛行使情况变得愈加复杂，（参见 Xu、Wang 与 David 在本书中的章节）。当两条媒体消息被同时或快速连续消费时，它们各自对媒体用户的影响难以区分。总而言之，POPC 现象引发的这些方法论问题明确强调，利用移动终端所提供的契机来测量媒介使用行为和评估媒介效果已经势在必行，如移动体验抽样方法。

伦理关怀

如上所述，尽管 POPC 现象为媒介使用及媒介效果方面的研究带来了困难，但也引入许多新的方法论资源。虽然智能终端为技术世界带来了许多新可能,但随之也赋予社会科学家更大的责任。乌祖斯(Wrzus)和梅尔(Mehl)(2015,pp. 263 – 264)从伦理和法律视角讨论了四类信息风险——"获得参与者不愿意暴露的信息;无意获得他人的信息;获得疾病或犯罪行为相关信息;可供第三方使用的上述任何信息"——研究者们必须要知晓这四类信息,这样才能应对这些信息带来的风险,尤其在大数据方面,信息风险问题也日益严峻。正如克劳福德(Crawford)(2012,p. 671)所述:"仅仅因为大数据使得连接成为可能,就说它符合伦理,这是不合理的。"一个广为人知的例子就是 Facebook 的"情绪传染"(emotional contagion)研究(Kramer, Guillory & Hancock, 2014)。在该研究中,Facebook 从中选取 689003 名用户作为实验对象,并仅向他们展示新闻中的积极或消极情绪内容。该研究一经公开,引发了研究者们对其伦理性的广泛讨论(e.g., Schroeder, 2014,或近期《伦理研究》的专门议题,Hunter & Evans, 2016),因为参与者在不知情的情况下参与了实验,并且他们也没有选择退出的可能,然而这两方面都是社会科学研究中对参与者享有权利的标准规定。尽管如此,这一切却都符合研究者们的合作单位 Facebook 的数据使用政策。目前,研究的创新之处并非是学术机构和盈利性公司在研究伦理、同意和隐私政策方面的细微差别,而是知识生产的力量以及大数据如何渗透到我们的日常生活中(cf. Schroeder, 2014)。例如,谷歌搜索(GoogleSearch)、谷歌邮箱(Gmail)、谷歌日历(Google Calendar)、谷歌+(Google +)、谷歌云服务(Google Drive)、YouTube、谷歌地图(Google Maps)、谷歌商店(Google Play Store)等谷歌数据源的连接,提供了精准的个人画像。随着大数据行业的迅猛发展,新伦理规则的制定也迫在眉睫,正如米勒(Miller)(2012,p. 232)所提出的那样,"在理想情况下,新规则将同样适用于企业研究人员和学术研究人员,Facebook 和哈佛大学应该遵循统一标准"。

### 补救措施与有效解决方案

鉴于本章内容篇幅有限,最后我们希望从四个方面来阐述如何拓展 POPC 研究相关知识和攻克所存在的问题,包括跨学科合作、多方法设计、交叉验证和反复试验及元分析(meta-analyses)。

首先,作为传播学者,我们对 POPC 环境中的用户、传播过程和效

## 第一部分 引言

果以及其环境因素和社会条件感兴趣。我们虽然接受过社会科学研究方法的相关培训，但却很少有人是计算机科学与工程方面的专家。因此，为了与该领域中飞速发展的技术保持同步，学科之间的协作（如传播学、计算机科学、计算社会科学等；cf. Weller, 2015），以及与提供大规模数据访问权限的商业机构合作（Taneja, 2016）可能是唯一途径。就大数据与理论导向型的或假说—演绎型的理论测试方法（Landers, Brusso, Cavanaugh & Collmus, 2016）而言，从智能手机传感器或社交媒体平台收集的所有原始数据可能对于评估POPC现象毫无用处，除非这些数据从理论层面得到合理假设的验证与支持。相比之下，大型数据库则需要采用数据挖掘和机器学习技术来处理，换言之，采用数据导向或演绎方法来研究和验证理论并建构理论（e.g., Lazer et al., 2009; Stopczynski et al., 2014）。这两种思维方式对于所有学科本身及其学科技术发展都将受益，在这样一个日新月异的领域更是如此。当然，在涉及与商业公司合作时，学界还是应该确保遵循学术研究准则（如伦理委员会的咨询），或重新制定准则。

第二，这种跨学科协作当然需要采用多元化方法来收集数据，至少要确保所用测量方法的结构效度。例如，沃尔夫（Wolf）等人（2013）在研究基于GPS的测量方式是否体现了一种积极的生活方式（与久坐不动的生活方式相比）时，采用自陈式日记（self-report diary）、谷歌地图任务和GPS数据来确定参与者的位置，还研究了这些测量方法与评估个人差异的标准量表及测试（如对生活的满意度、绝望程度及大五人格）之间的相关性。此外，这类多元化方法还包括从移动网络运营商的计费系统中获得的数据与自陈报告（Gerpott, 2010）的结合，或者自陈报告与手机通话及短信服务、蓝牙匹配（Bluetooth proximity）和天气数据（Bogomolov, Lepri, Ferron, Pianesi & Pentland, 2014）的结合。总而言之，我们认为多元方法设计应该是POPC研究的黄金准则。

第三，不仅采用这种多元方法进行研究，而且还与（大规模）重复验证方法相结合，这增加了多元化方法研究结果的可靠性。在建构和验证测量方法时，交叉验证与重复为标准流程，尤其有助于减少大规模社交媒体数据存在的偏见与缺陷。例如，关于特定平台的研究结果或群体（关于Facebook）可能不会被推广到其他社交网络服务平台中（SNS）；一个平台的功能和算法可能会随着时间发生改变（如存储或隐私政策），这将对用户行为产生影响；或者过度拟合的模型也可能无法很好地处理其他数据集。鲁茨（Ruths）和普费弗（Pfeffer）（2014）围绕这些问题展开基础性讨论也提出了一些相关建议。显然，多元化研究文献和论证充分的方法为制定开放数据策略提供了借鉴作用。

最后，尽管针对POPC现象的大量研究——关于网络媒体的持续使用行为与持久的警觉心理状态——还尚未出现，但是从大量相关概念的研究中获得见解则有助于讨论与阐释智能终端的使用与效果，如Facebook、Twitter、WhatsApp等社交媒体和即时通信工具的使用。为了整合这些研究结果，我们提倡采用元分析方法（meta-analysis），这是一种总结经验结果的统计方法（e.g.，Schmidt & Hunter，2015）。如果仔细研究我们发现元分析之所以有用在于有助于对效果进行更为广泛和精准的估算，当结果存在争议时可以展示全景并提供更为详细的分析（如版主分析和亚组分析）。POPC相关研究课题的例子还包括移动互联网使用（Gerpott & Thomas，2014），社交媒体使用与参与（Boulianne，2015），Facebook使用与孤独感（Song et al.，2014），在线媒介使用以及感知社交资本/支持（Domahidi 2016），发短信对驾驶的影响（Caird，Johnston，Willness，Asbridge & Steel，2014），问题性互联网使用（problematic Internet use）（Tokunaga & Rains，2016），移动终端使用与学习成效（Sung，Chang & Liu，2016）。

## 结　语

　　如果心理学没有历史——如果它今天才出现，没有方法论惯性（methodological inertia）——那我们用什么研究方法来收集行为数据呢？我认为我们会使用智能手机，因为它无处不在、不引人注目、与我们亲密无间、有丰富的传感技术、强大的计算能力，而且也可以实现远程连接。（Miller，2012，p.221）

从米勒斯（2012）对智能手机的褒奖可以看出，智能手机作为一种研究工具与POPC现象相辅相成的关系已昭然若揭。POPC研究需要合适的方法和措施，可能会依赖于智能手机，将其作为最终的方法工具包。与此同时，智能移动终端作为一种无处不在的研究工具开辟了一条

## 第一部分 引言

不可逆转的道路，如此，我们不仅处于永久在线与永久连接的状态，而且处于永久被测量的状态。然而，我们能否逐渐意识到自己处于这样的境地，如果可以，那么这是否会改变我们使用移动终端的方式和相应的心理机制，时间将会给我们答案。

## 参考文献

Asselbergs, J., Ruwaard, J., Ejdys, M., Schrader, N., Sijbrandij, M. & Riper, H., Mobile phone-based unobtrusive ecological momentary assessment of day-to-day mood: An explorative study, *Journal of Medical Internet Research*, 2016, 18: e72. http://dx.doi.org/10.2196/jmir.5505.

Bayer, J. B., Campbell, S. W. & Ling, R., Connection cues: Activating the norms and habits of social connectedness, *Communication Theory*, 2016, 26: 128-149. http://dx.doi.org/10.1111/comt.12090.

Bayer, J. B., Dal Cin, S., Campbell, S. W. & Panek, E., Consciousness and self-regulation in mobile communication, *Human Communication Research*, 2016, 42: 71-97. http://dx.doi.org/10.1111/hcre.12067.

Boase, J., Implications of software-based mobile media for social research, *Mobile Media & Communication*, 2013, 1: 57-62. http://dx.doi.org/10.1177/2050157912459500.

Boase, J. & Ling, R., Measuring mobile phone use: Self-report versus log data, *Journal of Computer-Mediated Communication*, 2013: 508-519. http://dx.doi.org/10.1111/jcc4.12021.

Bødker, M., Gimpel, G. & Hedman, J., Time-out/time-in: The dynamics of everyday experiential computing devices, *Information Systems Journal*, 2014, 24: 143-166. http://dx.doi.org/10.1111/isj.12002.

Bogomolov, A., Lepri, B., Ferron, M., Pianesi, R. & Pentland, A., Daily stress recognition from mobile phone data, weather conditions and individual traits, In K. A. Hua, Y. Rui, R. Steinmetz, A. Hanjalic, A. Natsev & W. Zhu (Eds.), *The 22nd ACM International Conference on Multimedia*, 2014, (pp. 477-486). Retrieved from http://arxiv.org/abs/1410.5816.

Boulianne, S., Social media use and participation: A meta-analysis of current research, *Information, Communication & Society*, 2015, 18: 524 – 538. http://dx.doi.org/10.1080/1369118X.2015.1008542.

Boyd, d. m. & Crawford, K., Critical questions for big data: Provocations for a cultural, technological, and scholarly phenomenon, *Information, Communication & Society*, 2012, 15: 662 – 679. http://dx.doi.org/10.1080/1369118X.2012.678878.

Caird, J. K., Johnston, K. A., Willness, C. R., Asbridge, M. & Steel, R., A meta-analysis of the effects of texting on driving, *Accident Analysis & Prevention*, 2014, 71: 311 – 318. http://dx.doi.Org/10.1016/j.aap.2014.06.005.

Clayton, R. B., Leshner, G. & Almond, A., The extended iSelf: The impact of iPhone separation on cognition, emotion, and physiology, *Journal of Computer-Mediated Communication*, 2015, 20: 119 – 135. http://dx.doi.org/10.1111/jcc4.12109.

De Vreese, C. H. & Neijens, P., Measuring media exposure in a changing communications environment, *Communication Methods and Measures*, 2016, 10: 69 – 80. http://dx.doi.org/10.1080/19312458.2016.1150441.

Domahidi, E., *Online-Mediennutzung und wahrgenommene soziale Ressourcen: Eine Meta-Analyse* [Online media use and perceived social resources. A meta-analysis], Wiesbaden: Springer VS, 2016.

Gerpott, T. J., Impacts of mobile Internet use intensity on the demand for SMS and voice services of mobile network operators: An empirical multi-method study of German mobile Internet customers, *Telecommunications Policy*, 2010, 34: 430 – 443. http://dx.doi.Org/10.1016/j.telpol.2010.06.003.

Gerpott, T. J. & Thomas, S., Empirical research on mobile Internet usage: A meta-analysis of the literature, *Telecommunications Policy*, 2014, 38: 291 – 310. http://dx.doi.Org/10.1016/j.telpol.2013.10.003.

Hefner, D. & Vorderer, P., Digital stress: Permanent connectedness and multitasking, In L. Reinecke & M. B. Oliver (Eds.), *The Routledge handbook of media use and well-being*, 2017, (pp. 237 – 249). New York: Routledge.

Hofmann, W. & Patel, P. V., Survey Signa: A convenient solution for experience sampling research using participants' own smartphones, *Social Science Computer Review*, 2015, 33: 235 – 253. http://dx.doi.org/10.1177/0894439314525117.

Hunter, D. & Evans, N. (Eds.), Facebook special issue, *Research Ethics*, 2016, 12 (1).

Kim, K. J. & Sundar, S. S., Mobile persuasion: Can screen size and presentation mode make a difference to trust? *Human Communication Research*, 2016, 42: 45 – 70. http://dx.doi.org/10.1111/hcre.12064.

Kobayashi, T., Boase, J., Suzuki, T. & Suzuki, T., Emerging from the cocoon? Revisiting the tele-cocooning hypothesis in the smartphone era, *Journal of Computer-Mediated Communication*, 2015, 20: 330 – 345. http://dx.doi.org/10.1111/jcc4.12116.

Kramer, A. D. I., Guillory, J. E. & Hancock, J. T., Experimental evidence of massive-scale emotional contagion through social networks, *PNAS Proceedings of the National Academy of Sciences of the United States of America*, 2014: 8788 – 8790. http://dx.doi.org/10.1073/pnas.1320040111.

Kross, E., Verduyn, P., Demiralp, E., Park, J., Lee, D. S., Lin, N., Ybarra, O., Facebook use predicts declines in subjective well-being in young adults, *PLoS ONE*, 2013, 8: e69841. http://dx.doi.org/10.1371/journal.pone.0069841.

Lacour, M. J. & Vavreck, L., Improving media measurement: Evidence from the field, *Political Communication*, 2014, 31: 408 – 420. http://dx.doi.org/10.1080/10584609.2014.921258.

Landers, R. N., Brusso, R. C., Cavanaugh, K. J. & Collmus, A. B., A primer on theory-driven web scraping: Automatic extraction of big data from the Internet for use in psychological research, *Psychological Methods*, 2016, 21: 475 – 492. http://dx.doi.org/10.1037/met0000081.

LaRose, R., Lin, C. A. & Eastin, M. S., Unregulated Internet usage: Addiction, habit, or deficient self-regulation? *Media Psychology*, 2003, 5: 225 – 253. http://dx.doi.org/10.1207/S1532785XMEP0503_01.

Lazer, D., Pentland, A., Adamic, L., Aral, S., Bambasi, A.-L.,

Brewer, D., …van Alstyne, M., Computational social science, *Science*, 2009, 323: 721-723. http://dx.doi.org/10.1126/science.1167742.

Leiner, D. J., *SoSci survey* (Version 2.5.00-i). [Computer software], Retrieved from www.soscisurvey.de.

Mai, L. M., Freudenthaler, R., Schneider, F. M., & Vorderer, P. (2015), "I know youVe seen it!" Individual and social factors for users' chatting behavior on Facebook, *Computers in Human Behavior*, 2014, 49: 296-302. http://dx.doi.org/10.1016/j.chb.2015.01.074.

Miller, G., The smartphone psychology manifesto, *Perspectives on Psychological Science*, 2012, 7: 221-237. http://dx.doi.org/10.1177/1745691612441215.

Montag, C., Blaszkiewicz, K., Sariyska, R., Lachmann, B., Andone, I., Trendafilov, B., Markowetz, A., Smartphone usage in the 21st century: Who is active on WhatsApp? *BMC Research Notes*, 2015, 8: 331. http://dx.doi.org/10.1186/sl3104-015-1280-z.

Murthy, D., Bowman, S., Gross, A. J. & McGarry, M., Do we tweet differently from our mobile devices?: A study of language differences on mobile and web-based Twitter platforms, *Journal of Communication*, 2015, 65: 816-837. http://dx.doi.org/10.111 l/jcom.12176.

Nadkarni, A. & Hofmann, S. G., Why do people use Facebook? *Personality and Individual Differences*, 2012, 52: 243-249. http://dx.doi.Org/10.1016/j.paid.2011.ll.007.

Nam, Y., Kong, Y., Reyes, B., Reljin, N. & Chon, K. H., Monitoring of heart and breathing rates using dual cameras on a smartphone, *PLoS ONE*, 2016, 11: e0151013. http://dx.doi.org/10.1371/journal.pone.0151013.

Oulasvirta, A., Rattenbury, T., Ma, L. & Raita, E., Habits make smartphone use more pervasive, *Personal and Ubiquitous Computing*, 2012, 16: 105-114. http://dx.doi.org/i0.1007/s00779-011-0412-2.

Prior, M., The immensely inflated news audience: Assessing bias in self-reported news exposure, *Public Opinion Quarterly*, 2009, 73: 130-143.

http: //dx. doi. org/10. 1093/poq/nfp) 002.

Quan-Haase, A. & Collins, J. L., 'I'm there, but I might not want to talk to you', *Information, Communication & Society*, 2008, 11: 526 –543. http: //dx. doi. org/10. 1080/13691180801999043.

Reinecke, L. & Hofmann, W., Slacking off or winding down? An experience sampling study on the drivers and consequences of media use for recovery versus procrastination, *Human Communication Research*, 2016, 42: 441 –461. http: //dx. doi. org/10. 1111/here. 12082.

Ruths, D. & Pfeffer, J., Social media for large studies of behavior, *Science*, 2014, 346: 1063 – 1064. http: //dx. doi. org/10. 1126/science. 346. 6213. 1063.

Sapacz, M., Rockman, G. & Clark, J., Are we addicted to our cell phones? *Computers in Human Behavior*, 2016, 57: 153 – 159. http: //dx. doi. org/10. 1016/jxhb. 2015. 12. 004.

Scharkow, M., The accuracy of self-reported Internet use-a validation study using client log data, *Communication Methods and Measures*, 2016, 10: 13 –27. http: //dx. doi. org/10. 1080/19312458. 2015. 1118446.

Schmidt, E. L. & Hunter, J. E., *Methods of meta-analysis: Correcting error and bias in research findings*, 2015, (3rd ed.). Los Angeles, CA: Sage.

Schroeder, R., Big data and the brave new world of social media research, *Big Data & Society*, 2014, 1 (2). http: // dx. doi. org/10. 1177/ 2053951714563194.

Smock, A. D., Ellison, N. B., Lampe, C. & Wohn, D. Y., Facebook as a toolkit: A uses and gratification approach to unbundling feature use, *Computers in Human Behavior*, 2011, 21: 2322 – 2329. http: //dx. doi. org/ 10. 1016/j. chb. 2011. 07. 011.

Song, H., Zmyslinski-Seelig, A., Kim, J., Drent, A., Victor, A., Omori, K. & Allen, M., Does Facebook make you lonely? A meta analysis, *Computers in Human Behavior*, 2014, 36: 446 – 452. http: //dx. doi. Org/10. 1016/j. chb. 2014. 04. 011.

Stopczynskij, A., Sekara, V., Sapiezynski, P., Cuttonej, A., Madsen,

M. M., Larsen, J. E. & Lehmann, S., Measuring large-scale social networks with high resolution, *PLoS ONE*, 2014, 9: e0095978. http://dx. doi. org/10. 1371/journal. ponc. 0095978.

Sung, Y. -T., Chang, K. -E. & Liu, T. -C., The effects of integrating mobile devices with teaching and learning on Students' learning performance: A meta-analysis and research synthesis, *Computers & Education*, 2016, 94: 252 -275. http://dx. doi. Org/10. 1016/j. compedu. 2015. 11. 008.

Taneja, H., Using commercial audience measurement data in academic research, *Communication Methods and Measures*, 2016, 10: 176 -178. http://dx. doi. org/10. 1080/19312458. 2016. 1150971.

Tanis, M., Beukeboom, C. J., Hartmann, T. & Vermeulen, I. E., Phantom phone signals: An investigation into the prevalence and predictors of imagined cell phone signals, *Computers in Human Behavior*, 2015, 51: 356 -362. http:// dx. doi. org/10. 1016/j. chb. 2015. 04. 039.

Tokunaga, R. S. & Rains, S. A., A review and meta-analysis examining conceptual and operational definitions of problematic Internet use, *Human Communication Research*, 2016, 42: 165 -199. http://dx. doi. org/10. 1111/here. 12075.

Vorderer, P., Klimmt, C., Rieger, D., Baumann, E., Hefner, D., Knop, K., Wessler, H., Der mediatisierte Lebenswandel: Permanently online, permanently connected [The mediatized lifestyle], *Publizistik*, 2015, 60: 259 -276. http://dx. doi. org/10. 1007/sl 1616 -015 -0239 -3.

Vorderer, P. & Kohring, M., Permanently online: A challenge for media and communication research, *International Journal of Communication*, 2013, 7: 188 -196.

Vorderer, P., Krömer, N. & Schneider, F. M., Permanently online-permanently connected: Explorations into university students, use of social media and mobile smart devices, *Computers in Human Behavior*, 2016, 63: 694 -703. http://dx. doi. Org/10. 1016/j. chb. 2016. 05. 085.

Vraga, E., Bode, L. & Troller-Renfree, S., Beyond self-reports: Using eye tracking to measure topic and style differences in attention to social media content, *Communication Methods and Measures*, 2016, 10: 149 – 164. http: // dx. doi. org/10. 1080/19312458. 2016. 1150443.

Walsh, S. P. , White, K. M. & Young, R. M. , Needing to connect: The effect of self and others on young people's involvement with their mobile phones, *Australian Journal of Psychology*, 2010, 62: 194 – 203. http: //dx. doi. org/10. 1080/00049530903567229.

Weller, K. , Accepting the challenges of social media research, *Online Information Review*, 2015, 39: 281 – 289. http: // dx. doi. org/10. 1108/OIR – 03 – 2015 – 0069.

Wolf, P. S. A. , Figueredo, A. J. & Jacobs, W. J. , Global positioning system technology (GPS) for psychological research: A test of convergent and nomological validity, *Frontiers in Psychology*, 2013, 4: 315. http: //dx. doi. org/10. 3389/fpsyg. 2013. 00315.

Woo, Y. , Kim, S. & Couper, M. P. , Comparing a cell phone survey and a web survey of university students, *Social Science Computer Review*, 2015, 33: 399 – 410. http: //dx. doi. org/10. 1177/0894439314544876.

Wrzus, C. & Mehl, M. R. , Lab and/or field? Measuring personality processes and their social consequences, *European Journal of Personality*, 2015, 29: 250 – 271. http: //dx. doi. org/10. 1002/per. 1986.

# 第二部分

# POPC 与决策：选择、处理及多任务处理

# 第五章

## 智能手机应用程序重新定义"使用与满足"理论:以 WhatsApp 为例

维尔德·马尔卡、亚龙·希伯来、
鲁斯·阿维达、阿基巴阿·A. 科恩
(Vered Malka, Yaron Ariel, Ruth Avidar and Akiba A. Cohen)

在经典著作《人类沟通语用学》(*Pragmatics of Human Communication*)中,华兹拉韦克(Watzlawick)、贝沃勒斯(Bavelas)及杰克逊(Jackson)(1967)提出一系列传播学理论。首先提出的一个观点是,在某种程度上,"行为没有对立面。换言之,……一个人不能没有行为……因此无论你如何尝试不作为,都避免不了要沟通"(pp. 48-49)。因此,沟通无时不在,它以口头或非口头的方式,或者在静态与动态情境中,发生于两个人及群体之间。"沟通"这个重要概念可以被看作是人们持续处于交流状态这个概念的基础。

这些现象的最好例证也许就是早期的移动电话和当前无处不在的智能手机。然而,这不仅是因为人们通过这些终端设备可以随时随地联络,而且还表明人们使用媒介的方式发生变化,除了人际交流之外,人们还利用这些设备娱乐、检索信息、定位、购买商品及提供服务。简而言之,人们经常处于在线状态并与他人联系(Vorderer & Kohring, 2013; Vorderer, Kromer & Schneider, 2016)。

在过去的二十年里,人们已经进行大量研究,致力于探索这些技术在全球的普及情况、多元化特性和多功能使用情况。在本章节中,我们梳理出两种研究趋势并以战时以色列人民使用智能手机为个案研究,以论证当前需要新的研究路径:对智能手机的理解已经不局限于革命性技术,还要了解它们提供和支持的各种"使用与满足"情况。

## 社会中的移动电话和智能手机相关研究盛行

自20世纪末以来,移动电话及其用户的相关研究也得到发展(Campbell, 2013; Cohen, Lemish & Schejter, 2008; Katz & Aakhus, 2002)。虽然本章重点是智能手机及其独特功能,但我们不能忽视早期的传统手机研究,其中许多研究与智能手机研究的场所类似,研究方法也相仿。学者们对移动电话学的各方面都感兴趣,包括手机使用动机(Lim & Shim, 2016; Wei et al., 2014);实际使用模式与实践(Ha, Kim, Libaque-Saenz, Chang & Park, 2015; Katz & Aakhus, 2002; Kongaut & Bohlin, 2016);心理影响(Bianchi & Phillips, 2005; Castells, Fernandez-Ardevol, Qiu, & Sey, 2007);手机使用的社会学影响(Hislop & Axtell, 2011; Wajcman, Bittman & Brown, 2008);技术接受理论与智能手机使用(e.g., Joo & Sang, 2013; Kim, 2008; Park & Chen, 2007)。

早期的"使用与满足"(Uses and Gratifications, U & G)研究(Katz, Blumler & Gurevitch, 1974)试图探究使用者对媒体产生期望的社会需求和心理需求来源。在大众传播领域,"使用与满足"理论的相关研究通常确定了媒体可以满足使用者的五类需求:认知需求、情感需求、个人整合需求、社会整合需求、舒解压力(Katz, Haas & Gurevitch, 1973)。到20世纪末,新媒体(包括移动电话)研究也经常采用"使用与满足"理论范式。学者们在探究新媒体可以满足的需求时发现与传统媒体具有一些相同功能,但是也呈现出新功能。有些学者(Leung, Wei, 2000; Wei, Lo, 2006)最早开启了手机的"使用与满足"理论研究,该研究的两个发现与我们所讨论内容最为相关:"无论你身处何处,总是能与任何人联络";"可以随时随地直接与他人联系"。上述结论显然与永久连接的概念一致(即使在智能手机时代之前,人们也可以处于永久在线状态)。

其他关于移动电话的早期研究也采用"使用与满足"取向,重点关注移动电话的迅速普及及其独特的通信技术。这类研究揭示出三个重要因素:安全性、安全感及可访问性(Palen, Salzman & Youngs, 2000; Schejter & Cohen, 2002)。最近,有研究调查智能手机的一般用途(Joo & Sang, 2013)以及特定应用程序的使用情况,如青少年的社交网络

(Sanz-Blas, Ruiz-Mafe, Marti-Parrefio & Hernandez-Fernandez, 2013)。研究还发现，智能手机能够满足用户的认知、安全和社交等需求（Campbell, 2007; Petrie, Petrovcic & Vehova, 2011）。李（Lee）与朴（Park）（2012）发现智能手机有助于用户维持人际关系并形成归属感。其他研究也表明，移动因素有助于提升个人幸福感或社会幸福感（Macario, Ednacot, Ullberg & Reichel, 2011）。此外，还有研究表明，社交媒体软件与游戏等一些智能手机功能有利于提升用户对生活的满意度（Ellison, Steinfield & Lampe, 2007; Shen & Williams, 2011）。然而，斯·斯亚姆·山德尔（S. Shyam Sundar）和安东尼·M. 林普洛斯（Anthony M. Limperos）（2013）认为应谨慎采用"使用与满足"研究中的方法论资源并呼吁应该对智能手面产生的"满足感"做出更精确的定义，以检测它们与其他媒体平台的区别。

到目前为止，我已经简略阐述了一般情况下移动电话的"使用与满足"理论研究。现在我们来探讨"传统"手机（移动电话）和"新型"手机（智能手机）在一般危机情境下的作用，特别是在战争局势中，这两类移动电话都可以实现永久在线和永久连接。施杰特与科恩（2013）对2006年第二次黎巴嫩战争（Second Lebanon War）[①]和2009年加沙地带的"铸铅行动"[②]（Operation Cast Lead）期间以色列人民的手机使用情况进行评估。他们认为在上述时期内，手机的高频次使用主要归功于其基本功能——移动性——这使得手机随时随地都可用。布拉肯（Bracken）、杰弗里斯（Jeffres）、诺伊恩多夫（Neuendorf）、科普菲南（Kopfinan）及莫拉（Moulla）（2005）也强调了手机在危急时刻的重要性，并认为基于手机的人际交流网络与电视共同构成了2001年美国9·11恐怖袭击事件的主要信息来源。他们认为，恐怖袭击事件发生在早上，当时人们正在上班路上，通常无法使用传统媒体或固定媒体，所以当时手机的相对广泛使用是受到事件发生时间的影响。

如上所述，在过去的二十年里，已有大量研究来探索早期各类移动电话（之后为智能手机）在全球的使用情况以及多功能使用情况。然

---

① 该战争在以色列被称为第二次黎巴嫩战争（本文依据作者原文翻译），在黎巴嫩被称为七月战争，是黎巴嫩真主党所属军队和以色列国防军之间的系列军事冲突事件。——译者注

② 以色列政府以阻止巴勒斯坦伊斯兰抵抗运动（哈马斯）火箭弹袭击威胁以色列人安全为由，在加沙地带发起了大规模空袭和地面清剿行动，代号"铸铅行动"。——译者注

而,从传播学视角来看,研究人员一直在试图通过比较智能手机与其他媒体并结合"使用与满足"理论来理解这一新现象。尽管媒介学者承认这几次通信革命都遵循新媒介技术的引入、应用及扩散这一逻辑,然而我们认为,虽然智能手机具有革命特性,但对它的评估仍要有所不同。为了论证这个观点,我们以以色列为研究案例,其中就涉及在战时状态的 WhatsApp 使用情况。

### 战时的 WhatsApp

智能手机自问世以来已经在以色列非常盛行(Cohen, Lemish & Schejter, 2008; Malka, Ariel & Avidar, 2015; Ariel et al., forthcoming)。在一个安全形势不稳定、家庭纽带牢固、对新闻消费痴迷、对科技创新迷恋的社会里,智能手机无处不在并且有无可估量的价值,它通过各种各样的应用程序实现了人际之间、群体之间的持续交流,以及新闻资讯与重要信息的不断更新。(Avidar, Ariel, Malka & Levy, 2013; Cohen & Lemish, 2003; Schejter & Cohen, 2002, 2013)。无论是在古斯塔沃·梅西(Gustavo Mesch)与伊兰·塔木德(Ilan Talmud)(2010)关注的以色列情境,还是在手机使用普及的其他地方(Ling, 2008; Wellman, 2001; Helles, 2013),学者们都认为新型先进移动媒体可以支持传统的社交互动,即使成员之间存在空间距离,也可以重置社会群体的社交网络结构。

近年来,WhatsApp 已经成为以色列和全球最受欢迎的智能手机应用程序之一(Richter, 2016)。用户可以利用 WhatsApp 免费且无限制地收发文字信息、视频和音频文件。WhatsApp 的独特功能之一是能够实现群组交流,而对群组参与者的数量、个人可以加入的群组数目以及内容传输量没有实质性的限制。2014 年一项以 500 名以色列智能手机用户为样本的电话调查表明(Avidar, Ariel, Malka & Levy, 2015; Malka, Ariel, Avidar & Levy, 2014),WhatsApp 在以色列的使用率令人震惊:69% 的受访者每天使用 WhatsApp 发送个人信息,52% 的受访者每天发送群消息。此外,该项调查还对 21—30 岁年龄段的 60 名智能手机用户的方便样本进行深度访谈,这些实证数据足以表明 WhatsApp 对年轻人生活的重要性(Malka et al., 2014)。大多数受访者表示,自从下载了该应用程序,他们在亲密关系、社交关系、家庭关系和工作关系的建立、管理和维持的方式上发生了变化。受访者在描述对 WhatsApp 特征的看法时表示，该应用程序能够提供有效的群组活动，满足家庭、社交及工作等不同需求，也可以临时和长期管理项目及维护与朋友和家人之间的关系。换句话说，WhatsApp 为各种语境中的不同类型内容提供了一个方便、友好的平台。

2014 年夏季，以色列与哈马斯（译者注：反以色列的巴勒斯坦伊斯兰抵抗运动的简称）在加沙地带展开近两个月的战争，也就是"护刃行动"（Operation Protective Edge）。马尔卡、希伯来与阿维达（2015）的一项研究尝试探索战争环境是否会形成以及在多大程度上可以形成独特的 WhatsApp 使用模式。该研究调查了用户在军事行动中使用 WhatsApp 的模式和目的，以及用户对该应用程序的态度和评价。为了回答这些问题，在 2014 年 7 月军事行动的第三周内，又对 500 名以色列智能手机用户进行了第二次电话调查，调查对象是年龄在 16—75 岁的以色列人。

调查结果还表明，在战争期间，人们使用各种媒体来消费新闻：每天多次浏览网站的以色列受访者占 75%；68% 的受访者表示他们每天会多次通过电视媒体获取新闻，45% 的受访者则通过广播来获取新闻。然而，虽然"传统"媒体作为信息供应者继续发挥作用，但是 WhatsApp 作为一个新平台在新闻领域的表现也引人注目：近 47% 的以色列受访者每天至少使用一次 WhatsApp 以了解最新动态。

假设"永久在线与永久连接"概念意味着媒体用户已经意识到或习惯于持续性地与多人联络及利用各种信息来源（Vorderer & Kohring, 2013）。在战争时期更是如此，一些用户亲历家庭与战区之间界限的消失，因此他们（主要为以色列南部居民，因为那里的战争最为激烈）使用 WhatsApp 的频率要高于以色列其他任何地区。在这种情况下，他们使用网络联络的频率更高。关于个人用户使用 WhatsApp 的评估呈现了用户作为个人及作为群成员的社交形态与所发送内容类型。调查结果表明，在每天使用智能手机的以色列人中，有 49% 的人每天至少使用一次 WhatsApp 收发个人信息，以便随时掌握军事行动相关新闻动态；40% 的人通过群发消息了解相关情况。WhatsApp 中传播的另一类信息是"谣言"，在这类新闻报道中，有部分消息得到证实，但没有被媒体公布；还有部分确实是虚假报道且涉及军事行动的各方面内容。实际上，38% 的受访者承认在战争期间至少参与过一次谣言传播。幽默和讽刺类消息也很受欢迎：85%的受访者称他们至少发过一次与战争有关的短信，而50%的人每天至少发一次这类信息。

WhatsApp的另一个关键作用在于帮助人们了解亲戚和朋友的安全状况：49%的以色列受访者每天至少发送一次个人消息来了解亲戚的健康状况，而44%的人通过群发短信来了解亲戚的情况。此外，在"护刃行动"中，WhatsApp显然作为一个推动公民参与、志愿服务及动员等各种活动的平台而被使用：45%的受访者表示，每周至少几次参与发送此类消息，以鼓励志愿服务，捐款以及组织和/或参与抗议活动，68%的受访者则表示在军事行动中至少发送一次这类消息。

受访者也认为WhatsApp的使用的确有利于他们的生活。首先，他们认为战争期间WhatsApp的频繁使用具有认知效应，这在很大程度上与使用各种媒体浏览新闻有关：42%的以色列受访者同意或完全同意WhatsApp有助于他们了解最新情况；30%的受访者同意或完全同意该应用程序能帮助他们更好地了解新闻；21%的受访者同意或完全同意该程序有助于他们形成对于当前正在发生事情的认知。

颇为有趣的是，WhatsApp应用程序成为战争类新闻的信息来源，除此之外，有结果表明，WhatsApp的使用似乎与前线的新闻并不一致。调查结果分析显示，28%的受访者同意或完全同意"WhatsApp有助于放松和解压"的观点。类似的调查结果也出现于之前的以色列国家紧急情况，例如，在2006年的第二次黎巴嫩战争期间（Naveh，2008），网络平台盛行（包括博客、电子邮件列表、公民报告、用户评论）。人们越来越能够掌握当前动态，受访者将其归因于WhatsApp的使用，尽管当时很多新闻报道内容令人压抑，但这种信息获取能力的提升可能仍会让人们产生一种主观感受：WhatsApp等应用程序有助于缓解压力。

在军事行动期间，使用WhatsApp还产生了其他重要影响，可以被描述为"综合效应"（integrative effects）：31%的受访者同意或完全同意使用该应用程序将增强他们的国家归属感，而41%的受访者同意或完全同意WhatsApp会增强他们的社区归属感。相同比例的受访者（41%）也同意或完全同意在战争期间使用WhatsApp会鼓励他们为士兵和/或民众做些"事情"。

## 结 论

分析 WhatsApp 的使用模式及在以色列国家危机时期用户对 WhatsApp 的态度，这可能很好地阐释"永久在线和永久连接"的实际含义：人们使用一款应用程序的方式有很多种（用于两人交流及群体交流），可以用于各种功能和目的，也能满足用户的不同需求。

这个案例研究表明，媒介与使用和满足之间的那种传统直接联系已经变得不那么明显了。为了满足不断变化的需求，用户似乎可以直接设置和调整智能手机等新通信技术，比如将社交型应用程序转变成新闻媒体。此外，WhatsApp 还是用于论证亨利·詹金斯[①]（Henry Jenkins）（2006）关于融合文化和媒介形态融合理论的一个绝佳案例，还创造了一种新的混合媒介，突破了传统的"大众传播—人际传播"二分法。因此，我们建议重新评估某些媒介理论，尤其是"使用与满足"理论范式，该范式根据受众需求对不同传统大众媒介（如电视、广播和报纸）进行区分。正如林和金（2007）所言：

> 随着互联网等新媒介的出现，媒体系统变得愈加复杂，"使用与满足"相关研究者对不同媒介使用表现出极大的兴趣。他们通常会问，"什么样的人会更频繁使用何种媒介？"以及"不同媒介的使用是否会产生不同的社会行为？"（p. 321）。

目前，新媒介使用的一些相关研究似乎尝试重新界定媒介—受众关系中的核心问题。因此，学者们重新审视了针对该互动关系的一些传统的自上而下或自下而上的观点或视角，将用户的各种体验考虑在内。在探究社交网络中的社交能力、交互性及信息本质时，希伯来（Ariel）和阿维达（Avidar）（2015）认为，"平台的技术特性不仅决定了其交互程度和社交能力，而且还决定了用户的实际行为"（p. 28）。同样，我们认为，目前智能手机等新技术和 WhatsApp 等应用程序的相关研究似乎表明，学者们往往只局限于探索媒体永久性功能的使用与评估。

---

① 美国知名的媒介和文化研究学者，于2006年出版的《融合文化：新旧媒介的冲撞》一书中首次阐述了"融合文化"理论。——译者注

之前的许多相关研究都是基于在几个国家的调查数据而展开，这些研究对智能手机在用户认知、情感和行为方面的影响充其量只能做出微弱的预测。随着智能手机应用程序以惊人的速度增长，用户指尖上的手机功能也随之增加并发生变化。因此，尤其是随着时间的推移，任何预测用户行为的尝试都应该仔细考虑。至少，应避免对"使用和满足"模式进行广泛预测，这一点似乎至关重要。

总而言之，我们建议智能手机的相关研究不应该局限于技术特征，而应该多关注智能手机在特定时间、情境或用户使用时的功能兼容性。这可能暗示了"使用与满足"范式（本章节已从移动媒体视角进行简单探讨）与"永久在线/永久连接"概念之间存在重要的理论勾连。"使用与满足"范式下的一些研究解释了人们为何使用移动通信技术以及他们在使用该技术时所寻求的满足感（如，Peters & Ben Allouch，2005）。即便如此，用户生成内容/媒体现象频现也仍然对"使用"和"满足"概念构成挑战。这种现象模糊了传统的发送者/接受者及生产者/消费者之间的界限，因为网络环境中的每个参与者都具有动态性和可替代性等特点（Örnebring，2008；Shao，2009）。因此，区分"永久在线"和"永久连接"可能有助于加强"使用"和"满足"的概念化，即将"使用"视为实际执行的活动，将"满足"视为一种心理状态。沃德勒、克罗默和施耐德（2016）认为"永久在线永久连接"应该从以下两个维度进行定义：

（1）作为一种使用在线服务和信息技术的外显行为；

（2）作为一种永久性沟通警觉的心理状态，即对于永久可联络和连接的主观感觉。

约40年前，詹姆斯·吉布森（James Gibson）（1977）在生态心理学领域创造了"可供性"（affordance）这个术语，这个概念指人与动物的行为潜力应归因于世界上各种物体。哈奇比（Hutchby）（2001）对"可供性"这个技术术语进行界定。手机使用的相关研究也提到了"媒介可供性"（media affordance）这一术语（Schrock，2015）。利用"可供性"概念来描述移动媒体技术，同样在"使用"范式下，学者们更应该关注不断变化的用户体验，而非技术本身的特征或内容生产者和设计者。人类交流的技术中介性质已经改变了人类的交往方式。因此，对移动媒体技术的审查——特别是智能手机——提出了技术可供性（technology affordances）这个问题。蔡若鹏（JoPeng Tsai）与何振富（ChinFu Ho）（2013）

建议学者们应该从智能手机可供性的文化和情境方面来深入研究。实际上,我们当前的研究已经指出了智能手机的多功能可供性,可以将 WhatsApp 应用程序视为移动技术在用户使用、满足和感知方面的典范。

## 参考文献

Ariel, Y. & Avidar, R., Information, interactivity, and social media, *Atlantic Journal of Communication*, 2015, 23 (1): 19-30.

Avidar, R., Ariel, Y., Malka, V. & Levy, E. C., Smartphones and young publics: A new challenge for public relations practice and relationship building, *Public Relations Review*, 2013, 39 (5): 603-605.

Avidar, R., Ariel, Y., Malka, V. & Levy, E. C., Smartphones, publics, and OPRs: Do publics want to engage? *Public Relations Review*, 2015, 41 (2): 214-221.

Ariel, Y., Elishar-Malka, V., Avidar, R. & Levy, E. C. (forthcoming), Smartphones usage among young adults: A combined quantitative and qualitative approach, *Israel Affairs*.

Bianchi, A. & Phillips, J. G., Psychological predictors of problem mobile phone use, *Cyber Psychology & Behavior*, 2005, 8 (1): 39-51.

Bracken, C., Jeffres, L., Neuendorf, K., Kopfinan, J. & Moulla, E., How cosmopolites react to messages: America under attack, *Communication Research Reports*, 2005, 22 (1): 47-58.

Campbell, S. W., A cross-cultural comparison of perceptions and uses of mobile telephony, *New Media & Society*, 2007, 9 (2): 343-363.

Campbell, S. W., Mobile media and communication: A new field, or just a new journal? *Mobile Media and Communication*, 2013, 1 (1): 8-13.

Castells, M., Fernandez-Ardevol, M., Qiu, J. L. & Sey, A., *Mobile communication and society: A global perspective*, Cambridge, MA: MIT Press, 2007.

Cohen, A. A. & Lemish, D., Real time and recall measures of mobile phone use: Some methodological concerns and empirical applications, *New Media and Society*, 2003, 5 (2): 176-183.

Cohen, A. A., Lemish, D. & Schejter, A. M., *The wonder phone in the* land of miracles: Mobiletelephony in Israel, Cresskill, NJ: Hampton Press, 2008.

Ellison, N. B., Steinfield, C. & Lampe, C., The benefits of Facebook friends: Social capital and college students, use of online social network site, Journal of Computer-Mediated Communication, 2007, 2 (4): 1143 – 1168.

Gibson, J., The theory of affordances, In R. Shaw & J. Bransford (Eds.), Perceiving, acting, and knowing: Toward an ecological psychology, 1977, (pp. 67 – 82). Hillsdale, NJ: Lawrence Erlbaum.

Ha, Y. W., Kim, J., Libaque-Saenz, C. R., Chang, Y. & Park, M., Uses and gratifications of mobile SNSs: Face-book and KakaoTalk in Korea, Telematics & Informatics, 2015, 32 (3): 425 – 438.

Helles, R., Mobile communication and intermediality, Mobile Media and Communication, 2013, 1 (1): 14 – 19.

Hislop, D. & Axtell, C., Mobile phones during work and non-work time: A case study of mobile, non-managerial workers, Information and Organization, 2011, 21 (1): 41 – 56.

Hutchby, I., Technologies, texts and affordances, Sociology, 2001, 35 (2): 441 – 456.

Jenkins, H., Convergence culture: Where old and new media collide, New York: New York University Press, 2006.

Joo, J. & Sang, Y., Exploring Koreans' smartphone usage: An integrated model of the technology acceptance model and uses and gratifications theory, Computers in Human Behavior, 2013, 29 (6): 2512 – 2518.

Katz, E., Blumler, J. G. & Gurevitch, M., Utilization of mass communication by the individual, In J. G. Blumler & E. Katz (Eds.), The uses of mass communications: Current perspectives on gratifications research, 1974, (pp. 19 – 32). Beverly Hills: Sage.

Katz, E., Haas, H. & Gurevitch, M., On the use of the mass media for important things, American Sociological Review, 1973, 38 (2): 164 – 181.

Katz, J. E. & Aakhus, M. (Eds.), Perpetual contact: Mobile communica-

*tion*, *private talk*, *public performance*, Cambridge: Cambridge University Press, 2002.

Kim, S. H., Moderating effects of job relevance and experience on mobile wireless technology acceptance: Adoption of a smartphone by individuals, *Information and Management*, 2008, 45 (6): 387 – 393.

Kongaut, C. & Bohlin, E., Investigating mobile broadband adoption and usage: A case of smartphones in Sweden, *Telematics and Informatics*, 2016, 33 (3): 742 – 752.

Leung, L. & Wei, R., More than just talk on the move: Uses and gratifications of the cellular phone, *Journalism and Mass Communication Quarterly*, 2000, 77 (2): 308 – 320.

Lim, S. & Shim, H., Who multitasks on smartphones? Smartphone multitaskers' motivations and personality traits, *Cyberpsychology, Behavior & Social Networking*, 2016, 19 (3): 223 – 227.

Lim, T. & Kim, S., Many faces of media effects, In R. W. Preiss, B. M. Gayle, N. Burrell, M. Allen, & J. Bryant (Eds.), *Mass media effects research: Advances through meta-analysis*, 2007, (pp. 315 – 325). Mahwah, NJ: Lawrence Erlbaum Associates.

Ling, R., *New tech, new ties: How mobile communication is reshaping social cohesion*, Cambridge, MA: The MIT Press, 2008.

Macario, E., Ednacot, E. M., Ullberg, L. & Reichel, I., The changing face and rapid pace of public health communication, *Journal of Communication in Healthcare*, 2011, 4 (2): 145 – 150.

Malka, V., Ariel, Y. & Avidar, R., Fighting, worrying and sharing: Operation "protective edge" as the first WhatsApp War, *Media, War and Conflict*, 2015, 8 (3): 329 – 344.

Malka, V., Ariel, Y., Avidar, R. & Levy, E. C., What's up in WhatsApp world? The role of a popular smartphone application in the lives of Israeli users, In *The 16th International Conference of General Online Research*, Cologne University of Applied Sciences, Cologne, Germany, 2014, March 5 – 7.

Mesch, G. S. & Talmud, I., *The wired youth: The social world of youth in* the information age, Oxford: Routledge, 2010.

Naveh, C., *The Internet as an environment of encouragement and civilian consolidation during the Second Lebanon*, Tel-Aviv: Chaim Herzog Institute for Media, Politics and Society (In Hebrew), 2008.

Örnebring, H., The consumer as producer-of what? User-generated tabloid content in the Sun (UK) and Aftonbladet (Sweden), *Journalism Studies*, 2008, 9 (5): 771 – 778.

Palen, L., Salzman, M. & Youngs, E., Going wireless: Behavior and practice of new mobile phone users, *Paper presented at the ACM 2000 Conference on Computer Supported Cooperative Work (CSCW'00)*, Philadelphia, 2000.

Park, N. & Lee, H., Social implications of smartphone use: Korean college students' smartphone use and psychological well-being, *Cyberpsychology, Behavior, and Social Networking*, 2012, 15 (9): 491 – 497.

Park, Y. & Chen, J. V., Acceptance and adoption of the innovative use of smartphone, *Industrial Management & Data Systems*, 2007, 107 (9): 1349 – 1365.

Peters, O. & Ben Allouch, S., Always connected: A longitudinal field study of mobile communication, *Telematics and Informatics*, 2005, 22 (3): 239 – 256.

Petrie, G., Petrovcic, A. & Vehovar, V., Social uses of interpersonal communication technologies in a complex media environment, *European journal of Communication*, 2011, 26 (2): 116 – 132.

Richter, E., *Whats App approaches 1 billion users*, Retrieved from www.statista.com/chart/4245/whatsapp-user-growth, 2016, January 18.

Sanz-Blas, S., Ruiz-Mafe, C., Marti-Parreno, J. & Hernández-Fernández, A., Assessing the influence of motivations and attitude on mobile social networking use, *Global Business Perspectives*, 2013, 1 (2): 164 – 179.

Schejter, A. & Cohen, A. A., Israel: Chutzpah and chatter in the Holy Land, In J. Katz & M. Aakhus (Eds.), *Perpetual contact: Mobile communication, private talk and public performance*, 2002, (pp. 30 – 41).

New York: Oxford University Press.

Schejter, A. & Cohen, A. A., Mobile phone usage as an indicator of solidarity: Israelis at war in 2006 and 2009, *Mobile Media & Communication*, 2013, 1 (2): 174 – 195.

Schrock, A. R., Communicative affordances of mobile media: Portability, availability, locatability, and multimediality, *International Journal of Communication*, 2015, 9: 1229 – 1246.

Shao, G., Understanding the appeal of user-generated media: A uses and gratification perspective, *Internet Research*, 2009, 19 (1): 7 – 25.

Shen, C. & Williams, D., Unpacking time online: Connecting Internet and massively multiplayer online game use with psychosocial wellbeing, *Communication Research*, 2011, 38 (1): 123 – 149.

Sundar, S. S. & Limperos, A. M., Uses and Grats 2.0: New gratifications for new media, *Journal of Broadcasting and Electronic Media*, 2013, 57 (4): 504 – 525.

Tsai, J. R. & Ho, C. E., Does design matter? Affordance perspective on smartphone usage, *Industrial Management & Data Systems*, 2013, 113 (9): 1248 – 1269.

Vorderer, P. & Kohring, M., Permanently online: A challenge for media and communication research, *International Journal of Communication*, 2013, 7: 188 – 196.

Vorderer, P., Krömer, N. & Schneider, E. M., Permanently online-permanently connected: Explorations into university students' use of social media and mobile smart devices, *Computers in Human Behavior*, 2016, 63: 694 – 703. doi: 10.1016/j.chb.2016.05.085.

Wajcman, J., Bittman, M. & Brown, J. E., Families without borders: Mobile phones, connectedness and work-home divisions, *Sociology*, 2008, 42 (4): 635 – 652.

Watzlawick, P., Bavelas, J. B. & Jackson, D. D., *Pragmatics of human communication: A study of interactional patterns, pathologies and paradoxes*, New York: W. W. Norton & Company, 1967.

Wei, R. & Lo, V. H., Staying connected while on the move: Cell phone use and social connectedness, *New Media & Society*, 2006, 8 (1): 53 – 72.

Wei, R., Lo, V. H., Xu, X., Chen, Y. N. K. & Zhang, G., Predicting mobile news use among college students: The role of press freedom in four Asian cities, *New Media & Society*, 2014, 16 (4): 637 – 654.

Wellman, B., Physical place and cyber-place: Changing portals and the rise of networked individualism, *International Journal for Urban and Regional Research*, 2001, 25 (2): 227 – 252.

# 第六章

# 一直在线？冲动对媒介接触影响之阐释

吉多·M. 范柯宁斯布吕根、蒂洛·哈特曼、杜杰
(Guido M. van Koningsbruggen, Tilo Hartmann and Jie Du)

许多人都生活在富媒体（media-rich）环境中，工业化国家中的人们更是如此，无论何时何地，他们都能轻松地获取媒介内容并利用媒介交流。特别是移动互联网的连接和便携式终端设备的广泛使用，人们处于永久在线与永久连接状态（POPC；Vorderer & Kohring, 2013），同时也培养了永久在线的思维方式（Hefner & Vorderer, 2017）。在 POPC 这样的富媒体环境中，人们经常面临充满诱惑力的媒介刺激，并以冲动的方式触发媒介使用行为（e.g., Bayer, Campbell & Ling, 2016；Hofmann, Reinecke & Meier, 2017；LaRose, 2010；Naab & Schnauber, 2016）。我们所强调的冲动性媒介使用是指无意识的积极情感（如由媒介的奖励性所产生）和媒介相关刺激下的行为接近反应（如由媒介习惯所产生）所共同作用下的媒介使用行为。这与理性的（reflective）媒介使用行为相左，后者是由理性判断与评估以及有意识的目标导向计划（如有意通过观看 YouTube 视频取乐）共同作用而产生的行为。我们在本章节提出，除了研究理性媒介使用的影响外，还应采用过程导向的方法来调查冲动性使用行为的影响，这样才能让读者对当前处于永久在线的富媒体环境中人们的媒介使用及媒介相关行为有全面了解。

我们认为媒介使用的冲动影响研究应该得到更多关注，主要有以下几方面原因。首先，尽管学者们对媒介习惯的研究兴趣与日俱增（e.g., LaRose, 2010），但从研究传统来看，传播学与媒体心理学的研究和理论主要强调了人们有意识地使用媒介的理性决定因素和过程（如理性

态度、行为目的及预期满足）。一些案例包括（有关概述参见如 Hartmann, 2009）、"使用与满足"方法（e.g., Katz, Blumler & Gurevitch, 1974; Ruggiero, 2000; see also Malka, Ariel, Avidar, and Cohen, this volume）与信息效用模型（information utility model）（e.g., Atkin, 1972）的传统研究，以及理性行为理论在媒体选择中的应用，如技术接受模型（technology acceptance model）（e.g., Davis, Bagozzi, & Warshaw, 1989）。然而，理性—冲动模型（reflective-impulsive model）（Strack & Deutsch, 2004）等双系统行为模型（dual-systems models of behavior）表明，行为发生也可以取决于无意识、冲动性决定因素和过程（Hofmann, Friese & Strack, 2009）。

其次，尽管一些媒介使用研究及理论为媒体用户没有经过深思熟虑的媒介使用倾向提供了重要的见解（如媒介习惯、特质冲动性或低特质自我控制 Bayer et al., 2016; LaRose, 2010; Minear, Brasher, McCurdy, Lewis & Younggren, 2013; Panek, 2014），然而，这些研究通常不会直接测量无意识的、冲动性的过程，这些过程通常被认为在冲动性接触行为产生中起作用。因此，采用一种更为直接的、以过程为导向的方法来测量那些无意识的、冲动性的过程有助于我们认识冲动对媒介使用的影响（cf. Hofmann, Friese & Wiers, 2008, 他们在健康行为方面提出类似观点）。

第三，我们所处的 POPC 富媒体环境似乎对媒体用户的自控能力构成巨大挑战，因为最近研究表明，尽管媒体用户有做其他事情的打算，但还是常常无法抵挡使用媒介的诱惑（Du, Van Koningsbruggen & Kerkhof, 2016; Hofmann, Vohs & Baumeister, 2012; Reinecke & Hofmann, 2016）。无意识的、冲动性的过程对了解自我控制失败的因素至关重要（Hofmann et al., 2009），所以现在是时候对影响媒介使用的无意识的、冲动性过程研究给予更多关注。

在本章一开始，我们就考虑从理性—冲动模型的视角来探析冲动对媒介使用的影响（Strack & Deutsch, 2004）；这是社会心理学中经常使用的双系统行为模型，即行为是由理性系统和冲动系统共同决定的。我们将回顾一些相关论证和研究，并从中揭示出用户在富媒体环境中接触媒介并深陷自律窘境时产生的无意识的、冲动的行为与媒介接触行为的相关性。接下来，我们将综述用户处于自我控制窘境下的特定媒介行为，这些行为逐渐引起研究永久在线环境学者们的关注，并且可能特别得益于对冲动影响的过程导向关注。最后，我们提出了在富媒体环境下研究冲动影响时需要考虑的一些问题。

冲动对媒介使用的影响

理性—冲动模型（Hofmann et al.，2009；Strack & Deutsch，2004）表明，行为是由两套不同的系统引导而产生，即理性系统与冲动系统。该模型假设，冲动性的、无意识行为方式是由冲动系统产生，在该系统中，人们通过扩散所激活的联想网络并根据情感和动机意义快速且轻而易举地应对刺激。与此相反，深思熟虑的、可控的行为方式则被认为是形成于动作迟缓的、低负载量的理性系统，人们不遗余力地根据目标和个人准则进行三段论推理（syllogistic reasoning）来处理刺激（媒介选择的理性影响概览参见，Hartmann，2009）。由于两个系统之间的行为过程决定因素不同，因此有人认为应采用不同的测量方法来研究理性或冲动对行为的影响（Hofmann et al.，2009）。

霍夫曼（Hofmann）及其同事认为，显性（explicit）自陈报告适用于评估冲动对媒体使用行为的影响，因为"冲动性系统符号形成于与他人交流的意识经验基础"（Hofmann et al.，2009，p. 167）。因此，采用显性的自陈报告来测量有意识的媒介使用行为结构（如态度、满意度、行为意向），比如人们可以利用媒介使用行为前兆。相比之下，有人也建议使用内隐性（implicit）测量方法来探寻行为的冲动性因素（impulsive precursors）。根据霍夫曼等人的研究，内隐联想测验（implicit association test）（Greenwald，McGhee & Schwartz，1998）和情感错误归因程序（affect misattribution procedure）（Payne，Cheng，Govorun & Stewart，2005）等方法适用于评估人们对特定兴趣刺激的无意识情感（affective）反应。此外，为了评估人们的无意识行为（behavioral）反应，还可以使用一些评估对刺激产生趋避反应（approach-avoidance reactions）的程序，如刺激—反应一致性任务（stimulus-response compatibility task）（e.g.，Field，Mogg & Bradley，2005）或者趋避性任务（approach avoidance task）（e.g.，Peeters et al.，2012）。这些内隐测量程序可用于研究引发行为产生的冲动因素，因为这会调用刺激反应中潜在的享乐或行为反应的联想结构，评估无意识的（相对于更强意识控制的行为）反应，除了稳定特质影响因素外，这些方法也适用于测量心态的影响因素（Hofmann et al.，2009）。

## 第二部分 POPC 与决策：选择、处理及多任务处理

回到理性—冲动模型，冲动被认为出现于冲动性系统中并由长期记忆联想集群而激活（Hofmann et al., 2009; Strack & Deutsch, 2004）。上述提及的联想集群是以个人学习经验为基础在外部刺激对刺激的情感反应及刺激行为倾向共同作用而产生（Hofmann et al., 2009）。例如，通过重复使用 Facebook，Facebook 的概念可能与用户对 Facebook 体验的积极情感反应以及产生积极情感反应的行为（如点击智能手机上 Facebook 应用程序的图标）建立关联。因此，可以在个人的长期记忆中创建一个"Facebook 集群"。一旦创建，该集群很容易被知觉性输入（如看见 Facebook 标志）或内部触发条件重新激活（如检查 Facebook 的想法；Hofmann et al., 2009; Strack & Deutsch, 2004）。有人认为，这些联想集群使个人根据自身需求与之前的学习经验快速地评估环境并对此做出反应（Hofmann et al., 2009）。这表明，对于一个经常使用 Facebook 的用户而言，未来如果接触 Facebook 上的提示（感知或内部），可能会重新激活"Facebook 集群"。反之，这也会自然而然地带来相应的积极效果和产生接近 Facebook 的行为倾向，从而产生使用 Facebook 的冲动（Hofmann et al., 2009）。

鉴于我们的富媒体环境和某些信息通信技术特征（ICTs；如即时信息、推送通知）为媒体的持续提醒功能提供支持，我们认为许多日常生活中的媒介使用行为可能都受到上述无意识、冲动行为过程的影响（also see Hofmann et al., 2017）。此外，正如霍夫曼及其同事（2017）所述，之前文献也认为人们对媒介和信息通信技术形成无意识的情感反应和趋避反应。具体而言，他们认为人们习惯性使用媒介和信息通信技术带来的即时满足感更容易形成无意识的冲动反应。我们现在将探讨这些观点并通过阐述初期的实证性论据来支持这种推理过程。

霍夫曼等人（2017）提出，因为人们经常使用媒介来满足各种心理和社会需求，所以他们倾向于将积极情绪与某种媒体行为关联起来。实际上，大量文献表明，由于媒介能即时满足人们的需求，因此他们才会经常使用媒介（e.g., Blachnio, Przepiorka & Rudnicka, 2013; Katz et al., 1974; Reinecke, Vorderer & Knop, 2014）。此外，霍夫曼等人还指出，通过操作性条件反射（operant conditioning），媒介用户会通过接触媒介来改善他们当前的情绪（Zillmann, 1988）。例如，社交媒体用户可能意识到通过浏览社交网站能改善他们的情绪（Johnson & Knobloch-Westerwick，2014）。其他研究结果也表明，媒介接触为快乐提供了一个可靠来源（e. g.，Vorderer，Klimmt & Ritterfeld，2004），也可能会提升主观幸福感（see Reinecke，this volume），媒介接触还被视为一种高满意度的行为活动（Hofmann et al.，2012）。因此，霍夫曼等人（2017）认为，人们很可能会对媒介和信息通信技术产生强烈的、积极的无意识情感反应。实际上，近期研究也似乎为这个观点提供了初步论据（Van Koningsbruggen，Hartmann，Eden & Veling，2017）。

范·柯宁斯布吕根等人在他们的研究中（2017）利用情感错误归因程序（AMP；Payne et al.，2005）——内隐态度测量方法——评估媒体用户对社交媒体提醒的无意识反应。在这个过程中，参与者完成一系列实验，此间，首先给他们展示一张包含社交媒体或控制诱因（主要刺激；75毫秒）的图片，接着是黑屏（125毫秒）和呈现中国象形文字（100毫秒）。参与者必须要对象形文字的愉悦度评分，他们的评分反映了用户在实验初始阶段接受主要刺激（如社交媒体刺激或控制刺激）后的（错误归因）情感反应。社交媒体刺激是向参与者展示Facebook相关图片（如Facebook标志），控制刺激是展示办公用品的图片（例如，订书机）。结果揭示出对于主要刺激的愉悦性反应中刺激与社交媒体使用之间的相互影响。具体而言，经常使用Facebook的用户对Facebook（与控制相比）刺激的情感反应更加积极，而偶尔使用Facebook的用户对Facebook刺激与控制刺激的情感反应区分不明显。第二项研究与第一项研究的结果相同，此外，参与者对Facebook刺激的积极情绪反应似乎与他们对Facebook的渴望心理存在关联意义。因此，该研究也认为，媒介用户对媒介内容具有强烈而积极无意识的情感反应。

有文献表明，媒介使用已经成为一种习惯（Bayer et al.，2016；LaRose，2010；Naab & Schnauber，2016），在此基础上，霍夫曼等人（2017）进一步提出，媒介用户很可能对媒介内容和信息通信技术有强烈的无意识接触反应。媒介用户在相似情境中反复使用媒介，这表明他们已经认识到应该将特定语境与使用特定媒介及媒介使用预期结果关联起来，从而形成一套心理脚本（Naab & Schnauber，2016）。当媒介用户发现自己再次处于这种情况时，这套心理脚本中的行为反应（习惯）可能会自动被激活。（Naab & Schnauber，2016）。举个例子，一个人在

## 第二部分 POPC 与决策:选择、处理及多任务处理

买了智能手机之后就出现这样一种行为,即他/她在吃早饭时会不自觉地查看 Facebook。虽然这确实可能会促使人们对媒介内容和信息通信技术产生强烈且无意识的接近性反应,但据我们所知,这一假设还没有经过实证检验。范·柯宁斯布吕根等人(2017)采用相似的研究设计来对该假设进行验证,但他们的研究没有测量无意识的情感反应,而主要研究人们对媒介刺激的自发行为反应。例如,这可以通过操纵杆任务(joystick task)来实现,即通过对刺激的推—拉反应来测量用户无意识的趋避倾向(e.g., Peeters et al., 2012)。

这些媒介和信息通信技术相关的无意识、冲动程序在什么时候会影响媒体用户的行为?理性—冲动模型表明,理性与冲动系统通过激活行为模式来产生行为(Hofmann et al., 2009; Strack & Deutsch, 2004)。通常理性系统与冲动系统中所激活的行为模式相兼容。例如,观看 YouTube 视频的冲动与寻求娱乐的深思熟虑计划具有一致性。然而,在许多情况下,在冲动系统中激活的行为模式与理性系统中激活的行为模式并不兼容,例如,一个人观看 YouTube 视频的强烈冲动与为了重要考试而制定的周密学习计划相冲突。在这种情况下,理性—冲动模型显示,完全激活的行为模式将最终决定个人的行为过程(Hofmann et al., 2009; Strack & Deutsch, 2004)。

重要的是,理性系统需要大量的控制资源来确定行为(即人们必须有能力和动机参与理性系统),而相比之下,冲动系统需要的资源相对较少(Hofmann et al., 2009)。因此,当有充分的动机且控制资源可用时,一般会认为用户的行为取决于理性系统(如人的推理行为)。然而,当人们缺乏动机或控制资源时,行为是由无意识的冲动性过程引导而产生。环境因素(如自我损耗、认知负荷或酒精中毒)和性格因素(如工作记忆容量、自我控制特征)都可能减少个人的可用控制资源(e.g., Hofmann et al., 2009)。

考虑到资源控制能力较低时人们会频繁做出媒介选择(e.g., Hofmann et al., 2012; Reinecke, Hartmann & Eden, 2014),他们生活在一个经常接触媒介刺激的环境,这些刺激可能会触发强烈的、无意识的情感反应和接近反应。鉴于此,对冲动性过程的调查研究有助于更加全面地了解当前 POPC 的富媒体环境中用户的媒介使用情况,尤其在冲动系统与理性系统所激活的媒介行为框架不一致的情况下选择媒介时,这种

情况更是如此。在这些情况下，冲动反应越强烈，冲动性过程就越有可能驱使人们使用媒介，尤其是在他们控制资源较少的时候。

媒介行为中冲动系统与理性系统之间的冲突

最近研究结果表明，冲动与理性系统所激活的媒介相关行为模式之间确实常常出现冲突。例如，经验取样（experience sampling）研究表明，人们对媒体的使用与有效利用时间、不拖延事情、获得专业成就和教育成就（Hofmann et al.，2012，也可参见补充内容；Reinecke & Hofmann，2016）之间产生的冲突最为频繁。其他研究也表明，每天使用社交媒体的用户报告称，学习、工作及做家务等相关目标、任务及活动与社交媒体使用之间最具冲突性（Du et al.，2016）。媒介使用和其他最重要目标之间的冲突可能一定程度上表明，冲动系统和理性系统中被激活的行为模式之间不一致。当两个系统之间发生冲突，换言之，当我们的冲动行为与理性行为互相矛盾时，媒介用户陷于典型的自我控制困境，即需要在立竿见影的行为（如观看 YouTube 娱乐视频）和慢工出细活的行为（如经过努力学习来通过考试）之间做出选择。人们需要强化自我控制来抑制冲动行为，这被界定为"一种拒绝或改变一个人内在反应的能力，也是一种终止舒适行为倾向（如冲动行为）及抑制其行为的能力"（Tangney，Baumeister & Boone，2004，p. 274）。

然而，遗憾的是，媒介用户似乎经常无法控制自己。例如，经验取样研究表明，几乎一半的情况下，人们尽管有抵制使用媒介的意愿，但还是会屈服于使用媒介的欲望（Hofmann et al.，2012）。另一项针对大学生的调查表明，访问社交网站和在线观看网络视频都与自我控制呈现负相关，在线观看视频与学校作业的时间的相关性并不强（Panek，2014）。此外，结果还显示，尽管人们有意向做其他事情（即理性系统中所激活的行为框架），但他们还是经常不自觉地使用媒介（即冲动性系统中所激活的行为框架）。

因此，在日常生活中，媒介使用似乎是一种诱惑，人们往往难以抗拒。冲动与自我控制的相关研究与理论表明，人们无法控制自己的原因在于无意识的、冲动过程发挥作用，它超过了理性系统的影响（e.g.，Hofmann et al.，2009）。因此，采用以过程为导向的方法来直接测量冲动性过程强化了人们对无法自我控制媒介使用行为的认识。有趣的是，冲动系统与理性系统之间的冲突似乎成为许多媒介相关行为的基础，而

## 第二部分 POPC 与决策：选择、处理及多任务处理

这些行为已经得到研究永久在线环境学者越来越多的关注。因此，对无意识冲动程序的关注可能会进一步提升特定行为相关的研究与理论的预测效度。在下一小节中，我们将阐述一些媒介相关行为的案例，其中涉及冲动程序测量方面的内容，这样能更好地了解这些行为。

许多永久在线现象可能更具冲动性

富媒体环境中的许多现象都具有冲动行为的典型特征，如网络拖延（online procrastination）或"网络怠工"（cyberloafmg）（Lavoie & Pychyl, 2001; Vitak, Crouse & LaRose, 2011），查看手机（"低头族"; Roberts & David, 2016），媒介多任务处理（Van der Schuur, Baumgartner, Sumter & Valkenburg, 2015; also see David, this volume, and Xu and Wang, this volume），带有负罪感的媒体愉悦（Panek, 2014），包括追剧（Pena, 2015）。然而，尽管学者们越来越关注这些 POPC 行为，但据我们所知，他们的阐释并非完全立足于理论化视角，也没有直接研究冲动性影响的作用。

例如，"网络拖延"被定义为一种不必要的行为，"即通过上网将任务拖延至主观体验不适的程度"（Solomon & Rothblum, 1984, p. 503）。通常，人们对手头的主要任务感到厌恶，因为这些任务似乎像写文章一样费力抑或令人沮丧。拖延者在处理主要任务前（尽管他们有良好的知识背景）会持续短时间地从事一些与任务无关的行为，因为这些行为更令人愉悦，如使用媒体（Reinecke & Hofmann, 2016）。在拖延过程中，人们认为这些不相关的活动是完成主要任务的准备步骤，这为拖延行为披上了合理化的外衣。例如，"快速查看 Facebook"可能被认为是写文章的准备阶段。然而，这些观点可能仅仅是为不相关媒介使用行为辩护。这种网络拖延的典型特征让人联想到冲动行为中普遍存在的潜在目标冲突。

同样，网络怠工是指在工作时从事与工作无关的媒体活动（Vitak et al., 2011），这可能通常是冲动过程的结果。确实如此，如果人们出现网络怠工行为，仅仅因为他们能够从工作无关的媒体活动中更能获得快乐感。有学者认为网络怠工行为与冲动行为类似，这个观点与一项研究结果不谋而合，即网络怠工行为在低特质（Restubog, Garcia, Wang & Cheng, 2010）或状态性自我控制（如由于缺乏充足的睡眠，Wagner, Barnes, Lim & Ferris, 2012）群体中更为常见。一般而言，那些在自控

方面得分较低的人或者暂时缺乏自我控制资源的人可能无法抑制冲动（Hofmann et al.，2009）。

我们在处理多任务时（Brown，Manago & Trimble，2016）也会发现冲动过程的特征，媒介多任务处理是指"同时从事两种或两种以上的媒体活动，或在从事非媒体活动时使用媒体"（Van der Schuur et al.，2015，p.205），以及频繁使用手机。多任务处理意味着人们的注意力游离于多个选项之间（van der Schuur et aL，2015）。作为多任务处理的一种变体，人们可能会将注意力转移到手机上，从而中断正在进行的面对面交谈（Humphreys，2005；参见 Rieger 在本书的内容）。少数研究表明，媒介多任务处理与特质性冲动有关（Minear et al.，2013；Sanbonmatsu，Strayer，Medeiros-Ward & Watson，2013）。此外，媒介多任务处理通常具有目标冲突特征，如人们在从事单调乏味的主要任务时存在很多更具有愉悦性的选项。例如，一项研究表明（Calderwood，Ackerman，Conklin，2014），如果学生完成家庭作业（作为主要任务）的主动性不强，他们会更倾向于参与媒介多任务处理。显然，缺乏主动性的学生认为媒体功能更具吸引力，因此他们更倾向于以冲动方式参与到多任务处理中。此外，那些对周围环境中可用的媒体选项特别敏感的人与那些难以过滤掉无关信息的人可能更倾向于参与媒介多任务处理，尽管这一假设的现有相关论据纷繁复杂（e.g.，Van der Schuur et al.，2015）。然而，这却与"媒介多任务处理行为受冲动性影响引导"的观点相似，因为在完成任务时忽视无关线索的执行功能障碍似乎与冲动密切相关［如注意缺陷多动障碍（ADHD）；Kenemans et al.，2005］。

*对研究富媒体环境中冲动性影响的深层思考*

本章对冲动过程的强调并不意味着仅仅呼吁学界关注冲动对 POPC 行为的影响。恰恰相反，正如之前关于冲动行为所产生的目标冲突和自我调节需求的讨论结果那样，学者们必须同时关注理性程序和自控能力两方面内容，这样才会对研究有全面了解。自我控制的双系统理论（Hofmann et al.，2009）指出，冲动和理性因素、情境与气质边界条件都应该是一项全面的行为研究所考虑的因素。例如，周详且批判性地评估一种情境（如"现在使用 Facebook 分散注意力的时间可能比我想象的要长"），以及利用现有标准来约束行为以达到个人长期目标（如"我告诉自己在完成家庭作业之前不要打开 Facebook"），这些理性因素都可能会使个人免受"冲动的影响"。此外，产生的冲动在多大程度会上逐步引导行为，这也取决于依赖于理性系统的情境能力（situational-capacity）对冲动行为的规约。根据霍夫曼等人的说法，由于理性系统中行为能力的削弱（如由于瞬时损耗或认知负荷），"冲动所触发的行为模式更有可能对显性行为产生影响"（2009，p.166）。因此，只有全面探析冲动过程及其与理性过程的相互作用现状，人们才会了解在何种情况下 POPC 行为确实由冲动所引导。同理，在各种调查中直接测量这些不同影响，才能更好地了解当前永久在线富媒体环境中的媒介使用情况。

米亚维斯卡亚、因兹利奇、霍普及克斯特纳（2015）在提及学者在冲动的 POPC 行为等研究中为何不应该忽略理性处理这个问题时，提到另一个例子。他们认为，冲动的强度（magnitude）会随着人们是遵循自主选择的目标还是外部强加的长期目标而变化。具体而言，他们的研究表明，与被动追求目标相比（如"我必须得成为一名好学生，必须努力学习"），主动追求（want-to）目标（如"我想要成为一名好学生，想要努力学习"）可能会减少冲动。同样，吉列巴特（Gillebaart）与李德（De Ridder）（2015）发现，面对相同的媒体功能，自控能力更强的人可能会认为诱惑力更小。综上所述，这些结果表明，高阶认知处理和理性系统能力不仅会影响管控行为，而且还对冲动的实际强度产生影响。因此，那些主动投身于长期目标的人与那些在自我控制上得分较高的人，在愉悦的媒体功能面前似乎更不易受冲动影响，因为他们认为这些功能并没有那么诱人。

## 结 论

在全球各地，媒介与信息通信技术在日常生活中已经无处不在。人们在富媒体环境中穿梭，并不断催生出行为诱因。这种富媒体环境类似于奢侈自助餐这样的"富营养"环境：它提供了许多诱人的选择，沉溺其中可能会背离人们的长期目标，但突然的渴望所产生的冲动可能会突破任何理性约束。与这一观点相似（即与其他人所表达的相似观点，如 Hofmann et al.，2017），在本章中，我们认为富媒体环境充斥着纷繁复杂的媒体选择，由于它们绝对存在（如桌上的手机），一旦人们注意到其存在可能会持续关注，这些都可能会以强烈或无意识的情感与行为反应形式引发冲动。然而，冲动通常与一个人的理性行为（如打算完成一项主要任务）相互矛盾，致使产生目标冲突。基于媒介用户的不同身体情况（如疲劳），动机（如追求外在目标）和性格（如控制能力弱的性格）等因素，使用媒介功能的冲动可能会战胜与其相对的理性自我监管程序。

在本章中，我们认为，许多永久在线现象所反应的用户心理特征与冲动行为惊人的相似。然而，据我们所知，以前对这些现象的概念化并非完全以冲动性过程为基础。因此，本章的核心要点为将冲动程序的理论与方法应用于富媒体环境中永久在线媒介使用研究中，这是未来研究的前景方向，这类应用可以为POPC现象及其潜在机制的现有解释增加更多的实质性内容并有助于提升相关理论化水平。

总而言之，尽管在如何、何时及多大程度上无意识的情感反应和接近反应会影响人们的媒体选择还有待于进一步探究，但我们仍然希望读者在了解富媒体环境中媒介使用原因的同时也应将冲动系统考虑在内。

## 参考文献

Atkin, C. K., Anticipated communication and mass media information-seeking, *Public Opinion Quarterly*, 1972, 36: 188 – 199. http://doi.org/10.1086/267991.

Baye, J. B., Campbell, S. W. & Ling, R., Connection cues: Activating the norms and habits of social connectedness, *Communication Theory*, 2016, 26: 128 – 149. http://doi.org/10.1111/comt.12090.

Blachnio, A., Przepiorka, A. & Rudnicka, P., Psychological determinants of using FacebookiA research review, *International Journal of Human-Computer Interaction*, 2013, 29: 775 – 787. http://doi.org/10.1080/10447318.2013.780868.

Brown, G., Manago, A. M. & Trimble, J. E., Tempted to text: College students' mobile phone use during a face-to-face interaction with a close friend, *Emerging Adulthood*, 2016, 4: 440 – 443. http://doi.org/10.1177/2167696816630086.

Calderwood, C., Ackerman, P. L. & Conklin, E. M., What else do college students "do" while studying? An investigation of multi-tasking,

*Computers & Education*, 2014, 75: 19 – 29. http://doi.Org/10.1016/j.compedu.2014.02.004.

Davis, R. D., Bagozzi, R. P. & Warshaw, P. R., User acceptance of computer technology: A comparison of two theoretical models, *Management Science*, 1989, 35: 982 – 1003. http://doi.Org/10.1287/mnsc.35.8.982.

Du, J., Van Koningsbruggen, G. M. & Kerkhof, P., A brief measure of social media self-control failure, *Manuscript in Preparation*, 2016.

Field, M., Mogg, K. & Bradley, B. P., Craving and cognitive biases for alcohol cues in social drinkers, *Alcohol and Alcoholism*, 2005, 40: 504 – 510. http://doi.org/10.1093/alcalc/agh213.

Gillebaart, M. & de Ridder, D. T. D., Effortless self-control: A novel perspective on response conflict strategies in trait self-control, *Social and Personality Psychology Compass*, 2015, 9: 88 – 99. http://doi.org/10.1111/spc3.12160.

Greenwald, A. G., McGhee, D. E. & Schwartz, J. L. K., Measuring individual differences in implicit cognition: The implicit association test, *Journal of Personality and Social Psychology*, 1998, 74: 1464 – 1480. http://doi.org/10.1037/0022 – 3514.74.6.1464.

Hartmann, T., *Media choice: A theoretical and empirical overview*, New York: Routledge, 2009.

Hefner, D. & Vbrderer, P., Digital stress: Permanent connectedness and multitasking, In L. Reinecke & M. B. Oliver (Eds.), *The Routledge handbook of media use and well-being: International perspectives on theory and research on positive media effects*, 2017, (pp. 237 – 249). New York: Routledge.

Hofmann, W., Friese, M. & Strack, F., Impulse and self-control from a dual-systems perspective, *Perspectives on Psychological Science*, 2009, 4: 162 – 176. http://doi.Org/10.1111/j.1745 – 6924.2009.01116.x.

Hofmann, W., Friese, M. & Wiers, R. W., Impulsive versus reflective influences on health behavior: A theoretical framework and empirical review, *Health Psychology Review*, 2008, 2: 111 – 137. http://doi.org/10.1080/17437190802617668.

Hofmann, W., Reinecke, L. & Meier, A., Of sweet temptations and bitter aftertaste: Self-control as a moderator of the effects of media use on well-being, In L. Reinecke & M. B. Oliver (Eds.), *The Routledge handbook of media use and well-being: International perspectives on theory and research on positive media effects*, 2017, (pp. 211 – 222). New York: Routledge.

Hofmann, W., Vohs, K. D. & Baumeister, R. R., What people desire, feel conflicted about, and try to resist in everyday life, *Psychological Science*, 2012, 23: 582 – 588. http://doi.org/10.1177/0956797612437426.

Humphreys, L., Cellphones in public: Social interactions in a wireless era, *New Media & Society*, 2005, 7: 810 – 833. http://doi.org/10.1177/1461444805058164.

Johnson, B. K. & Knobloch-Westerwick, S., Glancing up or down: Mood management and selective social comparisons on social networking sites, *Computers in Human Behavior*, 2014, 41: 33 – 39. http://doi.Org/10.1016/j.chb.2014.09.009.

Katz, E., Blumler, J. G. & Gurevitch, M., Utilization of mass communication by the individual, In J. G. Blumler & E. Katz (Eds.), *The uses of mass communication: Current perspectives on gratifications research*, 1974, (pp. 19 – 32). Beverly Hills, CA: Sage.

Kenemans, J. L., Bekker, E. M., Lijffijt, M., Overtoom, C. C. E., Jonkman, L. M. & Verbaten, M. N., Attention deficit and impulsivity: Selecting, shifting, and stopping, *International Journal of Psychophysiology*, 2005, 58: 59 – 70. http://doi.Org/10.1016/j.ijpsycho.2005.03.009.

LaRose, R., The problem of media habits, *Communication Theory*, 2010, 20: 194 – 222. http://doi.org/10.1111/j.1468 – 2885.2010.01360.x.

Lavoie, J. A. A. & Pychyl, T. A., Cyberslacking and the procrastination superhighway: A web-based survey of online procrastination, attitudes, and emotion, *Social Science Computer Review*, 2001, 19: 431 – 444. http://doi.org/10.1177/089443930101900403.

Milyavskaya, M., Inzlicht, M., Hope, N. & Koestner, R., Saying "no" to temptation: Want-to motivation improves self-regulation by reducing temptation rather than by increasing self-control, *Journal of Personality and Social Psychology*, 2015, 109: 677 – 693. http: //doi. org/ 10. 1037/pspp0000045.

Minear, M., Brasher, E., McCurdy, M., Lewis, J. & Younggren, A., Working memory, fluid intelligence, and impulsiveness in heavy media multitaskers, *Psychonomic Bulletin & Review*, 2013, 20: 1274 – 1281. http: //doi. org/10. 3758/s 13423 – 013 – 0456 – 6.

Naab, T. K. & Schnauber, A., Habitual initiation of media use and a response-frequency measure for its examination, *Meiw Psychology*, 2016, 19: 126 – 155. http: //doi. org/10. 1080/15213269. 2014. 951055.

Panek, E., Left to their own devices college students' "guilty pleasure" media use and time management, *Communication Research*, 2014, 41: 561 – 577. http: //doi. org/10. 1177/0093650213499657.

Payne, B. K., Cheng, C. M., Govorun, O. & Stewart, B. D., An inkblot for attitudes: Affect misattribu-tion as implicit measurement, *Journalof Personality and Social Psychology*, 2005, 89: 277 – 293. http: //doi. org/10. 1037/0022 – 3514. 89. 3. 277.

Peeters, M., Wiers, R. W., Monshouwer, K., Van de Schoot, R., Janssen, T. & Vollebergh, W. A. M., Automatic processes in at-risk adolescents: The role of alcohol-approach tendencies and response inhibition in drinking behavior, *Addiction*, 2012, 107: 1939 – 1946. http: // doi. Org/10. llll/j. 1360 – 0443. 2012. 03948. x.

Pena, L., Breaking binge: Exploring the effects of binge watching on television viewer reception, *Dissertations-ALL*, 2015, Paper 283.

Reinecke, L., Hartmann, T. & Eden, A., The guilty couch potato: The role of ego depletion in reducing recovery through media use, *Journal of Communication*, 2014, 64: 569 – 589. http: //doi. org/10. llll/jcom. 12107.

Reinecke, L. & Hofmann, W., Slacking off or winding down? An experience sampling study on the drivers and consequences of media use for recovery versus procrastination, *Human Communication Research*, 2016, 42: 441 – 461. http: //doi. Org/10. l 111/here. 12082.

Reinecke, L., Vorderer, R. & Knop, K., Entertainment 2.0? The role of intrinsic and extrinsic need satisfaction for the enjoyment of Facebook use, *Journal of Communication*, 2014, 64: 417 – 438. http://doi.org/10.llll/jcom.12099.

Restubog, S. L. D., Garcia, P. R. J. M., Wang, L. & Cheng, D., It's all about control: The role of self-control in buffering the effects of negative reciprocity beliefs and trait anger on workplace deviance, *Journal of Research in Personality*, 2010, 44: 655 – 660. http://doi.Org/10.1016/j.jrp.2010.06.007.

Roberts, J. A. & David, M. E., My life has become a major distraction from my cell phone: Partner phubbing and relationship satisfaction among romantic partners, *Computers in Human Behavior*, 2016, 54: 134 – 141. http://doi.org/10.1016/j.chb.2015.07.058.

Ruggiero, T. E., Uses and gratifications theory in the 21st century, *Mass Communication and Society*, 2000, 3: 3 – 37. http://doi.org/10.1207/S15327825MCS0301_02.

Sanbonmatsu, D. M., Strayer, D. L., Medeiros-Ward, N. & Watson, J. M., Who multi-tasks and why? Multitasking ability, perceived multitasking ability, impulsivity, and sensation seeking, *PLOS ONE*, 2013, 8: e54402. http://doi.org/10.1371/journal.pone.0054402.

Solomon, L. J. & Rothblum, E. D., Academic procrastination: Frequency and cognitive-behavioral corre-htes, *Journal of Counseling Psychology*, 1984, 31: 503 – 509. http://doi.Org/10.1037/0022 – 0167.31.4.503.

Strack, F. & Deutsch, R., Reflective and impulsive determinants of social behavior, *Personality and Social Psychology Review*, 2004, 8: 220 – 247. http://doi.org/10.1207/sl5327957pspr0803_1.

Tangney, J. P., Baumeister, B., R. E. & Boone, A. L., High self-control predicts good adjustment, less pathology, better grades, and interpersonal success, *Journal of Personality*, 2004, 12: 271 – 324. http://doi.Org/lO.1111/j.0022 – 3506.2004.00263.x.

Van der Schuur, W. A., Baumgartner, S. E., Sumter, S. R. & Valkenburg, P. M., The consequences of media multitasking for youth: A review, *Computers in Human Behavior*, 2015, 53: 204 – 215. http://doi.Org/l0.1016/j.chb.2015.06.035.

Van Koningsbruggen, G. M., Hartmann, T., Eden, A. & Veling, H., Spontaneous hedonic reactions to social media cues, 2017, 20: 334 – 340. http://doi.org/10.1089/cyber.2016.0530.

Vitak, J., Crouse, J. & LaRose, R., Personal Internet use at work: Understanding cyberslacking, *Computers in Human Behavior*, 2011, 21: 1751 – 1759. http://doi.Org/10.1016/j.chb.2011.03.002.

Vorderer, P., Klimmt, C. & Ritterfeld, U., Enjoyment: At the heart of media entertainment, *Communication Theory*, U, 2004: 388 – 408. http://doi.Org/10.1111/j.1468 – 2885.2004.tb00321.x.

Vorderer, P. & Kohring, M., Permanently online: A challenge for media and communication research, *International Journal of Communication*, 2013, 7, 188 – 196.

Wagner, D. T., Barnes, C. M., Lim, V. K. G. & Ferris, D. L., Lost sleep and cyberloafmg: Evidence from the laboratory and a daylight saving time quasi-experiment, *of Applied Psychology*, 2012, 91: 1068 – 1076. http://doi.org/10.1037/a0027557.

Zillmann, D., Mood management through communication choices, *The American Behavioral Scientist*, 1988, 31: 327 – 340. http://doi.org/10.1177/000276488031003005.

# 第七章

## 在线访问的永久性与网络成瘾

克里斯托弗·克利姆特、马蒂亚斯·布兰德
(Christoph Klimmt and Matthias Brand)

当互联网技术从专业人员扩散到更广泛用户群体后,网络的不当使用、过度使用及不健康使用等情形就出现了,这引发了人们的担忧(Young, 1996)。随着互联网接入、宽带连接及先进网络服务平台逐渐大众化且受世界各地人们的青睐,家长、教育工作者、治疗专家与研究人员也纷纷发出警告认为,一些用户在控制上网时间方面存在严重问题,同时他们也表现出类似酗酒等成瘾性障碍的行为症状(e.g., Griffiths, 2000)。这种不当网络使用(problematic Internet use)行为增加了生活中不如人意情况出现的风险,如失业、学业不得志或离婚(e.g., Lortie & Guitton, 2013)。经过二十年的研究和跨学科术语的争论,"网络成瘾"(Internetaddiction, IA)概念已经得到大部分研究团队的认可与使用(Brand, Laier & Young, 2014)。

当前学术成果研究了移动互联网使用与永久连接的新动态(永久在线,永久连接或 POPC cf. Klimmt, Hefner, Reinecke, Rieger and Vorderer, this volume)对网络成瘾的解释、预防和治疗的影响。POPC 现象的多个面向与网络成瘾的原因或表征(子类型)这些复杂变量相关。其中一些变量源自于技术进步为网络使用带来的新可能,如智能手机提供的在线服务永久可用并且无处不在。另一些变量则源自于技术功能的习惯性使用所产生的用户认知结构(预期)变化,例如,如果一个人退出"在线朋友圈",朋友圈内其他成员之间的交流仍会继续("害怕错过"cf. Przybylski, Murayama, DeHaan & Gladwell, 2013)。

## 第二部分 POPC 与决策：选择、处理及多任务处理

在研究分析中，我们区分了网络成瘾的各子类型，并引入前沿的网络成瘾心理因素模型。然后，我们将讨论POPC复杂现象与网络成瘾理论阐释有何关联，虽然这一思考着重于POPC思维与行为如何增加网络成瘾形成的风险，但接下来的部分将阐明POPC技术与习惯为预防和干预网络成瘾带来的可能性。在结论部分，我们为未来的研究提出几点建议，以更好地理解POPC作为主流沟通行为对网络成瘾的影响，以及重度网络使用所导致的不良症状和后果的新应对机遇。

### 理解网络成瘾

描述、定义和发现网络成瘾使用行为已经成为研究人员和治疗专家面临的重大难题。这些问题与构成"网络成瘾"的两个术语密切相关。首先，"互联网"是一种多功能通信基础设施，提供各种平台、服务和媒体的访问权限。如果某人沉迷于网络，这通常意味着他或她在使用游戏或色情等网络应用程序时会表现出上瘾的行为模式。互联网只是作为成瘾实际对象的传播技术，而网络本身并不是成瘾"物质"。其次，因为在过度及无节制使用网络等成瘾行为中没有任何生理作用或物质会引发成瘾性身体反应，如人们对酒精的渴望或对其他药物成瘾的戒断等症状，因此专家们围绕是否以及如何在网络使用中引入成瘾概念长时间内争执不下。这两个术语的复杂性已经促使网络成瘾的相关概念和措辞发生明显变化。在本章节中，"网络成瘾"也可以称作"不当网络使用"与"过度网络使用"（excessive Internet use）。目前，"网络成瘾"是出版物中最常用的术语（see Brand, Laier et al., 2014，可参见相关概述），最近"网络使用障碍"（Internet use disorder）这一术语也开始进入公众视野。

在当代的网络成瘾研究中，网络成瘾被分为五种类型，主要指促使用户维持成瘾性消费模式的网络服务平台和内容类型。最突出的类型是网络游戏障碍（Internet gaming disorder）（APA, 2013）。虽然首个病例出现于更早的线下游戏时代，但游戏体验的新功能与在线游戏的模式息息相关，这导致了患者数量大幅增加，从而引起网络成瘾研究者的广泛关注（e.g., Dong & Potenza, 2014, 2016; Fauth-Bühler & Mann, 2017; Kuss, 2013; Thalemann, Wölfling & Grüsser, 2007）。最近，学界人士也开始讨论网络成瘾的其他子类型，它们是现实生活中已知的成瘾行为的

写照，即与人们对网络色情、社交网站、购物网站和赌博的成瘾行为类似（Brand，Young & Laier，2014；Griffiths，2012；Kuss & Griffiths，2011；Müller，Brand，Mitchell & de Zwaan，in press；Müller et al.，2016；Young，Pistner，O'Mara & Buchanan，1999）。就目前的情况而言，值得注意的是，网络成瘾的所有类别都与人们广泛使用基于智能手机的网络服务平台和媒体密切相关（如移动游戏，cf. Bowman，Jöckel & Dogruel，2015）。

了解每种网络成瘾类型的特征对解释不良现象出现的原因和识别其风险因素至关重要。然而，最近在模拟过度使用网络的原因和途径方面有理论性突破，因此对网络成瘾现象的解释不局限于特定子类型。"普通网络成瘾"（General Internet Addiction，以下简称 GIA）的综合模型给出一个全面的阐释，为什么有些人沉迷于网络（如何上瘾），而大多数用户却能够以"正常"、健康的方式上网（e.g.，LaRose & Eastin，2004）。回顾和比较 GIA 的不同模型不属于本章节范围，所以我们将重点放在一种当代的研究方法上，即布兰德（Brand）、莱尔（Laier）和（Young）扬（2014）提出的综合模型，该模型得到了大量的实证支持和学术界的广泛认可。该模型最近被调整与细化（Brand，Young，Laier，Wolfling & Potenza，2016），并被称作个人—影响—认知—行为互动模型（interaction of person-affect-cognition-execution，简称 I-PACE）。然而，I-PACE 模型主要针对特定的网络成瘾问题（例如，游戏、赌博、网络性爱、网上购物和网聊），而非通常所说的 GIA 行为。

从操作层面来看，GIA 模型将网络成瘾定义为几种通常熟知的或类似于常规性成瘾及物质依赖成瘾等行为现象的集合，即失控/时间管理、渴望网络使用所致的社会问题。这几个维度形成于之前的概念研究（即模型构成：Griffiths，2005）。"失控/时间管理"维度是指一个人在日常生活中使用互联网时所产生的时间管理问题的严重程度，如忽略家务或存在睡眠问题。还包括过度使用网络带来的负面影响（如学校表现不佳）以及过去未能主动减少使用互联网。第二个维度"渴望/社会问题"强调过度使用网络对社会活动的负面影响及沉迷于媒体（如幻想上网的频率）。这个维度还包括人际问题（如网络使用行为受到干扰时产生的反社会行为）及使用网络调节情绪（这在实证研究中的问卷调查题目中有所体现，如"当你离线时会多久感到沮丧、忧郁或紧张？

一旦你上线这些症状是否会消失？"）。

　　该模型将成瘾性网络使用行为产生的根源归结于一组个体差异变量。如果一个人在其中的一种或几种（易患疾病的）倾向得分较高，那么他或她就更有可能患上普通网络成瘾症。根据 GIA 模型，抑郁与社交焦虑等最主要的心理病理症状、功能障碍的人格因素（自我效能感低、胆怯、压力易感及拖延倾向），以及社会孤立（social isolation）或缺乏社会支持（Brand, Laier et al., 2014, p.2），这些均体现了人们所承受的心理负担，这促使他们向网络成瘾靠拢。在过去的研究中，这些心理倾向都被证明是过度使用网络的相关决定因素（see Brand, Laier et al., 2014, for a review）。该模型表明，这些心理倾向形成了人们对于网络的两种特定认知，我们从中也可以发现 GIA 模型的形成路径。其中一种促使成瘾行为发生的认知是对于网络的期望（expectancies）。假设人们已经了解或一直强化自己的期望，即认为使用互联网会产生令人满意的积极影响，这会快速、直接地缓解他们所面临的孤独、悲伤、空虚等心理问题，那么他们有强烈动机重复使用网络，这可能强化不加节制的过度消费行为。根据该模型，另一种相关认知是应对行为（coping behaviors）。如果人们倾向于以不恰当的方式应对其所面临的压力（如孤独或悲伤），也就是说，抑制厌恶的经历、不主动处理问题，或者以不当方式调节情绪，并认为互联网是应对这种不良处理方式的有效工具，那么这些相关网络认知也将为成瘾性使用症状的出现推波助澜。

　　总而言之，上述模型解释认为，网络成瘾是不良个人特征与互联网相关认知相互作用而产生的结果。驱使互联网相关认知产生的部分原因在于网络技术与网络媒体具有诱人的特征，这强化了人们的期望，并形成他们频繁使用手机的行为，从而这些期望与不良认知结构成为一种惯习并趋于迁延化。因此，网络成瘾的稳定模式一经出现很难改变，通常与日常行为相关，而且会导致严重后果。从这个意义来讲，该模型是其他替代性研究方法的综合（e.g., Dong & Potenza, 2014; LaRose & Eastin, 2004）。过去调查研究显示，预计 1%—8% 的人们患有重度网络成瘾症（Weinstein & Lejoyeux, 2010）。

## POPC 与网络成瘾之间的概念关联

　　基于对"网络成瘾如何形成"的阐释，我们目前讨论最近 POPC 现象的兴起与过度使用网络之间的关联。如果许多人都处于（期望）永久在线且网络无所不在的状态，那么这对于网络成瘾出现的可能性意味着什么？我们从以下四个方面讨论了POPC与网络成瘾之间的关系：可用性与吸引力的永久性，上网习惯形成的强大驱动力，重度网络使用的社会常态化体验，通过社交网络效应共同稳定网络使用。

永久可用与永久吸引力

POPC现象的核心特征是能够随时随地连接网络，这对于网络成瘾的出现有直接影响。首先，我们从网络成瘾者的个人视角切入。他们往往无法管理或自主决定自己的上网时间，也难于对上网的时间、地点、内容及活动制定有效的规划。在POPC时代之前，囿于技术和环境因素的限制，人们在（持续、重复）网络使用方面困难重重。例如，以前联网的台式电脑或笔记本电脑并不能在任何情境中使用，这一点网络成瘾者已有所察觉；或者人们接入硬件却无法获取特定应用程序（如网络游戏、在线商店），而这些程序与成瘾存在关联。因此，这些外部障碍虽然能确保成瘾用户可以使用基本（可能非常少）的日常功能，但同时也强迫个人（至少在短时间内）适应无网络的环境，并阻断成瘾欲望。"可访问性"一般被认为是导致网络成瘾的主要原因，尤其是网络性瘾症（Internet sex addiction）（Young，2008）。在移动终端时代，可访问性已经变得日益重要，这成为永久在线及网络成瘾最终形成的不可或缺的技术因素。

随着移动宽带上网服务与高端智能手机等超功能终端的出现与大规模普及，成瘾者每天被强制离线的情况正逐渐消失。实际上，几乎没有任何技术障碍可以阻止成瘾患者上网。即使在高速列车或公园等较为偏远的地方，用户也可以安心上网，同样也可以享用任何在线服务平台，包括游戏、社交媒体、色情或购物平台。这表明成瘾者会永久性地面临着欲望目标的召唤。人们的口袋里只要有智能手机，他们就不可能自觉或不自觉地与网络保持距离。手机的永久可用以及用户与成瘾对象持续保持密切关系可能会让成瘾者自律（self-regulation）和自我导向（self-directedness）这些早已臭名昭著问题方面沦陷，这是网络成瘾解释中强调的主要因素（Sariyska et al.，2014）。对于有网瘾的智能手机用户来说，POPC的配置就好比一个酗酒者被允许进入一家大型酒馆，在那里她或他可以随时从货架上拿任何一瓶酒而不需要付钱。在充满永久性诱

## 第二部分 POPC 与决策:选择、处理及多任务处理

惑的条件下,成瘾者不太可能找到恢复办法,还可能在自我控制或自主决定上网方面无能为力。在 POPC 环境中,网络成瘾行为的发生也可能具有永久性,长此以往很可能会产生一些负面效应,如学习与工作不如意、睡眠质量不高或出现家庭冲突(e.g., Weinstein & Lejoyeux, 2010),那么产生令人厌恶的影响也在意料之中。

无独有偶,由于 POPC 技术的扩散及相关行为的涌现,互联网的可用性及吸引力才具有永久性,这是那些还未沉迷于网络但有可能会发展成网络成瘾的人所面临的根本威胁。这些人在某些人格风险因素上得分较高,如果可以随时随地上网,那么用户的不良倾向将经常对他们的自律行为构成挑战。例如,有拖延倾向的人(Thatcher, Wretschko, Fridjhon, 2008)现在已经找到有效方法来永久性且安心地拖延,那就是利用他们的手机(Reinecke & Hofmann, 2016)。同样,抑郁症患者会关注那些能够改善情绪的智能手机内容与服务的永久可用性,并且会经常使用这些可用功能(see Reinecke, this volume)。第三个案例是每天处于高压状态的人会求助于在线服务平台来解决问题;他们所青睐的(通常是不良的)应对问题的技术永久可用,这也让压力所诱导的上网行为成为一种常态(Kardefelt-Winther, 2014; Tang et al., 2014)。因此,从框架模型来看(Brand, Laier et al., 2014),高风险人群更有可能在 POPC 环境中形成助推成瘾的特定网络认知,如网络期望及不良的互联网应对认知(参见 van Koningsbruggen、Harmann 及 Du 在本书的内容)。

这些动态性因素会放大 POPC 问题,还可能会对网络成瘾子类型产生不同影响。具体而言,对于网络游戏与网络色情成瘾等需要长时间持续在线"对话"的网络成瘾症类型而言,互联网接入的持久性与普遍性可能就变得无足轻重。人们已经无法通过智能手机的小屏幕看几个小时视频来获得满足。相比之下,某种程度上,那些具有自发性、冲动性及短暂性特征的网络成瘾类型(如网络购物成瘾、社交媒体成瘾及网络赌博成瘾)更容易在 POPC 技术与行为的作用下而被激活。这一假设提出的原因在于,网络服务平台的永久可用意味着人们会永久处于冲动性控制下的行为选择模式中(van Koningsbruggen et al., this volume)。无论网瘾症患者何时产生强烈的上网冲动,他们总是能够立即对这种冲动做出反应,对此智能手机与 POPC 环境功不可没。用户在快速满足各

种上网冲动的同时，也形成了成瘾性认知结构，因此 POPC 被看作是网络成瘾驱动力的"放大器"和"稳定器"。

习惯性上网成为网络成瘾的前奏

通过观察 POPC 现象发现，越来越多的人为了满足日益增长的需求会在各种情况下使用智能手机，这表明许多人已经养成了根深蒂固的习惯，即频繁地拿出手机来处理各种任务，这些使用行为都是在无意识的状态下产生而无须刻意安排（Oulasvirta, Rattenbury, Ma & Raita, 2012）。对于日常生活中出现的许多"小"问题，人们通过访问智能手机与网络服务平台就能快速获得有效的解决方案，包括信息搜索、无聊或等待过程中的娱乐需求，以及处于孤独情境中的沟通需求或其他社交需求（Klimmt et al., this volume）。对于许多人而言，拿出移动终端设备并使用已经成为针对各种功能（affordances）及需求的默认（default）回应。

根据 GIA 的框架模型，智能手机及其多功能性不仅促使频繁使用手机成为人们的习惯，而且还形成了他们的网络相关期望及应对（厌恶的、具有挑战性的）日常活动的习惯性认知结构（chronify cognitive structures）。如果人格结构存在问题的人们会养成使用手机的顽固习惯（根据 GIA 模型，参见上文）——并非依托于某种特定成瘾倾向——那么这种出于任何目的的"普通"上网习惯可能会驱使个人行为转向成瘾使用模式，因为人们的个人背景（如缺乏社会支持，抑郁症状等等；参见上文的模型阐释）致使其面临上述问题，然而对这些问题的默认式反应也会促使其"上网"。一些人认为使用手机通常是一种有效的行为，他们自然在成瘾相关情况及问题中也会产生这种意识，这可能会促使网络期望及不良应对成为一种习惯，框架模型认为这是导致成瘾性网络使用行为的主要原因。从 POPC 数字生活方式的认知结构来看，智能手机可能为网络成瘾开辟了一条（部分）新道路，习惯性使用手机（几乎）成为用户应对任何充满挑战环境的默认方式。该论点与目前习惯性的物质依赖行为研究的观点一致（Everitt & Robbins, 2016；Piazza & Deroche-Gamonet, 2013）。

重度网络使用的常态化

许多人在以前不太可能使用媒体的场合和地点使用智能手机，这一发现正在改变人们对于公共场合的印象。一些著名事件都会在媒体中形成热议，这表明行人、司机、餐馆客人及排队等候的顾客都在使用智能

## 第二部分 POPC 与决策:选择、处理及多任务处理

手机。一名普通的智能手机用户每天能观测数百人的动态,他们同时也能用手机浏览、更新、通话或做其他事情。在移动互联网设备上观看人们之间的互动已经成为一种"常态"行为。

智能手机的永久性使用已成为主流趋势,日常行为对网络成瘾的形成有影响,这些现象都可以用社会学习理论(social learning theory)(Bandura,1986)来阐释。每个人基本都处于 POPC 环境,在这一条件下,面临网络成瘾风险的人与已经染上网瘾的人不太可能通过社会比较(social comparison)意识到他们的问题。相反,观察别人的日常行为会给他们留下这样一种印象:他们这种有问题的、不良的网络使用方式是一种正常的、司空见惯的甚至可能是合理的(因为似乎许多人都这样做)现象,因此没有必要大惊小怪。这不仅仅指在公共场合观察陌生人如何使用智能手机,而且还指可以从网络联系人的交流行为中吸取教训。一些网友随时可以联系得到,他们对信息的回应极其迅速,而且似乎从未退出聊天软件及社交服务平台。许多人至少有时会与那些青睐于"永远在线"数字化生活方式的人们互动,在这种生活方式中,可访问性与永久性连接似乎成为生活的真谛(Bayer, Campbell & Ling, 2016)。因此,有成瘾倾向的人几乎不会意识到自己异常极端的互联网消费行为模式。再从 GIA 框架模型来看,人们通常认为 POPC 状态与行为是一种常态化现象,这可能会削弱人们寻找替代性应对策略的意愿和能力,同时强化了他们通过上网和保持在线状态来解决心理问题的倾向。

集体自我稳定:永久性社交因素催生成瘾性使用行为

人们在日常生活中广泛使用移动互联网是为了实现社会交往(Bayer et al.,2016;Bayer, Ellison, Schoenebeck & Falk, 2016)。从单个用户视角看,这表明她或他通过智能手机与同样采用(重度依赖)手机交流方式的人们建立联系(如上所述)。用户不仅可以编辑和发送消息,显然,他们也会"受邀"(或被迫)频繁地对所接收的交流信息做出回应。许多用户似乎通过通信应用程序可以完成人际交流与群际交流等多条信息流,将处理海量信息作为日常生活的一部分(Malka, Ariel, Avidar and Cohen, this volume)。

立足网络成瘾视角,智能手机通信的社会功能(e.g., Valkenburg & Peter, 2011)是一个有趣的重要议题,因为引入了个人心理因素和技术因素,而这二者通常被视为网络成瘾的基本构成因素(Kuss & Griffiths，2011）。如果其他用户通过通信方式邀请、力劝甚至是强迫那些面临网络成瘾风险的人或者已经有网络成瘾行为的人在线、保持对话或参与新一轮游戏，那么这些社交动态因素不可避免地会在人们自我调节时施加（额外的）压力。根据个人偏好，人们不愿意通过注销、退出游戏或延迟回复等方式让其他相关者失望，这可能会成为一种特殊力量，它会削弱用户的自我控制能力，倒逼其逐渐陷入成瘾。例如，当一个人在现实社会中缺少社会整合（social intergration）[①] 时，亟待从其网友中获得社会支持，这时他们可能更容易对网络社交信号做出反应，以免破坏唯一且有价值的社交资源（"错失恐惧症"cf. Przybylski et al.，2013）。反过来，该个体的在线交流也会对其他可能面临相似问题的用户会产生影响；如此，整个网络朋友圈可以通过对以前的交流做出反应，阻止其他人退出共同的网络活动，从而维护彼此成瘾的网络行为模式（Wu，Ko，Wong，Wu & Oei，2016）。如果POPC代表永久性活跃的在线"朋友"网络，那么重度网络使用的集体自我稳定可能是致使成瘾性网络使用行为产生的一个新因素，从而也强化了布兰德、莱尔等人的GIA模型中所提及的网络期待及不良应对行为（2014；如上所述）。

### POPC与预防及干预机会

目前，经过研究我们发现POPC技术会让人们面临网络成瘾的风险，但同时也为戒掉网瘾提供了新机会。

其中一个原因是POPC行为会在服务平台和应用程序留下使用时间、访问等方面的数据痕迹与记录。这些数据可以为个人用户提供网络消费的反馈信息。各种智能手机应用程序旨在测量用户的在线行为，并提供改进、优化或减少（在线）使用的提示。以Menthal[②]应用程序为例，该程序用于追踪科学研究中手机使用的各种相关参数（Markowetz，Blaszkiewicz，Montag，Switala & Schlaepfer，2014），而且用户也可以利

---

[①] 社会整合是指社会通过各种方式或媒介将社会系统中的各种要素、各个部分和各个环节结合成为一个相互协调、有机配合的统一整体，增强社会凝聚力和社会整合力的一个过程。——译者注

[②] Menthal是一款由德国波恩大学研究人员开发的安卓系统应用程序，旨在为用户提供使用手机频率的相关数据，如监测打开Facebook和接听电话频率等指标。——译者注

用它来了解自己的网络消费模式。

这类应用程序经常以"量化自我"为标签,这可能是挽救那些处于网络成瘾风险用户的一种有效方法。个人(移动)网络使用中永久可用的指标成为一种有价值的信息来源,可以提高人们对日常生活中(高)消费模式的认识。根据框架模型,人们若不了解自己的网络消费情况,他们会在网络期望方面出现问题,这可能会让不良的应对认知合法化,增加了网络成瘾形成与持续的风险。因此,用户在智能手机上安装一个永久性的网络行为自动监测器,就可以定期提醒他们应如何管理和限制自己的网络行为,这可能会为那些自律方面存在问题人提供有价值的帮助。

智能手机所生成和记录的数据痕迹也成为了人们预防或干预网络成瘾的措施,帮助用户在日常生活中逐步改变自己的在线行为。行为疗法(behavioral therapy)的应用原则是一种以技术为基础的方法,即根据成瘾定义及用户之前的使用模式变化来分析其网络使用模式。上述结论表明,智能手机会向用户提供具体而个性化的行为建议,比如在一天中的特定时间更加关注智能手机的使用情况,或者反思他们最近投入大量时间和精力的在线游戏的实际价值。由于各类信息提醒具有永久可用性和强制性等特征,因此按照可持续方式调整在线行为也有较大潜力(Bakker, Kazantzis, Rickwood & Rickard, 2016)。根据 GIA 模型,这种基于智能手机的干预措施是指永久性地观察用户并对其行为进行反馈,然而这在传统的线下咨询中无法实现。许多单独的信息反馈和行为推荐都基于实际使用数据,这提高了人们改变认知结构(如习惯)的几率,而且也会增加他们对于网络的预期,这样就确实有机会改变其在线行为。

## 结论 POPC 与网络成瘾交叉领域的研究困境

本文综述了名为 POPC 的观察综合征与网络成瘾之间的多重联系。与最成熟的网络成瘾模型不同的是,这两个概念之间可能存在的因果联系的不同维度已经被确定,它们都会产生令人厌恶的、加剧风险的结果,也对预防和干预有正面影响。由于 POPC 是一个新议题,我们的许多思考并非基于实证数据,所以在研究过程中我们通过文献综述来简单回顾 POPC 相关议题的发展路径。然而,我们发现以下四个方面的调查尤为重要。

其一，POPC作为一种大众现象貌似对网络成瘾概念的理解及实证测量构成挑战。由于受智能手机永久性使用习惯与认知结构影响，越来越多的人似乎都表现出网络成瘾定义中的构成要素。例如，网络使用失控作为网络成瘾的症状之一，似乎经常出现于POPC用户身上（"网络拖延症"Reinecke & Hofmann, 2016; van Koningsbruggen et al., this volume）。同样，随着POPC行为的出现，越来越多的人出现重度使用网络的相关症状，如破坏亲密关系（Rieger, this volume）或因沟通压力而导致幸福感降低（Reinecke, this volume; Hefner & Vorderer, 2016）。这些现象的频现增加了区分网络成瘾实际症状与"正常"在线使用的难度。因此，未来研究将必须重新审视网络成瘾的概念界定及测量指标，从而全面有效理解这个概念，并且会受到POPC行为逐渐"常态化"及许多用户似乎表现出一些成瘾特征等事实的影响。

其二，更好地了解智能手机的技术与软件特性、网络连接及其应用程序如何与人格变量（personality variables）相互作用，从而让人们产生已知与可能还不为人知的网络相关认知，这一点至关重要。了解用户的这些网络认知，尤其是期望（Brand, Laier et al., 2014），对于追踪网络成瘾的发展路径及动态至关重要，正如本章所述，具有POPC特征的技术与行为可能对这些认知产生持续性影响。为了使其他研究也能适当地应对POPC趋势可能带来的新挑战，迫切需要实证数据。例如，由于POPC技术对那些迄今为止不易受人格维度中风险因素（抑郁、缺乏社会支持等）影响的人群而言也极具"诱惑力"，那么智能手机是否会扩大面临网络成瘾风险人群的范围呢？

其三，在过去的许多研究与理论中，网络成瘾被视为一种顽固的疾病，一旦出现则无法根治。然而，至少就沉迷于网络游戏而言，一些纵向研究的结果表明，网络成瘾的稳定状态具有暂时性及有限性等特点（Rothmund, Klimmt & Gollwitzer, in press）。假设能够用经验性方法证实POPC对网络成瘾存在放大效应，那么有必要研究这些影响是否具有暂时稳定性，或者研究过度的POPC行为是否是一种随时间推移而消失的过渡性行为。例如，当用户从青春晚期到成年早期过渡时，若通过恰当的方式产生适应效果，成瘾的智能手机使用模式也可能会随之消失（Wirth, von Pape & Karnowski, 2008）。

最后，需要对用于预防和干预网络成瘾的"技术顺势疗法"（technological homeopathy）概念进行实证检验。这一概念是指支持用户通过安装在同一终端的工具来有效地使用其智能手机和上网功能，而这些工具正是成瘾的来源、缘起及对象，这样的事情真的有可能发生吗（Kwon et al., 2013）？在基于智能手机的预防中是否存在飞镖效应①（boomerang effects）？哪类（面临风险的）用户会从中获益，这种方式对于治愈哪类网络成瘾症更有效？

显然，POPC 新动态的出现不仅彻底改变了人们的日常生活，而且有可能会影响到当今及未来几代人所面临的网络成瘾风险的形成途经、经历及结果。因此，推进我们对 POPC 与网络成瘾交叉领域的理论与实证研究将有助于最大限度降低现代网络世界的不利影响，也为行为成瘾领域如预防与干预方面的研究提供借鉴。

## 参考文献

APA., *Diagnostic and statistical manual of mental disorders*, 2013, (5th ed.). Arlington, VA: American Psychiatric Publishing.

Bakker, D., Kazantzis, N., Rickwood, D. & Rickard, N., Mental health smartphone apps: Review and evidence-based recommendations for future developments, *JMIRMental Health*, 2016, 3 (1): e7. http://doi.org/10.2196/mental.4984.

Bandura, A., *Social foundations of thought and action: A social cognitive theory. Englewood Cliffs*, NJ: Prentice Hall, 1986.

Bayer, J. B., Campbell, S. W. & Ling, R., Connection cues: Activating the norms and habits of social connectedness, *Communication Theory*, 2016, 26: 128-149.

Bayer, J. B., Ellison, N. B., Schoenebeck, S. Y. & Falk, E. B., Sharing the small moments: Ephemeral social interaction on Snapchat, *Information, Communication & Society*, 2016, 19 (7): 956-977.

---

① 飞镖效应（又名"飞去来器效应"）是社会心理学的一个概念，由原苏联心理学家纳季控什维制首先提出，指行为反应的结果与预期目标完全相反的现象。之后这一概念也被应用到传播学中，指宣传不得法或不占有真理，引起宣传对象的反感，对宣传者产生离心离德的倾向。引自刘京林等编著《传播中的心理效应解析》，中国传媒大学出版社 2009 年版，第 48 页。——译者注

Bowman, N. D., Jökel, S. & Dogruel, L., "The app market has been candy crushed": Observed and rationalized processes for selecting smartphone games, *Entertainment Computing*, 2015, 8: 1 – 9.

Brand, M., Laier, C. & Young, K. S., Internet addiction: Coping styles, expectancies, and treatment implications, *Frontiers in Psychology*, 2014, 5: 1256.

Brand, M., Young, K. S. & Laier, C., Prefrontal control and Internet addiction: A theoretical model and review of neuropsychological and neuroimaging findings, *Frontiers in Human Neuroscience*, 2014, 8: 375. doi: 10.3389/fnhum.2014.00375.

Brand, M., Young, K. S., Laier, C., Wölfling, K. & Potenza, M. N., Integrating psychological and neurobiological considerations regarding the development and maintenance of specific Internet-use disorders: An Interaction of Person-Affect-Cognition-Execution (I-PACE) model, *Neuroscience & Biobehavioral Reviews*, 2016, 71: 252 – 266. doi: 0.1016/j.neubiorev.2016.08.033.

Dong, G. & Potenza, M. N., A cognitive-behavioral model of Internet gaming disorder: Theoretical underpinnings and clinical implications, *Journal of Psychiatric Research*, 2014, 58: 7 – 11. doi: 10.1016/j.jpsychires.2014.07.005.

Dong, G. & Potenza, M. N., Risk-taking and risky decision-making in Internet gaming disorder: Implications regarding online gaming in the setting of negative consequences, *Journal of Psychiatric Research*, 2016, 73: 1 – 8. doi: 10.1016/j.jpsychires.2015.11.011.

Everitt, B. J. & Robbins, T. W., Drug addiction: Updating actions to habits to compulsions ten years on, *Annual Review of Psychology*, 2016, 61: 23 – 50. doi: 10.1146/annurev-psych – 122414 – 033457.

Fauth-Bühler, M. & Mann, K., Neurobiological correlates of Internet gaming disorder: Similarities to pathological gambling, *Addictive Behaviors*, 2017, 64: 349 – 356. doi: 10.1016/j.addbeh.2015.11.004.

Griffiths, M. D., Does Internet and computer "addiction" exist? Some case study evidence, *CyberPsychology & Behavior*, 2000, 3: 211 – 218. doi:

10. 1089/109493100316067.

Griffiths, M. D., A "components" model of addiction within a biopsychosocial framework, *Journal of Substance Use*, 2005, 10: 191 – 197. doi: 10. 1080/14659890500114359.

Griffiths, M. D., Internet sex addiction: A review of empirical research, *Addiction Research and Theory*, 2012, 20: 111 – 124. doi: 10. 3109/16066359. 2011. 588351.

Hefner, D. & Vorderer, P., Digital stress: Permanent connectedness and multitasking, In L. Reinecke & M. – B. Oliver (Eds.), *Handbook of media use and well-being*, 2016, (pp. 237 – 249). New York: Routledge.

Kardefelt-Winther, D., A conceptual and methodological critique of Internet addiction research: Towards a model of compensatory Internet use, *Computers in HumanBehavior*, 2014, 31: 351 – 354. doi: 10. 1016/j. chb. 2013. 10. 059.

Kuss, D. J., Internet gaming addiction: Current perspectives, *Psychology Research and Behavior Management*, 2013, 6: 125 – 137.

Kuss, D. J. & Griffiths, M. D., Online social networking and addiction: A review of the psychological literature, *International Journal of Environmental Research and Public Health*, 2011, 8: 3528 – 3552. doi: 10. 3390/ijerph8093528.

Kwon, M., Lee, J. Y., Won, W. Y., Park, J. W., Min, J. A., Hahn, C., Kim, D. J., Development and validation of a smartphone addiction scale (SAS), *PlOS One*, 2013, 8 (2): e56936.

LaRose, R. & Eastin, M. S., A social cognitive theory of Internet uses and gratifications: Toward a new model of media attendance, *Journal of Broadcasting & Electronic Media*, 2004, 48 (3): 358 – 377.

Lortie, C. L. & Guitton, M. J., Internet addiction assessment tools: Dimensional structure and methodological status, *Addiction*, 2013, 108: 1207 – 1216. doi: 10. 1111/add. 12202.

Markowetz, A., Blaszkiewicz, K., Montag, C., Switala, C. & Schlaepfer, T. E., Psycho-informatics: Big data shaping modern psychometrics, *Medical Hypotheses*, 2014, 82 (4): 405 – 411.

Müller, A., Brand, M., Mitchell, J. E. & Zwaan, M. de (in press), Pathological online shopping, In M. Potenza (Ed.), *Online addiction*, Oxford: Oxford University Press.

Müller, K. W., Dreier, M., Beutel, M., Duven, E., Giralt, S. & Wolfling, K., A hidden type of Internet addiction? Intense and addictive use of social networking sites in adolescents, *Computers in Human Behavior*, 2016, 55: 172 – 177. doi: 10.1016/j.chb.2015.09.007.

Oulasvirta, A., Rattenbury, T., Ma, L. & Raita, E., Habits make smartphone use more pervasive, *Personal and Ubiquitous Computing*, 2012, 16: 105 – 114. doi: 10.1007/s00779 – 011 – 0412 – 2.

Piazza, P. V. & Deroche-Gamonet, V., A multistep general theory of transition to addiction, *Psychopharmacology*, 2013, 229: 387 – 413.

Przybylski, A. K., Murayama, K., DeHaan, C. R. & Gladwell, V., Motivational, emotional, and behavioral correlates of fear of missing out, *Computers in Human Behavior*, 2013, 29 (4): 1841 – 1848.

Reinecke, L. & Hofmann, W., Slacking off or winding down? An experience sampling study on the drivers and consequences of media use for recovery versus procrastination, *Human Communication Research*, 2016, 42: 441 – 461.

Rothmund, T., Klimmt, C. & Gollwitzer, M. (in press), Low temporal stability of excessive video game play in German adolescents, *Journal of Media Psychology*.

Sariyska, R., Reuter, M., Bey, K., Sha, P., Li, M., Chen, Y. F., Montag, C., Self-esteem, personality and Internet addiction: A cross-cultural comparison study, *Personality and Individual Differences*, 2014, 61 – 62: 28 – 33.

Tang, J., Yu, Y., Du, Y., Ma, Y., Zhang, D. & Wang, J., Prevalence of Internet addiction and its association with stressful life events and psychological symptoms among adolescent Internet users, *Addictive Behaviors*, 2014, 39: 744 – 747. doi: 10.1016/j.addbeh.2013.12.010.

Thalemann, R., Wölfling, K. & Grüsser, S., Specific cue reactivity on computer game-related cues in excessive gamers, *Behavioral Neuroscience*, 2007, 121 (3): 614 – 618.

Thatcher, A., Wretschko, G. & Fridjhon, P., Online flow experiences, problematic Internet use and Internet procrastination, *Computers in Human Behavior*, 2008, 24: 2236 – 2254. doi: 10.1016/j.chb.2007.10.008.

Valkenburg, R. M. & Peter, J., Online communication among adolescents: An integrated model of its attraction, opportunities, and risks, *Journal of Adolescent Health*, 2011, 48 (2): 121 – 127.

Weinstein, A. & Lejoyeux, M., Internet addiction or excessive Internet use, *American Journal of Drug and Alcohol Abuse*, 2010, 36: 277 – 283. doi: 10.3109/00952990.2010.491880.

Wirth, W., von Pape, T. & Karnowski, V., An integrative model of mobile phone appropriation, *Of Computer-Mediated Communication*, 2008, 13 (3): 593 – 617.

Wu, J. Y. W., Ko, H. C., Wong, T. Y., Wu, L. A. & Oei, T. P., Positive outcome expectancy mediates the relationship between peer influence and Internet gaming addiction among adolescents in Taiwan, *Cyberpsychology, Behavior, and Social Networking*, 2016, 19 (1): 49 – 55.

Young, K. S., Addictive use of the Internet: A case that breaks the stereotype, *Psychological Reports*, 1996, 79: 899 – 902. doi: 10.2466/pr0.1996.79.3.899.

Young, K. S., Internet sex addiction: Risk factors, stages of development, and treatment, *American Behavioral* 52, 2008: 21 – 37. doi: 10.1177/0002764208321339.

Young, K. S., Pistner, M., O'Mara, J. & Buchanan, J., Cyber disorders: The mental health concern for the new millennium, *Cyberpsychology & Behavior*, 1999, 2: 475 – 479. doi: 10.1089/cpb.1999.2.475.

# 第八章

# 多任务处理:这一切是否真实存在?

徐珊、王征

(Shan Xu and Zheng Wang)

多任务处理(multitasking)的广义定义为同一时间参与两项或多项活动。包括至少以一种媒介形式参与的多任务处理被称为媒介多任务处理(media multitasking)。人类在媒介技术诞生之前就有执行多任务的先例(Smith,2010)。我们的祖先在具备站立与行走能力之后,他们的手被解放出来可以做其他任务,如制造工具和采摘水果,这些是多任务处理活动的雏形。然而,诞生于20世纪的电子媒介技术以前所未有的方式实现多任务处理。在20世纪30年代,值得注意的是,三分之二的广播听众在收听广播的同时也会参与其他活动,其中30岁以下人群占比近四分之三(Cantril & Allport,1935)。在20世纪60年代,电视成为美国家庭的娱乐中心,大多数观众会在电视机前"吃饭、喝酒、睡觉、玩耍、争论、打架、偶尔也会做爱",而非全神贯注地观看电视节目(Allen,1965,p.6)。

在过去十年中,随着笔记本电脑、平板电脑和智能手机等移动终端的多功能特性与可访问性的提升,媒体的多任务处理已创下新高,人们可以随时随地同时完成工作、娱乐与社交(e.g.,Rosen,Mark & Cheever,2013;Srivastava,2013;David,Kim,Brickman,Ran & Curtis,2014)。媒介多任务处理功能的盛行与"永久在线,永久连接"现象的兴起不无关联(POPC;Vorderer & Kohring,2013;Vorderer,Kromer & Schneider,2016)。例如,最近美国一项调查显示(Common Sense Census,2015),青少年称他们"经常"或"偶尔"边做作业边使用社交

## 第二部分 POPC 与决策：选择、处理及多任务处理

媒体（50%），甚至更多人也表示"经常"或"偶尔"边做作业边发信息（60%）与听音乐（76%）。此外，英国一项研究显示，16—24 岁的受访者每天使用媒介的时间为 9.5 小时，其中 52% 的受访者进行媒介多任务处理（Ofcom & GfK, 2010）。媒介多任务处理在各年龄段、各个国家及各种文化中都有记载（e.g., Moisala et al., 2016; Xu, Wang & David, 2016）。技术可用性及多任务处理的显性行为——通常与网络媒体有关——符合 POPC 的第一维度：永久在线，一种经常使用在线交流方式的显性行为。POPC 的第二维度：永久连接，是指对于利用媒介技术与所处空间环境外的其他人、其他地方及活动建立连接的渴望，这也在多任务处理对社会幸福感影响的研究中得到验证（Pea et al., 2012; Misra, Cheng, Genevie & Yuan, 2014）。因此，《时代周刊》将现在的年轻人称为"M 世代"——多任务处理世代（multitasking generation）（Wallis, 2006）也就不足为奇了。

然而，"多任务处理"真的存在吗？随着媒体与公众对这一现象的日益关注，他们立足不同视角并采用多种方法来对其进行研究，也是时候反思一下多任务处理这个概念了。如果你是一名媒体研究者，你可能会遇到这样的情况：当一名新闻记者或亲戚在家庭聚会上就多任务处理问题向你询问专业意见，如"多任务处理有害吗？"，那么通常你长篇大论的答案会以"看情况而定"作为开头。的确，多任务处理的影响取决于许多因素，包括我们正在评估的具体结果。例如，多任务处理会削弱人们在认知和行为等任务中的效果，但在某些情况下却对情绪有益处（e.g., Wang & Tchernev, 2012）。因此，我们不能对多任务处理简单定论。然而，最重要的是，答案取决于我们如何定义多任务处理。

纵观现有研究，多任务处理是指同时进行两项或多项活动，其中涉及媒介的活动就被称作媒介多任务处理。然而，"多任务处理"和"媒介多任务处理"这两个术语涵盖了不同类型的特定行为，它们的性质、特征及效果可能也各有差异。什么是多任务处理？我们真的可以一心二用吗？我们该如何定义媒介多任务处理？本章将讨论不同类型的多任务处理行为，尤其是多任务处理行为的连续体，包括从继发到并发的多任务处理行为。然后，还回顾了中枢瓶颈理论（the central bottleneck theories）、多重资源理论（multiple resource theories）及线程认知理论（threaded cognition theory），所有这些理论都在阐释我们能否切实进行

多任务处理。最后，从多维框架和分析层次来讨论媒介多任务处理概念，以帮助我们比较和聚合各种媒介多任务处理相关研究。

## 多任务处理行为连续体

目前，已经确定的两类多任务处理行为（Lang & Chrzan，2015）为：（1）任务切换或序列多任务处理，如在发短信与阅读之间来回切换；（2）并发处理或同步多任务处理，如在阅读的时候听音乐。实际上，这两类行为是多任务处理行为连续体的两个端点。本质而言，多任务处理连续体可以根据"切换到另一个任务之前所花费的时间"来确定（Salvucci, Taatgen & Borst, 2009, p. 1819）。例如，连续体的一端是阅读一本书与在手机上不时地查看短信之间的任务切换，这可能会有较长的时间间隔，可能是几分钟，甚至是几小时。连续体的另一端是同步执行任务，如边阅读边听音乐，边走路边打电话。

无论是多任务处理连续体的两端，还是两类多任务处理行为，都激活了丰富的研究史。典型的任务切换范式要求参与者执行短期任务并在任务之间切换，目前研究聚焦于反应时间与任务执行中的切换成本（Salvucci, Taatgen & Borst, 2009）。承接这一思路，一些研究已经开始探索现实世界的人机交互任务，并评估了不同环境中任务中断与恢复的成本，如传入的即时消息与电子邮件对主要任务的执行有何影响（e.g., Cutrell, Czerwinski & Horvitz, 2000）。

此外，还对并发多任务处理展开广泛研究。例如，广为人知的双任务范式（dual-task paradigm）形成于20世纪30年代，目的是研究人们面对两种同时出现的刺激所需的认知过程与反应时间（Stroop，1935；Telford，1931）。与此同时，研究已经在测试用户航行（Jones et al., 1999）和驾驶（Strayer & Johnston，2001）等更为真实的环境中处理并发多任务的能力。

## 我们能够一心二用吗？竞争理论

在这两类多任务处理行为中，序列多任务处理在我们的日常观察和实践中司空见惯，而且易于理解。相比之下，同步多任务处理却引发了学者们的争论。我们真的可以一心二用吗？同步多任务处理确实可行吗？以下主要立足一些理论视角来阐释这些问题。

## 第二部分 POPC 与决策：选择、处理及多任务处理

根据中枢瓶颈理论，多任务处理根本上还是属于序列类型，因为人类的认知处理过程受到单一渠道结构的限制，也就是所谓的处理中枢瓶颈（processing central bottleneck）（Welford, 1952; Pashler, 1998）。单一的认知结构并不能同时处理两个过程（Marois & Ivanoff, 2005）。因此，在多任务处理过程中，不同的任务必须由中央认知结构（central cognitive structure）支配管理。在这个过程中，各项任务所涉及的信息模式并没有差异，而需要不同信息模式（听觉、视觉与运动系统）的任务都处于同一序列中并等待中央认知结构的处理。因此，人们的多任务处理执行力被削弱也在所难免。中枢瓶颈理论得到许多实证研究的论证，包括著名的心理不应期范式①（psychological refractory paradigm，简称 PRP）和注意瞬断②（attentional blinks）研究（e.g., Marois & Ivanoff, 2005）。脑功能磁共振成像（Functional magnetic resonance imaging, fMRI）研究表明，后外侧前额叶皮层和上额叶皮层区域可能发挥中枢认知结构的作用（Dux, Ivanoff, Asplund & Marois, 2006）。

然而，多重资源理论与中枢瓶颈理论则相左，前者强调我们的大脑只要利用不同的资源，就可以同时处理多项任务（Navon & Gopher, 1979; Wickens, 2002）。多重资源理论假设不同的认知功能可以调用不同的资源库（resource pool），不同的资源库通常适用于各种信息形式（Basil, 1994; Salvucci & Taatgen, 2008）。当涉及多任务处理时，如果两项任务的形式越相似，它们就越有可能在同一个资源库中争夺资源并相互干扰。相反，只要从单独的资源库中提取资源，就可以同时执行两项任务。例如，与没有音乐的控制条件相比，在阅读任务中引入音乐作为干扰并没有导致阅读效果显著下降（Pool, Koolstra & van derVoort, 2003）。根据多重资源理论，音乐对阅读任务产生积极影响的一个合理解释是音乐主要利用一个资源库来处理听觉信息，通常这不会与阅读任务所消耗的视觉资源库产生竞争。然而，相比之下，利用智能手机查看社交媒体网站与阅读一样，都需要视觉注意力和认知资源，因此两类任

---

① 心理不应期是一种交叠作业的典型干扰，因此，心理不应期又被称为离散交叠干扰（戴艳，1998）。即我们的大脑不能及时的对外界给予的刺激做出反应，从而导致反应的延误的现象。——译者注

② 注意瞬断，又称注意瞬脱，与心理不应期有着密切关联，主要可以用来解释当刺激呈现先后时间间隔短到一定的程度时，人们不能有效区分刺激的现象。——译者注

务对资源产生直接竞争，这可能会干扰阅读。

## 线程认知：一个多任务处理理论

线程认知理论（Salvucci & Taatgen，2008）将中枢瓶颈理论与多重资源理论融为一体，用来解释何时及如何同时或连续处理多任务。该理论提出如下假设，即认知资源由两部分组成：一个"侧重于认知资源处理效果"的模块，以及与模块相关联的一个缓冲区，它是模块与程序模块之间的沟通渠道。一些模块处理特定认知与运动活动，如视觉模块、听觉模块、操作模块、发声模块及其他模块都属于中枢认知模块：(1) 说明型模块（declarative module）指的是任务指令等信息的存储器；(2) 程序型模块（procedural module）负责连接和协调其他所有模块，整合信息并指导模块的处理任务。该程序模块有一个目标缓冲区，可以存储当前目标相关信息并追踪其存储过程。

在本质上，线程认知理论认为所有的模块都可以同时运行，但每个模块一次只能处理一项任务。在多任务处理过程中，多个模块同时处理多项任务或线程，这些线程都由程序模块协调。线程认知理论还认为，在任务切换过程中处理同一模块的竞争请求或目标时，不同线程可以共享可用模块，但得遵循贪婪/友好原则，即如果有一个模块未使用，任何线程都可以要求使用它（贪婪）；然而，一旦一个模块协助完成线程任务，就会被线程释放以供其他线程使用（友好）。

具体而言，该理论假定，如果这些任务涉及使用不同模块中资源的线程，那么人们就可以同时处理多项任务。举一个常见的例子，一个人一边在街边慢跑，一边用智能手机听音乐。这组行为触发了程序资源库中的一些线程，需要从多个资源库（运动、视觉及听觉）中获取资源来实现多重目标（慢跑、监控流量及听音乐）。这个人可以迈步、编码交通视觉信息并同时处理听觉信息，但相互间不受干扰。然后，当这个人突然想到晚餐做什么时，他在程序模块中增加一条线程，以在说明型模块中检索信息。在程序型资源与说明型资源中，新线程与指导慢跑、交通监测及听音乐等行为的既定线程并不矛盾，只要人们对任务涉及的其他线程得心应手，并且不需要获取说明性资源来生成任务指令，那么所有这些线程可以并行处理。

然而，序列处理出现于单一类型资源层面。也就是说，每个模块

(包括感知模块、运动模块及中枢认知模块)一次只能执行一个请求。如果在同一模块中出现多个需求,一次也只能处理一条线程。再回到慢跑与音乐的例子中,若手机信息提醒铃声响起,提示用户收到文本信息,这个新的环境刺激将催生新程序模块目标,即关注文本信息。然而,程序模块中已经有一条线程需要调用视觉模块中的资源以完成交通监控任务。程序性资源一次只能处理相同资源的一个请求,同样,视觉模块一次也只能处理一个请求:要么阅读文本信息,要么监控交通。如果文本信息更重要,则此目标将在程序资源中进行,该程序性资源除了添加人们拿出手机与阅读短信的运动模块新线程外,还可以促使新线程为视觉模块提供新指令。可能在说明型模块中会添加另一条线程,以便查询短信的相关内容。因此,人们会从监控交通转向关注手机短信。在这种情况下,程序型模块与视觉模块一次只能处理一个请求,因此采用序列多任务处理。在其他情况下,当两项任务同时利用记忆来检索信息或任务指令,那么说明型模块可能会产生序列多任务处理。

## 媒介多任务处理概念化的多维框架

在多任务处理的连续体中确实存在许多不同的多任务处理行为。"多任务处理"与"媒介多任务处理"这两个术语都过于宽泛与模糊。由于大量多任务行为的研究都采用实证方法,所以很难聚合多任务处理及媒介多任务处理的研究结果。随着媒介技术以迅雷不及掩耳之势飞速发展,许多新任务及任务组合类型涌现,如此也难以有效预测多任务处理行为。

例如,一项研究测试了学习过程中的三类智能手机多任务处理行为:发短信、查看社交媒体及听音乐(David et al., 2014)。不出所料,研究结果显示,这些行为对学习效果产生不同的影响:一些任务(社交媒体与短信)对学习效果产生极大的负面影响,而一些任务(音乐)则相反。即使是在同等重要的任务中(学习)或在相同环境下,媒介多任务处理行为也可能会产生不同的结果,更不用说那些不同任务组合与不同环境中的多任务处理行为。

正是出于这一动机,多维框架应运而生,有助于将媒介多任务行为概念化,也利于综合调查各种不同行为的大量相关研究(Wang, Irwin, Cooper & Srivastava, 2015)。基于资源理论和线程认知理论,以及大量信息处理与多任务处理的相关实证研究,作者将11种认知维度分为四类,分别为任务关系（task relations）、任务输入（task inputs）、任务输出（task outputs）及个体差异（individual differences）。利用这些维度可以预测日常生活中的媒介多任务处理选择（Wang et al.，2015），并厘清不同媒介多任务处理用户的认知、态度、心理及社会幸福感的影响（Jeong & Hwang，2016）。以下具体阐释了这11个维度的四个类别。

任务关系类别是指特定多任务处理活动中的任务如何相互关联。（1）任务分层（*Task hierarchy*）：指一项任务重要与否,或者多项任务是否同等重要。目标规定决定了人们对任务的心理资源分配。（2）任务切换（*Task switch*）：一个人在不同任务之间切换时的控制程度。例如,在手机上进行多任务处理时,发短信可以让用户在何时接收和回复信息方面有更多的掌控权,而打电话则会直接引起用户的注意与回应（Wang et al.，2012）。（3）任务关联（*Task relevance*）：多项任务之间如何相互关联？它们是否可以实现相同或不同的目标？如果任务不相关则对任务实施效果产生更大的破坏性作用（e.g.，Jeong & Hwang，2016）。（4）共享模式（*Shared modality*）：听觉、视觉及运动模式等感觉模式的共享程度。当任务涉及多种模式时,多任务处理行为可以减少需求及减缓任务效果的削弱,避免在相同模式库中争夺资源（e.g.，Salvucci & Taatgen，2008；Wang et al.，2012）。（5）任务接近性（*Task contiguity*）：多重任务之间的实际接近程度（physical proximity）。如果相关任务在物理层面相互接近,那么任务切换成本将会降低（e.g.，Mayer & Moreno，2002）。

任务输入类别确定了多任务处理刺激模式与内容的三个维度。（1）信息模式（*Information modality*）指每项任务刺激所涉及的模式类型和数量。研究表明,感官模式参与越多,共享同一资源库的任务就更易产生相互干扰,且中枢程序库中的心理负荷也就越大（e.g.，Salvucci & Taatgen，2008）。（2）信息流（*Information flow*）关注的是刺激信息出现在用户面前的速度。信息流从静态（如文本）到瞬息动态（如移动的图像与声音）都有涉及,具体而言,信息流的节奏也各不相同（如慢节奏的纪录片与快节奏的音乐视频）。视频与音频媒体内容呈现多种生产特性（如镜头变化、声音效果）,这些都能引起注意力导向反应,通常需要调用的心理资源远比静态内容更多（Lang，2000）。（3）最

## 第二部分 POPC 与决策：选择、处理及多任务处理

后，情感内容（emotional content）是指能激发资源分配的任务刺激的效价与强度。积极或消极的情绪内容分别可以激活欲望系统或反感系统，从而将认知资源与内容进行匹配或者分离。

第三类是任务输出。该类别包含两个维度。（1）行为反应（Behavioral responses）是区分需要人们做出行为反应的任务（如接听电话或玩视频游戏）与那些不需要做出反应的任务（听音乐或看视频），其中那些需要行为反应的任务则要求额外调用认知资源与运动资源。（2）时间压力（Time pressure）指短时间内是否需要行为反应。随着时间压力的增加，压力与被唤醒的程度也在深化，这将影响资源配置。

最后，个体间存在的巨大差异被认为能够影响多任务处理的选择与效果，如正念（mindfulness）（i.e., Haller, Langer & Courvoisier, 2012）、内容专长（content expertise）（Lin, Robertson & Lee, 2009）、注意方式（attentional styles）（Hawkins et al., 2005）、外向性与神经质（Wang & Tchernev, 2012）、感觉寻求（sensation seeking）（Jeong & Fishbein, 2007）。这些变量有助于预测媒介多任务处理行为发生的可能性与效果。

对媒介多任务处理的多维概念化，使我们能够更好地认识针对复杂现象的媒介多任务处理。这促使媒介多任务处理相关理论框架的出现，在此框架下，学者可以对媒介多任务处理的相关研究进行梳理和比较，也可以预测媒介多任务处理行为的认知及幸福感（e.g., Jeong & Hwang, 2016; Xu et al., 2016）。反观一个案例发现，不同的媒介多任务处理行为（音乐、社交媒体及短信）对于学习效果的影响也各有迥异（David et al., 2014）。多维框架有助于预测研究中所观察到的不同效应。首先，就任务关系而言，与发短信和查看社交媒体不同，听音乐并未争夺学习所需的视觉资源（即低共享模式）。此外，从任务输出来看，发短信和查看社交媒体通常需要互动交流，相比之下，听音乐不需要行为反应（即无行为反应，无时间压力）。因此，听音乐比其他两种媒体活动耗费的脑力资源更少，这样分配到学习中的资源也就更多。此外，上述维度框架还有助于预测多任务处理的选择。有证据表明，人们通常会避免复杂的认知任务组合，而倾向于较简单的任务组合（Wang et al., 2015）。这表明，日常生活中自主选择的媒介多任务处理可能更适合于媒介无处不在的环境。

## 分析层次

多维框架提供了一种基于理论的媒介多任务处理概念化方式，它指出了多任务处理行为之间的巨大差距。与多维框架相关的是层次分析，这也可以帮助我们思考媒介多任务处理的概念。试想这样一个场景：即学生一边听老师讲课，一边看幻灯片，这两类活动都是为了实现同一个目标。这算是多任务处理吗？同样，这也得视情况而定，这取决于我们讨论行为的分析层次。

### 目　标

一些研究将多任务处理定义为两项或多项任务的实施，且这些任务有它们单独的、独特的目标（Sanbonmatsu, Strayer, Medeiros-Ward & Watson, 2013）。这个概念与我们在日常生活中对多任务活动的印象如出一辙。例如，开车去朋友家（出于交通目的）时，司机通过手机与朋友交谈（出于社交目的）。电视观众看新闻（出于检索信息目的），并用平板电脑与其社交媒体朋友分享这条新闻（出于社交目的）。这些活动可以被定义为在不同目标层次上的多任务处理，尽管这些目标最终都殊途同归并汇聚到一个大的共同目标（即社会）。从更高的目标层次来看（如拜访朋友、共享信息），这些活动也可以被视为一项单独任务。同样，如驾驶等组合型任务可以进一步被分解为一系列任务，然后按照多任务处理来分析。

服务于不同目标的多任务处理活动已经成为大多数传播研究探讨的热门话题，尤其在实证研究中，学者们经常利用不同目标来控制多任务行为。例如，在一项实验中，参与者被要求同时完成两个不同目标，即在计算机上执行认知任务（视觉模式匹配）的同时，通过电脑的即时通讯或语音聊天与朋友进行社交互动（Wang et al., 2012）。在另一项研究中（Jeong & Hwang, 2012），参与者一边使用娱乐媒体（观看一部电影），一边阅读有说服力的纸质文章。

### 形态与特征

一些活动被认为是形态层面的多任务处理。再返回到学生边听讲座边看幻灯片的案例，这两种活动都是为了完成一个共同目标，那就是学习讲座内容，因此二者可以被看作是一项单独的任务。然而，它们也可以被认为是形态层面的多任务处理：听觉资源被分配至听讲座，而视觉资源则用来观看幻灯片。同样，回复一条短信通常被视为是传播研究中的一项单独任务，但也可以视作多任务处理：阅读信息主要涉及视觉资源与理解过程，而输入回应信息则需要一系列视觉动作才能实现。在多媒体学习的研究中，通常将形态层面的多任务处理行为考虑在内。

与任务形态层级相关的是任务特征层级，如任务对象或输入内容的颜色、形状、移动方向、情绪及语义。例如，在心理学的单独实验范式（singleton experimental paradigm）中，参与者需要在多个干扰物中找出一个单独对象，该对象的颜色应该与其他干扰物有明显区分（e.g., van Zoest, Donk & Theeuwes, 2004）。从具体特征层级来看，参与者需要在屏幕上检查所有不同颜色的单独对象，可以同时或连续找出目标。同样，在一项关于情绪的斯特鲁普①（Stroop）任务中，将表达平静或恐惧情绪的词语呈现在相应的面部图像顶端，同时还要求参与者判断面部表情是平静还是恐惧，而忽略与图像内容相符或不符的词语（e.g., Krug, 2011）。在不同的视觉效果呈现层面（文本与图像），参与者必须专注于面部表情，并抑制他们对分散其注意力的情感词汇的反应。一个特征可以被进一步划分为子特征，并且一个认知过程可以通过多个子过程来定义，鉴于此，单任务处理行为被认为是在较低层次分析中的多任务处理。

面部处理就是一个有趣的例子。将面部处理看作是并发的多任务处理。面部特征不是被参与者单独感知和分析的，而是作为一个整体或格式塔来处理（Galton, 1883）。通过两种被广泛使用的实验范式，即复合人脸图像范式（the composite face paradigm）与整体—部分范式（the whole-part paradigm），研究人员发现，与这些特征和面部刺激各自单独呈现相比，这些特征融入整个面部刺激时，参与者能更好地识别面部特征（Tanaka & Farah, 1993），这佐证了面部特征需要采用同步处理方式的观点。因此，即使是这样一个快速而简单的任务，在面部特征层级上，其处理过程可以被认为是并发的多任务处理。

---

① 斯特鲁普效应在心理学中指优势反应对非优势反应的干扰，是由美国心理学家约翰·里德利·斯特鲁普（John Ridley Stroop）于1935年首次提出，其实验正式名称为"颜色与文字的冲突实验"（color word conflict test）。——译者注

## 时　间

在分析中，对于时间标度的考量决定了是否可以将一项活动归为多任务处理。一些任务之间的切换非常迅速，如驾驶过程中司机在监控交通与查看 GPS 地图任务之间的快速切换以次秒为时间单位，而多种感觉模式输入的神经系统感觉处理（如视觉、听觉、触觉、嗅觉、味觉）则以毫秒为时间单位。它们可以被看作是在较大时间单位的单任务处理，或者是较小时间单位的多任务处理。

任务切换时间间隔较长（如以天或小时为单位）的活动可以被看作是多任务处理或单任务处理，这一界定取决于时间单位。例如，一个学生在两门课程中采用多任务处理，他/她在切换到一门课程之前，可能将注意力在另一门课程上保持几个小时或几天。如果所考察的时间范围覆盖全部学习时间（如研究学生的学习时间对他们使用娱乐媒体的影响如何）这可能被视为单任务处理，即完成课程项目。另一个典型案例是从事多任务处理的"足球妈妈"（soccer moms）。在北美地区，一些妈妈会花费大量时间送小孩参加体育赛事或其他课外活动，因此她们被称为足球妈妈。她们需要兼顾孩子的课外活动、家务活及自己的职业生涯。如果时间分析层级为一个足球妈妈的养成时间段，那么"足球妈妈养成"（being a soccer mom）就是一项单独任务（例如，将足球妈妈的媒介使用情况与没有孩子的职业女性的相应情况进行比较）。

大多数多任务处理研究，尤其是实验室实验，都聚焦于快速切换的多任务处理，鲜有研究关注更长时间间隔的多任务处理。部分原因在于，长时间间隔的多任务处理在数据收集方面面临挑战。一些传播研究的新方法，如计算机监控程序与经验抽样方法（e.g., Wang & Tchernev, 2012）已经在应对上述挑战方面崭露头角。例如，有研究利用一个截屏应用程序来记录参与者的电脑屏幕，以监控参与者的多任务处理行为，结果显示，参与者在电脑上花费 28 个小时，期间的任务切换共发生 1584 次（Yeykelis, Cummings & Reeves, 2014）。

## 结　论

媒介多任务处理行为主要发生于网络媒体，它是 POPC 的表征，也可能是 POPC 的呈现方式与结果，如一直在线、永久性搜索信息、对娱乐的渴求及对连接的热衷。另一方面，多任务处理是一种自适应能力，

## 第二部分 POPC 与决策：选择、处理及多任务处理

这种能力使生物体能够在一个不断提出多重需求的复杂环境中生存并茁壮成长。在过去的十年中，媒介技术的空前发展与普及使得媒介的多任务处理功能成为可能。根据本章的理论和实证研究，我们可以有把握地得出结论，包括并发多任务处理在内的多任务处理确实是可能存在的。然而，另一方面，多任务处理可能并不具有适应性。多任务处理可以为自己代言，也就是说，多任务处理本身可以让用户在最大时间范围内得到满足感（幻觉），这得益于同时执行多项活动及完成多个目标。

值得注意的是，关于媒介多任务处理对社会和心理健康影响的研究结果却并不一致（e.g., Pea et al., 2012; Xu et al., 2016）。原因之一在于对"多任务处理"与"媒介多任务处理"这两个术语的界定过于笼统和模糊（Wang et al., 2015; Xu et al., 2016）。在不同的实证研究中，这两个术语所对应的行为也不同，因此很难比较和整合这些研究结果。然而，概念化观点的多维框架可能有助于解决上述问题。也许，更重要的是，这个多维框架还提供了一种系统的、理论导向的方式，从而为多任务处理研究制定策略，以促进更好、更专注地设计和选择媒介多任务处理（Wang et al., 2015）。

例如，人们在课堂上与朋友发短信可能会对课堂内容的理解造成负面影响，因为这两种活动会争夺相同的视觉资源。与听讲座相比，和朋友之间的社交互动可能更富刺激性，这也自然会分散用户更多的注意力，那么这种多任务处理活动可能效果不佳。然而，多任务处理行为的情感内容维度可能对于行为的激励效果大有裨益。例如，在做家庭作业时听音乐可能会增添乐趣（Wang & Tchernev, 2012），因此从长远来看，这可能会促使学生投入更多的时间与精力做作业，提高学习效率。尤其从策略层面看，如果媒介任务旨在减少对家庭作业所需脑力资源的竞争，那么对学习效果的影响更为明显。此外，基于任务输入与任务关系等维度，在设计媒介任务时，我们可以将其与家庭作业任务相关联，并要求调用家庭作业需要的不同模式资源（Moreno & Mayer, 1999; David et al., 2014）。

随着新兴媒介技术的不断涌现，将认知理论与传播理论用于阐释呈爆炸式发展的多任务处理与 POPC 现象也变得更加重要（e.g., Vorderer, 2016）。在某些情况下，媒介多任务处理如何能符合和满足 POPC

现象中出现的新社会规范和个人需求？POPC 如何决定媒介多任务处理行为，那么反之亦然？根据多任务处理与 POPC 的相关理论，媒介多任务处理研究可以让从业者与公众了解如何稳妥、有效地实现环境需求，也包括媒体所提出的需求，以及如何运用媒介使得生活与工作更有保障、更高效及更有趣。

## 参考文献

Allen, C. L., Photographing the TV audience, *Journalof Advertising Research*, 1965, 5（1）: 2-8.

Basil, M. D., Multiple resource theory I application to television viewing, *Communication Research*, 1994, 21（2）: 177-207.

Becker, M. W., Alzahabi, R. & Hopwood, C. J., Media multitasking is associated with symptoms of depression and social anxiety, *Cyberpsychology, Behavior, and Social Networking*, 2012, 16（2）: 132-135.

Cantril, H. & Allport, G. W., *The psychology of radio*, New York: Harper & Brothers, 1935.

Common Sense Census, *The common sense census: Media use by tweens and teens*, Retrieved from www. com monsensemedia. org/census, 2015.

Cutrell, E. B., Czerwinski, M. & Horvitz, E., Effects of instant messaging interruptions on computing tasks, In *CHI'00 Extended Abstracts on Human Factors in Computing Systems*, 2000, (pp. 99-100). New York: ACM.

David, P., Kim, J.-H., Brickman, J. S., Ran, W. & Curtis, C. M., Mobile phone distraction while studying, *New Media & Society*, 2014, 17（10）: 1661-1679. https://doi. org/10. 1177/1461444814531692.

Dux, P. E., Ivanoff, J., Asplund, C. L. & Marois, R., Isolation of a central bottleneck of information processing with time-resolved FMRL *Neuron*, 2006, 52（6）: 1109-1120.

Galton, F., *Inquiries into human faculty and its development*, London: Macmillan, 1883.

Haller, C. S., Langer, E. J. & Courvoisier, D. S., Mindful multitasking: The relationship between mindful flexibility and media multitasking,

*Computers in Human Behavior*, 2012, 28: 1526 – 1532.

Hawkins, R. R., Pingree, S., Hitchon, J., Radler, B., Gorham, B. W., Kahlor, L., Kolbeins, G. H., What produces television attention and attention style? *Human Communication Research*, 2005, 31: 162 – 187.

Jeong, S. - H. & Fishbein, M., Predictors of multitasking with media: Media factors and audience factors, *Media Psychology*, 2007, 10: 364 – 384.

Jeong, S. - H. & Hwang, Y., Does multitasking increase or decrease persuasion? Effects of multitasking on comprehension and counterarguing, *Journal of Communication*, 2012, 62 (4): 571 – 587.

Jeong, S. & Hwang, Y., Media multitasking effects on cognitive vs. attitudinal outcomes: A meta-analysis, *Human Communication Research*, 2016, 42 (4): 599 – 618. https://doi.org/10.1111/hcre.12089.

Jones, R. M., Laird, J. E., Nielsen, P. E., Coulter, K. J., Kenny, R. & Koss, F. V., Automated intelligent pilots for combat flight simulation, *AI Magazine*, 1999, 20 (1): 27.

Krug, M. K., *Cognitive control of emotion and its relationship to trait anxiety*, Unpublished dissertation, University of California, Davis, CA. Retrieved from http://search.proquest.com/docview/872842676/abstract, 2011.

Lang, A., The limited capacity model of mediated message processing, *Journal of Communication*, 2000, 50: 46 – 70.

Lang, A., Using the limited capacity model of motivated mediated message processing to design effective cancer communication messages, *Journal of Communication*, 2006, 56: S57 – S80.

Lang, A. & Chrzan, J., Media multitasking: Good, bad, or ugly? *Annals of the International Communication Association*, 2015, 39 (1): 99 – 128.

Lin, L., Robertson, T. & Lee, J., Reading performances between novices and experts in different media multitasking environments, *Computers in the Schools*, 2009, 26: 169 – 186.

Marois, R. & Ivanoff, J., Capacity limits of information processing in the *brain*, *Trends in Cognitive Sciences*, 2005, 9: 296-305.

Mayer, R. E. & Moreno, R., Aids to computer-based multimedia learning, *Learning and Instruction*, 2002, 12 (1): 107-119.

Misra, S., Cheng, L., Genevie, J. & Yuan, M., The iPhone effect the quality of in-person social interactions in the presence of mobile devices, *Environment and Behavior*, 2014: 1-24.

Moisala, M., Salmela, V., Hietajärvi, L., Salo, E., Carlson, S., Salonen, O., Alho, K., Media multitasking is associated with distractibility and increased prefrontal activity in adolescents and young adults, *Neuroimage*, 2016, 134: 113-121.

Moreno, R. & Mayer, R., Cognitive principles of multimedia learning: The role of modality and contiguity, *Journal of Educational Psychology*, 1999, 91: 358-368.

Navon, D. & Gopher, D., On the economy of the human-processing system, *Psychological Review*, 1979, 86 (3): 214-255.

Ofcom and GfK., *The consumer's digital day*, Retrieved from http://stakeholders.ofcom.org.uk/binaries/research/811898/consumers-digital-day.pdf, 2010.

Pashler, H., *The psychology of attention*, Cambridge, MA: MIT Press, 1998.

Pea, R., Nass, C., Meheula, L., Ranee, M., Kumar, A. & Bamford, H., Media use, face-to-face communication, media multitasking, and social well-being among 8-to 12-year-old girls, *Developmental Psychology*, 2012, 48 (2): 327-336.

Pool, M. M., Koolstra, C. M. & van der Voort, T., The impact of background radio and television on high school Students' homework performance, *of Communication*, 2003, 53: 74-87.

Rosen, L. D., Mark Carrier, L. & Cheever, N. A., Facebook and texting made me do it: Media-induced task-switching while studying, *Computers in Human Behavior*, 2013, 29 (3): 948-958.

Salvucci, D. D. & Taatgen, N. A., Threaded cognition: An integrated theory of concurrent multitasking, *Psychological Review*, 2008, 115: 101-

130. Salvucci, D. D., Taatgen, N. A. & Borst, J. P., Toward a unified theory of the multitasking continuum: From concurrent performance to task switching, interruption, and resumption, In *Proceedings of the SIGCHI Conference on Human Factors in Computing Systems*, 2009, (pp. 1819 – 1828). New York: ACM.

Sanbonmatsu, D. M., Strayer, D. L., Medeiros-Ward, N. & Watson, J. M., Who multi-tasks and why? Multitasking ability, perceived multitasking ability, impulsivity, and sensation seeking, *PLoS ONE*, 2013, 8 (1): e54402.

Smith, M. L., *A prehistory of ordinary people. Tucson*, AZ: University of Arizona Press, 2010.

Srivastava, J., Media multitasking performance: Role of message relevance and formatting cues in online environments, *Computers in Human Behavior*, 2013, 29 (3): 888 – 895.

Strayer, D. L. & Johnston, W. A., Driven to distraction: Dual-task studies of simulated driving and conversing on a cellular telephone, *Psychological Science*, 2001, 12 (6): 462 – 466.

Stroop, J. R., Studies of interference in serial verbal ructions, *Journal of Experimental Psychology*, 1935, 18: 643 – 662.

Tanaka, J. W. & Farah, M. J., Parts and wholes in face recognition, *The Quarterly Journal of Experimental Psychology Section A*, 1993, 46 (2): 225 – 245.

Telford, C. W., The refractory phase of voluntary and associative responses, *Journal of Experimental Psychology*, 1931, 14: 1 – 36.

van Zoest, W., Donk, M. & Theeuwes, J., The role of stimulus-driven and goal-driven control in saccadic visual selection, *Journal of Experimental Psychology: Human Perception and Performance*, 2004, 30 (4): 746 – 759.

Vorderer, P., Communication and the good life: Why and how our discipline should make a difference, *Journal of Communication*, 2016, 66: 1 – 12.

Vorderer, P. & Kohring, M., Permanently online: A challenge for media and communication research, *International Journal of Communication*, 2013, 7: 188 – 196.

Vorderer, P., Krömer, N. & Schneider, E. M., Permanently online-permanently connected: Explorations into university students' use of social media and mobile smart devices, *Computers in Human Behavior*, 2016, 63: 694 – 703.

Wallis, C., genM: The multitasking generation, *Time*, Retrieved from http://content.time.com/time/magazine/article/0, 9171, 1174696, 00.html, 2006.

Wang, Z., David, P., Srivastava, J., Powers, S. R., D'ángelo, J., Brady, C. & Moreland, J., Behavioral performance and visual attention in communication multitasking: A comparison between instant messaging and online voice chat, *Computers in Human Behavior*, 2012, 28: 968 – 975.

Wang, Z., Irwin, M., Cooper, C. & Srivastava, J., Multi-dimensions of media multitasking and adaptive media selection, *Human Communication Research*, 2015, 41: 102 – 127.

Wang, Z., Lang, A. & Busemeyer, J. R., Motivational processing and choice behavior during television viewing: An integrative dynamic approach, *of Communication*, 2011: 71 – 93.

Wang, Z. & Tchernev, J., The of media multitasking: Reciprocal dynamics of media multitasking, personal needs, and gratifications, *of Communication*, 2012, 62: 493 – 513.

Welford, A. T., The "psychological refractory period" and the timing of high-speed performance-a review and a theory, *British Journal of Psychology, General Section*, 1952, 43 (1): 2 – 19.

Wickens, C. D., Multiple resources and performance prediction, *Theoretical Issues in Ergonomics Science*, 2002, 3: 159 – 177.

Xu, S., Wang, Z. & David, P., Media multitasking and well-being of university students, *Computers in Human Behavior*, 2016, 55: 242 – 250.

Yeykelis, L., Cummings, J. J. & Reeves, B., Multitasking on a single device: Arousal and the frequency, anticipation, and prediction of switching between media content on a computer, *Journal of Communication*, 2014, 64 (1): 167-192.

# 第九章

# 永久在线与永久连接生态系统中多任务处理与活动切换的线程认知方法

普拉布·戴维德

(Prabu David)

如果说移动技术是永久在线与永久连接生活（POPC）的工具，那么多任务处理就是我们满足生活需求的一种途径。在永久在线与永久连接状态下，人们需要关注同时发生的各种活动。在大学校园附近的咖啡厅里，我们经常会看到有学生一边做作业、听音乐、通过社交媒体交流，一边与朋友面对面聊天。同样，在工作中，我们也会看到这样的情景：员工一边回复邮件、浏览网页，一边做会议记录。上述两种情景表明，POPC文化已经打破了人类几个世纪以来的互动形态。

对于这种情况，将POPC视为原因且多任务处理作为表征，还是有一定合理性的。随着移动媒体的兴起，我们似乎永久性地连接在一起。因此，多任务处理也具有永久性特点（Carrier, Cheever, Rosen, Benitez & Chang, 2009；David, Kim, Brickman, Ran & Curtis, 2015）。多任务处理是指同时进行多项活动，研究人员已经探析了多任务处理的动机（Kononova & Chiang, 2015；Wang & Tchernev, 2012）及其对学习（Rosen, Carrier, & Cheever, 2013）、认知（Ophir, Nass, & Wagner, 2009）、工作绩效（Garrett & Danziger, 2007）及劝服（Jeong & Hwang, 2016）的影响。

尽管人们对POPC多任务处理很感兴趣，但因为它是一个相对较新的现象，还未形成统一的心理学模型。多任务处理需要注意力、感知及认知等人力资源，这已经成为一种共识，但是在多任务处理过程中如

## 第二部分 POPC 与决策：选择、处理及多任务处理

何协调这些资源，答案仍不明朗。因此，本章节尝试引入线程认知（threaded cognition）理论来构建综合模型（Salvucci & Taatgen, 2008, 2010），将感知、认知及运动资源整合到统一框架下，同时假设对这些资源进行并行处理及连续处理。

线程认知作为模拟多任务行为（如分心驾驶）的计算模型，最适合于有明确目标的具体任务。本章旨在将线程认知拓展到目标不明确且紧急的 POPC 多任务处理中。

在本章开篇，我回顾了瓶颈理论（Broadbent, 1958）、有限能力理论（Kahneman, 1973; Lang, 2000）及多重资源理论（Basil, 1994a; Wickens, 2002），这对于多任务处理至关重要，同时借助于帕施勒（Pashler）（1994）的综合推论将这些理论联系起来。接下来，本章将综述线程认知理论（Salvucci & Taatgen, 2008, 2010），将线程认知理论应用于 POPC 多任务处理中，以示意图形式阐释并呈现。最后，为了将线程认知理论用于阐述目标模糊且紧急的多任务活动，本章尤其突出目标与动机的作用。

### 多任务处理与边界条件

在不同语境与学科中，多任务处理的含义也有所差异。多任务处理的研究常见于人为因素、计算理论、认知科学，教育学及传播学等领域。尽管不同学科的研究人员对多任务处理的阐释不同，但仍有一些共同主题。迈耶（Meyer）与基拉斯（Kieras）（1997）将多任务处理概念化为并发任务处理，每项任务都有刺激、反应及刺激—反应关系。萨吴奇（Salvucci）与坦根（Taatgen）（2010）认为，多任务处理指在一定时间内通过多重线程来交叉管理和执行多项任务。其他教育学（Rosen et aL, 2013）与传播学领域（David, Xu, Srivastava & Kim, 2013）的研究者将多任务处理简单地描述为同时整合多项媒体相关活动的过程。

鉴于多任务处理的广泛流行，不同学科研究者对该议题感兴趣也就不足为奇了。兴趣之广也体现了多任务处理概念边界的重要性，这一观点由萨吴奇与坦根（2010）提出，他们按照时间单位将活动分为四组并对其描述。一是生物学层面的多任务处理，包括以毫秒为单位的基本知觉和认知过程，如对新信息提醒的定向反应。二是认知领域的多任务处理，包括几秒钟的活动，如编码文本信息或决定是否要注意或忽略信

息。三是理性层面的多任务处理，包括可能花费数秒或数分钟来处理问题或执行任务，比如在回复邮件时与朋友互发短信。最高层级是社交层面的多任务处理，互动进展缓慢，可能花费几分钟、几天，甚至是几个月时间，比如通过持续的信息、邮件、电话交谈及社交媒体发帖来发展一段关系。

随着多任务处理活动从生物性转向社会性，人们对多任务处理的反应变得不那么无意识，而且更容易受到意志的控制。例如，人们对一条新信息的声音或可视化提醒的定向反应可能是无意识的，但忽略信息的认知任务却受到意志控制，对于消息的回应亦是如此。本章节所提出的模型聚焦于意志控制下的多任务活动，这限定了这些活动的范围，而它们通常会花费一秒或更长时间，因此多任务活动已经超出了生理范畴。

## 任务切换并非多任务处理

首先，我们有必要指出通常多任务处理术语的使用都较为随意，在学术文献及日常用语中亦是如此。"多任务处理"与"任务切换"（task switching）这两个术语混用的现象在非专业人员与研究人员中司空见惯（David et al.，2015）。当两个任务同时发生时，多任务处理就出现了，诸如此类的有：呼吸和走路，开车与聆听，弹吉他与唱歌，或者打电话与清理洗碗机。尽管在驾驶与交谈等并发活动在生理层面可能会出现快速及细微的切换，但对于观察者而言，这两种活动是同时进行，而且没有明显中断。同样，在做作业时听音乐可以被归为多任务处理，因为这两种活动同时发生，即使音乐可能以背景噪音存在。

在其他情况下，显然"活动切换"（activity switching）对于通常称为多任务处理的活动而言是更为恰当的表述，如边做作业，边发短信，边开车边发短信，或者边发邮件边用社交媒体。这些活动组合之间会产生明显的中断与转换现象。当注意力集中到某一项活动时，则会暂时搁置另一项活动，因此最好将这些多任务处理的例子归为"活动切换"。然而，在流行文化中，甚至在媒体研究者的认知中，"多任务处理"通常可以与"活动切换"互换。尽管现有文献中并没有明确区分"多任务处理"与"活动切换"这两个概念，然而厘清这两个概念对于理解POPC多任务处理概念至关重要。

## 第二部分 POPC 与决策：选择、处理及多任务处理

### 注意力

在 POPC 世界中，各种各样的活动争夺我们的注意力。注意力是一种有限的资源，对电视视听频道的双重处理感兴趣的媒介研究学者已经意识到了它的重要性（Basil, 1994a, 1994b；Bergen, Grimes & Potter, 2005；Lang, 2000, 2006）。注意力对多任务处理至关重要，可以从两个关键角度来评估——作为一种选择过程与作为一种资源或能力（Pashler, 1994）。

选择性注意与集中性注意

一项开创性研究拉开了选择性注意研究的序幕（Cherry, 1953），在该研究中参与者执行双耳听力任务，要求左耳与右耳同时接收不同信息。当参与者被要求注意一只耳朵所收到的信息时，他们只能描述所关注的信息，而不能兼顾另一只耳朵所接收的信息，这表明我们有从多重输入中选择信息的能力，同时也暴露了我们无法同时处理一种以上输入信息的缺陷。通常这种只选择一种信息的能力被比作过滤机制。

过滤理论可以解释这种效应——早期选择理论和晚期选择理论——它们在过滤发生的认知加工阶段有所不同（Pashler, 1994）。早期选择理论的支持者（Broadbent, 1958）认为，人们为了获取某些关键属性会快速处理进入感觉系统的多重输入信息，从而对一种输入信息进行选择性注意，而该输入信息可以被用于语义分析和对其他输入信息的过滤。然而主张晚期选择的理论家（Deutsch & Deutsch, 1963）则提出，在未过滤的情况下对所有输入信息进行处理，只有经过初步的自上而下分析后，才会进行择性处理。他们的理由是，过滤操作不能仅仅基于较低级别的生理特征，而是需要特定的语义处理。

无论是支持早期选择理论还是晚期选择理论的学者，他们都支持"一次只处理一种输入信息"的观点，然而分散注意力研究却对这些理论构成挑战，该研究结果显示，参与者能够同时完成多项任务。为了解释分散注意力的任务执行力度，特雷斯曼（1960, 1964）提出，过滤器不可能完全隔绝非注意刺激，但会减弱或减少详细处理非注意刺激的可能性。尽管衰减理论（attenuation theory）解释了过滤理论的局限性，但它却被分散注意力范式所取代。

### 分散注意力理论

在分散注意力研究中,研究者注意到,在双重任务情况下,任务的执行力削弱程度也随着任务性质及用于评估任务执行力度的标准而变化。本章节引入两种理论来阐释多任务环境下人们执行力下降的现象,分别为中枢瓶颈(central bottleneck)理论与容量限制(capacity limitation)理论。

### 中枢瓶颈理论

多任务处理的早期研究是基于心理不应期(psychological refractory period,PRP)范式(Pashler,1999),主要分析快速、连续的两次刺激行为(二者相隔100—1000毫秒)及每次刺激的反应潜伏期(response latencies)或反应时间。当两次刺激之间的过渡时间缩短(小于330毫秒)时,被调查者对第二次刺激的反应较慢。此外,对第二次刺激的反应时间不受刺激—反应模式中二者匹配或不匹配结果的影响。其中对于第二次刺激反应较慢的一种解释是遇到处理瓶颈,或者受限于连续处理机制,该机制不能同时处理两项任务。当任务之间的持续时间延长半秒或更长,处理器也不会因之前的任务而加重负担,瓶颈效应也会消失。

中枢瓶颈理论假设在人类信息处理过程中有不可逾越的"硬件"限制,因此有限的注意力每次只能集中于一项任务。数十年来,研究人员发现瓶颈理论具有合理性,因为它简洁明了地解释了双任务范式(Pashler,1994)下的大量研究发现。不幸的是,瓶颈理论无法解释人类在某些情况下处理多项任务的能力,因此资源理论也就呼之欲出。

### 资源理论

瓶颈理论将认知限定在连续任务处理的范畴,能力或资源理论则强调并行处理同时出现的任务,并对人们的多任务处理执行力下降现象做出解释。资源理论则建立在人类处理能力是一种有限资源的推理基础之上,而这种资源可以被同时分配到不同任务中(Kahneman,1973)。当尝试处理多种活动时,它们会争夺同一个资源库中的有限资源,因此当任务需求超过可用资源时,任务执行力会受到影响。当任务需求没有超过资源容量时,不同的活动可以共用一个资源库,就可以同时处理任务。

资源理论还调用了执行功能或认知控制机制。例如,在看电视时,执行功能会自动为音频或视频渠道分配更多资源,有时会优先对一个渠

## 第二部分 POPC 与决策：选择、处理及多任务处理

道中的信息进行语义处理（Basil, 1994a; Lang, 2000）。简言之，执行功能充当管理者的角色，分配一项活动完成所需资源，然后对这些资源进行检索控制，再为下一项活动分配资源。当竞争活动需要资源时，执行功能的作用在于决定优先处理哪些活动。

多重资源理论（multiple resource theory）是资源理论的变体（Wickens, 2002），该理论的支持者假设那些连续被调用的专属资源位于不同的资源库。例如，感知和运动资源可能位于不同资源库中。此外，在感知资源中，视觉资源和听觉资源可能存在差异。通过假设这些不同的、专门的资源库，我们可以解释在开车（主要是视觉和运动资源）时听音乐（听觉资源）等多任务处理活动。

总之，虽然瓶颈理论和资源理论都提供了不同的机制，但它们都解释了多任务处理能力下降的原因。瓶颈理论假设存在一个连续处理器，而资源理论则提出具有约束条件的并行处理器。要想通过移动技术将资源理论充分扩展到多任务处理活动中，就必须考虑目标的作用和多任务交互的垂直性，而这在线程认知理论中都可以找到答案。

线程认知理论（Salvucci & Taatgen, 2008, 2010）通过整合瓶颈理论和资源理论等思想资源并结合之前的理论基础，提出一个稳健的框架，以适用于阐释 POPC 生态系统中的纵向和永久性多任务处理现象。线程认知理论的核心思想在于活动可以转化成目标，成为认知的单独线程。尽管线程独立呈现，但线程之间又相互依赖，因为它们会争夺所有线程共享的认知、感知及运动资源。在多重资源理论下，知觉资源又进一步被分为视觉、听觉、嗅觉与触觉等资源。同样，尽管为了达到交流和媒介多任务处理的目的，我们只关注手的运动功能，但是运动资源可以被划分为多个资源库来控制身体各部分。线程认知所用的关键资源库如图 9.1 所示。

认知资源被划分为说明型与程序型两种不同资源库，这种划分方式至关重要。当知识存储于说明型资源库中，程序型资源就成为操作线程认知的"管理者"。当各线程相互争夺资源时，它们必须要调用程序型资源，并通过评估需求及分配资源来充当"协调者"或"管理者"角色。

程序型资源有一些比较有趣的特性。有学者（Salvucci & Taatgen, 2008）认为这种资源呈现"自由"管理风格，线程在调用资源时采用

## 第九章 永久在线与永久连接生态系统中多任务处理与活动切换的线程认知方法

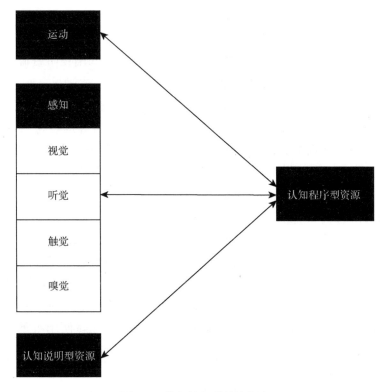

**图9.1 线程认知关键资源库**

来源：Salvucci & Taatgen（2008）。

一种"宽容与自由放任"的方式。为了防止恶意线程滥用或独占资源，线程被注入程序礼仪的价值观，这些价值观使线程在使用时"贪婪"，在使用后"礼貌"。例如，开车时发短信是很危险的POPC行为。在用户读取一条消息时，发短信线程调用可视化资源，尽管很短暂，但这促使它从开车线程中获取所有可视化资源。与此同时，程序礼仪中礼貌的一面迫使视觉资源从发短信线程中快速得到释放，而开车这条线程会快速重新获得视觉资源，以避免发生意外。

虽然同时拥有多条线程会产生一种并行处理的错觉，但各独立线程还是会按顺序调用资源。这种线程认知的连续处理方式可能与我们认为神经网络具有并行处理能力的观点背道而驰。然而，对于认知、理性、社会等不同层面的多任务处理活动而言，快速连续处理是对POPC生态系统中活动切换行为的真实描述。

尽管在线程认知中有连续处理的倾向，但是该模型在分配多重感知资源时还是使用并行处理方式。例如，虽然具有驾驶目的的线程可能会充分利用视觉资源，但与此同时对话线程可能也会调用视听资源，这与多重资源理论提出的并行处理结论一致。

为了将线程认知理论与现实生活建立联系，该理论的提出者（Salvucci & Taatgen, 2008）将线程认知理论类比为一名管理各种资源（烤箱、炉灶与搅拌器）的厨师（程序资源）。厨师可以同时使用烤箱、炉灶和搅拌器，这与并行处理方式类似。然而，一旦厨师将鱼放到烤箱里，就只能等烤箱闲下来再烤蛋糕，这又类似于连续处理方式。

厨房的类比也可以用于 POPC 多任务处理活动，这些活动既包括有效并行处理方式，也涉及一些连续性障碍，它们是认知机制中无法改变的瓶颈。例如，当家庭作业线程正在使用感知（视觉）资源时，社交媒体线程必须等待获取视觉资源来阅读即时聊天软件 Snapchat 最新内容，这个过程本质上为连续瓶颈。相比之下，边做作业边听音乐等多任务处理活动之间的切换并没有明显界限，因为可以同时使用听觉资源与视觉资源。与此相类似，打字所需的运动资源与听音乐所需的听觉资源也可以并行处理。

总而言之，线程认知理论是研究 POPC 多任务处理的一个稳健框架，并且具有许多显著特征。该框架建立的核心理念在于，认知中可以保持多项目标，其中每一个目标都可以作为一个有自身资源需求的独立线程来实现。每个目标线程又可以划分为多个子目标，对于认知、感知或运动资源有特定需求。当为实现线程内的子目标而访问某类资源时，该资源暂时不可用于实现其他线程的子目标。只有当一个线程结束资源使用时，它才可以被用于其他线程的子目标，这样就产生了瓶颈。与此同时，线程认知理论认为可以同时处理不同资源。例如，当一条线程调用听觉资源，其他线程可能会使用视觉或运动资源。因此，线程认知强调采用连续处理与并行处理两种方式，这与任务切换与多任务处理的概念相近，虽然这两种行为截然不同，但通常都被称作多任务处理。线程认知理论也需要落地，即通过使用较少的认知资源来完成感知与运动任务，因此久而久之多任务处理也就变得更加容易。家庭作业场景的典型线程认知示意图如图 9.2 所示。

| 家庭作业 | 音乐 | Snapchat | Skype |
|---|---|---|---|
| 开启家庭作业<br>Begins HW<br>（V，M，D） | | | |
| | 决定听音乐：<br>是（P） | | |
| | 在手机上选择播放<br>列表（V，M，D） | | |
| 重启家庭作业<br>Resumes HW<br>（V，M，D） | 听音乐（A） | | |
| | | Snap 提醒：忽略<br>（P） | |
| 重启家庭作业<br>Resumes HW<br>（V，M，D） | 继续播放音乐（A） | | |
| | | Snap 提醒：查看<br>（P） | |
| | | 回应 Snap<br>（V，M，D） | |
| 重启家庭作业<br>Resumes HW<br>（V，M，D） | 继续播放音乐（A） | | |
| | | | Snap 提醒：接受（P） |
| | | | 用 Skype 视频聊天<br>（A，V，D） |
| 重启家庭作业<br>Resumes HW<br>（V，M，D） | 继续播放音乐（A） | | |

**图 9.2　POPC 场景示意图**

注：家庭作业与音乐代表多任务处理，而家庭作业与 Snapchat，或家庭作业与 Skype 代表任务切换。V＝视觉资源，M＝运动资源，A＝听觉资源，D＝说明型资源，P＝程序型资源。D 与 P 都是认知资源的组成部分。

程序资源管理员在线程认知中发挥调节作用，在多线程争夺稀缺资源时，程序资源管理员会协助解决冲突并调节竞争。从功能角度来看，尽管程序资源与其他模型中使用的执行功能相似（Meyer & Kieras，

1997），但作者仍没有承认程序资源是主导式或监督式的执行程序。换言之，根据线程理论原则，"多任务处理产生于独立处理线程的交互作用"（Salvucci & Taatgen，2008，p. 102）。

多任务处理仅仅是目标线程之间的交互作用，这种观点颇具吸引力，因为它呈现了数据驱动的处理过程，也是 POPC 行为的体现。然而，在具体目标驱使下，线程认知理论亟待拓展，这样才可以用于解释 POPC 多任务处理。线程认知的计算模型已经在分心驾驶等方面得到验证，在驾驶过程中，通过按下按钮或踩刹车发出信号来验证决策的正确与否。其次，线程认知被引入解释 POPC 多任务处理，在这种情况下，各种活动的相互作用没有明确的优先目标。

## 目标与动机

为了将线程认知理论应用到现实生活情境中，该理论框架应足够稳健，这样才能适应松散与紧急的目标。大多数 POPC 多任务处理都成为习惯与突发情境下认知共同作用的结果，但最终都将演变为不同清晰度的目标。为了在线程认知框架中对这类交互行为建模，程序型资源的目标模块需要适应灵活多变的目标。

试想一下青少年通常在做作业时的系列活动：用耳机听音乐，通过短信与社交媒体参与互动，这些活动被归为之前所界定的理性范畴。然而，这类活动并非都有明确、理性的目标。在多任务场景中，目标通常没有固定形态，也没有明确的实现准则。实际上，工作习惯与媒体使用习惯是由一系列看似相互冲突的目标构成。例如，一个学生在咖啡店里戴着耳机掩盖背景噪音，貌似在追求各种相互排斥的目标——首先去一个嘈杂的咖啡厅，然后试着听音乐并将其作为背景噪音来掩盖最初的背景噪音。但是在咖啡厅学习可能会有社会整合的功能，学生可能会在其他勤奋学生中间找到学习的灵感，这种情况与 POPC 生活方式不谋而合。

简而言之，理性行为并不一定理性。尽管理性的自我评估并非必要条件，但理性行为受控于意志并接受理性评估的检验。一般而言，理性与社交层面的多任务处理交互行为适合于实现碎片化、不完善的紧急目标，这些目标没有成功标准。此外，线程认知的目标模块应该为那些不易量化的活动留有余地，如习惯性地听音乐、浏览或查看社交媒体。在写本章节时，我也会时不时地浏览互联网，查看Twitter，阅读其他研究者的文章，还在潘多拉上听音乐。也许这就是我为什么花了这么长时间才完成本章节的原因。

然而，我发现很难解释为何我选择这种杂乱且低效的多任务处理方法，而不是集中精力来完成一项任务。某种程度上，我可能已经迷恋上这种POPC生活方式。当我思考各种动机时，脑海中浮现出多种可能性。我是否能通过频繁切换活动在写作任务中获得更大乐趣？我是否将这些活动作为一种拖延策略，或者当需要新观点或灵感的时候，我是否会切换到其他活动？我觉得无法将其中任何一种因素作为原因，因为可能都有涉及，又或者涵盖更多因素。但是我却明白，尽管在活动中来回切换具有强迫性，但这些活动都受控于意志。尽管工作效率并不高，但我仍然保持POPC的工作习惯。然而，只有截止日期逼近，目标才会变得更加具体与集中，这时候多任务处理的需求最小并且呈战略性。

为了解释目标在POPC多任务处理中的作用，每次多任务会话都被界定为一个时间段内的一组线程互动，每次互动为一个周期，由开始、中间和结尾三个环节构成。有学者称这类周期为超媒体互动周期（David, Song, Hayes & Fredin, 2007; Fredin & David, 1998），它们的活动最终可演变为POPC多任务处理。准备阶段的目标都比较模糊或不完善，随后进入经验阶段，当目标评估完成后将其整合。一个周期中的目标评估结果会影响下一周期的目标设定，因此随着时间的推移会产生相连的交互循环，这样又构成会话。

多任务处理动机

多任务处理会对人们的执行力产生负面影响，这一观点在文献中有迹可循（Srivastava, 2013; Wang et al., 2012; Xu, Wang & David, 2016）。尽管如此，POPC多任务处理已成常态，很难想象人们没有意识到任务执行力的削弱。王（Wang）与切尔涅夫（Tchernev）在研究多任务行为动机后发现，多任务处理行为与任务执行力、效率、认知需求满意度的关联度并不高，但却与情感满足程度密切相关，包括娱乐与打发时间。例如，在开车时听收音机的谈话节目对于驾驶或处理广播中信息并没有质的提高，但是它会满足司机的娱乐需求，还可以排遣烦闷。在某些情况下，多任务处理情境中娱乐需求的满足也会对认知能力产生积极影响。还是以开车时听收音机为例，疲惫、无聊的司机可能会因收音机的娱乐功能而更好地集中精力驾驶。在这种情况下，轻度分心驾驶可能会改善而不是削弱驾驶效果。

在使用与满足理论下，传播和媒体使用的动机在媒体研究中有着悠久的历史（Katz, Blumler & Gurevitch, 1973）。在该领域，媒介的习惯性使用与工具性使用之间有明显区别。此外，学者们还研究并发现各种行为的动机，如排遣烦闷、缓解孤独、搜索信息、寻求娱乐及简单使用媒介作为背景噪音。最近一项研究表明，联络、控制、娱乐及成瘾是人们使用技术的主要动机（Kononova & Chiang, 2015）。越来越多的研究结果也显示，移动技术促使形成 POPC 成瘾行为（Kim, Seo, & David, 2015）。

总而言之，研究结果显示，动机是 POPC 多任务处理的重要组成部分。在开车、学习、看电视、与朋友交谈或使用移动设备等日常生活中，人们关注这些活动并受到意志的控制。在一定时间内给某项任务分配资源体现了既定任务的动机功能，也体现了执行其他任务的功能与实现这些任务的动机。本质而言，动机是一个权重因子，可以用于解释任务分配及任务持久性。

## 线程认知在 POPC 多任务处理中的拓展

将 POPC 多任务处理活动概念化为独立线程互动，这引起了人们的兴趣。该理论的并行处理与连续处理特性和多任务处理与活动切换行为类似，这为理解 POPC 生活奠定了基础（见图 9.2）。本节提出的理论拓展旨在促进线程认知理论在 POPC 活动中的应用。

如果说多任务处理受控于意志，那么班杜拉（2001）"人类天生就具有积极塑造行为的能力"这个观点就表明，POPC 环境中自我效能有助于调节多任务处理。鉴于目标在线程认知理论中处于核心地位，界定一个更广泛目标非常必要，如此可以实现将线程认知理论拓展到 POPC 多任务处理中。每次线程的活跃数量、线程所需资源、线程交互，以及线程的持久度与衰减性，这些都是行为数据的重要描述性指标。目标设定理论（Locke & Latham, 1984）提供了许多关于目标属性的见解，包括目标清晰度，这对于研究大有裨益

此外，线程认知理论应该适应随时发生变化的紧急目标并包含确定目标优先级的条款。同样，该模型还包括习惯性活动，如收听网络电

台、定期浏览喜欢的网站或社交媒体平台，或打开电视将其作为背景噪音。为了模拟 POPC 多任务处理中各级别的目标持久性，对目标持久度及衰减性做更详细的处理非常必要。

线程还应提供相应技术支持以满足用户的关系、情感或娱乐等不同需求，也要适应用户动机的随时变化。类似地，线程应该为实时输入诸如影响、觉醒及流动等心理变量相应数据提供网关。

熟能生巧，我们已经可以更流畅地处理多项任务，并且调用更少的资源来完成任务。线程应该将实践效果及 POPC 现实世界中多任务处理相关的社会准则考虑在内。同时，个体在线程认知方面也存在差异，如单一时间观（monochronicity）与多元时间观（polychronicity）（Poposki & Oswald，2010）。

## 结　语

本章引入线程认知理论并将其作为研究和建模 POPC 多任务处理行为的理论工具，还借助动机与目标理论提出各种可能性，将线程认知理论从计算机模拟和实验室研究应用于 POPC 多任务处理。POPC 多任务处理的深入理解将对理论框架适用性的设计产生影响，使多任务处理和活动切换更有效、更愉快、更方便、更安全。

## 参考文献

Bandura, A., Social cognitive theory: An agentic perspective, *Annual Review of Psychology*, 2001, 52（1）: 1 - 26. doi: 10.1146/annurev. psych. 52. 1. 1.

Basil, M. D., Multiple resource theory I: Application to television viewing, *Communication Research*, 1994a, 21（2）: 177 - 207.

Basil, M. D., Multiple resource theory II: Empirical examination of modality-specific attention to television scenes, *Communication Research*, 1994b, 21（2）: 208 - 231.

Bergen, L., Grimes, T. & Potter, D., How attention partitions itself during simultaneous message presentations, *Human Communication Research*, 2005, 31（3）: 311 - 336.

Broadbent, D. E., The selective nature of learning, In *Perception and com-*

munication, 1958, (pp. 244 – 267). Elmsford, NY: Pergamon Press.

Carrier, L. M., Cheever, N. A., Rosen, L. D., Benitez, S. & Ghang, J., Multitasking across generations: Multitasking choices and difficulty ratings in three generations of Americans, *Computers in Human Behavior*, 2009, 25 (2): 483 – 489. doi: 10.1016/j.chb.2008.10.012.

Cherry, E. C., Some experiments on the recognition of speech, with one and with two ears, *The Journal of the Acoustical Society of America*, 1953, 25 (5): 975 – 979.

David, P., Kim, J. – H., Brickman, J. S., Ran, W. & Curtis, C. M., Mobile phone distraction while studying, *New Media & Society*, 2015, 17 (10): 1661 – 1679. doi: 10.1177/1461444814531692.

David, P., Song, M., Hayes, A. & Fredin, E. S., A cyclic model of information seeking in hyperlinked environments: The role of goals, self-efficacy, and intrinsic motivation, *International Journal of Human-Computer Studies*, 2007, 65 (2): 170 – 182.

David, R., Xu, L., Srivastava, J. & Kim, J. – H., Media multitasking between two conversational tasks, *Computers in Human Behavior*, 2013, 29 (4): 1657 – 1663.

Deutsch, J. A. & Deutsch, D., Attention: Some theoretical considerations, *Psychological Review*, 1963, 70 (1): 80 – 90. doi: 10.1037/h0039515.

Fredin, E. S. & David, P., Browsing and the hypermedia interaction cycle: A model of self-efficacy and goal dynamics, *Journalism & Mass Communication Quarterly*, 1998, 75 (1): 35 – 54.

Garrett, R. K. & Danziger, J. N., IM = Interruption management? Instant messaging and disruption in the workplace, *Journal of Computer-Mediated Communication*, 2007, 13 (1): 23 – 42.

Jeong, S. – H. & Hwang, Y., Media multitasking effects on cognitive vs. attitudinal outcomes: A meta-analysis, *Human Communication Research*. doi: 10.1111/hcre.12089, 2016.

Katz, E., Blumler, J. G. & Gurevitch, M., *Utilization of mass communication by the individual*, Paper presented at the Conference on Directions in Mass Communication Research, Arden House, New York, 1973, May.

Kahneman, D., *Attention and effort*, Upper Saddle River, NJ: Prentice-Hall, 1973.

Kim, J. -H., Seo, M. & David, P., Alleviating depression only to become problematic mobile phone users: Can face-to-face communication be the antidote? *Computers in Human Behavior*, 2015, 51, Part A: 440 – 447. http://dx.doi.org/10.1016/j.chb.2015.05.030.

Kononova, A. & Chiang, Y. -H., Why do we multitask with media? Predictors of media multitasking among Internet users in the United States and Taiwan, *Computers in Human Behavior*, 2015, 50: 31 – 41.

Lang, A., The limited capacity model of mediated message processing, *Journal of Communication*, 2000, 50 (1): 46 – 70.

Lang, A., Using the limited capacity model of motivated mediated message processing to design effective cancer communication messages, *Journal of Communication*, 2006, 56 (s1): S57 – S80.

Locke, E. A. & Latham, G. P., *Goal setting for individuals, groups, and organizations*, Chicago, IL: Science Research Associates, 1984.

Meyer, D. E. & Kieras, D. E., A computational theory of executive cognitive processes and multiple-task performance, *Psychological Review*, 1997, 104 (1): 3 – 65.

Ophir, E., Nass, C. & Wagner, A. D., Cognitive control in media multitaskers, *Proceedings of the National Academy of Sciences*, 2009, 106 (37): 15583 – 15587. doi: 10.1073/pnas.0903620106.

Pashler, H. E., Dual-task interference in simple tasks, *Psychological Bulletin*, 1994, 116 (2): 220 – 244.

Pashler, H. E., *The psychology of attention*, Cambridge, MA: MIT Press, 1999.

Poposki, E. M. & Oswald, F. L., The multitasking preference inventory: Toward an improved measure of individual differences in polychronicity, *Human Performance*, 2010, 23 (3): 247 – 264. doi: 10.1080/08959285.2010.487843.

Rosen, L. D., Carrier, L. M. & Cheever, N. A., Facebook and texting made me do it: Media-induced task-switching while studying, *Computers in Human Behavior*, 2013, 29 (3): 948 – 958.

Salvucci, D. D. & Taatgen, N. A., Threaded cognition: An integrated theory of concurrent multitasking, *Psychological Review*, 2008, 115 (1): 101 – 130.

Salvucci, D. D. & Taatgen, N. A., *The multitasking mind*, New York; Oxford: Oxford University Press, 2010.

Srivastava, J., Media multitasking performance: Role of message relevance and formatting cues in online environments, *Computers in Human Behavior*, 2013, 29 (3): 888 – 895. http: //dx. doi. org/10. 1016/jxhb. 2012. 12. 023.

Treisman, A. M., Contextual cues in selective listening, *Quarterly Journal of Experimental Psychology*, 1960, 12 (4): 242 – 248. doi: 10. 1080/17470216008416732.

Treisman, A. M., Monitoring and storage of irrelevant messages in selective Mention, *Journal of Verbal Learning and Verbal Behavior*, 1964, 3 (6): 449 – 459. http: //dx. doi. org/10. 1016/S0022 – 5371 (64) 80015 – 3.

Wang, Z., David, R., Srivastava, J., Powers, S., Brady, C., D'Angelo, J. & Moreland, J., Behavioral performance and visual attention in communication multitasking: A comparison between instant messaging and online voice chat, *Computers in Human Behavior*, 2012, 28 (3): 968 – 975. doi: 10. 1016/j. chb. 2011. 12. 018.

Wang, Z. & Tchernev, J. M., The of media multitasking: Reciprocal dynamics of media multitasking, personal needs, and gratifications, *Journal of Communication*, 2012, 62 (3): 493 – 513.

Wickens, C. D., Multiple resources and performance prediction, *Theoretical Issues in Ergonomics Science*, 2002, 3 (2): 159 – 177. doi: 10. 1080/14639220210123806.

Xu, S., Wang, Z. & David, P., Media multitasking and well-being of university students, *Computers in Human Behavior*, 55, *Part A*, 2016: 242 – 250. http: //dx. doi. org/10. 1016/jxhb. 2015. 08. 040.

## 第三部分

# POPC的社会动态:自我、群体及关系

# 第十章

# 活在当下:永久连接媒体用户的自我叙事

蒂洛·冯·帕珀

(Thilo von Pape)

  浏览你的 Facebook 时间轴,比较一下你和 Facebook 朋友数年来在圣诞节或暑假等重大活动发布的信息。你可能会发现有如下变化:如果你的账户可以追溯到很久以前,那么第一个帖子可能会包含大量的照片和文字,为所描述的时刻提供背景信息。回溯过去,照片需要从数码相机拷贝到电脑上,然后用照片管理软件筛选和编辑,这个过程会很繁琐,在这一系列活动结束之前你可能都没有空闲。反观现在,在活动发生时,你能够随时更新状态,因为你可以在短时间内通过智能手机直接分享。近期,由于照片与社交媒体应用程序的出现,做出决策、优化处理及活动共享变得越来越简单,甚至可以自动提供备选图片,因此即时发帖量直线上升。作为发展的重点,"实时视频"功能能够让用户产生实时流媒体体验。我认为每个人叙述生活的密度与节奏已经从零碎的、偶尔披露的及精心设计的不同经历片段变为无缝衔接的多种同情境中的一系列流畅快照。经过演变,最初用户以生活场景作为叙事方式的要求已经过时,或者被技术所取代。

  当然,这个过程已经远超出 Facebook 的范围。过去,人们通过幻灯片或电话里冗长的叙述来呈现假期回忆,而非瞬间按下"分享"按钮。推动这个进程向前发展的不仅仅是一种社交网络服务的演变,而且还是更深刻的技术变革和社会变革的结合。这些变革中最突出的就是数字通信的移动性。正如坎贝尔(2013,p.10)强调的那样,"移动的可供性……使得信息流与传播无缝地融入到日常生活的节奏中"。

## 第三部分 POPC 的社会动态：自我、群体及关系

典型的移动技术可以支持持续性活动所产生的连续不断的信息流，而苹果手表（Apple watch）的功能就是基于这种技术，人们可以持续分享自己的心跳数据，如专门为运动员设计的自我跟踪应用程序就可以在锻炼结束后自动分享他们的数据。

因此，目前永久连接（PC）媒体用户能够即时记录和分享活动相关信息，但没有将这些点点滴滴串联成故事，相反，而是将这些任务交付于社交网络的"时间轴"或其他基于技术的叙事方式。这也是本章阐释的前提，那么下面我想提出的有挑战性的问题是：我们是否错过了什么？如果我们仅仅通过几个单独的快照来描述生活，我们又如何能从更广泛的视角来理解我们的生活并将所经历的点点滴滴串联成一条包罗万象的时间轴呢？从更具差异化和更开放的视野来看：永久连接如何改变我们叙述生活故事的方式、感知生活故事的意义，甚至是体验生活真谛的方式？

这些问题归根结底都属于经验性问题，但是它们涉及一些前提和假设，所以应对现有文献进行梳理。本章节收录这些概念与观点并对其进行建构，开头部分主要阐述意义概念及其根据随时间变化所经历的事情作为先决条件，以及一个人可能感知和需要的不同意义类型。然后，我们将会解释永久连接用户叙事与默认个人叙事的意义产生方式之间的差异。这涉及两个问题，一是叙述者如何在进行式现状中表达和体验意义，二是他们在这项工作中如何得到技术支持。本章结尾部分在更广泛背景下进行反思，并探讨了相关实证研究的可能性。

### 即时意义

幸福与有意义的生活总是相伴出现，而且彼此产生积极影响；然而，条件不同，它们的目标也各异。鲍迈斯特、福斯、阿克和加宾斯基从理论与实践两个层面厘清"幸福"与"意义"这两个概念，他们（2013，p. 505）将幸福描述为"主观幸福感"，该概念从狭义层面被应用于描述积极影响平衡，而从广义维度则被应用于描述生活满意度。这些学者利用亚里士多德哲学逻辑来区分"幸福"与"意义"，认为享受幸福感（hedonic well-being）是一种快乐的感觉，而实现幸福感（eudaimonic well-being）是过着美好生活，并强调意义对于过上美好生活至关重要。意义在很大程度上与幸福无关，因为它们的目标与前提条件各

不相同。对于我们的问题而言,特别有趣的是,鲍迈斯特(Baumeister)等人(2013,p. 506)认为意义具有独立性的原因在于时间:

> 意义(与幸福相比)的主要优势之一是它并不局限于当前的刺激环境。根据意义相关观点,人们可以思考过去、未来和空间上遥远的现实……意义将具有时间跨度的事件都囊括在内。

如此,人们即使处于困境也会从积极的视角来面对这一切,对于他们为之奋斗的未来充满期待,正如埃涅阿斯(Aeneas)在关于一名遇难船员的著名演说中所述:"为我的生活而奋斗"——德莱顿(Drydens)将其翻译为"一小时将要过去了,以愉悦的心情来看待过去的痛苦,将它视为命运的恩赐"(Virgil,1997,p. 10)。

意义建构或"意义形成"(Baumeister & Vbhs,2002,p. 613)是指"人们调整或重新评价一个事件或一系列事件的积极过程"。泰勒(Taylor)(1989,p. 48)明确指出这个概念的先决条件,即"理解我现在的行为……需要对我的生活有叙事性认知,即我是这个故事的主人公的这种感觉"。尽管是在主要处理负面事件的情况下,实证研究还是将形成自我叙事的认知过程与体验意义联系起来。

这个概念已经证实了最初的问题,即处于永久连接的生活状态是否会影响我们体验情境的能力,这些情境会让我们的生活富有意义。意义的概念也为进一步的思考提供了指导。鲍迈斯特(1991)认为人们对生活中意义的需求包括四个方面。关于永久连接状态下(永久连接传播)的传播如何影响意义建构众说纷纭,鉴于此,我们借用以下框架来进行阐释:目标(Purpose)为呈现事件赋予意义,因为"能够根据未来事件来解释当前事件"(Baumeister,1991,p. 56)。价值(Value)能够"充当正当性与合法性的独立来源"(Baumeister,1991,p. 107)。效能(Efficacy)是个人认为"他们对于事件有一定的控制能力"(Baumeister,1991,p. 41)。个人对于自我价值(self-worth)的需求是指"以一种让他们感觉自身有积极价值的方式来理解其生活的需求"(Baumeister,1991,p. 44)。

*沉浸于那一刻的叙述者*

为了全面了解永久连接(PC)自我叙事对于意义形成过程的影响

## 第三部分 POPC 的社会动态：自我、群体及关系

（包括对于意义的需求），我们将会从各维度来探讨个人叙事。奥克斯（Ochs）与卡普斯（Capps）（2001）针对文学语言学提出一个五维框架，并且该框架得到广泛使用。每个维度都由两个极点之间的连续统构成，具体如下：（1）叙者性（tellership）（一名讲述者 vs 多名讲述者），（2）可叙性（tellability）（叙述的高显著度 vs 低显著度），（3）嵌入性（embeddedness）（高度脱离 vs 低度脱离周围活动），（4）线性（linearity）（封闭 vs 开放的时间与因果顺序），以及（5）道德立场（moral stance）（确定性与恒定性 vs 不确定性与流动性）。通过梳理上述列举中提到的所有概念，奥克斯与卡普斯（2001，p.20）认为"个人体验的默认叙事"是多维空间产生的根源；因此，只要偏离这种模式就属于特定类型叙事。

如果我们将所分享内容的无缝衔接视为永久连接传播的本质特征，那么永久连接叙事的主要维度可能是叙事在周围活动中的时间嵌入性的体现。这种嵌入性是意义体验的关键条件，即脱离当前环境来考虑相关事件并与可能赋予其意义的其他时间节点相关联。

为了说明这一点，我们以一个生日聚会的现场视频为例，视频记录了蛋糕被带进房间的那一刻。对于大多数永久连接用户而言，视频已经深深嵌入到场景中，因为视频与所描述事件同步产生并被用户感知。整个过程无缝衔接，拍摄该活动的家长在记录的同时可以进行各种活动，如唱生日歌或告诫孩子蜡烛有危险性。因此，这种叙事方式已经超出了奥克斯与卡普斯（2001）所提出的处于默认的高度脱离现状的模式。叙事者参与到现场活动中，将现场之外的因素排除在影片之外，家长可能也不会考虑这些因素。相反，家长若在一个不同的且暂时更为独立的环境来复述该场景，他们可能会将事件融入到更大的叙事框架下，通过这种综合性视角来体验意义。在当天晚上，父母感知到烘焙定制蛋糕的意义，或者在年底整理相册时父母已经意识到，随着时间的流逝孩子们已经渐渐长大，在此期间内，他们也可以通过电话来传递意义。

语言学家在社交媒体观察自我叙事行为并提出建议，即人们应倾向于使用更小的叙事单元。具体来说，帕赫（2010，p.440）认为，"考虑到目前使用移动设备成为趋势……对于互联网连接服务，小型叙事单元在能够以章节形式分发的网络文本中一直很重要"。关于社交媒体中源自永久连接的自我叙事的实证研究也证实，用户分享的许多发生于现场

的故事存在高度时间嵌入性。这类叙事方式被称作"具有'突发新闻'的现在时特征"（Page，2010，p. 423，cf. Dayter，2015）或者"正在发生的新闻报道"，（Papacharissi，2015，p. 28）。正如上述与新闻的类比，我们想用这种叙事方式来讲述故事并不太容易，因为它们处于不断发展变化的状态，叙述者试图使用这些模式时却可能会出现意想不到的变化。帕帕夏利斯（Papacharissi）（2015，p. 36）指出，直播播客新闻与报道在时间及其他方面不兼容，他也认为那些希望直播新闻事件的记者没有充足时间将信息转化为更具叙事性的报道。如果专业报道者也面临这些困难，我们认为那些没有经过专门训练的且会分享个人内容的媒体用户也面临同样问题。

为了思考"分享这类内容对于体验生活中的意义有何影响"这个问题，我们将专注于与时间体验最直接相关的两个方面，即用户通过将现在与其他某个时刻连接起来而体验到的目的感与效能感。就目的而言，这些都是未来的目标；而就效能而言，指的是过去的努力所产生的效果。从当前时刻的叙事中并不能找到与其他时间点之间的联系。考恩（Kaun）与斯铁斯戴德（Stiernstedt）（2014，p. 1161）发现了智能手机时代使用 Facebook 的局限性："Facebook 用户的时间体验具有即时性、短暂性、'活跃性'与流动性，即他们沉浸于快速变化的环境和易被遗忘的界面中，而非处于记忆和存储信息的状态"。实际上，Facebook 使用产生的意义并不大，这一结论早在沙吉欧路（Sagioglou）与葛瑞特米尔（Greitemeyer）（2014，p. 361）的实验中得到证明。"也就是说，与浏览网页相比，Facebook 被认为没有太大意义，用处也较少，更浪费时间，还导致用户情绪低落。"这些学者的研究聚焦于浏览 Facebook 而非利用其发布消息，然而似乎有道理的是，暂时关注当前时间对于分享的影响与对于接收 Facebook 帖子的影响类似。但是对于社交媒体短暂交流意义的研究还远没有定论。拜耳及其同事（Bayer, Ellison, Schoenebeck & Falk，2016，p. 26）在关于 Snapchat 用户与体验的定性研究中发现，短暂性是从其他无意义事件中得到意义体验的关键："Snapchat 的传播之所以有意义，部分原因在于分享了'当下'微不足道的个人生活片段"。在这些情况下，这种意义产生的背景并不能构成宏大叙事，而是对于"此时此刻"发生事件的平铺直叙。然而，问题在于：这种对于意义的瞬间体验会一直持续下去，还是这种体验本身也是转瞬即逝,如短暂的幸福体验。

总而言之,我们认为通过永久连接传播分享个人活动信息的用户缺乏对当前情境的超然态度,这是个人体验叙事的默认标准,这妨碍用户理解这些特定活动如何融入到更大的背景中(可能提供一种意义感)。然而值得注意的是,我们并不是强调一般意义上的永久连接叙事,而是指具有其他特征的特定叙事。此外,目前尚不清楚永久连接叙事是替代传统的或更详尽的叙事方式(事件发生后),还是与传统叙事方式互为补充。有人可能会支持"置换假说"(displacement hypothesis),即任何事后叙述都会遭到永久连接传播的破坏,从而突出故事的亮点及可能产生的戏剧性转折。然而,永久连接传播对于更为详尽的后续叙事起到抛砖引玉的作用。无论是破坏还是抛砖引玉的作用,都不仅要考虑竞争的数量,也要考虑叙述内容及功能。事后叙述的频率可能不会降低,但是叙事结构却失去连贯性,因为永久连接传播这种方式可能会向受众剧透,所以任何制造悬念的尝试都是徒劳无功的。如果事后叙述是在永久连接传播的基础上进行的,那么叙述的对话特性也就更为显著,因为叙述者首先需要通过永久连接传播来了解听者已知的事件。叙述者还可能故意减少他们通过永久连接传播所提供的线索,从而为事后叙述制造悬念。因此,在得出任何危言耸听的结论之前,我们必须要考虑这类帖子和其他类型帖子的特点。

人工叙述者所带来的意义

与个人体验叙事相关的第二个维度是叙者性(tellership)。根据默认的个人体验叙述(Ochs & Capps,2001),自我叙事只有一名叙述者,那就是叙述者本人。然而,如前所述,永久连接传播过程中的叙述者在创造超越快照的叙事方式时心有余而力不足,因为他/她还参与了其他正在发生的活动。此外,可能会以另一种方式来补偿,因为我们这里所提到的永久连接叙事已经偏离标准叙事模式;通常会有两类共同叙述者参与其中。

第一类共同叙述者包括一些以"朋友"和粉丝名义分享帖子的个人。之前关于"网络叙事"的研究(Page, Harper & Frobenius, 2013)已经广泛讨论了这类共同叙述者。共同叙述者可能会要求主要叙述者为帖子提供背景知识,以丰富叙事内容的意义。例如,可能涉及以下问题:你为这次活动准备了多久?你为何要举办这次活动?其他个体可能

## 第十章 活在当下：永久连接媒体用户的自我叙事

通过评论来丰富所分享活动的意义。因此，关于情节体验丰富的叙述会与后续情节线索互为补充，从而使整个叙述朝特定方向发展。这些评论可能为某个情节附加意义（如为处境艰难的人呈现未来可能出现的正面结果）。然而，评论也可能会与预期意义相冲突；例如，在发表评论时，用户会询问帖子所表达的意思。帕杰（Page）等人（2013）举例说明，即叙述者发现有下雨迹象但同时又不得不背井离乡，这时他们发帖寻求安慰；然而却遭到一个朋友的反驳，因为朋友认为这时太阳已经出来了。

另一类共同叙述者甚至直接参与到永久连接传播中。这类共同叙述者不会在事后提出明确的否定性评论，而是直接介入到内容的创造和分享的过程中。越来越多的用户将叙事建构委托给技术共同叙述者。与人工的共同叙述者相仿，技术能够弥补主要叙述者分心所造成的叙述缺陷，并重新整合那些满足不同意义需求的因素。

这种技术合作的一个非常基本和广泛使用的形式是照片滤镜。最流行的滤镜包括"复古"效果，类似于宝丽来相机拍摄的照片或具有年代感的8毫米电影。这种效果与永久连接用户在创造环境时嵌入快照的效果形成互补，具体方法是将照片从背景中分离出来。通过强化照片的年代感，从而创造出詹明信（Jurgenson）（2011）所谓的"当下的怀旧"（nostalgia for the present）。巴托莱斯（Bartoleyns）（2014，p. 67）在分析具有复古效果的照片时强调，快照只有从当前发生的事件中脱离出来才会变得有意义。我们将现在看作是"一系列独立的活动……它们之间没有任何明显的相关性，这种后顾型美学看似是一种凝固易于流逝的时间的方式"。我们能从目的需求的视角对这个观点做进一步的阐释。从过去来寻找现在，照片观众被置身于未来某个时刻，在这一刻他们可能已经完成了手边的任务；之前提到的维吉尔（Virgil）（1997）的"那一小时"论，强调一个人可能与过去所经历的工作带来的快乐有关；例如，抚养孩子。

还有许多技术型叙述者的例子，包括Facebook（一年回顾）和谷歌（自动美化电影，谷歌＋故事），它们利用过去的状态更新及自动生成视频与影集。这些功能操作更为复杂，包括选择图片和电影，对场景的裁剪、切割和编排，"怀旧"或"朋克"风格滤镜与转换等特效的应用，添加背景音乐，以及通过情景化标题或地图来整合元数据。谷歌

## 第三部分　POPC 的社会动态：自我、群体及关系

（2014，para. 3）发布广告称它的"故事"是一种可以产生意义的工具，而没有通常叙事所产生的认知负担：

> 不要再从照片中千挑万选最佳的照片，不要再绞尽脑汁回忆你所看到的景象，也不要让你的视频蒙尘。当你回家后我们会向你献上一个故事。通过这种方式，你可以重温你最喜欢的时刻，与他人分享，并记住你旅行的初衷。

实际上，你若将自己看作是专业制作"电影"中的主人公，自我价值感也就油然而生。而对于效能感，用户可以从视频内容范围及时间中有所体验，因为视频将以一年或一个假期作为周期来总结已经完成的事情。谷歌根据特定类型的视觉与听觉审美原则来生成"自动美化电影"，同时也会提供关于不同价值的个人脚本。"朋克"风格指的是活力和原始个人主义观，"魅力"风格是指消费主义价值观，"8 毫米"风格大概是指家庭价值观。然而，与叙述者或共同叙述者所表达的价值观相比，上述风格类型仍然具有局限性。

许多案例表明，技术型共同叙述者会极大地改变用户对故事的理解和意愿。关于自我价值，科技博客"边缘"（The Verge）（2015）报道了一个案例，即 Facebook 推出的怀旧功能"就在今天"（On this day now），该功能通过回顾一年前的帖子来吸引用户注意力。例如，一名用户收到推送的一个帖子，他在浏览这个帖子时对于拒绝过一位刚去世的朋友表示遗憾和后悔。因此，这名用户面临一段另其羞愧的记忆。蒂索（Tiso）（2014）讲述了"谷歌+故事"的一则事件，事件发生的起因是算法在计算航行目的时出错。一位用户母亲的葬礼本是一次悲痛的经历，却以一次平凡的假期旅行呈现，"那次经历被谷歌精简为一组 24 张图片并呈现在我面前，并且意义非凡，它并没有成为那些老生常谈的节日"。

一名技术共同叙述者采用追溯式叙事，还通过其他叙述方式来单独分享生活帖子中的照片，最终将其整合到一个更大的叙述框架中。社交网站的时间轴功能就是一个例子。根据范·帝克（Van Dijck）（2013）所言，2011 年 Facebook 时间轴功能的推出，强调了以线性叙事方式来"彰显自我"的这个概念。范·帝克（2013，p. 206）强调了这

一功能对于用户的不利影响,他们"也希望自我呈现的策略从'发信息'转向'讲故事'"。然而,目前还不清楚这在多大程度上导致了人们对 Facebook 上某些帖子的嵌入性有了更深刻的认识。之前所引用的考恩(Kaun)与斯铁斯戴德(Stiernstedt)(2014)关于 Facebook 的即时性研究是在时间轴功能推出后开展的,该研究也表明时间轴功能在提升叙事意识方面的效果有限。

总而言之,人工与技术型共同叙述者弥补了永久连接人工叙述者的缺陷,因为后者专注于正在发生的情况,仅提供他们经验描述的快照。通过整合用户评论与技术手段,这些描述将演变为广泛性叙事,从而也会增加人们感知意义的机会。然而,同时也会伴随出现对于叙事以及所产生意义的失控现象。

## 视 角

本文以一个令人担忧的问题开篇:当处于永久连接状态时,我们叙述体验的方式是否会剥夺体验生活意义的机会?我们能够实时分享每一件事情,这避免将我们的体验演变成宏大叙事,但也可能会减弱分享活动对体验意义的优势。由此可见,这个问题类似于凯尔(Carr)(2010)关于互联网的威胁警告中所描述的危言耸听的场景,他认为互联网使我们变得"肤浅";的确,本章的开篇与凯尔(2010,p. 108)的一段引语可以相提并论:"19 世纪的私人信件与今天的私人电子邮件或短信几乎没有什么相似之处。我们沉溺于随意与直接的快感,这限制了我们表达能力的提升。"然而,我们以开放的形式提出这个问题,并用理论来界定问题出现的可能原因、影响及机制。基于此,我们越深入分析这个问题,所呈现出来的细节就越微妙。此外,许多其他差异也应该得到关注,本章节未讨论的前提也应该得到验证。因此,结论部分将解决有关现象、理论和方法层面的遗留问题。

技术叙者性是需要深入分析的一个现象。一般而言,当建构叙事的工作完全从人类转向算法,那么人们在这个生产过程中也就不会产生意义。因此,技术也许可以弥补人类在叙事方面的不足,但却无法弥补意义产生方面的缺陷。然而,可能出现这样一种情况,即技术不会控制形成意义的整个叙事过程,但会为人工叙述者提供支持。谷歌的"自动美化电影"就是一个例子,以成品电影形式呈现,但用户可以更改基本元素。用户可以选择各种风格类型("朋克""魅力""8毫米"等)、更改标题和背景音乐、删除或修改图像或序列。也许,这个工具是用户创造意义最有效的部分,这样他/她最终能在较短的时间内创造更大意义。对于该假设,了解算法对意义形成的微妙影响仍颇为重要。算法如何影响我们对目标、价值、自我价值及效能的认知?正如之前所引用的蒂索(2014,para.12)言论,一名用户在参加母亲葬礼途中被"谷歌+故事"影集误导,可能会让这名用户远离自己的故事影集,"我可以利用谷歌的这种形式来记录我未来的每一次旅行并从中寻找自我,数年后,就形成了一个陌生人的完美生活记录"。

一个有助于分析技术叙者性现象的基本理论问题,它涉及意义生成时的认知过程。到目前为止,我们将该认知过程视为一个未知的过程,并将媒体叙事特殊性及意义需求考虑在内,而不是从一个到另一个的过程。帕克与福克曼(1997)提出的"意义生成模型"(Meaning Making Model)就是用来分析意义生成和确认边界条件的方法之一,并由帕克(2010)进一步延伸。该模型厘清了一些概念之间的区别,如"全景意义"与"情景意义",前者指"个体的一般定向系统"(Park,2010,p.258),后者指在一定情境语境中所体验的意义。虽然基于特定事件评估的意义形成过程有助于体验"全景意义",但这是一个间接的、有条件的过程。我们可以利用这个模型来研究用户从 Snapchat(Bayer et al.,2016)等即时通信软件中所体验意义的可持续性。该模型已经被用于研究痴呆患者的意义体验(Menne,Kinney & Morhardt,2002)。

最后,应该解决实证问题。本质而言,这些经验性问题涉及的前提是,当我们的媒体接触发展到一种永久连接的状态时,个人更倾向于更小、更短暂的体验。基于以前社交媒体传播的研究,这个前提具有合理性(Page,2010;Sagioglou & Greitemeyer,2014),Snapchat 等即时通信技术的出现印证了这一点(Bayer et al.,2016)。然而,在实证检验之前,这仍然是一个假设,在检验过程中面临的挑战是如何确定合适的样本和指标。其中采用的一种内容分析方法就是本章开篇时提到的 Facebook 中的自我实验法。智能手机和特定应用程序等移动技术的使用就是增强连接性的一个典型做法。改变共享内容叙事形式的指标包括个人用户发帖频率、帖子内容的长度以及过去、现在及未来所涉及的时间范围。然而,在分析这种单一平台样本时,需要控制其他潜在趋势,如个人用户一般在 Facebook 上分享的内容较少（The Information, 2016），个人用户所分享内容类型已经发生变化，从个人兴趣转向一般兴趣，尤其是一般分享和个人内容分享等行为已经从 Facebook 转向 WhatsApp 或 Snapchat 等其他社交平台。任何关于用户自我叙事的一般论断，如永久连接叙事取代传统叙事的假设，都可能取决于对传统自我叙事频率或长度的测量。研究应将叙事涉及的所有元素指标（嵌入性、叙者性、可叙性、线性及道德立场）囊括在内，因为这些元素在永久连接叙事与传统叙事中的表现不同，并且对于生成意义的影响也不同。最后，在自我叙事产生与接受的直接环境（如实验环境）中以及较长时间内来研究用户对各元素所伴随产生意义的体验。

本章所概述的理论和经验层面的研究工作仍任重道远，靠单独的力量并不能完成。然而，意义问题也是永久连接效果其他相关研究关注的焦点，如幸福感（参见本章 Reinecke 部分）和隐私（参见本章 Trepte and Oliver 部分）。此外，关于永久连接用户在叙述其经历时如何体验意义的问题并不属于媒体效果问题。此类分析可能会促使我们去探索理解"尽管网络并非无所不能，但为何我们在线的时间越来越长"（Vorderer & Kohring, 2013, p. 190）。例如，帕克与福克曼（1997）在厘清"全景意义"与"情境意义"的区别时，可能就解释了为什么尽管与通过传统的自我叙述来赋予生活意义的方式相比这种碎片化的交流方式存在局限性，但是用户仍利用 Snapchat 寻找意义。或许，这些用户在使用 Snapchat 时寻求的意义是非常有限的，而且是情境性的。这对于生活中意义的体验意味着什么？本章并没有回答这个问题，但是希望能为其他学者提供一个合适的视角来探讨这个问题。

## 参考文献

Bartoleyns, G., The instant past: Nostalgia and digital retro photography, In K. Niemeyer (Ed.), *Media and nostalgia*, 2014, (pp. 51–69). London: Palgrave Macmillan.

Baumeister, R. E., *Meanings of life*, New York: Guilford Press, 1991.

Baumeister, R. E. & Vohs, K. D., The pursuit of meaningfulness in life, In C. R. Snyder & S. H. Lopez (Eds.), *Handbook of positive psychology*, 2002, (pp. 608–618). Oxford: Oxford University Press.

## 第三部分 POPC 的社会动态：自我、群体及关系

Baumeister, R. F. , Vohs, K. D. , Aaker, J. L. & Garbinski, E. N. , Some key differences between a happy life and a meaningful life, *The Journal of Positive Psychology*, 2013, 8: 505-516.

Bayer, J. B. , Ellison, N. B. , Schoenebeck, S. Y. & Falk, E. B. , Sharing the small moments: Ephemeral social interaction on Snapchat, *Information, Communication & Society*, 2016, 19 (7): 956-977.

Campbell, S. W. , Mobile media and communication: A new field, or just a new journal? *Mobile Media & Communication*, 2013, 1 (1): 8-13.

Carr, N. , *The shallows: How the Internet is changing the way we think, read and remember*, London: Atlantic Books, 2010.

Dayter, D. , Small stories and extended narratives on Twitter, *Discourse, Context & Media*, 2015, 10: 19-26.

Google, *Google + stories and movies: Memories made easier*, Retrieved August 4, 2016, from http://googleindia.blogspot.de/2014/05/google-stories-and-movies-memories-made.html, 2014.

The Information, *Facebook struggles to stop decline in "original" sharing*, Retrieved August 4, 2016, from www.theinformation.com/facebook-struggles-to-stop-decline-in-original-sharing, 2016.

Jurgenson, N. , The faux-vintage photo: Full essay (parts I, II, and III), *The Society Pages*, Retrieved August 4, 2016, from http://thesocietypages.org/cyborgology/2011/05/14/the-faux-vintage-photo-full-essay-parts-i-ii-and-iii/, 2011, May 14.

Kaun, A. & Stiernstedt, R. , Facebook time: Technological and institutional affordances for media memories, *New Media & Society*, 2014, 16 (7): 1154-1168.

Menne, H. L. , Kinney, J. M. & Morhardt, D. J. , "Trying to continue to do as much as they can do" theoretical insights regarding continuity and meaning making in the face of dementia, *Dementia*, 2002, 1 (3): 367-382.

Ochs, E. & Capps, L. , *Living narrative: Creating lives in everyday storytelling*, Boston, MA: Harvard University Press, 2001.

Page, R. , Re-examining narrativity: Small stories in status updates, *Text &*

*Talk*, 2010, 30 (4): 423 – 444.

Page, R., Harper, R. & Frobenius, M., From small stories to networked narrative: The evolution of personal narratives in Facebook status updates, *Narrative Inquiry*, 2013, 23 (1): 192 – 213.

Papacharissi, Z., Toward new journalism (s) affective news, hybridity, and liminal spaces, *Journalism Studies*, 2015, (1): 27 – 40.

Park, C. L., Making sense of the meaning literature: An integrative review of meaning making and its effects on adjustment to stressful life events, *Psychological Bulletin*, 2010, 136 (2): 257 – 301.

Park, C. L. & Folkman, S., Meaning in the context of stress and coping, *Review of General Psychology*, 1997, 1 (2): 115 – 144.

Reinecke, L., POPC and well-being: A risk-benefit analysis, In P. Vorderer, D. Hefner, L. Reinecke & C. Klimmt (Eds.), *Permanently online, permanently connected: Living and communicating in a POPC world*, 2017, (pp. 233 – 243). London: Routledge.

Sagioglou, C. & Greitemeyer, T., Facebooks emotional consequences: Why Facebook causes a decrease in mood and why people still use it, *Computers in Human Behavior*, 2014, 35: 359 – 363.

Taylor, C., *Sources of the self: The making of the modern identity*, Cambridge, MA: Harvard University Press, 1989.

Tiso, G., *We can remember it for you wholesale*, Retrieved from https://overland.org.au/2014/10/we-can-remember-it-for-you-wholesale/, 2014.

Trepte, S. & Oliver, M. B., Getting the best out of POPC while keeping the risks in mind: The calculus of meaningfulness and privacy, In P. Vorderer, D. Hefner, L. Reinecke Sc C. Klimmt (Eds.), *Permanently online, permanently connected: Living and communicating in a POPC world*, 2017, (pp. 107 – 115). London: Routledge.

van Dijck, J., "You have one identity": Performing the self on Facebook and LinkedIn, *Media, Culture & Society*, 2013, 35 (2): 199 – 215.

The Verge, *Facebook on this day nostalgia app bringing back painful memories*, Retrieved August 4, 2016, form www.theverge.com/2015/4/2/8315897/Facebook-on-this-day-nostalgia-app-bringing-back-painful-memories, 2015.

Virgil, *Virgil's aeneid* (J. Dryden, Trans.), London: Penguin, 1997.

Vorderer, P. & Kohring, M., Permanently online: A challenge for media and communication research, *International Journal of Communication*, 2013, Feature, 7: 188 – 196.

# 第十一章

## 拥抱 POPC 时也应安不忘危：
## 意义与隐私的计算

萨宾娜·特莱皮特、玛丽·贝丝·奥利弗
Sabine Trepte and Mary Beth Oliver

最近，POPC 被定义为一种传播现象：（1）既是用户长期使用电子媒介的一种显性行为；（2）又是一种永久性交流的警觉心理状态（比较类似的区别：Walsh, White & Young, 2010），这两个层面可能相互独立（Vorderer, Kromer & Schneider, 2016, p.695；参见 Klimmt、Hefner、Reinecke、Rieger 及 Vorderer 在本书的内容）。沃德勒和科林（2013）之前就将这一现象描述为"接收与传播之间的不断交替，因此更关注连接本身而非连接平台"（p.3）。沃德勒（2015）还认为与他人的联系无处不在是 POPC 状态的核心特征之一。

永久在线与永久连接（POPC）状态的出现为用户感知意义提供广泛的机会，换言之，也为人生意义相关问题的解决带来机遇。在 POPC 状态下，用户以固定的方式和警觉性的心态来生产内容和阅读信息，以满足他们相互联络的需求；他们以了解其他人的生活与故事来填补生活的空白；通过与其他人保持联络来寻找关于道德与智慧问题的答案。但是，在网络环境中，并非所有对他人有意义的事情都可以分享，因为这些内容不仅暴露了分享者的信息，还会涉及第三方的信息。此外，所分享的内容很容易被转发、保存或曲解。因此，POPC 除为意义提供机会外，还带来隐私问题。

虽然 POPC 状态可以让人们更充分地认识到有意义传播的好处，但用户也需要在这些环境中管理好自己的隐私。我们认为 POPC 对于增强

第三部分 POPC 的社会动态:自我、群体及关系

意义至关重要,用户会从中获得极大的满足感,但也为他们应对隐私方面的挑战带来压力。

## 社交媒体使用如何及缘何形成 POPC

POPC 现象多出现于社交媒体以及专用于生产与交流内容与语言信息的媒体。社交媒体最突出的例子就是诸如 Facebook 之类的社交网络;以图片与视频为交互形式的服务平台,如 Instagram 与 YouTube 等;以及即时消息工具,这些工具既可以存在于独立服务平台,也可以嵌入到上述服务平台。此外,社交媒体可以用于多种用途,包括聊天、发信息、发帖、评论、宣传等。换言之,Facebook 或 Instagram 没有单独的使用功能。用户可以调整、修改和说明这些服务平台。而在此之前,社交媒体的各种使用功能已经被定义为"可供性"(affordances)(Chemero, 2003)。社交媒体可能会设定一些限制,但也为多元化用途提供支持(Hutchby, 2001)。

社交媒体尤其有助于 POPC 的形成。从 POPC 的两条定义准则可以看出端倪,即长期使用电子媒介与永久性交流的警觉性心态。首先,社交媒体与智能手机和移动网络连接,共同为在线内容与传播的可持续性提供支持。艾里森(Ellison)与维塔克(Vitak)(2015)在评论社交网站(SNS)的可供性时,尤其强调了社交网站内容的可见性及功能的持久性。此外,他们还强调,用户可以与他人建立联系并以较低的成本来维护庞大的朋友关系网络。显然,社交媒体基础设施可以长期使用。

其次,技术基础设施让人们产生了一种永久性沟通的警觉心理。例如,WhatsApp 的消息每隔一分钟就会出现,每天会给用户推送数次新闻。服务平台种类繁杂,其功能也在瞬间激增,这些平台全天候且在全球范围内做出响应并对用户进行监视,这对于用户更加有利,尤其技术基础设施经过专门的设计,可以满足用户的需求与利益,这需要用户提高警觉,换言之,它强化了用户分享内容及监控在线社交环境与传播的动机。

总而言之,POPC 可以有多种形式,但是我们认为,社交媒体的可供性是各种因素融合的体现,这使得社交媒体使用对于持续联络和监控在线交流方面显得尤为重要。在下一小节,我们将讨论除了作为一种沟通形式之外,社交媒体如何还被视为一种娱乐形式,如何可以既有趣又

有意义。

### 社交媒体传播的娱乐性

大量研究已经探讨了社会满足如何驱动和影响社交媒体和 POPC 行为（Ellison & Vitak，2015）。然而，我们也可以将社交媒体视为娱乐媒体。例如，金（Kim）、索恩（Sohn）及崔（Choi）（2011）的研究表明"寻求娱乐"是美国与韩国用户使用社交媒体网站的最主要动机。同样，奎恩（Scharkow）（2016）基于美国用户样本的研究也表明，用户"寻求娱乐"（使用社交媒体来享受和放松）与共享信息同样重要。在该研究中，当用户仅仅将社交网络接触视为一种习惯或用于交流时，他们才会认为社交比娱乐更重要。与此类似，马舒尔（Masur）与沙库（Scharkow）（2016）也表明，用户在社交网络中更新状态或分享私人信息时发布的不同类型信息中最常用的一种表达方式是"我喜欢"。

交流是社交媒体使用的目的，而享乐似乎是伴随交流功能出现的用户最重要体验。越来越多的学者提出至少两种与媒体娱乐相关的满足理论，社交媒体也可能与用户的两种信息处理方式和享乐方式有关：一种可能是显性的可观察类型：尽情享乐（hedonic enjoyment）（see Bartsch & Schneider, 2014; Oliver & Raney, 2014; Tamborini, 2012; Vorderer & Reinecke, 2015）。用户在 Facebook、Instagram 及 SoundCloud 上可以分享有趣的图片和故事，它们可能会促使形成这种享乐类型。社交媒体使用催生的第二种享乐类型可能是终极娱乐体验（eudaimonic entertainment experience）。也就是说，用户在网络上分享内容的同时可以追寻意义，下面我们将详细阐述这一观点。

### 媒介享乐的基本理论

媒介使用的常用概念与基本理论均倾向于用享乐主义来阐述（Zillmann & Bryant，1994），人们将媒介使用（尤其是娱乐）作为一种放大快乐和缩小痛苦的方式（Zillmann，1988）。在许多方面，包括社交媒体在内的娱乐技术的演变形式，可以被理解为享乐媒介使用的一种延伸和补充说明。在 Facebook 中，人们浏览和分享他们在各种场景的一些照片，如假期时光、可爱的孩子及心之向往的生活方式；在 YouTube 上，用户发布一些搞笑视频，如会讲话的猫、"糗事"以及对着镜头咿

## 第三部分 POPC 的社会动态：自我、群体及关系

呀学语的可爱宝宝；手机交友软件 Tinder 的用户则通过浏览照片来查看他们的潜在伴侣或性剥削；在 Snapchat 上，人们则分享一些荒唐的、碎片化的，甚至是自嘲的照片，但通常照片在发布几秒钟后就会被人遗忘。简言之，社交媒体专注于平庸的、碎片化的和短暂的内容，所以它被视为是享乐式娱乐的终极归属（参见 Turkle，2011）。

鉴于这样的背景，在过去几十年里，研究娱乐的学者们也发生转变，他们已经开始注意到媒介娱乐的非享乐性或幸福感与意义等功能（Oliver & Bartsch，2010；Oliver & Baney，2014）。尽管尚未明确有意义的娱乐经历的特定概念结构，但是一般内容类型与受众动机已经得到学者的关注。从内容层面来看，一些学者认为有意义的媒体内容比一般的享乐型内容更严肃或忧郁，因此，戏剧、悲剧以及情感起伏变化较大的内容通常被视为有意义的娱乐形态（Bartsch & Hartmann，2015）。然而，也有学者认为，有意义的娱乐更应该倾向于人类美德，这样才符合"幸福感"（eudaimonic）这个词的意涵。在此，有意义的内容是指具有表现出非凡的勇气、韧性、善良及智慧等行为特征的内容，同时也包括对丧失美德时所经历遭遇的描述（Bartsch & Mares，2014；Oliver & Bartsch，2011；see also Lewis，Tamborini & Weber，2014；Tamborini，2012）。然而，其他学者认为，有意义的娱乐倾向于内容，突出对人生意义的关切，包括人类的生存状况、生存的局限性，或者目标产生的动机（Hofer，2013；Oliver & Hartmann，2010）。

在了解这些背景知识后，值得注意的是，我们已经在叙事内容的语境下（基本上）探讨了有意义媒体的构成。也就是说，在电影或文学等传统媒体的背景下来研究有意义内容的体验。因此，有意义的内容被含蓄地概念化为个人所消费的内容，而非个人创造、互动或分享的内容。显然，在今天的环境中，媒体体验不是简单的被动消费：人们跟着 Wii 游戏音乐的韵律在客厅跳舞，他们用手机随时随地在所处环境拍照（尤其是自拍），所拍摄的视频被 YouTube（可能存在的）几百万用户分享。因此，媒体学者扩大他们关于有意义媒体的研究范围，将新技术因素也纳入其中，特别是这些新技术无处不在且融入到我们生活中并形成"永久在线，永久连接"现象。

### POPC 行为与有意义的传播

正如学者们所述，个人对传统媒体的消费可能受到享乐主义（愉

悦）与幸福主义（意义）两方面体验需求的驱动。而这两类需求也可以用于预测个人在 POPC 状态时的体验与经历。许多学者与评论家表示担忧，认为技术更新不仅本身具有琐碎的特性，而且也会让现实生活中的互动碎片化，人们以拍照或记录等方式将这些场景保存下来，这也成为 Facebook 中的素材，或者也成为面对面交流无处不在的语境，如此我们的面对面交流总是会被短信与社交媒体的提醒打断（Misra, Cheng, Genevie & Yuan, 2016; Oliver & Woolley, 2015; "Phone stack", 2014; Przybylski & Weinstein, 2013; Sweet, 2012; Turkle, 2011）。无论从一般学术意义还是通俗意义来讲，新技术与社交媒体均被认为具有享乐性和碎片化等特征，但是我们依然相信意义是人们在 POPC 环境中的重要体验之一。

我们认为可以从两个层面来解读 POPC 环境中的意义。首先，意义来自于 POPC 环境所提供的机会，即人们可以公开或私下与他人建立联系并从中得到满足。POPC 的体验会增强人们之间的联系，他们通常志趣相投并有共同的经历（如小学同学）（Ellison & Vitak, 2015）。如此，用户在 POPC 中还可能与关系疏远的故人重新建立联系，又或许勾起人们对于美好、有意义事情的怀旧情绪和苦乐参半的回忆（Chung, 2016）。

其次，POPC 经历具有永久性、无处不在且高度显性的特征，这不仅增加了分享内容的数量（可参阅"电子媒介的持久性使用"），更提升了分享的质量（可参阅"永久性交流警觉"）。此外，鼓舞人心的媒体（如 Upworthy 及《赫芬顿邮报》的"好新闻"等）的盛行表明，有意义与鼓舞人心的内容对于新技术形式至关重要。因此，当用户有明确的有意义交流动机时，有意义的内容也会上升到个人的情感和信息处理层面。与此推论相一致，最近一项研究表明，当媒体内容被认为是有意义的、感动的或令人敬畏的，人们更有可能分享媒体内容（Berger & Milkman, 2012; Myrick & Oliver, 2015）。

尽管用户在社交媒体环境中的信息分享与自我表露会伴随产生有意义的体验，会得到更高层面的社会支持，或者增强自尊心（Oh, Ozkaya & LaRose, 2014），但是社交媒体与面对面交流仍有很多不同之处，尤其在隐私保密性上相去甚远。用户与亲密的朋友分享个人欲望、悲伤，甚至是青少年事迹相关的个人陈述与照片，这些都具有意义，但将这些内容发布在社交媒体时却可能会产生过度披露信息等问题，甚至分享行为会变成一种违法行为。由此可见，在 POPC 环境中媒介使用可能存在潜在意义，但用户也可能更易遭受攻击。因此，POPC 环境中意义和隐私之间的平衡可能是一种新思路，这可能不太适用于较为传统的媒体，所以才更值得我们斟酌考量。

POPC 传播中的隐私需求

隐私是我们的行为、情感与认知的主要驱动力之一，也被视为与他人交流信息的愿望与抑制需求关系之间的优化和平衡（Altman，1974）。此外，"隐私"指一个人对与他人相处的需求和独处需求之间的平衡（Altman，1975）。这两种需求都被认为是人类的基本需求，而且对于身心健康都至关重要（Margulis，2003；Vinsel, Brown, Altman & Foss，1980）。经论证，这一观点也适用于离线与在线交流。

此外，我们认为 POPC 与隐私在以下三个方面存在相关性。首先，POPC 被定义为长期使用电子媒介的一种状态。之前研究已经表明，隐私在很大程度上已成为电子媒介使用的一个问题（Trepte & Reinecke，2011）。我们不会在这里综述过去十年隐私相关研究，但是会提及个人对以下问题的处理和探讨，即哪些信息可以与他人分享，哪些信息需要保留，这已经成为网络交流中最关键的问题之一。毋庸置疑，随着用户对电子媒介的频繁使用，在 POPC 环境中探讨这类隐私问题显得尤其重要。

其次，POPC 体验是用户在不同语境下的传播体验。关于隐私，由于 POPC 状态根植于线上与线下行为，这表明用户必须处理好在线与离线环境中的隐私关系。因此，POPC 状态要求隐私管理规则应适用于这两种环境。然而，人们在在线环境和离线环境中对隐私的理解和监管存在巨大差异。人们在处于离线状态时，其隐私行为通常基于我们所说的"控制假设"（Margulis，1974）。伯贡（Burgoon，1982）将隐私定义为对身体、情感、信息及社会边界的控制。如果个人不希望某人进入，他们会把门关上。他们也可以设置物理障碍，将其他人拒之门外。此外，他们也可以通过多种方式来控制社交隐私，如避开与某人碰面、不参加会议、不邀请某人参与活动，或不向某人表露自己。同样，如果我们可以控制与他人分享情感、认知或真实信息，那么我们在情感和信息方面的隐私就会得到保护。

相比之下，用户的隐私规则在在线环境中的运行方式却有所不同。用户可以对在线内容进行转发、复制、保存和编辑等操作（boyd，2010）。

但通常情况下用户却无法控制或预见他人如何处理他们发布的内容。因此，用户并不能总是很好地平衡公开与撤回这两个重要过程。首先，一些研究人员对于用"控制假设"解决网络隐私问题的观点表示质疑（Trepte，2015）。他们认为处理隐私问题还是应回归到大量的基本交流中，由于用户随时可以复制、编辑、保存和转发消息，所以在网络环境下也就无法控制隐私或对其进行预测。其次，隐私监管权不完全在用户手中，因为第三方可能会在用户不知情或未经用户同意的情况下分享和使用个人数据。

因此，用户现在需要通过控制和规范访问权限来控制他们的隐私，但也不得不接受这样一个事实，即并非所有的交流都是可控的。换言之，用户可以控制他们面对面分享的内容，但对于网上分享的内容却必须要进行协商，而且经常不得不接受对于隐私的控制与协商不奏效的事实。

POPC与隐私相关的第三个原因在于，与以前社交媒体的使用行为相比，用户在POPC环境中使用媒介的动机更为强烈，在线警觉性也更高。随着高密度信息的涌现，用户在交流中的警觉性也呈现永久性，这表明用户必须处理更多与隐私相关的信息，他们也需要投入更多的时间与精力来协商隐私问题。这种情况一方面会给用户带来压力感，另一方面也会对自己被迫放弃隐私感到无奈。

### 意义与隐私需求的计算

如前所述，享乐型动机和幸福型动机都可以被认为是POPC行为的主要需求。我们也指出，人们处于POPC环境中也同样有隐私需求。鉴于此，我们也提出问题：人们如何在满足享乐与幸福需求的同时满足隐私需求。我们建议用户在"计算"优先事项及需求的同时也要权衡风险与收益。与之类似，劳弗尔（Laufer）和乌尔夫（Wolfe）（1977）首次提出"行为计算"（behavioral calculus）理论，并将与他人分享信息的益处与承担的隐私风险考虑在内。他们特别强调会产生被他人"记录"的风险。之后，"行为计算"被迁移至网络行为，并被称为"隐私计算"（privacy calculus）（Dinev & Hart，2006；Dienlin & Metzger，2016）。

我们还提出这样的假设：权衡有意义经历的同时保护隐私这个过程

可能也遵循这样的计算模型。从有意义的经历来看，POPC 可能会满足用户更多的需求。用户听音乐是为了享乐和寻求意义，并通过与朋友分享来强化这种意义的体验。在隐私层面，用户必须计算永久共享信息的风险与保持警觉状态的风险。

该 POPC 计算模型指出，用户几乎是 24 小时使用媒介，他们被永久性地暴露于电子媒介中；同时，他们在使用媒介时既小心翼翼又热情洋溢。POPC 改变了人们体验意义与计算隐私的方式，因为 POPC 状态已经无处不在，同时也伴随着大量监控以及强烈的情感动机的出现。随着分享的增加，积极的、有意义的行为也随之增加，但是用户也经常面临隐私问题。用户使用电子媒介的频率越高，面临的隐私挑战也就越大。用户在这些行为中的心理警觉性越高，这些行为就对用户越重要。一方面，在 POPC 环境中，用户越是经常性地考虑隐私决策，这些决策也就变得更加复杂和艰难。另一方面，人们可以利用他们的线上与线下行为来公布他们的隐私决策。

总而言之，在 POPC 环境下，意义与隐私计算的频次之高与体量之大均前所未有。在提到 POPC 的定义时，我们认为长期使用媒介及永久性的交流警觉是这个概念的界定标准。用户对于电子媒介的长期使用以及全天候参与社交媒体使这些通信方式在他们的生活中具有重要意义，也强化了他们在电子媒体方面的体验。此外，用户对于警觉状态的强烈动机以及对于永久监视的渴望，这凸显了从在线交流中追求意义的重要性，以及隐私对于生活的重要性。从这个角度来看，POPC 行为的频繁出现也可能会给个人带来巨大压力（Vorderer，2015，2016）。POPC 体验会对社会交往、身份认证、时间管理、绩效以及效能体验等过程产生影响。

如果将用户从 POPC 中获得积极体验和隐私问题考虑在内，我们可能会得到这样的结论：POPC 状态不仅会强化用户在追寻意义时获得的满足感，而且也会增加与他人协商隐私问题的风险。当然，用户在使用社交媒体时会经常对意义与隐私做出权衡；然而，POPC 则使得整个过程更快速、更激烈、更频繁。如今，我们仍无法从有意义的体验及隐私管理层面来评判 POPC 的积极影响与消极后果，还需要学者深入研究并充分理解用户在权衡意义与隐私时的认知。

因此，在本章的最后一节中，我们将进一步概述待解决的问题和未

# 第十一章 拥抱 POPC 时也应安不忘危：意义与隐私的计算

来研究的走向。

**总结与思考**

在本章，我们尝试探索 POPC 的媒介环境对于有意义媒体与隐私需求之间相互作用的影响。在 POPC 状态下，用户可以享乐，也可以传播和接收意义深远的信息。因为 POPC 体验不仅包括电子媒介的长期使用行为，还会使用户产生永久性警觉心理，这些现象要求用户采用新方法来处理隐私问题。意义与隐私之间的平衡会产生广泛而深远的影响，如此，人们尝试通过 POPC 体验来满足享乐需求，而无须以他们的隐私生活为代价。随着人们越来越频繁地处于在线警觉状态，POPC 状态增强了用户有意义的体验，也为人们更谨慎地处理隐私问题提供了可能。然而，这也意味着这些高密度的体验为我们施加更大的压力（Vorderer，2015，2016）。此外，任何深思熟虑的结果都需要多次决策、协商与沟通。因此，意义与隐私的影响也是未来研究值得深思的问题。

本章尝试性地、探索性地提出一些观点，但提出的问题要比答案多。这种人们必须考虑的新"计算模式"的含义表明，学术研究还应该关注各种增加变量和环境。例如，意义与隐私之间的这种平衡行为对于幸福感和社会支持意味着什么？人们是否会因为担心隐私问题，而避开体验 POPC 环境中的有意义交流吗？同样，公众自我意识等个体性差异是否会预示着在 POPC 时代有意义的媒介使用频率会降低？

这个问题的另一面在于，当个人特别需要有意义的交流时，他们可能会忽视隐私问题。换言之，当个人需要社会支持时，他们是否会面临向广大受众披露信息的风险？在人生的某些阶段（如新生儿、失业、亲人离世），抑或处于过渡时期（如悲伤或忧郁的心情），隐私问题是否会因为人们追寻有意义的交流而被淡化？

虽然大多数问题我们目前还无法直接给出答案，但是我们相信，已经进入了一个重要的新兴研究领域。独立的（stand-alone）在线传播或独立的信息接收已经成为历史。然而，在 POPC 模式中，传播与接收两个过程相互交织。在线环境与离线环境互不干扰的状态似乎已经过时。在 POPC 范式下，在线与离线、接收与传播之间的严格界限也开始模糊。POPC 将为本就无法厘清关系的传播使用与效果开辟全新的研究视角（Vorderer，2016）。在超连接环境中，如何以有意义的方式

## 第三部分 POPC 的社会动态：自我、群体及关系

与媒介共存是学术领域未来的研究取向，因为意义是个人问题，亦是社会问题。

## 参考文献

Altman, I., Privacy: A conceptual analysis In D. H. Carson (Series Ed.) & S. T. Margulis (Vol. Ed.), *Man-environment interactions: Evaluations and applications*, 1974, (pp. 3 – 28). Stroudsburg, PA: Dowden, Hutchinson & Ross.

Altman, I., *The environment and social behavior: Privacy, personal space, territory, crowding*, Monterey, CA: Brooks/ Cole Publishing Company, 1975.

Bartsch, A. & Hartmann, T., The role of cognitive and affective challenge in entertainment experience, *Communication Research*, 2015, 44 (1): 29 – 53. doi: 10. 1177/0093650214565921.

Bartsch, A. & Mares, M. L., Making sense of violence: Perceived meaningfulness as a predictor of audience interest in violent media content, *Journal of Communication*, 2014, 64 (5): 956 – 976. doi: 10. 1111/ jcom. 12112.

Bartsch, A. & Schneider, F. M., Entertainment and politics revisited: How non-escapist forms of entertainment can stimulate political interest and information seeking, *Journal of Communication*, 2014, 64 (3): 369 – 396. doi: 10. 1111/jcom. 12095.

Berger, J. & Milkman, K. L., What makes online content viral? *Journal of Marketing Research*, 2012, 49, 192 – 205. doi: 10. 1509/jmr. 10. 0353.

Boyd, D., Social network sites as networked publics: Affordances, dynamics, and implications, In Z. Papacharissi (Ed.), *A networked self*, 2010, (pp. 39 – 58). New York: Taylor & Francis.

Burgoon, J. K., Privacy and communication, In M. Burgoon (Ed.), *Communication yearbook*, 1982, 6 (pp. 206 – 249). Beverly Hills, CA: Sage.

Chemero, A., An outline of a theory of affordances, *Ecological Psychology*, 2003, 15 (2): 181 – 195. doi. org/10. 1207/ S15326969ECO1502_ 5.

Chung, M. -Y., *Development and validation of a media nostalgia scale*, Ph. D., Pennsylvania State University, 2016.

Dienlin, T. & Metzger, M., An extended privacy calculus model for SNSs-Analyzing self-disclosure and self-withdrawal in a U.S. representative sample, *Journal of Computer Mediated Communication*, doi: 10.1111/jcc4.12163, 2016.

Dinev, T. & Hart, P., An extended privacy calculus model for e-commerce transactions, *Information Systems Research*, 2006, 17 (1): 61 – 80. doi: 10.1287/isre.1060.0080.

Ellison, N. B. & Vitak, J., Social network site affordances and their relationship to social capital processes, In S. S. Sundar (Ed.), *The handbook of the psychology of communication technology*, 2015, (pp. 203 – 227). Chichester: John Wiley & Sons, Ltd.

Hofer, M., Appreciation and enjoyment of meaningful entertainment: The role of mortality salience and search for meaning in life, *Journal of Media Psychology*, 2013, 25 (4): 201 – 201. doi: 10.1027/1864 – 1105/a000089.

Hutchby, I., Technologies, texts and affordances, *Sociology*, 2001, 35 (2): 441 – 456. doi: 10.1177/S0038038501000219.

Kim, Y., Sohn, D., & Choi, S. M., Cultural difference in motivations for using social network sites: A comparative study of American and Korean college students, *Computers in Human Behavior*, 2011, 27 (1): 365 – 372. doi: 10.1016/j.chb.2010.08.015.

Laufer, R. S. & Wolfe, M., Privacy as a concept and a social issues: A multidimensional developmental theory, *Journal of Social Issues*, 1977, 33 (3): 22 – 42. doi: 10.1111/j.1540 – 4560.1977.tb01880.x.

Lewis, R. J., Tamborini, R., & Weber, R., Testing a dual-process model of media enjoyment and appreciation, *Journal of Communication*, 2014, 64 (3): 397 – 416. doi: 10.1111/jcom.12101.

Margulis, S. T., Privacy as a behavioral phenomenon: Coming of age. In S. T. Margulis (Ed.), Privacy, 1974, (pp. 101 – 123). Stroudsburg, PA: Dowden, Hutchinson & Ross.

Margulis, S. T., Privacy as a social issue and behavioral concept, *Journal of Social Issues*, 2003, 59 (2): 243 - 261. doi: 10.1111/1540 - 4560. 00063.

Masur, P. K. & Scharkow, M., Disclosure management on social network sites: Individual privacy perceptions and user-directed privacy strategies, *Social Media + Society*, 1 - 13. doi: 10.1177/2056305116634368, 2016, January-March.

Misra, S., Cheng, L., Genevie, J. & Yuan, M., The iPhone effect: The quality of in-person social interactions in the presence of mobile devices, *Environment and Behavior*, 2016, 48: 275 - 298. doi: 10.1177/0013916514539755.

Myrick, J. G. & Oliver, M. B., Laughing and crying: Mixed emotions, compassion, and the effectiveness of aYouTube PSA about skin cancer, *Health Communication*, 2015, 30 (8): 820 - 829. doi: 10.1080/10410236. 2013. 845729.

Oh, H. J., Ozkaya, E. & LaRose, R., How does online social networking enhance life satisfaction? The relationships among online supportive interaction, affect, perceived social support, sense of community, and life satisfaction, *Computers in Human Behavior*, 2014, 30: 69 - 78. doi: 10.1016/j.chb.2013.07.053.

Oliver, M. B. & Bartsch, A., Appreciation as audience response: Exploring entertainment gratifications beyond hedonism, *Human Communication Research*, 2010, 36 (1): 53 - 81. doi: 10.1111/j.1468 - 2958.1993. tb00304.x.

Oliver, M. B. & Bartsch, A., Appreciation of entertainment: The importance of meaningfulness via virtue and wisdom, *Journal of Media Psychology: Theories, Methods, and Applications*, 2011, 23 (1): 29 - 33. doi: 10.1027/1864 - 1105/a000029.

Oliver, M. B. & Hartmann, T., Exploring the role of meaningful experiences in users' appreciation of "good movies", *Projections: The Journal of Movies and Mind*, 2010, 4 (2): 128 - 150. doi: 10.3167/proj. 2010.040208.

Oliver, M. B. & Raney, A., Broadening the boundaries of entertainment research [Special issue], *Journal of Communication*, 2014, 64: 361 – 568. http://dx.doi.org/10.1111/jcom.12092.

Oliver, M. B. & Woolley, J. K., Meaningfulness and entertainment: Fiction and reality in the land of evolving technologies. In H. Wang (Ed.), *Communication and the "good life"*, New York: Peter Lang, 2015.

Phone stack, *Urban dictionary*, Retrieved from www.urbandictionary.com/define.php? term = Phone + Stack, 2014.

Przybylski, A. K. & Weinstein, N., Can you connect with me now? How the presence of mobile communication technology influences face-to-face conversation quality, *Journal of Social and Personal Relationships*, 2013, 30 (3): 237 – 246. doi: 10.1177/0265407512453827.

Quinn, K., Why we share: A uses and gratifications approach to privacy regulation in social media use, *Journal of Broadcasting & Electronic Media*, 2016, 60 (1): 61 – 86. doi: 10.1080/08838151.2015.1127245.

Sweet, N. G., *Put that away! Phone stacking and other solutions to your phone addiction*, Retrieved from http://blogs.kqed.org/pop/2013/09/30/put-that-away-phone-stacking-and-other-solutions-to-your-phone-addiction/, 2012, September 30.

Tamborini, R., A model of intuitive morality and exemplars, In R. Tamborini (Ed.), *Media and the moral mind*, 2012, (pp. 43 – 74). London: Routledge.

Trepte, S., Social media, privacy, and self-disclosure: The turbulence caused by social media's affordances, *Social Media and Society*, 2015, 1 (1): 1 – 2. doi: 10.1177/2056305115578681.

Trepte, S. & Reinecke, L., *Privacy online. Perspectives on privacy and self-disclosure in the social web*, Berlin, Ger-many: Springer, 2011.

Turkle, S., *Alone together: Why we expect more from technology and less from each other*, New York: Basic Books, 2011.

Vinsel, A., Brown, B. B., Altman, I. & Foss, C., Privacy regulation, territorial displays, and effectiveness of individual functioning, *Journal of Personality and Social Psychology*, 1980, 39 (6): 1104 – 1115.

doi: 10.1037/h0077718.

Vorderer, P., Der mediatisierte Lebenswandel: Permanently online, permanently connected, *Publizistik*, 2015, 60: 259-276.

Vbrderer, P., Communication and the good life: "Why and how our discipline should make a difference", *Journal of Communication*, 2016, 66: 1-12. doi: 10.1111/jcom.12194.

Vorderer, P. & Kohring, M., Permanently online: A challenge for media and communication research, *International Journal of Communication*, 2013, 7: 188-196.

Vorderer, P., Krömer, N. & Schneider, F. M., Permanently online-permanently connected: Explorations into university students, use of social media and mobile smart devices, *Computers in Human Behavior*, 2016, 63: 694-703. doi: 10.1016/j.chb.2016.05.085.

Vorderer, P. & Reinecke, L., From mood to meaning: The changing model of the user in entertainment research, *Communication Theory*, 2015, 25 (4): 447-453. doi: 10.1111/comt.12082.

Walsh, S. P., White, K. M. & Young, R. McD., Needing to connect: The effect of self and others on young people's involvement with their mobile phones, *Australian Journal of Psychology*, 2010, 62 (4): 194-203. doi: 10.1080/00049530903567229.

Xie, W. J. & Kang, C. Y., See you, see me: Teenagers' self-disclosure and regret of posting on social network site, *Computers in Human Behavior*, 2015, 52: 398-407. doi: 10.1016/j.chb.2015.05.059.

Zillmann, D., Mood management: Using entertainment to full advantage, In L. Donohew, H. E. Sypher & E. T. Higgins (Eds.), *Communication, social cognition, and affect*, 1988, (pp. 147-171). Hillsdale, NJ: Lawrence Erlbaum Associates.

Zillmann, D. & Bryant, J., Entertainment as media effect, In J. Bryant & D. Zillmann (Eds.), *Media effects: Advances in theory and research*, 1994, (pp. 437-461). Hillsdale, NJ: Lawrence Erlbaum Associates.

# 第十二章

## 永久在线与永久连接环境下的叙事体验：多任务处理、自我延伸及娱乐效果

凯尔西·伍兹、迈克尔·D. 斯莱特、
乔纳森·科恩、本杰明·K. 约翰逊、戴维·艾沃德森
（Kelsey Woods, Michael D. Slater, Jonathan Cohen,
Benjamin K. Johnson and David R. Ewoldsen）

故事是娱乐的主要形式之一，从书籍、电视到电子游戏，从大屏幕电影到手机、平板电脑等多种媒介均可以体验故事。因此，我们不可能脱离叙事体验（Vorderer, 2016），尤其是在"永久在线、永久连接"时代。在线体验本身在某种程度上可以满足人类对能力、自主性和人际关系的基本需求（Ryan & Deci, 2000）。自我模型边界的临时拓展（Slater Johnson, Cohen, Comello & Ewoldsen, 2014）表明，叙事为读者带来近乎无拘无束的主观体验，读者可以自由地在时间、空间与人之间穿梭，间接建立各种体验关系，目的是采用一般社会经验不可能实现的方法来暂时满足上述需求。在线经历延伸了用户的人际交往能力、无限连接网络世界的体验以及通过轻轻点击鼠标来轻松做出选择的能力。因此，在线状态很可能为用户带来一种满足人类基本需求的感觉（或许是一种幻觉）。与此同时，网络世界的可供性有可能会增加或破坏用户对于故事世界和叙事的体验，用户体验逐渐成为网络消费内容，或者与网络媒介使用伴随出现。

在基于网络环境的体验式叙事中，用户可能通过多屏幕进入故事世界，并了解人物角色及演员的相关信息，也可以通过社交媒体、博客及同人小说与朋友和陌生人互动，这可能会改变参与式叙事的意义。例

如，一名观众在看美国奇幻电视连续剧《权力的游戏》时，会在Twitter和Facebook上发布剧情片段，也会给朋友发短信息，看演员性生活的八卦，会转发某个角色的幽默梗，通过核查背景故事线来理清情节转折，那么人们参与故事的方式会发生什么变化？从传统意义来看，这种参与方式被理解为：观众产生置身于故事而非简单地作为读者或观众来体验故事的感觉（即他们沉迷于故事；Gerrig，1993），以及他们从心理上与故事中角色的融合与连接程度（即与角色产生共鸣；J. Cohen，2001）。显然，观众并没有迷失在故事世界中，而是主动地沉浸于故事体验中，他们会围绕故事参与社交互动，从而拉近了故事世界与现实世界之间的距离。这对于我们思考叙事加工（narrative processing）与叙事劝服（narrative persuasion）有什么意义？

在本章节中，我们将探索网络媒介可供性、POPC社会及叙事性体验之间的相互作用。我们主要通过概述一个模型来理解媒介多任务处理（参见本书中徐与王的文章；戴维德的文章）以及叙事性参与，并研究各类叙事形式的意涵。

## 媒介多任务处理与叙事性参与

移动终端的迅速普及从根本上改变了受众体验与他们参与媒体内容的方式。人们比以往任何时候都容易获取媒体内容及参与此内容，确实可以实现随时随地触手可及（Vorderer，2016）。然而，传播学者还没有来得及重新界定传统概念以解释这种新常态——人们几乎可以实现永久在线（Vorderer & Kohring，2013）。因此，需要一个模型来阐释用户使用移动终端接触其他屏幕内容时对其参与和处理叙事性语境中的媒体内容有何影响。具体我们需要探讨以下问题：多屏幕播放对于用户处理屏幕内容有何影响？多任务处理对于叙事性参与有何影响？

简言之，当两项或多项任务同时进行并且其中至少一项任务涉及某种形式的媒介时，就会发生媒介多任务处理。（Wang, Irwin, Cooper & Srivastava, 2015）。因此，将媒体任务与非媒体任务相结合的行为（如边吃饭边看电视，边写作业边听音乐，边开车边发短信），以及同时使用多种媒体的行为（如边看电视边上网，边玩电子游戏边听音乐，或者边看电影边发短信），这些都是媒介多任务处理的例子。正如这些案例所示，媒介多任务处理包括用户以不同方式利用认知资源的各种行为

（关于多任务行为的深入探讨参见本章中徐珊与王征及戴维德的文章）。

当一个人同时使用两种或两种以上屏幕型媒体时，就会产生一种媒介多任务处理类型，即多屏幕播放（multiscreening）。随着移动终端的普及，多屏幕播放现象已经司空见惯。研究发现，52%的手机用户边看电视边玩手机，84%的智能手机/平板电脑用户在看电视时使用这些移动终端（Smith & Boyles，2012；The Nielsen Company，2014）。此外，有行为数据表明，在多媒介多任务处理中，任务切换速度非常快，但是用户对此的记忆及报告效果却并不佳，无论是在看电视的同时看第二块屏幕（Brasel & Gips，2011）以及在同一终端上游离于视频和其他内容之间（Yeykelis，Cummings & Reeves，2014）。电视是叙事的常用媒介，研究表明，多屏幕播放的现象经常发生于看电视的时候（Giglietto & Selva，2014；Gil de Zuniga，Garcia-Perdomo & McGregor，2015；Voorveld & Viswanathan，2015），因此多屏幕播放是当前环境中值得研究的重要概念。

尽管多任务处理现象颇为盛行，但是研究发现这种现象对于理解力、任务精确性及任务效率均产生负面效应（Wang et al.，2015）。多任务处理涉及的行为广泛（参见徐与王及戴维德在本书中的章节），但是之前的大多数研究均假设：任何类型的多任务处理行为都将产生同样的效果。王（Wang）、欧文（Irwin）、库珀（Cooper）及斯里瓦斯塔瓦（Srivastava）（2015）运用认知资源理论来描述媒介多任务行为的11个维度，进而建构一个实用性框架，以研究不同类型的媒介多任务处理行为。所有维度均与媒介多任务处理的研究相关，然而，多屏幕播放如何改变叙事处理，这个问题的关键在于"任务相关性"。根据王征等人的研究（2015，p.109）表明，在媒介多任务处理时，并发任务是用于"实现相关目标"（或单个总体目标）。萨吴奇与坦根（2008）在他们的线程认知理论中提出，人们以认知"线程"为基础并围绕他们的目标来组织信息。因此，具有相似目标的任务会被安排在同一线程中，由于多个线程来争夺认知资源，这与具有不同目标的任务相比，在同时完成任务时需要的认知资源较少。（为了深入探讨媒介多任务处理维度与线程认知理论在多任务处理中的应用，可以参见徐珊与王征及戴维德在本书中的章节）。

在实验环境中，多任务处理的大多数研究都涉及引入无关任务，然而调查和经验抽样研究表明，相关媒介多任务处理是更为常见的做法。例如，王征等人（2015）采用经验取样方法研究发现，与相关性较弱的任务相比（如发电子邮件与浏览网页），参与者更愿意报告相关性较强任务的处理情况（如电子邮件与使用 Facebook，这两者均属于社交任务）。根据线程认知理论，相关的媒介多任务处理可能比无关的多任务处理带来的负面影响更弱。范·考文伯格（Van Cauwenberge）、沙普（Schaap）与范·罗伊（van Roy）（2014）采用小样本进行实验，将非相关的多任务处理与相关性较强的多任务处理进行对比，要求参与者观看电视新闻，从而发现认知负荷与理解负荷之间存在预期差异。其中，与同时处理不相关的多项任务的参与者相比（被要求查找新闻广播中不同报道的信息），相关性较强的多任务处理的参与者（即被要求在观看新闻节目时上网查阅新闻报道的相关信息）报告称，他们更容易理解新闻节目的故事情节。

传统的叙事性参与调查已经研究了人们在媒体接触过程中参与故事的各种方式（e.g., J. Cohen, 2001; M. Green & Brock, 2000）。然而，故事的结束并不是意味着各类叙事性参与也随之终止。即使人们不是同步观看，他们也会继续参与到叙事过程中。叙事研究中最常见的异步结构是准社会关系（Horton & Wohl, 1956; Klimmt, Hartmann, & Schramm, 2006; Rubin & McHugh, 1987）。然而，人们还可以通过许多其他方式参与到叙事世界中来，包括阅读或参与到表演或电影维基和博客中，参与角色扮演，制作视频、图片和表情包，写同人小说等等。同人小说在当今的网络环境中已经蔚然成风，这也有助于为志同道合者创建社区。例如，在最近一项调查中，共有 700 多名参与者，他们来自亚马逊 MTurk（即一个网络平台，研究人员可以通过它发布在线研究，"员工"可以选择参与并获得少量报酬），9% 的参与者称他们撰写过同人小说，40% 的人会搜索同人小说进行阅读（Ewoldsen & Bogert, 2014）。诚然，MTurk 可能过度强调样本群体的特征为：年轻、精通互联网及有充足时间。尽管样本具有年轻化与网络化等特征，但上述研究结果仍具有重要意义。Fanfiction.net 是最受欢迎的同人小说在线资料库。2010 年，Fanfiction.net 用户超过 260 万（Lennard, 2012）。目前，仅《哈利波特》系列就有 73.5 万多部同人小说。此外，这些有创造力的媒体用户通过用户生产内容重新组合故事，还有其他媒体用户积极消费并通过在线网络多次传播相同的用户生成内容（J. Green & Jenkins，2011；Hillman, Procyk & Neustaedter，2014；Petersen，2014）。总而言之，无论在阅读同人小说过程中还是阅读之后参与同人小说或其他叙事性相关任务都是一种新型的多任务处理方式，这对于我们的预期构成挑战，因为多任务处理只会分散我们对主要任务的注意力。此外，受众在多任务处理中通常专注于任务本身，而会远离原来的叙述过程，在 POPC 世界中，同人小说读者可能会同时处理多项任务，回到原来的故事中来参与各种活动，如确定同人小说是否忠实于原来的故事，或者仅仅在原著中欣赏喜欢的情节。

多任务处理可能会分散观众的注意力，从而干扰同步参与叙事，但同时它也可能提供机会，让观众通过多种方式与叙事内容互动，从而增强观众对故事世界的参与感。因此，若要准确把握观众在强连接的在线环境中如何参与叙事，以及多任务处理对于这种参与性叙事有何影响，那么阐释各种参与方式也就至关重要。这可能需要进一步考察 POPC 个体参与的任务类型和可能受多任务处理影响的叙事参与形式。

本章节拟议的模型（见图 12.1）对多任务处理的不同维度进行区分，而且提出不同类型的多任务处理可能会产生不同的结果，我们也期待该模型对于理论有所贡献。该模型还厘清叙事本身的参与和叙事世界参与之间的区别，如此也凸显受众与叙事内容同步和异步互动等多种方式。更新这些概念与模型可以有助于我们更准确地研究叙事参与在一个由移动设备永久连接的世界中如何发生。

图 12.1 展示了多任务处理对基于屏幕的叙事性参与及其影响的相关模型。该模型中主要的多任务处理类型是相关多任务处理（relevant multitasking）。相关多任务处理是指使用互联网查找有关角色、演员或情节元素等相关信息。例如，与相关多任务处理相对的是无关多任务处理（irrelevant multitasking），即并发任务与屏幕型叙事不具有相关性。例如，无关多任务处理可能包括：使用互联网阅读新闻，浏览朋友的在线图片，或查询体育成绩。这些活动体现了媒体内容的竞争来源，它们在呈现其他"叙述"形式的程度上有所不同，然而却是满足自主性、关系及自主权等内在需求的有竞争力的方式（Slater et al.，2014）。在接触媒体娱乐过程中，无关多任务处理会降低用户对于叙事的关注，也会削弱所有类型的叙述参与性和结果。然而，正如该模型所示，相

关的多任务处理可能会产生不同的效果，反而会强化注意力、参与度及结果。

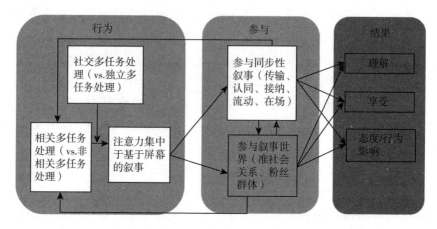

**图 12.1　多任务处理对屏幕型叙事性参与和结果的影响模型**

在解释该模型流程之前，我们首先会对不同的叙事性参与类型进行界定，这益处良多。第一类为同步叙事参与，指传统意义上的叙事参与，包括传输、认同、吸收及流动等关键变量。这是受众在观看故事时出现的一种参与方式。文献中符合这种参与类型的关键变量包括准社会关系（parasocial relationships）和粉丝群体（fandom）。尽管叙事世界的参与可能超越角色本身，但是准社会关系与粉丝群体这两类变量聚焦于角色之间的关系。例如，《哈利·波特》系列小说和电影的粉丝们对于作家 J. K. 罗琳（J. K. Rowling）所创造的这个世界中的许多细节都了如指掌，他们可能会去奥兰多环球影城体验那个再现的世界。同样，《星球大战》太空歌剧传奇故事的粉丝们可能会就虚构的宇宙飞船、生物及银河法则等盘根错节的细节展开在线讨论。漫威电影宇宙（Marvel Cinematic Universe）的忠实粉丝们翘首以盼这部漫画的超级英雄系列新电影的推出，他们可能会自己编辑制作预告片，并在首部正式预告片出现前数月或数年在 YouTube 上发布。因此，除了培养与角色的准社会关系外，人们还可以通过许多其他方式参与到这类虚构世界中。

多任务处理可能会干扰同步叙事参与，囿于有限的认知资源，受众很难完全专注于一个故事并完成一项不同的任务。实际上，实验表明，不相关的多任务处理降低了叙事传输（Zwarun & Hall，2012）与信息理解（Qeong & Hwang，2012，2015）。然而，一些证据表明，孩子们在看电视时可以同时处理多项任务，而其理解力也不会受损（Anderson & Field，1983；Anderson & Lorch，1983；Crawley et al.，2002），因为他们会借用节目的形式特征（如剪辑、编辑、画外音）来引导他们对于节目的注意力（Calvert，Huston，Watkins & Wright，1982；Krull & Husson，1979；Rice，Huston & Wright，1983）。未来双重任务的相关研究应该将节目形式特征对于引导受众注意力的作用考虑在内，从而更全面地理解双重任务的管理策略。

观众可能利用形式特征来调整他们对屏幕叙事的注意力，以确保在分心的情况下仍可以进行传输和参与，实际上相关多任务处理有可能强化这些过程。相关多任务处理可能会产生一种注意力循环（attention cycle），在这种循环中，多任务处理实际上促使用户加强对于后续叙事的关注，从而也提升了人们在随后同步叙事中的参与度，这反过来可能会产生更多的相关多任务处理。针对电视节目推文的内容分析结果表明，受众使用第二屏幕来表达意见与情感并对节目进行解读（Giglietto & Selva，2014），调查数据显示，第二屏幕强化了对电视内容的讨论与精细化处理（Gil de Zuniga et al.，2015）。

例如，某人阅读关于一名无证移民可能在昏迷时被驱逐出境的故事情节，他可能会利用网络来查找医疗遣返的相关信息。一旦他的注意力转向故事本身，他在网上了解到的医疗遣返的相关信息可能会增加其在故事中的参与度。相关多任务处理可能会对叙事参与度产生深远影响。人们在故事中更深入、全面的参与（无论是在实际观看体验中，还是在此之外）可能会提升他们的叙事体验能力，以满足能力、选择及连接的需求。例如，某人在观看《权力的游戏》时，可能会上网查找有关这部书的信息，或者阅读粉丝们对于主角琼恩·雪诺（Jon Snow）"死亡"的解读。格雷（Gray，2010）将这种相关多任务处理成副文本（paratexts）（因为它们存在于原著之外），这可能会分散人们对于同步叙事的注意力，但同时也可能会增加人们对《权力的游戏》叙事世界的兴趣和参与度。

实际上，在最近的一项实验中，电视内容被置于具有第二屏幕的多任务情境中，在第二屏幕中显示电视节目信息相关的网页与推文。虽然第二屏幕内容的出现让受众的注意力与沉浸感大打折扣，但是网页与推

## 第三部分 POPC 的社会动态：自我、群体及关系

文的出现并没有影响受众对节目的认知，如兴趣、可信度、亲和力、价值及相关性（Kusumoto, Kinnunen, Katsyri, Lindroos & Oittinen, 2014）。因此，虽然相关多任务处理可能会限制你的注意力，但是它并不一定会产生负面效应，而且很多情况下，可能会增强受众对于故事的理解、兴趣及叙事效果。

相反，非相关多任务处理既可能会产生干扰，不利于叙事处理，也可能引入了满足内在需求的竞争性资源。仅仅是移动终端的存在就会削弱受众的注意力及认知参与度（Przybylski & Weinstein, 2012; Thornton, Faires, Robbins & Rollins, 2014），这很可能是因为连接终端为有竞争性的社会机会提供了连接渠道：其他真实或虚假的社会关系与体验可能有助于受众通过自我延伸来满足内在需求。普日贝尔斯基（Przybylski）和温斯坦（Weinstein）（2012）发现，当主要任务涉及更有意义的传播形式时，自我延伸效应最强，也最具破坏性。其他社会关系的诱惑如果与首要任务不相关并与之竞争，则可能会降低受众的参与度与满足感。

例如，最近一项关于临时拓展的自我模型边界（the Temporarily Expanded Boundaries of the Self-model, TEBOTS）的研究表明，自我肯定缓冲的存在消除了个人在叙事接触过程中对于自我延伸的观看反应需求（Johnson, Slater, Silver & Ewoldsen, 2016）。研究报告显示，当个人被要求反思他们最有价值的特点时，他们会保护自我概念（self-concept）[①]的完整性，与没有反思自我价值的个人相比较，他们在叙事性故事中的愉悦感、鉴赏力与理解力都较弱。实践表明，对于那些自我概念受到挑战或处于压力之下的人们而言，参与性叙事更为必要与实用。事实上，有些人声称对生活意义有强烈需求但没有得到自我肯定，他们认为在阅读故事时自我概念得到最大限度的延展（Johnson et al., 2016）。除此之外，也有一些有力证据表明，Facebook 使用对于自我概念具有促进作用，这与在自我肯定归纳法中思考积极个人价值观的作用一样（Toma & Hancock, 2013）。因此，综合上述研究，我们可以假设社交媒体使用中的自我肯定感会削弱他们对于叙事性参与的需求。移动设备和社交媒体

---

[①] 自我概念即一个人对自身存在的体验，包括一个人通过经验、反省和他人的反馈，逐步加深对自身的了解。——译者注

的融合将自我延伸的大量资源置于我们指尖,这些资源既可以(通过不相关多任务处理)与之竞争,也可以(通过相关多任务处理)增强和改善传统的叙事娱乐内容,比如电视剧和喜剧。

社交多任务处理(social multitasking)是另一类多任务处理,可能会调节相关多任务处理与叙事注意力之间的关系。社交多任务处理是指涉及积极人际互动的多任务处理(也参见 Rieger 与 Utz 各自在本书的内容)。例如,与在场的其他人交谈,或与朋友发短信或即时消息聊天,或发推特并接收回复消息,这些都是社交多任务处理的例子。当其他人在娱乐电视节目中出现,多屏幕播放就不那么普遍了(Voorveld & Viswanathan,2015),如此电视也就不再成为分散人们注意力的主要任务(Christensen, Bickham, Ross & Rich, 2015)。共同观看与多屏幕播放之间呈现负相关,部分原因在于:与中介渠道相比,用户更易于在面对面的情境来进行社交多任务处理。然而,目前人们对通过消息或社交媒体进行的社交多任务处理知之甚少。

社交多任务处理与独立多任务处理(independent multitasking)形成鲜明对比,尤其在独立多任务处理中,浏览者不与任何人互动(例如,仅在网上查找信息)。社交多任务之间可能相关,也可能不相关。相关社交多任务处理是指与叙事密切相关的社交互动,如与朋友讨论曲折剧情。不相关社交多任务处理涉及任何与叙事无关的社交互动。相关社交多任务处理可能会拓展这两种叙事性参与,因为与他人一起积极参与叙事可能会鼓励观众参与到叙事或叙事世界中,如此他们可以充分参与到社交互动中。其他人在社交中的"在场",无论是物理在场(Bowman, Weber, Tamborini & Sherry, 2013),还是通过媒介的在场(Thornton et al., 2014),这两种情况都会对叙事性参与产生影响,而这取决于媒体刺激的复杂性与挑战性(Bowman et al., 2013;Przybylski & Weinstein, 2012)。共同浏览的效果归因于建模或情绪感染,其效果主要体现在幸福感、快乐感(E. Cohen, Bowman & Lancaster, 2016)、传输、认同度及态度改变(Tal-Or, 2016;Tal-Or & Tsfati, 2015)等方面。最后,社交多任务处理,无论是中介的还是非中介的,都可能涉及同步或异步共同观看(Pittman & Tefertiller, 2015)。媒体用户可能在不同时间段消费叙事,但仍然能够就内容进行有意义的互动。

因此,广义而言,理论化模型预测了不同类型的多任务处理(相关与不相关；社交与独立），这将对不同叙事参与类型（同步叙事参与和叙事世界参与）产生影响，反之也会对常见叙事相关研究（涉及理解、享乐及态度/行为效果）的结果产生影响。

## POPC 时代下的叙事性参与

上述模型中描述的各种形式的在线多任务行为会影响读者和观众参与内容的方式。POPC 实践可能不仅对叙事接触（见模型左侧）相关行为产生影响，而且还对与之相伴随的心理过程产生影响。例如，因为传输是基于集中注意力与转移注意力的行为（M. Green and Brock，2000），所以每次我们将注意力从文本转向其他（相关或不相关）任务时可能会削弱注意力或中断传输过程。如上所述，相关的多任务处理会强化我们与故事世界的情感连接并丰富知识，进而提升我们整体的体验感与传输感。然而，我们一心多用的时间越长，集中注意力的时间就越短。如果多任务处理无关紧要（如查看电子邮件），或者任务之间有交叉，那么上述情况就更容易发生。确实，当我们的移动终端发出哔哔声或震动，显示一条信息或者一条 Facebook 或 Twitter 推文，我们不确定它是否与我们正在做的事情相关。然而，我们只有分心后才可能发现这种分心与叙事世界有关，因此我们才可能会参与其中。

POPC 还可能改变中介关系（mediated relationships）的性质，并影响我们与虚构人物和其扮演者互动的方式。与传输一样，身份认同也可能会受到注意力下降或转移所带来的影响，但更有趣的是，在线参与叙事世界会对准社会关系与粉丝圈产生影响。J. 科恩（J. Cohen）（2009）认为，准社会关系具有亲密性与类似朋友关系的特点，而与之相比，粉丝圈却是一种较为疏远的关系形式。我们可能崇拜那些值得钦佩的人以及比我们更优秀的人，成为他们的粉丝，并把他们作为我们的榜样。超级英雄、明星运动员、有才华的演员或音乐家都是粉丝崇拜的英雄，因为他们的成就已经达到巅峰（令人望其项背）。因此，传统粉丝圈的特点虽然也具有亲密性，但它是一种有距离感的崇拜，这与准社会关系形成对比，而后者的崇拜对象是较为常见的人物（如新闻播音员或脱口秀主持人）。由这种差异可见，准社会关系具有双向性，即观众不仅有单方面喜欢（如粉丝圈一样）的想象，而且还有一种基于熟悉的双向关系的想象，然而，这种区分或许已经不再明显。

因为POPC很可能会模糊粉丝圈和准社会关系之间的区别。人们可以与英雄在Facebook上成为好友，或者每天收到他们的推文，这些都有可能在想象中缩小英雄与粉丝之间的距离。现在粉丝们可以在Instagram上看到他们最喜欢的音乐家午餐吃了什么，或者收到他们在朋友过生日时发送的推特（Marwick & boyd，2011）。然而，这样的明星表演可能是一种印象管理行为，如马威克和博伊德（2011，p.144）所述："确定读者所看到的是'真实的'个人，还是具有表演成分的'名人'，这些并不完全是重点；而重点在于这种不确定性为围观名人的人带来了乐趣"。因此，这种日益频繁和非正式的接触能增加亲密感，也在预料之中。

然而，对于那些与观众有准社会关系的当地新闻主播而言，他们会通过社交媒体渠道与观众进行日常互动，这让观众觉得主播已经进入到他们的生活中。这种持续性互动应该会进一步增加准社会关系中的亲密感。永久连接与频繁互动也可能会增强互惠的错觉，因为粉丝现在可以频繁发布与回复（似乎）有关角色和名人的信息，还可以和准社交伙伴或英雄一起关注品牌、音乐及其他名人（Rama, Garimella & Weber，2014）。一些名人直接回应粉丝（Marwick & boyd，2011），甚至会反过来关注他们的一些粉丝，从而加深了这种双向关系的错觉。重要且有趣的是，日常生活中出现的中介伙伴并不仅限于演员和名人。虚构的人物也有Facebook主页和Twitter账户，这可以强化一种建立在准社会关系基础上的错觉。因此，我们认为，粉丝与名人的在线互动会增加亲密感而减少距离感，这样粉丝圈与准社会关系才更为相似。

POPC时代对中介关系还会产生其他影响，即提升了这种关系的社交性和公共性。社交网络不仅加强了与媒体朋友和英雄的联系，也增加了与其他粉丝之间的联系，因此关于所喜爱媒体的反刍式表演往往会变成社交行为。约翰逊（Johnson）与范·德·海德（Van Der Heide）（2015）认为，媒体风格的公开展示会强化受众对于相同媒体内容的态度偏好。此外，他们还论证，来自他人的社会反馈在公众对媒体承诺的过程中发挥了关键作用。如果说在十年前科幻电影《星际迷航》（Star Trek）的粉丝只能前往粉丝会或等待明星前往他们的城镇并与之互动（Jenkins，1992），那么现在粉丝群就在我们周围，可能会与我们互动，和我们同处于"永远在线"的时尚中（Hillman et al.，2014）。在技术

# 第三部分 POPC 的社会动态：自我、群体及关系

支撑下，粉丝们以多种方式进行互动，他们不仅消费、分享和讨论原始叙事文本，还通过用户生成内容深入地参与叙事，如粉丝会对原始叙事文本进行再加工和使用。

家人或同龄人会将围绕某一特定角色或英雄形成的粉丝群体或准社会关系视为异类，（由于我们对利用中介认识的关系伙伴的选择，或这种关系的强度）甚至产生厌恶感，即便如此，社交网络还是为持续访问他人提供了渠道，用户可以看到他人的分享并对其进行评论。实际上，社交网站可以被看作是对粉丝圈和准社交关系的一种认可，这也就是为什么名人会花费大量资源来发展他们的社交媒体粉丝的原因。尽管人们在喜欢的名人或虚构人物去世后表现出的极度悲伤情绪，可能会被视为过于戏剧化或不恰当，但是社交网站还是为人们表达这种悲伤情绪提供了更为可靠与便捷的社区或平台（Forman，Kern & Gil-Egui，2012）。福尔曼等（Forman）人（2012）对于 Facebook 中的"悼念"或"愿灵安息"（Requiescat In Pace，R.I.P）等页面进行分析并发布报告结果显示，超过 25% 的页面是为已故名人而创建，16% 是为已故的虚构人物、消逝的地点或事物而建立。数据表明，社交媒体通常被用来悼念那些与现实世界没有社交联系的人。

总之，POPC 和多任务处理对我们参与故事的方式影响颇深。无论是叙事本身，还是叙事世界，无论是同步进行，还是通过随后的反刍式表演，无论是单独处理还是并行处理，总体来看，在移动计算设备普及之后，媒体故事的体验方式更为复杂多样，因为这些设备会提供多种方式，将其他内容与人物整合到叙事体验中。而这种整合能够而且应该对叙事参与产生各种复杂的影响，也应该会影响叙事暴露（narrative exposure）的结果。我们才刚刚开始思考这些过程并将其理论化。

## 结 论

本章概述了在线可供性与多屏幕播放对叙事参与影响的模型。鉴于多任务处理与主动参与同步叙事和宏大叙事世界的相互作用，我们将上述模型作为一个框架来详细探讨在线多任务处理对叙事效果的影响。这两种参与形式都可以满足受众的核心需求——一种不断拓展的自主性、自主权及归属感。

之前内容已经阐述了扩展自我概念边界的需求与满足内在受挫的自

我决定的需求如何能够激发人们参与叙事的行为（Johnson, Ewoldsen & Slater, 2015; Johnson et al., 2016）。同样，该 TEBOTS 研究的观点也阐释了故事情节和人物刻画如何增强叙事效果，而在刻画人物时，个体可以超越自身经历和界限（如通过与圈外成员感同身受；Chung & Slater, 2013）。在本章，我们将关注 POPC 环境如何阻碍和增强基于叙述的自我延伸。多任务处理与叙事的相关性以及多任务处理的社会性对于叙事参与和叙事媒体拓展边界与满足内在需求的能力有重要影响。

当然，提出上述观点也仅仅是开始。在测试和改进上述模型以及更好地理解多屏幕使用等新领域将对叙事体验所产生影响等方面仍然任重道远。此外，无论是离屏（off-sereen）或观看第二屏幕，这些非同步参与叙事现象的出现表明，可能需要重新概念化这些现象，如参与叙事及故事人物对于用户远离故事世界本身产生的直接体验意味着什么。值得注意的是，粉丝圈、准社会互动以及参与叙事等概念可能都需要重新界定。

新媒体不仅给受众提供新的传播渠道，而且也为内容选择提供了新方式与新选项。除大量专业性叙事外，人们还可以按照中介式叙事方式来制作和分享与自己生活有关的内容，也可以通过叙事方式消费他人的媒介生活（Stefanone, Lackaff & Rosen, 2010）。通过满足互动性需求与利基市场，这种叙事方式呈爆炸性增长，这为人们参与各种故事提供了新机会，因为他们可以从中获得意义与满足感。然而，这也可能在叙事过程中引发激烈竞争，从而导致注意力的分散与退化。

此外，还可能涉及更广泛的议题并产生其他社会影响。当故事与娱乐遇到社交媒体、同人小说以及受众/粉丝社区时，而且这些故事又与政治、社会、宗教和意识形态认同密切相关时，会发生什么？有充分的理由相信，用户对媒体内容和网络社区的自我选择是发展和保持社会身份独特性的一种方式（Slater, 2015）。故事与叙事是表达社会认同相关价值理念与观点的一种方式，因此以这些故事为中心的社区也可能是具有共同身份特征的社区。故事世界与叙事世界可能在某种情况下逐渐趋于部落化，这类网络社区可以聚集用户的虚拟之火并进行投资，将他们的价值观、希望及社会角色隐含在他们所喜欢的故事中。

在共同或单独管理多媒体的过程中，参与叙事性媒体应运而生，这对于媒介效果有重要影响。通过解释"永久在线、永久连接"媒介环境的本质，我们能更好地理解叙事何时、为何及如何允许个人能够超越自我概念的限制，进而满足他们对能力、选择和连接的需求。

## 参考文献

Anderson, D. R. & Field, D. E., Children s attention to television: Implications for production. In M. Meyer (Ed.), *Children and the formal features of television: Approaches and findings of experimental and formative research*, 1983, (pp. 56 – 96). Munich, Germany: K. G. Saur.

Anderson, D. R. & Lorch, E. P., Looking at television: Action or reaction? In J. Bryant & D. R. Anderson (Eds.), *Children's understanding of television: Research on attention and comprehension*, 1983, (pp. 1 – 33). New York: Academic Press.

Bowman, N. D., Weber, R., Tamborini, R. & Sherry, J., Facilitating game play: How others affect performance at and enjoyment of video games, *Media Psychology*, 2013, 16: 39 – 64. doi: 10.1080/15213269.2012.742360.

Brasel, S. A. & Gips, J., Media multitasking behavior: Concurrent television and computer usage, *Cyberpsychology, Behavior, and Social Networking*, 2011, 14: 527 – 534. doi: 10.1089/cyber.2010.0350.

Calvert, S. L., Huston, A. C., Watkins, B. A. & Wright, J. C., The relation between selective attention to television forms and children's comprehension of content, *Child Development*, 1982, 53: 601 – 610. doi: 10.2307/1129371.

Chung, A. H. & Slater, M. D., Reducing stigma and out-group distinctions through perspective-taking in narratives, *Journal of Communication*, 2013, 63: 894 – 911. doi: 10.1111/jcom.12050.

Cohen, E. L., Bowman, N. D. & Alexander, L. L., R u with some 1? Using text message experience sampling to examine television coviewing as a moderator of emotional contagion effects on enjoyment, *Mass Communication and Society*, 2016, 19: 149 – 172. doi: 10.1080/15205436.2015.1071400.

Cohen, J., Defining identification: A theoretical look at the identification of audiences with media characters, *Mass Communication and Society*, 2001, 4: 245 - 264. doi: 10. 1207/S15327825MCS0403_ 01.

Crawley, A. M., Anderson, D. R., Santomero, A., Wilder, A., Williams, M., Evans, M. K. & Bryant, J., Do children learn how to watch television? The impact of extensive experience with *Blue's Clues* on preschool children's television viewing behavior, *Journal of Communication*, 2002, 52: 264 - 280. doi: 10. 1111/j. 1460 - 2466. 2002. tb02544. x.

Ewoldsen, D. R. & Bogert, A., *Prevalence of fan fiction*, Unpublished data, 2014.

Forman, A. E., Kern, R. & Gil-Egui, G., Death and mourning as sources of community participation in online social networks: R. I. P. pages in Facebook, *First Monday*, 2012, 17. doi: 10. 5210/fm. v0i0. 3935.

Gerrig, R. J., *Experiencing narrative worlds*, New Haven, CT: Yale University Press, 1993.

Giglietto, F. & Selva, D., Second screen and participation: A content analysis of a full season dataset of tweets, *Journal of Communication*, 2014, 64: 260 - 277. doi: 10. 1111/jcom. 12085.

Gil de Zúniga, H., Garcia-Perdomo, V. & McGregor, S. C., What is second screening? Exploring motivations of second screen use and its effect on online political participation, *Journal of Communication*, 2015, 65 (S): 793 - 815. doi: 10. 1111/jcom. 12174.

Gray, J., *Show sold separately: Promos, spoilers, and other media paratexts*, New York: New York University Press, 2010.

Green, J. & Jenkins, H., Spreadable media: How audiences create value and meaning in a networked economy, In V. Nightingale (Ed.), *The handbook of media audiences*, 2011, (pp. 109 - 127). New York: Wiley-Blackwell.

Green, M. C. & Brock, T. C., The role of transportation in the persuasiveness of public narratives, *Journal of Personality and Social Psychology*, 2000, 79: 701 - 721. doi: 10. 1037//0022 - 3514. 79. 5. 701.

Hillman, S., Procyk, J. & Neustaedter, C., Tumblr fandoms, community, and culture, In S. Fussell & W. Lutters (Eds.), *CSCW Companion'14:*

*Proceedings of the Companion Publication of the* 17*th ACM Conference on Computer Supported Cooperative Work and Social Computing*, New York: ACM. doi: 10. 1145/2556420. 2557634, 2014.

Horton, D. & Wohl, R. R., Mass communication and para-social interaction: Observations on intimacy at a distance, *Psychiatry: Interpersonal and Biological Processes*, 1956, 19 (3): 215 – 229. doi: 10. 1521/00332747. 1956. 11023049.

Jeong, S. – H. & Hwang, Y., Does multitasking increase or decrease persuasion? Effects of multitasking on comprehension and counterarguing, *Journal of Communication*, 2012, 62: 571 – 587. doi: 10. 1111/j. 1460 – 2466. 2012. 01659. x.

Jeong, S. – H. & Hwang, Y., Multitasking and persuasion: The role of structural interference, *Media Psychology*, 2015, 18: 451 – 474. doi: 10. 1080/15213269. 2014. 933114.

Johnson, B. K., Ewoldsen, D. R. & Slater, M. D., Self-control depletion and narrative: Testing a prediction of the TEBOTS model, *Media Psychology*, 2015, 18: 196 – 220. doi: 10. 1080/15213269. 2014. 978872.

Johnson, B. K., Slater, M. D., Silver, N. A. & Ewoldsen, D. R., Entertainment and expanding boundaries of the self: Relief from the constraints of the everyday, *Journal of Communication*, 2016, 66. doi: 10. 1111/jcom. 12228.

Johnson, B. K. & Van Der Heide, B., Can sharing affect liking? Online taste performances, feedback, and subsequent media preferences, *Computers in Human Behavior*, 2015, 46: 181 – 190. doi: 10. 1016/j. chb. 2015. 01. 018.

Klimmt, C., Hartmann, T. & Schramm, H., Parasocial interactions and relationships, In J. Bryant & P. Vorderer (Eds.), *Psychology of entertainment*, 2006, (pp. 291 – 313). Mahwah, NJ: Lawrence Erlbaum Associates Publishers.

Krull, R. & Husson, W., Children's attention: The case of TV viewing, In E. Wartella (Ed.), *Children communicating: Media and development of thought, speech, understanding*, 1979, (pp. 83 – 114). Beverly

Hills, CA: Sage.

Kusumoto, K., Kinnunen, T., Kätsyri, Lindroos, H. & Oittinen, R., Media experience of complementary information and tweets on a second screen, In K. A. Hua, Y. Rui, & R. Steinmetz (Eds.), *MM' 14: Proceedings of the 2 2nd ACM International Conference on Multimedia*, 2014, (pp. 437–446). New York: ACM. doi: 10.1145/2647868.2654925.

Lennard, J., *Talking sense about "Fifty Shades of Grey", or, fanfiction, feminism, and BDSM* (Kindle ed.), Retrieved from Amazon, 2012.

Marwick, A. & boyd, D., To see and be seen: Celebrity practice on Twitter, Convergence: The International Journal of Research into New Media Technologies, 2011, 17 (2): 139–158. doi: 10.1177/1354856510394539.

The Nielsen Company, *The digital consumer*, New York. Retrieved from www.nielsen.com/content/dam/corporate/us/en/reports-downloads/2014%20Reports/the-digital-consumer-report-feb-2014.pdf, 2014.

Petersen, L. N., *Sherlock* fans talk: Mediatized talk on Tumblr, *Northern Lights*, 2014, 12: 87–104. doi: 10.1386/nl.12.87_1.

Pittman, M. & Tefertiller, A. C., With or without you: Connected viewing and co-viewing Twitter activity for traditional appointment and asynchronous broadcast television models, *First Monday*, 2015, 20 (7): article 3. doi: 10.5210/fm.v20i7.5935.

Przybylski. A. K. & Weinstein, N., Can you connect with me now? How the presence of mobile communication technology influences face-to-face conversation quality, *Journal of Social and Personal Relationships*, 2012, 30: 237–246. doi: 10.1177/0265407512453827.

Rama, V., Garimella, K. & Weber, I., Co-following on Twitter, *In Proceedings of the 25th ACM Conference on Hypertext and Social Media*, 2014, (pp. 249–254). ACM. doi: 10.1145/2631775.2631820.

Rice, M. L., Huston, C. A. & Wright, J. C., The forms of television: Effects on children's attention, comprehension, and social behavior, In M. Meyer (Ed.), *Children and the formal features of television: Approaches and findings of experimental and formative research*, 1983, (pp. 21–55). Munich, Germany: K. G. Saur.

Roskos-Ewoldsen, D. R. & Roskos-Ewoldsen, B. , Message processing, In C. R. Berger, M. E. Roloff & D. R. Roskos-Ewoldsen (Eds.), *Handbook of communication science*, 2010, (2nd ed., pp. 129 – 144). Los Angeles, CA: Sage.

Rubin, R. B., & McHugh, M. P., Development of parasocial interaction relationships, *Journal of Broadcasting & Electronic Media*, 1987, 31 (3): 279 – 292. doi: 10. 1080/08838 158709386664.

Ryan, R. M. & Deci, E. L., Self-determination theory and the facilitation of intrinsic motivation, social development, and well-being, *American Psychologist*, 2000, 55: 68 – 78. doi: 10. 1037/0003 – 066X. 55. 1. 68.

Salvucci, D. D. & Taatgen, N. A., Threaded cognition: An integrated theory of concurrent multitasking, *Psychological Review*, 2008, 115: 101 – 130. doi: 10. 1037/0033 – 295X. 115. 1. 101.

Slater, M. D., Reinforcing spirals model: Conceptualizing the relationship between media content exposure and the development and maintenance of attitudes, *Media Psychology*, 2015, 18: 370 – 395. doi: 10. 1080/15213269. 2014. 897236.

Slater, M. D., Johnson, B. K., Cohen, J., Comello, M. L. G. & Ewoldsen, D. R., Temporarily expanding the boundaries of the self: Motivations for entering the story world and implications for narrative effects, *Journal of Communication*, 2014, 64: 439 – 455. doi: 10. 1111/jcom. 12100.

Smith, A. & Boyles, J. L., *The rise of the "connected viewer"*, Washington, DC. Retrieved from http://pew Internet. org/Reports/2012/Connected-viewers. aspx, 2012.

Stefanone, M. A., Lackaff, D. & Rosen, D., The relationship between traditional mass media and "social media": Reality television as a model for social network site behavior, *Journal of Broadcasting & Electronic Media*, 2010, 54: 508 – 525. doi: 10. 1080/08838151. 2010. 498851.

Tal-Or, N., How co-viewing affects attitudes: The mediating roles of transportation and identification, *Media Psychology*, 2016, 19: 381 – 405. doi: 10. 1080/15213269. 2015. 1082918.

Tal-Or, N. & Tsfati, Y., Does the co-viewing of sexual material affect rape myth acceptance? The role of the co-viewers reactions and gender, *Communication Research*, 2015, 42: 1 – 26. doi: 10.1177/0093650215595073.

Thornton, B., Faires, A., Robbins, M. & Rollins, E., The mere presence of a cell phone may be distracting: Implications for attention and task performance, *Social Psychology*, 2014, 45: 479 – 488. doi: 10.1027/1864 – 9335/a000216.

Toma, C. L. & Hancock, J. T., Self-affirmation underlies Facebook use, *Personality and Social Psychology Bulletin*, 2013, 39: 31 – 331. doi: 10.1177/0146167212474694.

Van Cauwenberge, A., Schaap, G. & van Roy, R., "TV no longer commands our full attention": Effects of second-screen viewing and task relevance on cognitive load and learning from news, *Computers in Human Behavior*, 2014, 38: 100 – 109. doi: 10.1016/j.chb.2014.05.021.

Voorveld, H. A. M. & Viswanathan, V., An observational study on how situational factors influence media multitasking with TV: The role of genres, dayparts, and social viewing, *Media Psychology*, 2015, 18: 499 – 526. doi: 10.1080/15213269.2013.872038.

Vorderer, P., Communication and the good life: Why and how our discipline should make a difference, *Journal of Communication*, 2016, 66: 1 – 12. doi: 10.1111/jcom.12194.

Vorderer, P. & Kohring, M., Permanently online: A challenge for media and communication research, *International Journal of Communication*, 2013, 7: 188 – 196. Retrieved from http://ijoc.org/index.php/ijoc/article/view/1963.

Wang, Z., Irwin, M., Cooper, C. & Srivastava J., Multi dimensions of media multitasking and adaptive media selection, *Human Communication Research*, 2015, 41: 102 – 127. doi: 10.1111/hcre.12042.

Yeykelis, L., Cummings, J. J. & Reeves, B., Multitasking on a single device: Arousal and the frequency, anticipation, and prediction of switching between media content on a computer, *Journal of Communica-*

*tion*, 2014, 64: 167 – 192. doi: 10.1111/jcom.12070.

Zwarun, L. & Hall, A., Narrative persuasion, transportation, and the role of need for cognition in online viewing of fantastical films, *Media Psychology*, 2012, 15: 327 – 355. doi: 10.1080/15213269.2012.700592.

# 第十三章

# 共同处于 POPC 状态:永久连接与群体动态

凯瑟琳·克诺普·霍尔斯、朱莉娅·R. 温克勒、让娜·彭泽
(Katharina Knop-Huelss, Julia R. Winkler and Jana Penzel)

人类天生就具有社会性。从进化的角度来看,群体参与是人类生存和满足基本需求的唯一途径。因此,个人有归属的需求(Baumeister & Leary,1995),他们可以从二元人际关系和社会群体成员身份中得到满足。在电信业(Short,Williams & Christie,1976)以及当今无处不在的网络工具兴起之前,整个社会群体的互动取决于成员的身体在场(Licoppe,2004)。计算机中介传播(如电子邮件、网络论坛及社交网站)出现后,群体成员在身体离场的情况下也可以进行互动与交换信息(boyd & Ellison,2007)。然而,随着移动通信技术的发展,人们处于POPC 状态,群体成员可以与所属群体建立永久联系,最为便捷的方式是使用移动即时消息应用程序(Mobile Instant Messaging Applications,MIMAs)。移动即时消息应用程序支持私人的、近乎同步的互动,不局限于二元互动(见本书 Rieger 内容;见本书 Utz 内容),还适用于更大规模社会群体内的互动。人们将群组功能视为这类应用程序最重要的特性之一,因此他们会频繁使用这些功能(Ling & Lai,2016;Qiu et aL,2016;Seufert,Schwind,HoBfeld & Tran-Gia,2016),如组织和协调面对面会议,讨论各种话题,传播群组的相关信息,告诉对方他们生活中的见闻,发送搞笑图片,简言之:保持联系。他们以群体形式处于POPC 环境(*POPC as a group*)。

使用移动即时消息应用程序与处于 POPC 状态会对一个社会群体的发展产生何种影响?永久连接对群体中的社交关系有什么影响?本章立

## 第三部分 POPC 的社会动态：自我、群体及关系

足群体视角来探讨 POPC 现象，因此以传统社会心理学及其他领域针对小群体的研究过程为基础。这项研究，尤其针对以计算机为媒介的群体传播研究，历来专注于"组织与应用环境"（Putnam & Stohl, 1990, p.248）。其中，大多数研究已经解决了一些问题，包括同伴群体对亲社会行为（Hoorn, Dijk, Meuwese, Rieffe & Crone, 2016）或反社会行为（e.g., Ellis & Zarbatany, 2007）的影响，在线协作（如群体如何提高绩效；e.g., Oliveira, Tinoca & Pereira, 2011），网络社会支持（如癌症患者的自助在线论坛；e.g., Shim, Cappella & Han, 2011），尤其后两个例子聚焦于与特定任务相关的群体，或者处于工作环境等正式环境中的群体。随着移动在线群组通信的使用，群组的动态已然发生了变化。然而，这种较为新颖的群体传播方式对于朋友和家庭等非正式的、更加社会化的群体而言可能更有意义。许多基于移动网络的群体传播围绕某一活动或特定任务的组织而展开，因此具有短暂性和目的性等特点。本章侧重于探讨移动即时消息应用程序与群体关系及动态的相关性，而对于这类程序的组织工具特性的笔墨并不多，因此，我们特别感兴趣的是从事组织单一活动的永久性群体。然而，我们也认为，有组织目标的群体也会受到 POPC 的影响，而且由于群体成员共同处于 POPC 环境，这些群体可持续性更为突出。因此，从社会群体（无论是正式的还是非正式的）视角看，POPC 已然成为一种新的研究现象。本章旨在概述上述现象可能产生的影响，这将为未来 POPC 研究提供指导，并呼吁在移动网络互动的群体视角下开展更多调查研究。

### 群体视角下的 POPC

POPC 状态并不会从根本上改变人们构成社会群体的方式，也不会改变他们在群体环境中的行为。然而，只有另辟蹊径创建一个永久的、无处不在的网络交流空间，群体形成的动态才可能会发生根本性变化。我们将社会群体定义为一个由三人或三人以上组成的群体及群体成员之间的频繁交往（Howard, 2014），"他们形成社会身份认同"（Turner, 1982, p.15），并集体将自己视为社会群体的一部分。此外，我们主要关注一些群体，这些群体的成员会定期会面，或他们在群体形成时的某个时间点曾有面对面交流，而现在将 MIMAs 作为另一种沟通渠道。因此，我们也将一些群体排除在外，包括一开始就在网络传播中形成的群

体,或群体成员之间主要或完全通过互联网联络而形成的群体,如社交网站中的粉丝群体。

群体成员之间可以通过移动即时消息应用程序交换文本与音频消息、图像、视频及位置信息,也可以同时与所有成员对话。因此,MIMAs 为正式与非正式的社会群体(同事/同学 vs. 家人/朋友)开辟了"一个想象中的共享社会空间"(Panek, Bayer, Dal Cin, & Campbell, 2015, p. 385)。正是由于可行的数据计划与广泛的网络覆盖,通信环境才具有永久性并可以在任何情况下随时访问(Jensen, 2013)。无论何时何地,群成员都可以随时加入群组的对话(参见本书中 Klimmt, Hefner, Reinecke, Rieger, and Vorderer 的文章),因此,我们认为这些个体构成了 POPC 群体。

### 群体依恋与群体边界

许多人可以很容易就能感受到彼此相互吸引,如此他们最终会形成一个群体(Baumeister & Leary, 1995)。根据最小群体范式(Smith, 2010),在按照任意特征所划分的不同群体中(如有特定艺术家偏好),就会自发地产生群体内偏好及群体外歧视。同样,移动即时消息应用程序也可以增强社会群体成员的归属感。在多数 MIMAs 中,用户主动且有意识地将未来群成员添加到新群组,从而形成新的群聊界面。而这些新成员也知道自己成为群成员,因为他们在移动设备上可以看到自己被加入群聊。因此,群成员可以清晰地看到群组边界。我们认为,移动即时消息应用程序所界定的清晰群体边界可能是群成员感知群体团结及对群体形成依恋的重要因素。在移动即时消息应用程序环境下,组群的存在增强了成员之间社会联系的真实性。

根据群成员对整个群组的依恋类型,社会群体可以划分为两类(Prentice, Miller & Lightdale, 1994):一类是基于共同纽带(common bond)的群体,另一类是基于共同身份(common identity)的群体。在有共同纽带的群体中,群成员之间存在人际吸引力(personal attraction),这也是群体凝聚力的来源。知识、喜好及感觉的相似性与感知的同质性会影响成员之间共同纽带的强度(Sassenberg, 2002)。好友群就属于典型的共同纽带群体。在基于共同身份的群体中,成员之所以会成为群体的一部分,是因为他们有共同利益,这促使其"与整个群体目标实现认同"（Sassenberg，2002，p. 28）。这种依恋类型取决于"个人对于群体身份的承诺"（Prentice et al.，1994，p. 485），而不是成员之间的人际吸引力（Prentice et al.，1994）。运动队或业余剧团，还有学校班级或大学项目团队都属于基于共同身份的群体。扎森贝格（Sassenberg）（2002）强调，这两种依恋类型（共同纽带与共同身份）并非是单一连续体的两极，而是"代表不同维度的极点"（p. 35）。因此，这两个维度的群体存在差异，群体类型则由更显著的维度所决定。例如，学生们可以通过组队来完成课堂作业。在此，以满意的方式提交作业是他们的共同利益，所以群体成员之间的依恋度则较强，这在共同身份维度的特征更为显著。然而，在共事过程中，同学之间变得喜欢彼此并形成依恋关系。因此，在共同纽带维度则更为显著，这也在意料之中。

实践证明，现实世界与网络世界都有共同纽带群体与共同身份群体的存在（Prentice et al.，1994；Sassenberg，2002）。我们期望这两类群体都使用移动即时消息应用程序。然而，我们似乎可以假设，POPC 针对这两种类型的群体发挥不同的功能，因此移动即时消息应用程序的使用对他们应该产生不同影响。因此，我们认为这对群体划分非常有效，有利于研究和区分 POPC 对于社会群体的功能，这些群体的形成依赖于面对面互动和移动网络交流。

### 依恋类型可以预测 MIMAS 群体沟通功能

之前的研究已经明确了人们使用固定即时消息（如使用 ICQ[①] 的消息服务）的动机与满足。人们貌似可以从维持关系中获得最大的满足感（Ku, Chu & Tseng，2013），但满足感的获得还与消磨时间、娱乐、放松和搜索信息相关（Hwang & Lombard，2006；Ku et al.，2013；Leung，2001；Quan-Haase & Young，2010）。然而，关于社会群体如何以及为何使用移动即时消息应用程序，我们却知之甚少。索伊弗特（Seufert）与同事（2016）对移动即时消息应用程序中的群聊进行分类，包括："某项单独活动"（如准备生日礼物）、"重复性活动"（如足球训练），或者"无活动"（如家庭群体；p. 233）。由此可见，移动即时

---

[①] ICQ 是一款即时通讯软件，由三个以色列人维斯格、瓦迪和高德芬格于 1996 年开发，ICQ 意思为"I SEEK YOU"（我找你）。——译者注

消息应用程序可以被用来组织和协调短期活动，也可以用来维持关系。这些发现在区分共同纽带群体与共同身份群体时有迹可循。

以纽带为基础的群体建立于人际依恋之上。群体成员可能经常使用移动即时消息应用程序来保持联系并维持这种人际依恋关系，他们可以分享个人信息，从而增进对彼此的了解和喜爱（因为自我表露与喜欢呈正相关；Collins & Miller, 1994）。随着群体凝聚力的增强及群体成员空间差异加大，网络交流空间的重要性日益凸显。从群体视角看，POPC对于那些群成员之间有强人际依恋关系且无法在现实中互动的群体而言尤其重要（如一群非常要好的朋友搬到不同的城市）。这些群体成员借助于移动即时消息应用程序建立依恋关系，甚至其成员发生变故后，依然能延长群体的生命，从而确保群体的延续性。早期关于朋友间网络传播效果的研究表明，使用即时通讯服务与友谊的质量和亲密程度呈正相关（Blais, Craig, Pepler & Connolly, 2008；Valkenburg & Peter, 2007）。

相反，基于身份的群体则围绕共同利益而构建。网络交流空间可用于共享群体身份相关信息。群体成员可以面对面交流并讨论群体相关目标。例如，移动即时消息应用程序可以通过在群体成员之间传递知识来快速解决工作团队中的问题。而且，基于共同身份的群体遵守群体规范的可能性更高（Postmes, Spears & Lea, 2000；Sassenberg & Boos, 2003）。与基于纽带的群体相比较，基于身份的群体中不太可能出现偏离主题的闲谈，因为偏离主题会降低群体成员归属感（Sassenberg, 2002）。

POPC及群体依恋类型融合

群体成员利用移动即时消息应用程序频繁互动并共同处于POPC状态，有利于加强群体凝聚力，提升成员对于群体的认知（Hogg & Reid, 2006；Petersen, Dietz & Frey, 2004），同时也增加群体的稳定性与生命力。然而，POPC状态也可以作为改变群体依恋类型的一种催化剂。我们认为，尤其是基于共同身份的群体会受到移动即时消息应用程序传播特征的影响。虽然人们在足球训练或合唱团排练时不太可能探讨无聊的话题，但是移动即时消息应用程序所创建的网络交流空间则可以用来交流任何信息，因此各类群体之间的边界也开始模糊。例如，想象一下，足球队利用移动通信终端不仅可以组织如何前往下一个客场，而且还可以发送昨晚聚会上拍摄的照片，因为无论是团队成员一起庆祝，还是他

## 第三部分 POPC 的社会动态：自我、群体及关系

们各自单独外出，都希望分享自己的经历。此外，移动即时消息应用程序为主体间传播提供平台（Utz, this volume），传播双方主要以短消息形式来沟通，目的在于"频繁提醒他们在场"。人们在 POPC 环境下的交流与日常生活息息相关，而移动即时消息应用程序的参与门槛较低，因此也鼓励分享个人信息或有趣的猫咪图片，这有益于共同身份群体成员之间增加好感和人际吸引力。因此，POPC 行为促使共同身份群体在交流动态上与共同纽带群体更为相似，这可能对个体成员和团队绩效产生正面（或负面）影响。在某种情况下，当群体面临外部挑战或威胁时，基于纽带的群体成员也会建立共同身份（Gaffney & Mahajan, 2010; Sassenberg, 2002）。然而，群体成员共同处于 POPC 状态有何影响，仍不明朗。例如，MIMA 确定群体边界这一事实对于依恋、群体团结感、归属感及群体生命力有何影响？为组群起昵称，发送照片、视频、日常生活体验及其他内容，这对于建立群体身份或增进群体成员之间的感情有何帮助？未来研究应致力于确认与探讨基于 MIMAs 传播的特点及其重要作用。

群体处于 POPC 状态不仅对传播动态产生影响。MIMAs 和其他应用程序还创建了群体记忆及其数字化存在——"数字档案"。档案不仅涉及纯文本信息，还包括分享的图片、表情包和视频，从而丰富了群体的集体记忆。这为传播学研究开辟了有趣的研究议题。这些数字化档案是否会增强群体意识，进而促进群体内部的稳定性并增强其归属感？群体如何交叉使用这些应用程序并与 Facebook 等其他社交媒体互动？

综上所述，本节描述了如何根据群体的共同纽带与共同身份来概念化群体成员之间的依恋关系。研究表明，这种区分将对群体使用移动即时消息应用程序的方式和原因以及 POPC 为群体提供的功能产生影响。随着时间的推移，群体依恋的质量和程度均会发生改变。我们认为，POPC 行为和移动即时消息应用程序的某些方面可能在这一过程中发挥重要作用。

### POPC 环境下的群体规范

关于 POPC 如何与群组动态相互作用的第二个观点为，群体交流规范可能发生转变。每个群体都有一套恰当和不恰当的行为和态度规范（Rimal & Lapinski, 2008）。一旦某个社会群体开始进入 POPC 状态，群

体成员就必须对其他空间的使用制定规范。在以群体为单位的移动传播环境中，究竟通过移动即时消息应用程序共享什么信息及共享多少信息则取决于群体的特定规范。群体规范本身并不存在，而是通过社交互动（Martey & Stromer-Galley，2007）"随着时间推移由社会所建构"（McLaughlin & Vitak，2012，p. 301）。之后，这些规范成为一种框架，"在该框架下，人们来决定哪些行为可以接受，而哪些行为则不可以"（McLaughlin & Vitak，2012，p. 301）。

*所建构的群体规范：发送信息的数量与内容*

一般而言，群体规范根据通信的数量与频率以及信息回复的适当时间间隔（反应潜伏期①）而建立。受移动即时消息应用程序技术特性影响，用户之间可以借助其进行频繁、非正式的对话交流（Church & Oliveira，2013）。这种情况在青少年的陈述报告中有所体现，如在几小时内收到数百条信息这对于他们而言已经司空见惯（Lenhart，2012）。群体成员对于网络通信空间的使用程度，即群体成员交换信息的数量与频率，以及在回复信息时可以接受的间隔时间，对于群体而言，这些可能才是网络通信空间的目的与意义所在。然而，到目前为止，这一点却鲜为人知。

为了通过移动即时消息应用程序进行交流，群组成员必须（至少是含蓄地）就讨论的话题达成一致，这些话题涉及多样性和亲密程度。关于多样性，基于身份的群体与基于纽带的群体在参与和容忍与主题无关对话的程度有所差异（Sassenberg，2002）。然而，不同类型群体如何使用网络通信空间，以及线下各种话题是否可以被引入到移动群组对话中，目前这些问题仍不明晰。在基于共同身份的群体中，群体成员之间的人际依恋程度对于其是否可以接受离题讨论方面产生影响。共同纽带群体会讨论各种各样的话题；然而，人们分享的共同目标越多，与这个共同利益相关的话题也就越多。

关于在线讨论话题的亲密程度，有学者认为，由于计算机中介传播中的可用线索有限，一些组群成员分享个人信息成为颇受欢迎的事情。然而，根据陈述结果显示，社交群体中的自我表露现象在线下比在移动

---

① 反应潜伏期（response latency）是一个心理学术语，指从刺激施于有机体之后到明显反应开始所需要的时间，这里是指用户回应信息的时间。——译者注

## 第三部分 POPC 的社会动态：自我、群体及关系

即时消息应用程序中更为常见（Knop et al., 2016）；而区分群体依恋类型可能有助于理解这一发现。

### 主动构建群体规范

当人们明确谈论或非口头地提及群体内部的适当行为时，群成员可以直接学习群体规范，人们也可以根据群成员的行为和沟通内容间接推断出群体规范（Hogg & Reid, 2006）。然而，群成员亮出其群体身份，目的在于按照群体规范行事（Hogg & Reid, 2006）。由于群体处于POPC 状态，群成员与整个群体交流的机会也有所增加，这为凸显其群体成员身份创造了新机会。

在移动即时消息应用程序中，不同类型群体分别关注相应的信息活动。然而，这与某个群成员是否决定向组群发送消息或其他群成员是否发布新消息无关（除非用户设置为禁用通知状态）。一个群体越是处于POPC 中，机会也就越多。然而，是否能激励群体成员按照群体规范行事，还将取决于成员所处的情景语境。兰姆皮尼（Lampinen）、塔米宁（Tamminen）及欧拉斯维尔塔（Oulasvirta）（2009）指出，在 Facebook 中，通常会出现"个人参与的多个群体处于同一环境，并且它们的存在对于个人而言至关重要"（p.1），他们称之为群体共存（group co-presence）现象，这种现象也出现于移动即时消息应用程序。当群成员单独呆在家里或与其他朋友在一起时是否会收到信息？群体成员在MIMAS 中是否主动同时参与多个对话并不断地在对话之间来回切换？（即多任务处理，See David, this volume and Wang, this volume）。在这种情况下，每接收一条消息，群成员必须在群体对话之间快速切换，这激活了相应的群体认同，从而遵循各自的群体规范。所讨论的话题也会对群体身份突出与否产生影响。与偏离中心话题相比，接近群体最初目标的话题可能会使得群体身份更加凸显。

交际规范主要来自于社交群体的"线下实践"。例如，一个群体会建立一定程度的亲密关系，并就某些话题避而不谈并默默地达成一致。这些规范可能成为网络交流空间的指南。然而，我们认为利用 MIMAs 交流将会产生专门适用于网络传播环境新的群体规范（如每天发送多少信息或使用多少表情符号更为合适）。这些"网络规范"最终可以改变线下最初协商的群体规范。因此，网络交流空间并非独立于线下空间而存在，而是线下空间的延伸。例如，如果有人在群体中发布表情包和

笑话，群成员则可以了解到该群所接受的幽默形式，这可能会改变群成员之间面对面交流的方式。

在本节中，我们概述了群体如何根据交换信息的数量、质量及频率来制定一套交流规则。此外，厘清共同纽带群体与共同身份群体是交流规则制定的关键因素。我们认为群体成员每接收一次消息，POPC 状态就会强化群体成员的认知，从而形成群体规范。然而，这些新规范可能与特定情况下（在线或离线）的其他规范保持一致。最重要的是，尽管"在线"和"离线"指的是一个群体的不同交流方式，然而它们之间却并非相互独立，而是相互交织并相互影响。

## 群体处于 POPC 状态对于群体成员的影响

到目前为止，我们从依恋与规范视角综述了 POPC 行为对于群体动态影响的相关观点。第三个重要视角是探究群体处于 POPC 对于个体成员的影响。一般而言，群体成员对个人有许多相关影响。目前，群体中的 POPC 行为对于群体成员的具体影响可能包括从群体归属获得社会与情感支持，也可能涉及数字压力或社会排斥等负面效应。

从群体互动及归属感中获得社会与情感支持可能是群体共同处于 POPC 对于群成员产生的影响之一（Vorderer et al.，2015）。研究表明，在社交网站（Ellison & Vitak，2015；Trepte & Reinecke，2013）或即时通讯（Valkenburg & Peter，2009）环境下，亲密朋友与亲密关系中的在线自我披露可能会产生积极的影响。共同处于 POPC 状态与群体成员使用移动即时消息应用程序不无关系，如果他们有需求，几乎在任何情况下都可以获得该群体的社会与情感支持。群成员快速得到帮助也在意料之中，他们同时可以在多个社群中讨论问题，以直接满足自己的需求。例如，一位年轻学者有不同的工作机会，他们可能会向家人以及同学征求意见和建议来做出选择。

另一方面，海量信息涌入（Lenhart，2012）使得人们对于回应这些消息产生极大的压力感（Hefner & Vorderer，2016）。在这种情况下，群体成员可能希望脱离群聊；然而，公开宣布该成员退出群的信息可能会阻碍他们真正放弃群聊。这会产生一种现象，即被加入群聊的成员称他们并不想与群里其他成员（Karapanos，Teixeira & Gouveia，2016）以及那些以嘲笑与欺负他人为目的的其他群体成员（Knop et al.，2015）

单独交流。

群体处于 POPC 状态也会改变群成员的社会地位。一方面，那些没有处于 POPC 状态的人显然被排除在各种（在线）交流之外，因此可能被置于群体边缘，他们会有一种遭受排挤的感觉（e.g., Sacco, Bernstein, Young & Hugenberg, 2014）。另一方面，有社交障碍的群体成员则可以利用网络交际。研究表明，对于那些害羞但又善于交际的人而言，计算机中介传播中减少暗示的环境能让他们克服社交障碍（e.g., Sheeks & Birchmeier, 2007; Stritzke, Nguyen & Durkin, 2004），因此他们反而可以在群体中处于核心低位。

因此，群体成员身份对个人既有积极影响，也存在消极影响。群成员可以通过 MIMAs 永久性地获取社会与情感支持。网络交流空间也为那些有社交障碍的人们提供了平台，他们可以在该平台上与其所属群体建立有意义的关系。然而，面临海量信息，许多 MIMAs 用户在某些情况下会存在压力感，为了避免被社会排斥而回复信息所产生的压力。

## 结论与展望

本章旨在概述 POPC 行为如何影响群体动态。POPC 现象已经颠覆了许多群体的现状。针对这一现象，我们提供了三种视角，分别为依恋类型、群体规范及对单个群体成员的影响，这些都给 POPC 的研究带来了新挑战。

如上所述，共同纽带或共同身份这两种凝聚群体成员的元素成为划分社会群体类型的依据。然而，这些特性之间既不相互排斥，也并非一成不变。群体依恋的特性与程度可能会随着时间推移而发生变化，而处于 POPC 状态及使用移动即时消息应用程序将如何推进上述过程，这是未来传播学研究应该关注的问题。移动即时消息应用程序如何推动或阻碍群体交流方式的改变？这将对以下两方面构成挑战：一方面，需要立足纵向视角及方法来阐释群体动态随时间推移而产生的变化。另一方面，处于 POPC 状态的群体也需要将分析层次考虑在内。人们应从理论与方法两方面来明确地区分群体层面（如将群体凝聚力视为群体财富）、个人层面（增加或减少对群体的依恋）与跨层级现象（如个体成员依恋与群体凝聚力的相互作用）等不同维度中 POPC 状态的影响。

为了更好地研究 POPC 现象，该研究需要一个理论模型，将线上与线下交流情境互动融为一体，这在群体规范的社会建构语境中表现得尤为明显。群体在利用 MIMAs 进行交流时需要一种特定规范（例如，发布多少条信息不会让其他群体成员感到厌烦）。但是网络活动也是现实社会群体活动的一部分，而与交流环境无关（在线/离线）。这需要理论模型将不同领域融为一体，同时也要考虑各自交流环境的具体特征（例如，网络交流具有减少传播线索的特征）。

我们还阐述了 POPC 环境的群组成员身份对于单个群成员可能产生的影响。最重要的是，我们要了解人们共同参与 POPC 会对个人（社会）幸福感产生正面效应还是负面效应。个人（不仅是群体的一部分）应如何管理呈递增趋势的群组通信量并将群体成员的利益最大化？

我们绝不会声称我们的讨论已经涵盖所有可能受到 POPC 状态影响的群组互动过程。从传统意义来看，小群体传播的研究已经涉及各种具有社会影响力的话题，如一致性、群体内与群体间冲突、信息共享及群体决策（e. g., Fisher & Ellis, 1980; Hirokawa, Cathcart, Samovar & Henman, 2003）。显然，正如本章所阐述观点一样，应该研究 POPC 状态对于群体动态类型的影响。同样，未来研究所面临的挑战也来自于这样一个事实：人们的媒介活动与社会群体内互动均不局限于面对面交流及利用移动即时消息应用程序交流，而是呈现媒体多元化特征（Haythornthwaite, 2005）。尽管这些特征凸显，但仍要注意的是，通过 MIMAs 进入 POPC 环境这种交流方式不应该被视为与线下环境无关，而是群体在线下状态的一种延伸或新影响因素。

## 参考文献

Baumeister, R. R. & Leary, M. R., The need to belong: Desire for interpersonal attachments as a fundamental human motivation, *Psychological Bulletin*, 1995, 117: 497 – 529. doi: 10. 1037/0033 – 2909. 117. 3. 497.

Blais, J., Craig, W. M., Pepler, D. J. & Connolly, J., Adolescents online: The importance of Internet activity choices to salient relationship, *Journal Youth and Adolescence*, 2008, 37 (5): 49 – 58. doi: 10. 1007/sl0964 – 007 – 9262 – 7.

boyd, d. & Ellison, N. B., Social network sites: Definition, history, and scholarship, *Journal of Computer-Mediated Communication*, 2007, 13: 210 – 230.

Church, K. & Oliveira, R. D., What's up with WhatsApp? Comparing mobile instant messaging behaviors with traditional SMS, *In Proceedings of the 15th International Conference on Human-Computer Interaction with Mobile Devices and Services*, 2013, (pp. 352 – 361). New York: ACM Press.

Collins, N. L. & Miller, L. C., Self-disclosure and liking: A meta-analytic review, *Psychological Bulletin*, 1994, 116: 457 – 475. http: //dx. doi. Org/10. 1037/0033 – 2909. 116. 3. 457.

Ellis, W. E. & Zarbatany, L., Peer group status as a moderator of group influence on children's deviant, aggressive, and prosocial behavior, *Child Development*, 2007, 78 (4): 1240 – 1254. doi: 10. 1111/j. 1467 – 8624. 2007. 01063. x.

Ellison, N. B. & Vitak, J., Social network site affordances and their relationship to social capital processes, In S. Sundar (Ed.), *The handbook of the psychology of communication technology*, 2015, (pp. 203 – 227). Chichester: John Wiley & Sons Ltd.

Fisher, B. A. & Ellis, D. G., *Small group decision making: Communication and the group process*, New York: McGraw-Hill, 1980.

Gaffney, A. M. & Mahajan, N., Common-identity/Common-bond groups, In J. M. Levine & M. A. Hogg (Eds.), *Encyclopedia of group process & intergroup relations*, 2010, (pp. 117 – 119). Thous and Oaks, CA: Sage Publications Ltd. doi: 10. 4135/9781412972017. n22.

Haythornthwaite, C., Social networks and Internet connectivity effects, *Information, Communication & Society*, 2005, 8: 125 – 147. doi: 10. 1080/ 13691180500146185.

Hefner, D. & Vorderer, P., *Digital stress*, In L. Reinecke & M. B. Oliver (Eds.), *The Routledge handbook of media use and well-being: International perspectives on theory and research on positive media effects*, 2016, (pp. 237 – 249). New York: Routledge.

Hirokawa, R., Cathcart, R., Samovar, L. & Henman, L. (Eds.), *Small group communication: Theory and practice*, Los Angeles, CA: Roxbury Publishing Company, 2003.

Hogg, M. A. & Reid, S. A., Social identity, self-categorization, and the communication of group norms, *Communication Theory*, 2006, 16: 7 – 30. doi: 10. 1111/j. 1468 – 2885. 2006. 00003. x.

Hoorn, J., Dijk, E., Meuwese, R., Rieffe, C. & Crone, E. A., Peer influence on prosocial behavior in adolescence, *Journal of Research on Adolescence*, 2016, 26: 90 – 100. doi: 10. 1111/jora. 12173.

Howard, M. C., An epidemiological assessment of online groups and a test of a typology: What are the (dis) similarities of the online group types? *Computers in Human Behavior*, 2014, 31: 123 – 133. doi: 10. 1016/ j. chb. 2013. 10. 021.

Hwang, H. S. & Lombard, M., Understanding instant messaging: Gratifications and social presence, *Paper presented at the 9th Annual PRESENCE Conference*, Cleveland, OH. Retrieved from http://www.temple.edu/ ispr/prev_ conferences/proceedings/2006/Hwang%20and%20Lombard.pdf, 2006.

Jensen, K. B., What's mobile in mobile communication? *Mobile Media & Communication*, 2013, 1: 26 – 31. doi: 10. 1177/2050157912459493.

Karapanos, E., Teixeira, P. & Gouveia, R., Need fulfillment and experiences on social media: A case on Facebook and Whats App, *Computers in Human Behavior*, 2016, 55: 888 – 897. doi: 10. 1016/j. chb. 2015. 10. 015.

Knop, K. [Katharina], Öncö, J. S., Penzel, J., Abele, T. S., Brunner, T., Vorderer, P. & Wessler, H., Offline time is quality time: Comparing within-group self-disclosure in mobile messaging applications and face-to-face interactions, *Computers in Human Behavior*, 2016, 55: 1076 – 1084. doi: 10. 1016/j. chb. 2015. 11. 004.

Knop, K. [Karin], Hefner, D., Schmitt, S. & Vorderer, P., *Mediatisierung mobil: Handy-und mobile Internetnut-zung von Kindern und Jugendlichen*, Schriftenreihe Medienforschung der Landesanstalt für Medien NRW5 Vol. 2015, 77. Leipzig: Vistas.

Ku, Y. C., Chu, T. H. & Tseng, C. H., Gratifications for using CMC technologies: A comparison among SNS, IM, and e-mail, *Computers in Human Behavior*, 2013, 29: 226–234.

Lampinen, A., Tamminen, S. & Oulasvirta, A., All my people right here, right now: Management of group co-presence on a social networking site, *In Proceedings of the International Conference on Supporting Group-Work*, 2009, (pp. 281–290). New York: ACM Press.

Lenhart, A., *Teens, smartphones & texting*, Retrieved from www.pewInternet.org/files/old-media/Files/Reports/2012/PIP_Teens_Smartphones_and_Texting.pdf, 2012, March 19.

Leung, L., College student motives for chatting on ICQ, *New Media & Society*, 2001, 3: 483–500. doi: 10.1177/14614440122226209.

Licoppe, C., "Connected" presence: The emergence of a new repertoire for managing social relationships in a changing communication technoscape, *Environment and Planning D: Society and Space*, 2004, 22: 135–156.

Ling, R. & Lai, C. H., Microcoordination 2.0: Social coordination in the age of smartphones and messaging apps, *Journal of Communication*, 2016, 66 (5): 834–856. doi: 10.1111/jcom.12251.

Martey, R. M. & Stromer-Galley, J., The digital dollhouse context and social norms in the sims online, *Games and Culture*, 2007, 2: 314–334. doi: 10.1177/1555412007309583.

McLaughlin, C. & Vitak, J., Norm evolution and violation on Facebook, *New Media & Society*, 2012, 14: 299–315. doi: 10.1177/1368430204041397.

Oliveira, I., Tinoca, L. & Pereira, A., Online group work patterns: How to promote a successful collaboration, *Computers & Education*, 2011, 57: 1348–1357. doi: 10.1016/j.compedu.2011.01.017.

Panek, E. T., Bayer, J. B., Dal Cin, S. & Campbell, S. W., Automaticity, mindfulness, and self-control as predictors of dangerous texting behavior, *Mobile Media & Communication*, 2015, 3: 380–400. doi: 10.1177/20S01S791SS71S91.

Petersen, L. -E. , Dietz, J. & Frey, D. , The effects of intragroup interaction and cohesion on intergroup bias, *Group Processes and Intergroup Relations*, 2004, 7: 107 –118. doi: 10. 1177/1368430204041397.

Postmes, T. , Spears, R. & Lea, M. , The formation of group norms in computer-mediated communication, *Human Communication Research*, 2000, 26: 341 –371. doi: 10. 1111/j. l468 –2958. 2000. tb00761. x.

Prentice, D. A. , Miller, D. T. & Lightdale, J. R. , Asymmetries in attachments to groups and to their members: Distinguishing between common-identity and common-bond groups, *Personality and Social Psychology Bulletin*, 1994, 20: 484 –493. doi: 10. 1177/0146167294205005.

Putnam, L. L. & Stohl, C. , Bona fide groups: A reconceptualization of groups in context, *Communication Studies*, 1990, 41: 248 –265. doi: 10. 1080/10510979009368307.

Qiu, J. , Li, Y. , Tang, J. , Lu, Z. , Ye, H. , Chen, B. , Yang, Q. , & Hopcroft, J. E. , The lifecycle and cascade of WeChat social messaging groups, *In Proceedings of the 25th International Conference on World Wide Web*, 2016, (pp. 311 –320). International World Wide Web Conferences Steering Committee.

Quan-Haase, A. & Young, A. , Uses and gratifications of social media: A comparison of Facebook and instant messaging, *Bulletin of Science Technology and Society*, 2010, 30: 350 –361. doi: 10. 1177/0270467610380009.

Rimal, R. N. & Lapinski, M. K. , Social norms, In W. Donsbach (Ed.), The international encyclopedia of communication, Malden, MA: Blackwell Publishing, Retrieved from www. communicationencyclopedia. com/subscriber/tocnode. html? id = g9781405131995 _ chunk _ g978140513 199524 _ ss71 –1, 2008.

Sacco, D. F. , Bernstein, M. J. , Young, S. G. & Hugenberg, K. , Reactions to social inclusion and ostracism as a function of perceived in-group similarity, *Group Dynamics: Theory, Research, and Practice*, 2014, 18: 129 –137. doi: 10. 1037/gdn0000002.

Sassenberg, K. , Common bond and common identity groups on the Internet: Attachment and normative behavior in on-topic and off-topic chats, *Group*

Dynamics: Theory, Research, and Practice, 2002, 6: 27 – 37. doi: 10.1037/1089 – 2699. 6. 1. 27.

Sassenberg, K. & Boos, M., Attitude change in computer-mediated communication: Effects of anonymity and category norms, *Group Processes & Intergroup Relations*, 2003, 6: 405 – 422. doi: 10.1177/136843020 30064006.

Seufert, M., Schwind, A., Hoβfeld, T. & Tran-Gia, P., Analysis of group-based communication in Whats App, In R. Agüero, T. Zinner, M. Garcia-Lozano, B. L. Wenning & A. Timm-Giel (Eds.), *Mobile networks and management: 7th international conference, MONAMI 2015*, 2016, (pp. 225 – 238). Cham: Springer, doi: 10.1007/978 – 3 – 319 – 26925 – 2_ 17.

Sheeks, M. S. & Birchmeier, Z. P., Shyness, sociability, and the use of computer-mediated communication in relationship development, *Cyber Psychology & Behavior*, 2007, 10: 64 – 70. doi: 10.1089/cpb. 2006. 9991.

Shim, M., Cappella, J. N. & Han, J. Y., How does insightful and emotional disclosure bring potential health benefits? Study based on online support groups for women with breast cancer, *Journal of Communication*, 2011, 61: 432 – 454. doi: 10.1111/j. 1460 – 2466. 2011. 01555. x.

Short, J., Williams, E. & Christie, B., *The social psychology of telecommunications*, London: Wiley, 1976.

Smith, J., Minimal group effect, In J. M. Levine & M. A. Hogg (Eds.), *Encyclopedia of group processes & intergroup relations*, 2010, (pp. 555 – 557). Thousand Oaks, CA: Sage. doi: 10.4135/9781412972017. n169.

Stritzke, W. G. K., Nguyen, A. & Durkin, K., Shyness and computer-mediated communication: A self-presentational theory perspective, *Media Psychology*, 2004, 6: 1 – 22. doi: 10.1207/s1532785xmep0601_ 1.

Trepte, S. & Reinecke, L., The reciprocal effects of social network site use and the disposition for self-disclosure: A longitudinal study, *Computers in Human Behavior*, 2013, 29: 1102 – 1112. doi: 10.1016/j. chb. 2012. 10. 002.

Turner, J. C., Towards a cognitive redefinition of the social group, In H.

Tajfel (Ed.), *Social identity and intergroup relations*, 1982, (pp. 15 – 40). Cambridge: Cambridge University Press.

Valkenburg, P. M. & Peter, J., Preadolescents' and adolescents' online communication and their closeness to friends, *Developmental Psychology*, 2007, 43: 267 – 277. doi: 10. 1037/0012 – 1649. 43. 2. 267.

Valkenburg, P. M. & Peter, J., The effect of instant messaging on the quality of adolescents' existing friendships: A longitudinal study, *Journal of Communication*, 2009, 59: 79 – 97. doi: 10. 1111/j. 1460 – 2466. 2008. 01405. x.

Vorderer, P., Der mediatisierte Lebenswandel: Permanently online, permanently connected [The mediatized lifestyle: Permanently online, permanently connected], *Publizistik*, 2015, 60: 259 – 276. doi: 10. 1007/s11616 – 015 – 0239 – 3.

# 第十四章

# POPC 与社交关系

索尼娅·乌茨
(Sonja Utz)

如今我们经常会发现存在这样的场景：两个人虽然坐在咖啡厅的桌子旁边，但双方并没有聊天，而是各自盯着手机。他们可能在查看 Facebook 时间轴上的更新帖，在网络上共享咖啡厅的位置，在 Instagram 上发布食物照片，以及与朋友在 WhatsApp 上聊天。显然，人们的交流方式已经发生了变革，这对于社交关系有什么影响？自从面对面交流由电子设备上肤浅的短消息所取代，一些人表示担忧，智能手机的无处不在可能会恶化社交关系（Turkle，2012）。然而，另一些人（通常为年轻人）则强调智能手机为他们与其社交网络永久连接提供可能，并为维系关系拓展思路（Pettegrew & Day，2015；Rainie & Wellman，2012）。沃德勒等人（2005）引入首字母缩写 POPC（永久在线，永久连接）来描述这样一个事实：智能手机及其他技术为人们与网络永久保持连接提供可能，这对于人们的思维与行为方式产生影响。本章主要探讨 POPC 对于社交关系的潜在影响。

"POPC 对社交关系产生何种影响"这个问题的答案并不简单。首先，亲密关系通常具有媒体多元性的特点（Haythornthwaite，2005），人们利用各种传播媒介来与其亲密的朋友沟通。通过智能手机永久保持联系仅仅是这种多元交流方式的一种，这并不排除频繁的面对面（face-to-face，FTF）交流。其次，传播方式可能也很重要。智能手机支持多种多样的通信模式——电话通话、短信、Facebook 上的公开帖子、Facebook messenger 上的私人信息、WhatsApp 群组等等。这些传播模式可以分为私人模式与公共模式，"一对一""一对多"或"多对多"对话，同步或异步交流形式。或者还可以根据使用媒体的丰富程度（Daft & Lengel, 1986）来描述传播方式的特点，即不同渠道的可用性（纯文本信息；语音、图片、视频……）。再次，POPC 的影响也取决于社交关系类型。POPC 对于以下两类亲密关系的影响截然不同（Rieger, this volume）：与朋友的亲密关系（强关系）及熟人或以前同学之间的不太亲密关系（弱关系）。互动对象是否居住在不同的城市或乡村也与 POPC 的影响相关，因此中介传播很重要（Wessler, Rieger, Cohen, and Vorderer, this volume）。

特定传播技术对于关系类型的影响并不在本章讨论范围内。相反，我将着重探讨的问题是，传播模式的改变将如何影响人际关系。为此，我将以 POPC 对关系的潜在影响的相关概念性论文为基础，并讨论关于为这些论文中所提观点提供经验证据的研究。本章主要关注亲密朋友关系，尽管通过智能手机使用社交网站（SNS）增加了与"弱关系"网络沟通的频率，但人们还是愿意与更亲密的关系网络保持"永久"连接。

## 连接在场与主体间传播

虽然传播学者与媒介心理学家最近才开始关注 POPC 现象（Bayer, Campbell & Ling, 2016; Pettegrew & Day, 2015; Vorderer et al., 2015），但是社会学者却早就开始思考 POPC 如何改变社交关系这一问题。利科普（Licoppe）与斯莫伦达（Smoreda）的研究尤为相关，他们在 2005 年就已经意识到"远程通信为彼此相距甚远的人们建立连接，传统的传播模式正逐渐被新的'连接在场'模式所取代"（p. 317），而在当时 Facebook 还未在美国之外的其他国家出现，智能手机未被广泛应用。他们还预测出一种新的社交模式，特别是移动手机将在其中发挥重要作用，在这种新社交模式下，寒暄交流（phatic communication）对加强人际关系至关重要。因此，将 POPC 的影响置于更广泛的历史背景下来探讨大有裨益。

讨论媒介对社交关系影响的关键点在于对中介性传播的（规范性）评价。一直以来，面对面交流被视为评判传播质量的黄金准则；例如，在早期关于计算机中介传播（computer-mediated communication, CMC）的研究中，CMC 就被认为是一种客观的、单一的传播媒介，因为它缺

## 第三部分 POPC 的社会动态：自我、群体及关系

乏非语言暗示（Daft & Lengel，1986；Kiesler，Siegel & McGuire，1984）。上述研究在早期遭受批判，早在20世纪90年代有研究得出结论，网络关系并不一定比面对面交流所建立的关系更亲密（Parks & Roberts，1998）。根据利科普（Licoppe）与斯莫伦达（Smoreda）的观点（2005，p.321），当"在场与缺席之间的界限变得模糊"时，这种对于中介语境的贬低可能不再奏效，因为人们可以与他人保持永久联系。最近，佩特格鲁（Pettegrew）与戴（Day）（2015）认为传播学家不应再将计算机中介传播与移动通信视为面对面交流的一种补充，而应该意识到"人们使用移动通信在融合环境中能够建立亲密关系"（p.122）。

因此，POPC 并不是一种全新现象，这种现象随着移动手机的普及而日渐凸显。早在十多年前，人们就发现维系关系的行为已经开始发生变化（Licoppe & Smoreda，2005）。在这些研究中，传播模式被分为两类：关系传播与主体间传播。关系传播的出现有几个世纪的历史，通常发生于亲密朋友或家人之间突破距离限制的长信息（过去为书信）交流。关于社交关系中的手机使用研究也涉及这种传播模式，即交流伙伴之间的距离越远，通话频率就越低，但通话时间却更长。在这种长时间的交谈中，尽管双方距离遥远，但人们常常会告诉对方他们的生活琐事，从而构建一个共享世界。

与此相反，主体间传播则以多次简短通话及短消息为特征。在这种形式的传播中，人们之间的实际距离并不一定相隔甚远；甚至他们经常能见到对方，他们通过频繁提醒自己的"在场"来表达承诺。利科普与斯莫伦达（2005）认为，"共存"与"共在"之间的界限变得模糊，而各种短电话、短消息与面对面交流的融合则催生"总是连接在场"（p.330）的现象。同样，沃德勒等人（2015）声称，手机可用性可能会取代地理邻近性，佩特格鲁与戴（2015）则推论认为，数字原住民会同时使用多种传播模式来与伙伴保持联系。

因此，可以认为 POPC 是向主体间传播模式的进一步转变。随着智能手机应用无处不在、宽带的普及以及互联网费用亲民，人们与朋友的交流不局限于以打电话或发短信为主，他们现在使用的媒介形式更加丰富，还分享照片与视频。Periscope[①] 等视频流平台成为最新趋势，在这

---

[①] Periscope 为美国一家流媒体直播服务运营商，向用户提供视音频直播服务。——译者注

类平台上，人们可以实时与朋友分享他们的生活动态。因此，缺席的朋友可以通过分享更新照片及视频流来一直"在场"；这可能会取代彼此重述所发生事情这种模式（Vorderer et al.，2015）。主体间传播与多元传播的出现则表明，隐性的对话线程会取代或至少补充经典对话，因为对话的开启与结束时的明确标志已消失（Vorderer et al.，2015）；相反，无论使用何种媒介，只要有需要，对话就会出现。此外，在群组环境中也进行了类似的观察；马赫扎克（Majchrzak）、法拉杰（Faraj）、凯恩（Kane）及阿扎德（Azad）（2013）报告认为，集中式知识管理系统中的在线知识共享正转向持续在线知识对话。一般而言，人们快速浏览信息流/新闻推送并对其回应，这已成为主要的传播形式。尽管人们通常仅略读这些信息流中的时讯更新，但已经证明这些更新信息可以构建人们对环境的感知，即人们可以了解社交网络伙伴正在干什么（Levordashka & Utz，2016），在某些情况下，还会产生环境亲密感（ambient intimacy）（Lin，Levordashka & Utz，2016）。

## 传播在关系建立和维护中发挥作用的相关理论

在讨论 POPC 如何改变社交关系之前，有必要简要回顾一下关于交流在关系发展和维护中作用的经典理论。当提及建立关系时，自我表露通常被认为是驱动型变量（Altman & Taylor，1973）。社会渗透理论（Social penetration theory）根据自我表露的广度和深度来刻画社会关系特征，还认为更亲密的自我表露会让友谊关系更亲密。实际上，一项元分析表明，人们向自己喜欢的人透露更多信息，也更喜欢向自己透露信息的人（Collins & Miller，1994）。

此外，还有一些研究是探讨建立人际关系的作用，即分享积极的事件（Gable & Reis，2010）。人们在与伴侣或其他有亲密关系的人建立永久连接之前，就已经与这些人分享发生在自己身上的积极事件。研究表明，分享行为本身能激发积极情绪和主观幸福感。当互动伙伴以热情的和建设性的方式回应时，对关系满意度的影响更大（Gable，Reis，Impett & Asher，2004；Gable & Reis，2010）。

关系维护主要出现于亲密关系研究中（See also Rieger, this volume），其中斯塔福德（Stafford）与加纳利（Canary）（1991）提出最著名的维护行为类型学（typology of maintenance behaviors）理论。他们将

# 第三部分　POPC 的社会动态：自我、群体及关系

积极、开放（这又与自我表露相关）、保证、共享任务及社交网络（共同的朋友）确定为关系维护行为。然而，这些行为并非都与交流有关，或者适用于 CMC 或 POPC。

汤（Tong）与华尔瑟（Walther）（2011）已经将这种类型学应用于社交网络（SNS）等公开可见的网络空间环境中，并用来阐释在场、关系标记及日常交流等新的关系维护行为。关于在场，他们指的是朋友之间的社交存在感，并认为这种现象是由各种媒体上的短消息所引发。斯塔福德与加纳利（1991）的研究表明，关系标记与社交网络有关，指的是活跃于许多社交网络（如 Facebook 好友、关系状态）的人们之间的联系。此外，在这些社交媒体上（半）公开表达情感（Donath & boyd, 2004）都属于这种关系的维护策略。而且，汤与华尔瑟（2011）也认为社交媒体平台上常见的日常交流也具有增强关系的功能。1923 年，人类学家马林诺夫斯基（Miller，2008）创造了用于描述原始语言交流的术语"寒暄交流"（phatic communication），这已经强调了看似毫无意义的交流能够发挥建立关系的功能。寒暄交流虽然没有或只有少量有价值信息，但是具有社交性。闲聊或礼貌用语是传统的寒暄交流方式；而在 POPC 环境中，寒暄交流方式则演变为在社交媒体平台上广泛传播的短消息或在 Facebook 上"点赞"。

## POPC 关系构建功能的相关实证研究

据我所知，还没有相关研究系统地测试过 POPC 对人际关系的影响。然而，一些研究曾探讨了社交网络在维系关系方面的作用。这些研究之间都相互关联，因为现在大量用户每天都会使用智能手机多次查看 Facebook。多项研究表明，社交网络的使用主要有助于加强"弱连接"关系（Burke & Kraut, 2014；Ellison, Steinfield & Lampe, 2007）。同样，维塔克（Vitak）（2014）发现 Facebook 的关系维护策略不适用于亲密朋友，而适用于那些在地理位置上相距甚远且主要依赖 Facebook 联系的人们。

关于社交网络关系的生成过程，已有研究证明"亲密的自我表露是关系建立的主要驱动力"这一经典假设不再成立。原因之一，在（半）公开状态更新中，亲密的自我表露通常被认为是不太恰当的行为（Bazarova, 2012）。然而，一种强有力的积极规范已经形成；人们更愿

意以正面的形象呈现自己。因此，许多更新状态以酷炫和有趣等特点为主，而不再呈现具有亲密感的内容（Barash, Duch-enaut, Isaacs & Bellotti, 2010; Utz, 2015）。然而，在 Facebook 上阅读积极有趣的更新状态也会产生一种联系感（Utz, 2015）。这些发现与汤和华尔瑟（2011）的观点不谋而合，即寒暄交流在关系维系中发挥重要作用。

利科普与斯莫伦达（2005, p. 321）预测"简单地保持联系比实际联系时交流的内容更重要"。在一篇概念性论文中，米勒（Miller）（2008）将社交媒体的状态更新解释为沟通，其主要目的是为了保持社交联系，而不是为了有话可说，甚至像"点赞"等为微妙的交流行为也可能有建立关系的功能。最近有一项实证研究验证了上述观点。列佛达什卡（Levordashka）、乌兹（Utz）与安布罗斯（Ambros）（2016）要求 Facebook 用户浏览他们最近给出的"点赞"列表并表明用户为帖子"点赞"的动机。尽管在很多情况下，对发布内容的正面评价是"点赞"的最常见原因，但人们喜欢某个帖子也是因为它的发布者，这还是为了维持或加强关系。海斯（Hayes）、凯尔（Carr）与沃恩（Wohn）（2016）采用焦点小组与半结构访谈等方法也进行了研究并得出相似的结论。社交梳理①（Social grooming）通常也被视为"点赞"或类似功能使用的一个原因。凯尔、沃恩及海斯（2016）还从接受者视角进行研究并发现，人们把接受"点赞"视为一种社会支持。当"点赞"的目的是为了稳定关系时，以及"点赞"并非习惯性给予时，"点赞"的影响则更为显著。列佛达什卡等人（2016）从用户的自我陈述中发现，约25%的"点赞"行为几乎是未经深思熟虑的无意识给与；因此，思考这种无意识性很有意义。综上所述，这三项研究结果表明，寒暄交流中的主体间性因素有增强人际关系的作用，尤其对于亲密关系的影响更为明显。

徐（Seo）、金（Kim）和杨（Yang）（2016）是最早研究 Facebook 中传播的时间模式而非内容的一批研究者。他们在研究中发现，根据 Facebook 中的频繁、快速反应可以预测到人们获得的社交支持和减少孤

---

① 社交梳理（Social grooming）源自动物行为学，如猴子彼此帮忙抓虱子的梳理行为，在社交媒体时代有学者其引申到人类行为，主要指社交网站中这种经常看一下其他人的动态、彼此随意聊天的行为，据此来建立或维系社交关系。——译者注

独感的程度，从而认为人们期待永久"在场"并从朋友那里得到回应。社交网络相关研究侧重于探讨 POPC 对于人际关系的影响，然而关于移动即时通讯（mobile instant messaging，MIM）对于维护人际关系影响的系统性研究仍较少；该领域的论文主要阐述传播模式（Cui, 2016）。然而，瓦尔肯博格（Valkenburg）和彼得（Peter）（2009）发现目前使用即时消息（包括来自台式电脑的消息）对于青少年的人际关系有积极影响。

因此，从社交网络和即时通讯的研究中首次发现，频繁发送短消息有助于加强人际关系。这些消息无须过分凸显亲密性；积极和有趣的更新状态也能增强联系感。微妙的"点赞"行为则成为获取短暂注意力的标志。然而，目前还不清楚这些关于社交网络上（半）公开传播的研究发现是否也适用于阐释人们通过 WhatsApp、SMS 或语音短消息而进行的二元互动（dyadic exchanges）。因此，人们可以假设，POPC 状态进一步增加了主体间（相对于关系）传播中的相关分享，而这种亲密交流方式的减少并不一定就意味着关系强度的减弱。

### POPC 的缺陷

与每一种技术一样，POPC 不仅提供新机遇，而且也存在缺陷，需简要说明。许多平台会显示一些信息，如谁在线、谁阅读了哪些消息；这些信息会让人产生一种新的控制感，但也可能会适得其反：使人产生嫉妒心理与排斥感；还让人们在回应信息时产生压力，这两方面都会为人际关系带来负面效应。此外，通过智能手机与某人"永久在线与永久连接"，这也可能对此刻与自己共同"在场"的人之间的关系产生消极影响。

人们经常在 Facebook 或 Twitter 上发帖，或通过位置共享服务在某个地方打卡，他们很容易被别人跟踪。另外，如此多的位置分享将好友活动列入用户的新闻推送中，监控与正常使用平台之间的界限开始变得模糊（Utz & Beukeboom, 2011）。研究表明，这些微妙的新型社会控制形式会在恋爱关系中引发嫉妒情绪（Muise, Christofides & Desmarais, 2009; Utz, Mus-canell & Khalid, 2015; 参见 Bdeger 在本书的内容）。尽管发给某人的消息显示已读但却没在短时间内收到回复，这也可能会让人们产生被排挤感等负面情绪。WhatsApp 推出"双蓝勾"设置来指示信息是否

"已读"，同时 Twitter 与大众媒体也引入"悲伤感"情绪来形容当人们看到朋友已阅读信息却未及时回复时的沮丧感（Hughes，2014）。同样，有研究表明，那些在 Facebook 上没有收到更贴反馈的人，其归属感也较低（Tobin，Vanman，Verreynne & Saeri，2015）。

现在关于交互对象是否在线的显示信息提高了人们对于手机可用性的期望，同时也增加了回复消息的压力（Fox & Moreland，2015）；有些人甚至会出现连接过载（connection overload）的现象（LaRose, Connolly, Lee, Li & Hales，2014）。然而，对于许多用户而言，他们会不定期地查看朋友做什么，因而引发错失恐惧症（fear of missing out，FOMO），因此不登录社交媒体也并非是消除连接过载现象的最佳选择。错失恐惧症反过来又与关联性（relatedness）等心理需求的满意度呈负相关（Przybylski，Murayama，DeHaan & Gladwell，2013），这表明更强烈的错失恐惧感会对人际关系产生负面影响。

错失恐惧症还会影响线下社交关系，因为它预示着"低头族"（Chotpitayasunondh & Douglas，2016）现象的出现。"phubbing"（低头族）这个术语是"phone"（手机）与"snubbing"（低头）的合成词，是指人们把更多注意力集中于智能手机而非面对面的交流伙伴，从而冷落某人的行为（参见 Rieger 在本书的内容）。特克（Turkle）（2012）认为，忙着玩手机的人只是想"一起独处"，而不是和朋友们有更多交流。范登·阿比勒（Vanden Abeele）、安特尼（Antheunis）和斯考滕（Schouten）（2016）开展了一项实验，以研究低头族的影响，其结果显示，人们认为边交谈边用手机发短信的谈话对象不够礼貌与专注；尽管这种情况对社交吸引力没有影响，但他们认为谈话质量较低。霍尔（Hall）、贝姆（Baym）和密尔特纳（Miltner）（2014）发现，人们的内化规范比一般的社会规范更重要。当双方都认为在面对面交流中能充分使用手机时，这可能甚至与关系满意度呈正相关。如果这些结论也适用于朋友关系，那么我们可以假设，当两个朋友都可以接受在对方在场的情况下看手机，那么"低头族"效应就不会发生，或者影响更小。

## POPC 是把双刃剑

综上所述，POPC 可能会对社交关系产生积极影响，也可能产生消极影响。霍尔（Hall）和贝姆（Baym）（2012）在一项关于手机使用对

## 第三部分 POPC 的社会动态：自我、群体及关系

亲密关系的正面与负面影响的定量研究中，同时考察了这两方面。一项针对近 250 名学生的调查显示，手机维护关系的期望（mobile maintenance expectations），即对于朋友频繁打电话或发短信的期望，既会产生更高的依赖程度，也会造成过度依赖。依赖对友谊满意度有强正向影响，而过度依赖会产生一种焦虑感（回应信息所产生的压力），将对友谊满意度产生负面影响。

乔治（George）与奥奇斯（Odgers）（2015）综述了父母对孩子使用网络的普遍担忧，比如上网会分散孩子在面对面交流中的注意力，或者会与父母产生隔阂。然而，一些实证研究发现，POPC 会产生积极影响，可以加强孩子与父母的联系。总而言之，通常一些研究表明，线下与线上的传播与人际关系密切相关，许多网络效应仅仅是线下效应的折射（George and Odgers, 2015）。一般而言，人们认为 POPC 状态对人际关系既产生正面影响，也存在负面影响，并且还可能存在个人化特征与人际关系特征，对于这些复杂影响产生调和作用（如依恋关系，of Rieger, this volume）。

## 结 论

本章认为，自从人们处于 POPC 状态以来，他们与朋友的交流模式和交流内容都发生了变化。沟通频率不高且每次沟通时间较长的电话交谈已经被各种社交媒体平台上短平快的交谈形式所取代。这种向主体间传播的转变催生了新的关系维护行为。自我表露所体现的亲密性已经不那么重要；相反，在场、关系标记和日常交流（Tong & Walther, 2011）的重要性则日益凸显。人们期望快速且频繁地回复信息（Seo et al., 2016），但同时也将智能手机永久可用的期待视作一种负担。

POPC 是一种较新的现象，所以这个新研究领域仍有许多问题亟待解决。尽管关于社交网络使用和人际关系的研究较多，但是这些研究中涉及移动即时通信对于社交关系影响的内容却较少。首先需要对特定传播模式的影响进行研究，以充分了解 POPC 的影响，此外，研究还需要将亲密关系中媒体使用的多元性考虑在内，因此需全面探讨中介传播与面对面传播等问题。大部分研究关注传播的时间模式（频率、速度）或内容（如性质、积极性），但却没有综合思考这些问题。目前，关于 POPC 缺陷的研究主要立足于工作—生活平衡的背景，而鲜有从朋友关

系视角进行探讨。最后,需要对积极影响与消极影响进行综合性研究,在此,霍尔与贝姆(2012)已经开启了第一步。随着时间的推移,未来研究可能会探讨这些问题,以观察人们是否以及如何在对于永久连接的期望与永久可用所产生的压力之间找到最佳平衡点。

## 参考文献

Altman, L. & Taylor, D. A., *Social penetration: The development of interpersonal relationships*, New York: Holt, Rinehart, & Winston, 1973.

Barash, V., Duchenaut, N., Isaacs, E. & Bellotti, V., Faceplant: Impression (Mis) management in facebook status updates, *In Proceedings of the Fourth International AAAI Conference on Weblogs and Social Media*, 2010, (pp. 207 – 210). Palo Alto, CA.

Bayer, J. B., Campbell, S. W. & Ling, R., Connection cues: Activating the norms and habits of social connectedness, *Communication Theory*, 2016, 26 (2): 128 – 149. doi: 10.1111/comt.12090.

Bazarova, N. N., Public intimacy: Disclosure interpretation and social judgments on facebook, *Journal of Communication*, 2012, 62 (5): 815 – 832. doi: 10.1111/j.1460 – 2466. 2012. 01664. x.

Burke, M. & Kraut, R. E., Growing closer on facebook: changes in tie strength through social network site use, *In Proceedings of the 32nd Annual ACM Conference on Human Factors in Computing Systems*, 2014, (pp. 4187 – 4196). ACM.

Carr, C. T., Wohn, D. Y. & Hayes, R. A., Like as social support: Relational closeness, automaticity, and interpreting social support from paralinguistic digital affordances in social media, *Computers in Human Behavior*, 2016, 62: 385 – 393. doi: 10.1016/j.chb.2016.03.087.

Chotpitayasunondh, V. & Douglas, K. M., How "phubbing" becomes the norm: The antecedents and consequences of snubbing via smartphone, *Computers in Human Behavior*, 2016, 63: 9 – 18. http://dx.doi.Org/10.1016/j.chb.2016.05.018.

Collins, N. L. & Miller, L. C., Self-disclosure and liking: A meta-analytic review, *Psychological Bulletin*, 1994, 116 (3): 457 – 475. doi: 10.

1037/0033 - 2909. 116. 3. 457.

Cui, D., Beyond "connected presence": Multimedia mobile instant messaging in close relationship management, *Mobile Media & Communication*, 2016, 4 (1): 19 - 36. doi: 10. 1177/2050157915583925.

Daft, R. L. & Lengel, R. H., Organizational information requirements, media richness and structural design, *Management Science*, 1986, 32 (5): 554 - 571.

Donath, J. & boyd, D., Public displays of connection, *Bt Technology Journal*, 2004, 22 (4): 71 - 82.

Ellison, N. B., Steinfield, C. & Lampe, C., The benefits of Facebook "friends:" Social capital and college students' use of online social network sites, *Journal of Computer-Mediated Communication*, 2007, 12 (4): 1143 - 1168. doi: 10. 1111/j. l083 - 6101. 2007. 00367. x.

Fox, J. & Moreland, J. J., The dark side of social networking sites: An exploration of the relational and psychological stressors associated with Facebook use and affordances, *Computers in Human Behavior*, 2015, 45: 168 - 176. doi: 10. 1016/j. chb. 2014. 11. 083.

Gable, S. L. & Reis, H. T., Good news! Capitalizing on positive events in an interpersonal context, *Advances in Experimental Social Psychology*, 2010, 42: 195 - 257.

Gable, S. L., Reis, H. T., Impett, E. A. & Asher, E. R., What do you do when things go right? The intrapersonal and interpersonal benefits of sharing positive events, *Journal of Personality and Social Psychology*, 2004, 87 (2): 228 - 245. doi: 10. 1037/0022 - 3514. 87. 2. 228.

George, M. & Odgers, C., Seven fears and the science of how mobile technologies may be influencing adolescents in the digital age, *Perspectives on Psychological Science*, 2015, 10 (6): 832 - 851.

Hall, J. A. & Baym, N. K., Calling and texting (too much): Mobile maintenance expectations, (over) dependence, entrapment, and friendship satisfaction, *New Media & Society*, 2012, 14 (2): 316 - 331. doi: 10. 1177/1461444811415047.

Hall, J. A., Baym, N. K. & Miltner, K. M., Put down that phone and talk to me: Understanding the roles of mobile phone norm adherence and similarity in relationships, *Mobile Media & Communication*, 2014, 2 (2): 134 – 153. doi: 10. 1177/2050157913517684.

Hayes, R. A., Carr, C. T. & Wohn, D. Y., One click, many meanings: Interpreting paralinguistic digital affordances in social media, *Journal of Broadcasting & Electronic Media*, 2016, 60 (1): 171 – 187. doi: 10. 1080/08838151. 2015. 1127248.

Haythornthwaite, C., Social networks and Internet connectivity effects, *Information, Communication & Society*, 2005, 8 (2): 125 – 147. doi: 10. 1080/13691180500146185.

Hughes, N., *WhatsApp read receipts leave users feeling blue* (Online), Retrieved from www. linkedin. com/pulse/20141108141951 – 98377657 – whatsapp-read-receipts-leaves-users-feeling-blue [retrieved November 19, 2016], 2014.

Kiesler, S., Siegel, J. & McGuire, T. W., Social psychological aspects of computer-mediated communication, *American Psychologist*, 1984, 39 (10): 1123 – 1134.

LaRose, R., Connolly, R., Lee, H., Li, K. & Hales, K. D., Connection overload? A cross cultural study of the consequences of social media connection, *Information Systems Management*, 2014, 31 (1): 59 – 73. doi: 10. 1080/10580530. 2014. 854097.

Levordashka, A. & Utz, S., Ambient awareness: From random noise to digital closeness in online social networks, *Computers in Human Behavior*, 2016, 60: 147 – 154. doi: 10. 1016/j. chb. 2016. 02. 037.

Levordashka, A., Utz, S. & Ambros, R., What's in a like? Motivations for pressing the like button, *In Proceedings of the Tenth International AAAI Conference on Web and Social Media* (*ICWSM 2016*), 2016, (pp. 623 – 626). Cologne, Germany. Retrieved from www. aaai. org/ocs/index. php/IGWSM/IGWSM16/paper/view/13022.

Licoppe, C. & Smoreda, Z., Are social networks technologically embedded? How networks are changing today with changes in communication technology, *Social Networks*, 2005, 27 (4): 317 – 335. doi: 10. 1016/j. socnet.

2004. 11. 001.

Lin, R. , Levordashka, A. & Utz, S. , Ambient intimacy on Twitter, *Cyberpsychology: Journal of Psychosocial Research on Cyberspace*, 2016, 10（1）: article 6. doi: 10. 5817/CP2016 – 1 – 6.

Majchrzak, A. , Faraj, S. , Kane, G. C. & Azad, B. , The contradictory influence of social media afFordances on online communal knowledge sharing, *Journal of Computer-Mediated Communication*, 2013, 19（1）: 38 – 55. doi: 10. 1111/jcc4. 12030.

Muise, A. , Christofides, E. & Desmarais, S. , More information than you ever wanted: Does Facebook bring out the green-eyed monster of jealousy? *Cyberpsychology & Behavior*, 2009, 12（4）: 441 – 444.

Parks, M. R. & Roberts, L. D. , "Making MOOsic": The development of personal relationships on line and a comparison to their off-line counterparts, *Journal of Social and Personal Relationships*, 1998, 15（4）: 517 – 537.

Pettegrew, L. S. & Day, C. , Smart phones and mediated relationships: The changing face of relational communication, *The Review of Communication*, 2015, 15（2）: 122 – 139.

Przybylski, A. K. , Murayama, K. , DeHaan, C. R. & Gladwell, V. , Motivational, emotional, and behavioral correlates of fear of missing out, *Computers in Human Behavior*, 2013, 29（4）: 1841 – 1848. doi: 10. 1016/j. chb. 2013. 02. 014.

Rainie, L. & Wellman, B. , *Networked: The new social operating system*, Cambridge, MA: MIT Press, 2012.

Seo, M. , Kim, J. & Yang, H. , Frequent interaction and fast feedback predict perceived social support: Using crawled and self-reported data of Facebook users, *Journal of Computer-Mediated Communication*, 2016, doi: 10. 1111/jcc4. 12160.

Stafford, L. & Canary, D. J. , Maintenance strategies and romantic relationship type, gender and relational characteristics, *Journal of Social and Personal Relationships*, 1991, 8（2）: 217 – 242. doi: 10. 1177/0265407591082004.

Tobin, S. J., Vanman, E. J., Verreynne, M. & Saeri, A. K., Threats to belonging on Facebook: Lurking and ostracism, *Social Influence*, 2015, 10 (1): 31 – 42. doi: 10. 1080/15534510. 2014. 893924.

Tokunaga, R. S., Social networking site or social surveillance site? Understanding the use of interpersonal electronic surveillance in romantic relationships, *Computers in Human Behavior*, 2011, 27 (2): 705 – 713. doi: 10. 1016/j. chb. 2010. 08. 014.

Tong, S. & Walther, J. B., Relational maintenance and CMC. In K. B. Wright & L. M. Webb (Eds.), *Computer-mediated communication in personal relationships*, 2011, (pp. 98 – 118). New York: Peter Lang.

Turkle, S., *Alone together: Why we expect more from technology and less from each other*, New York: Basic Books, 2012.

Utz, S., The function of self-disclosure on social network sites: Not only intimate, but also positive and entertaining self-disclosures increase the feeling of connection, *Computers in Human Behavior*, 2015, 45: 1 – 10. doi: 10. 1016/j. chb. 2014. 11. 076.

Utz, S. & Beukeboom, C., The role of social network sites in romantic relationships: Effects on jealousy and relationship happiness, *Journal of Computer-Mediated Communication*, 2011, 16: 511 – 527. doi: 10. 1111/j. 1083 – 6101. 2011. 01552. x.

Utz, S., Muscanell, N. & Khalid, C., Snapchat elicits more jealousy than Facebook: A comparison of Snapchat and Facebook use, *Cyberpsychology, Behavior, and Social Networking*, 2015, 18 (3): 141 – 146. doi: 10. 1089/cyber. 2014. 0479.

Valkenburg, P. M. & Peter, J., The effects of instant messaging on the quality of adolescents' existing friendships: A longitudinal study, *Journal of Communication*, 2009, 59 (1): 19 – 91. doi: 10. 1111/j. 1460 – 2466. 2008. 01405. x.

VandenAbeele, M. M. P., Antheunis, M. L. & Schouten, A. P., The effect of mobile messaging during a conversation on impression formation and interaction quality, *Computers in Human Behavior*, 2016, 62: 562 – 569. http: // dx. doi. org/10. 1016/j. chb. 2016. 04. 005.

Vitak, J. , Facebook makes the heart grow fonder: Relationship maintenance strategies among geographically dispersed and communication-restricted connections, *In Proceedings of the 17th ACM Conference on Computer Supported Cooperative Work & Social Computing*, 2014, (pp. 842 – 853) . ACM.

Vorderer, P. , KIimmt, C. , Rieger, D. , Baumann, E. , Hefner, D. , Knop, K. , Kromer, N. , Mata, J. Pape, T. von, Quandt, T. , Reich, S. , Reinecke, L. , Trepte, S. , Sonnentag, S. & Wessler, H. , Der mediatisierte Lebenswandel: Permanently online, permanently connected [The mediatized way of life: Permanently online, permanently connected], *Publizistik-Vierteljahreshefte fur Kommunikationsforschung*, 2015, 60 (3): 259 – 276.

# 第十五章

## 论在线监督和性短信:永久连接和亲密关系

戴安娜·里格尔

(Diana Rieger)

"无时无刻"曾经指的是那些无可避免的孤独时刻 (Augé, 1995, pp. 94 – 103)……这些时刻沉淀了我们想要与所爱之人分享的梦境和对其倾诉的话语。随着新的通信技术的出现,无时无刻被赋予了一个新的维度:它们成为了可以即时连接此时此地和"别处"的通道。孤独或许依然充斥着这些时刻,但是身处这样的孤独中,我们可以发送和接收消息,并且与未置身"此时此地"的人们维持(甚至非常亲密的)关系。(Cantó-Milà, Núnez-Mosteo, & Seebach, 2016, p. 2397)

亲密关系是构成生活中的感觉与意义以及整体生活满意度的主观体验的实体要素,因为亲密关系可以满足人类对于归属感的基本需求(Baumeister & Leary, 1995)。从社会层面讲,亲密关系对于维持社会凝聚力、持续性以及家庭稳定而言都起着重要作用(Vangelisti & Perlman, 2006)。因而心理学和传播学的学者们对于亲密关系的起始、进展和结束动态很感兴趣。大量理论和实践成果论述了通讯在此类关系动态中的作用。移动在线和通信设备,尤其是智能手机,催生出新的行为和表现模式,以及一些决定恋爱关系动态的新因素(Coyne, Stockdale, Busby, Iverson & Grant, 2011; Lenhart, Anderson & Smith, 2015):很多伴侣现在都是"永久在线,永久连接"(POPC,参见 Klimmt、Hefner、Reinecke 及 Vorderer 在本书的内容),这一现象也被称为"连接在场"

(connected presence)(Licoppe, 2004, p.135)。此外,还涌现出一些与前关系阶段和后关系阶段相关的、有趣的技术创新(例如约会软件)和行为现象(例如对前任伴侣进行数字跟踪)。

移动技术为用户与(潜在、现任以及前任)恋人交流提供了各种各样的可能性,有研究发现交流的满意度则成为区别婚恋关系幸福与否的关键因素(Olson, Olson-Sigg & Larson, 2008)。相应地,幸福的伴侣比不幸福的伴侣能更有效地利用永久连接所带来的可能性(Coyne et al., 2011; Saslow, Muise, Impett & Dublin, 2012; Stewart, Dainton & Goodboy, 2014)。因此,"永久在线,永久连接"改变的可能不仅仅是伴侣之间的交流形式,还会对彼此所认知的恋爱关系的品质、稳定性和功能性产生深远影响。

一方面,通过移动技术进行的连接可以作为增进伴侣间交流的一个机会。近期的一项调查显示,21%的受访个体认为在线通讯或短信让他(她)们感觉拉近了与伴侣之间的距离(Lenhart & Duggan, 2014)。更重要的是,当人们无法实现身体在场时,这些技术有助于增进人们之间的关系(Hassenzahl, Heidecker, Eckoldt, Diefenbach & Hillmann, 2012)。通过无论是位置还是时间相连接的可能性,分隔两地时关联感的注入可以增强共享体验,从而创造更高的心理接近度(Boothby, Smith, Clark & Bargh, 2016)。

另一方面,移动技术对于日常生活各领域的渗透催生出"伴侣低头族"(partner phubbing)现象,即"个体在有伴侣陪伴时使用手机或被自己的手机分散注意力的程度"(Roberts & David, 2016, p.134)。因而,伴侣的"低头族"行为会分散其注意力,这可能会降低双方关系的满意度、忠诚度、亲密度。

特克(2011)认为,当今的年轻人自小就抱有持续处于联通状态的预期,媒介的使用事实上对人与人之间的关系起到了分隔作用。伴侣们可能身处同一空间但却不能完全陪伴对方,因为他们至少将一部分注意力集中到虚拟的交流对象。伴侣们也有可能分隔两地,而感受到一种新的不安全感:近期研究发现,伴侣会因为对伴侣的线上行为的判断(例如,Elphinston & Noller, 2011)或者是由于讨论"永久在线,永久连接"问题引发的紧张局面(Fox, Warber & Makstaller, 2013)而感到嫉妒(有时甚至被称为"社交媒体引发的嫉妒感")。

新移动技术既然为人们提供了各种各样的选择，那么以下的设想可能也合情合理，即基于使用者及其伴侣的性格特点，关系的发展阶段，以及通过新技术所交流的内容，对于这些技术的运用也可能对亲密关系产生不同影响。对于人际关系的研究认为，一段关系有三个重要阶段：关系的起始或形成阶段（The initiation or formation of a relationship），维系阶段（its maintenance）以及解除阶段（its dissolution）（Vangelisti & Perlman，2006）。每一个阶段都有自己的特点，并伴随产生启示及典型行为。因此，永久连接的影响和使用反映在各个阶段也有所不同。本章内容将重点讨论"永久在线，永久连接"在亲密关系的各个阶段可能产生的影响，并探讨哪些因素可以改变"永久在线，永久连接"可能导致的利弊结果。

## 关系形成阶段的永久连接

在关系形成阶段，人们初次见面，相互熟悉，并最终开始约会。与之伴随的是收集对方的信息，如通过点击屏幕搜索对方信息或以相互聊天的方式来判断对方是否可以成为自己的恋人（Knapp，1978）。在这一阶段，一段恋爱关系是否可以形成，以及这段关系本质上是认真的还是随意的就被定性了（Bergdall et al.，2012）。这一起始阶段的重要目标就是消除不确定因素（Knobloch & Solomon，2002）。伯杰（Berger）和卡拉布雷斯（Calabrese）（1975）厘清了可以消除不确定因素的三种策略：消极策略（例如，通过观察来收集目标对象的信息），积极策略（例如，通过与第三方聊天收集关于目标对象的信息），以及互动策略（例如，通过与目标对象本人聊天来收集信息）。一般而言，智能手机提供的永久连接这一潜能为人们了解新结识的人及与其保持高频率联络提供了很多机会（这一点在关系形成阶段至关重要，cf. McCormack，2015），也为搜索新认识的人的相关信息提供了很多方便（Antheunis，Valkenburg & Peter，2010；Gibbs，Ellison & Lai，2011）。永久连接增加了人们与约会对象交流的可能性，无论是采取消极策略（观察对方的线上活动），积极策略（与相关第三方联系），还是互动策略（与对方聊天）（Fox，2016）。

更省力、低风险的线上约会

智能手机和"永久在线，永久连接"的生活方式影响着约会相关的文化、行为和社会习惯。未来，人们可能在任何地点、任何时间寻觅伴侣并与其接触。例如，有调查结果表明，44%的男性和37%的女性表示，智能手机让人更容易认识一个人并开始调情（Amplitude Research，2013）。

永久连接和移动通信设备似乎缓解了首次交往（例如，认识的人住在附近、年龄相仿、兴趣相投）的尴尬，并为进一步交往铺平了道路。这一牵线搭桥的作用因为一些新出现的线上交友平台而日臻完善，如 Tinder 和 Lovoo：等平台专门为移动使用方式而打造，并注重用户对于永久联通的期待。

利用移动应用软件来约会或许可以推进关系的建立。因为拒绝几乎是无形的，对潜在伴侣调查了解的可感知风险或成本可能比传统的线下约会模式低得多。同样地，线上约会只需要花费较少的精力参与即可，因而同时与几个不同的潜在伴侣建立并保持联络似乎成了一种正常而普通的行为了。此外，由于在约会活动中没有付出太多精力，所以线上约会者们可能也从中期待的是一种比较随意、"低投入"的关系。因此，仅仅在虚拟世界内存在的关系被认为远不及面对面的关系亲密。（Scott, Mottarella & Lavooy, 2006）

**"永久在线，永久连接"约会模式可以增强主控权，减少焦虑感**

尤其是对于青少年而言，"永久在线，永久连接"为检验如何接触他人并开始一段关系，如何表达感情、保持密切联系的策略以及践行自己的想法提供了途径（McCormack, 2015）。为满足与未来伴侣进行密切交流和了解的需求，一对一线上交流（例如通过 FaceTime 和 Skype）通常被认为非常适合初始阶段关系的培养（Len-Ríos et al., 2016）。用户似乎很看重电子通讯能够提供更大掌控权这一特质：青少年们表示他们可以更好地控制怎样以及何时回复调情对象的信息，以及他们跟朋友分享多少这样的对话内容。此外，在被拒绝的情况下，这种模式也被认为可以更容易挽回颜面。年轻的使用者们也感到发送带有感情的信息而非面对面交往的方式更加容易（Christopher, McKenney & Poulsen, 2015）。用户可以选择或者结合几种策略：被动策略，也就是查阅伴侣的信息；主动策略，加第三方为好友从而获得信息，请朋友收集信息（也被称为"人脉资源"）；互动策略，例如在目标对象的留言板

（wall）发表评论、对发布内容点赞，或者发送私信（Fox & Anderegg，2014）。这些策略都可以帮助减少不确定因素，增进对于与交往对象的共性和社会性吸引力的感知（Antheunis et al., 2010），同时降低一些可以感知的危险，如颜面丢失，引起目标对象不愉快，或者失去对于关系形成过程的控制。

宣布恋情的新模式

"永久在线，永久连接"最终也改变了年轻人规划及同意与伴侣展开一段关系并将其告知他人的方式。社交媒体成为宣布开始一段恋爱关系的工具，在"永久在线，永久连接"的环境中，伴侣们需要讨论如何运用这些工具。特别是在恋情刚开始，伴侣们有必要确定何时适合在社交媒体上公开恋情（Facebook Official，FBO[①]）（Fox & Warber，2012）。在社交媒体上公开恋情被认为是增加伴侣忠诚度的一种表现，还会涉及上传新照片或者更换留言板内容等问题。分享同样的 FBO 状态以及更新社交网站上的资料可以对关系满意度产生积极影响（Papp, Danielewicz & Cayemberg, 2012），这也表明了在线宣布新恋情的相关性。

## "永久在线，永久连接"伴侣：移动通讯与亲密关系的维系

一段亲密关系一旦开始，伴侣们会致力于加强他们之间的关系并将其融入自我认知，与伴侣建立亲密关系（Knapp，1978）。因此关系维系阶段的特点就是通过有策略的交流方式以确保恋爱关系中亲密感的持续存在且达到预期水平（Canary & Stafford，1994）。关系维系的目标可以是维持关系的存在，保持关系处于令人满意的状态，或者是修复一段关系（Dindia & Canary，1993）。目前已经划归出了几类不同的关系维护策略：积极性（positivity）策略的目标是在互动中向对方展现希望和乐观。确定性（assurances）策略的特点是伴侣间相互表达感情、承诺和欣赏。开放性（openness）策略是直接讨论关系的本质，也被称为关系的元传播（Brody & Peña，2015）。各种起辅助作用的活动，如家务活、照顾小孩和日常事务都被归为分担任务（sharing tasks）类。最后一个策略是社交网络（social networks），是指依靠共同的朋友和家人维

---

[①] FBO 为 Facebook Official 的首字母缩写，指在脸书上改变用户的恋爱状态，正式公开用户与约会对象的恋爱关系。

系关系,如参加共同的活动(Stafford & Canary, 1991)。

大量研究表明,积极运用维系策略有助于呈现一些关系特征,如感知公平、满意度和亲密度(Stafford & Canary, 2006)。值得注意的是,这些行为不仅在面对面的互动中明显可见,在以计算机为媒介的交流中也清晰可见(Ledbetter, 2010)。尽管有理论和实践表明"永久在线,永久连接"状态对于亲密关系的感知质量和满意度能产生积极影响,同时也有一些对于这种状态可能产生的各种负面影响的顾虑。

## 保持"永久在线,永久连接"状态对恋爱关系的积极影响

### 密切联系的可能性和频率有所提高

关系维系的一切策略都需要伴侣间反复或频繁的交流。因此,"永久在线,永久连接"可能会极大地改变日常关系维系的条件,因为这种状态意味着伴侣之间,尤其是远距离伴侣之间的(再)联系机会呈指数级增加。伴侣们使用以文字为基础的移动在线交流方式践行上述五种关系维护策略(Brody & Peña, 2015)。具体而言,永久连接可以被用于分享经历和爱好,展示对伴侣的关心,还可以用于讨论一些有难度的话题,如承诺、感受和分歧(Bergdall et al., 2012)。因此,伴侣之间通过移动设备进行对话的常见原因包括表达感情、讨论重要问题和道歉(Coyne et al., 2011)。多项研究表明,伴侣之间常态化或频繁的线上交流可以产生一些积极影响:通话和短信息的数量和质量可以对关系承诺、爱情和关系的确定性产生积极影响(Jin & Peña, 2010),也有利于伴侣理想化(Toma & Choi, 2016)、关系满意度和亲密度(Morey, Gentzler, Creasy, Oberhauser & Westerman, 2013; Slatcher, Vazire & Pennebaker, 2008)。

### 保持"永久在线,永久连接"习惯可以增强伴侣的社会认同

"永久在线,永久连接"环境为伴侣之间的交流形成一种特定模式,例如,他们可能习惯于简短而频繁地打电话,发信息,或者在社交媒体上发布一些内容,可以多次表达联系、承诺和爱意等感觉(Ishii, 2006; Licoppe, 2004; McCormack, 2015; Utz & Beukeboom, 2011)。伴侣之间发送手机短消息的双向特征可以形成一种特殊的、只有伴侣之间能够理解的文本代码(Pettigrew, 2009)。这种伴侣之间特有的代码和(线上)交流模式可以强化恋爱关系中两人共享的社会认同,从而

也有利于在日常生活中巩固和维系这段关系（Slatcher, Vazire & Pennebaker, 2008）。通过"永久在线，永久连接"，具备伴侣特质的共享时刻会大大增加，因为即便两人无法面对面交流时，也可以出现并享受这样的时刻。此外，移动在线通信丰富了伴侣间可能的特定习惯模式，例如，通过一些新出现的且只能在特定应用程序中使用的"表情"等符号，伴侣们可以在专门适用于个人或恋人的语境中利用这些符号进行联系（Hassenzahl et al., 2012; Pettigrew, 2009）。

"永久在线，永久连接"可以提升性欲

性的满意度是伴侣幸福感和对关系满意度的重要因素（Byers, 2005）。"永久在线，永久连接"状态为伴侣们提供了一些可以满足性交流的新方法，这对于异地恋而言更为重要（Hassenzahl et al., 2012）。麦科马克（McCormack）（2015）在一项针对长期关系伴侣的定性访谈研究中发现，那些认为"永久在线，永久连接"状态有利的伴侣也表示，这种状态改善了他们的性生活。他们表示，通过发送和接收挑逗性的、有性色彩的信息、图片或视频（无论是自己本人的视频还是通过"实录"两人共处时的性爱过程，之后不在一起时再观看），可以丰富一段关系中的性领域内容。

性短信（sexting）被定义为通过移动设备"发送及接收有性暗示的图片、视频或文字"（Weisskirch & Delevi, 2011, p.1697）。在大学生样本中，超过一半的正处于热恋中的人都表示曾经给伴侣发送过色情内容（Drouin & Landgraff, 2012）。这一行为经常被与威胁健康的行为联系起来，尤其是对青少年而言（Van Ouytsel, Walrave, Ponnet & Heirman, 2015）。然而，对于成年人而言，性短信与健康风险和有风险的性行为不相关（Gordon-Messer, Bauermeister, Grodzinski & Zimmerman, 2013）。通过发送性短信，"永久在线，永久连接"使得伴侣之间可以全天候、更容易地涉及亲密关系中的性领域，同时也拓展了交流和享受性互动的空间，不仅仅局限于面对面的接触。与传统的情书一样，伴侣之间可以用手机创造一些新的象征（性）关系意义的事物，如图像和视频。此类事物的存在和交换可以被视为关系维系过程中的一种新型的且具有"永久在线，永久连接"特色的因素。

### 保持"永久在线，永久连接"状态对恋爱关系的消极影响

#### 对于面对面交谈的毒害

保持"永久在线，永久连接"状态意味着将高度的注意力和大量时间投入移动线上交流中（Klimmer et al., this volume）。当伴侣们共度时光时，使用移动在线设备可能会破坏积极的交互动态，这种情况被称为"科技入侵"（technoference）① （McDaniel & Coyne, 2016, p. 85）。当伴侣在场时查看智能手机，即便是无意的短暂行为，他们也会发送关于他们更重视、更关注什么的暗示信息。关于保持"永久在线，永久连接"状态如何影响积极的面对面互动的一个例子就是，这种状态可能会产生性接触失败的风险。在麦科马克（2015）的研究中，伴侣们表示会因为一方使用智能手机而推迟性生活，例如，可能会等其结束一局游戏或者与其他人的线上谈话再开始。特别是，当保持"永久在线，永久连接"状态成为一种过度的或强迫性的行为时（Kerkhof, Finkenauer & Muusses, 2011; van Koningsbruggen, Hartmann, and Du, this volume; Klimmt and Brand, this volume），伴侣在共度闲暇时光、交谈或用餐时被频繁打断，这可能会对亲密关系的质量构成压力，如矛盾升级、产生排斥感以及关系的亲密度、热情和满意度降低（Coyne et al., 2011; Karadağ et al., 2015; Kerkhof et al., 2011; McDaniel & Coyne, 2016; Roberts & David, 2016）。

总而言之，保持"永久在线，永久互联"状态并进行移动线上交流可能对于分隔两地的伴侣的恋爱关系大有裨益（见上文）。但是如果伴侣在面对面的谈话中频繁看手机，那么他们之间的关系也会因为"低头族"习惯而面临重大风险，因为伴侣之间可能会感到嫉妒、被忽略、不被关注、不重要、无聊或被孤立，如果问题悬而未决，这会导致他们的关系面临危机（Krasnova, Abramova, Notter & Baumann, 2016）。

#### 线上信息可以引发嫉妒

处于恋爱关系的伴侣们如果保持"永久在线，永久连接"状态，那么这段关系就是较大范围的朋友和重要相关人员关系网络里的一部

---

① "科技入侵"指的是技术设备在日常生活中，侵入、中断或阻碍夫妻或家庭之间沟通交往的时间和方式。——译者注

分，两人会共享多种线上互动信息流。因而保持"永久在线，永久连接"状态意味着会通过线上社交网络接收到关于伴侣的更多信息，例如通过观察伴侣与其他人的线上交流情况。如此，"永久在线，永久连接"用户可能会接收到关于伴侣的一些不明确信息，而且如果没有新的移动线上通讯和社交工具，他们将无法获取这些信息（Muise, Christofides & Desmarais, 2009）。这些额外的信息可能会引发嫉妒情绪，从而对伴侣之间的关系构成压力。（移动）社交媒体会为伴侣之间就一些观点的讨论制造机会和因素，进而导致关系不稳定和产生嫉妒心理：(1) 视觉信息（Visual information）不利于关系的稳定发展，例如看到伴侣与其他人互动，或者看到他/她给别人的照片"点赞"。(2) 伴侣交流（Partner communication）可能会引发冲突，例如伴侣之间如何对待彼此的线上信息和资料（点赞、评论以及分享他/她的帖子内容）。(3) 第三方交流（Third-party communication）可能引发矛盾，例如阅读他人评论、指点和点赞或者干涉自己关系的内容；伴侣的线上社交网络成员如果有调情行为，也被视为一类特殊的"干扰"（Fox & Moreland, 2015; Len-Ríos et al., 2016）。

多项研究表明，（移动）社交媒体的这些特点确实可以产生一些消极感觉，而如果伴侣们完全没有线上活动，则不会出现这些感觉（Fox, Osborn & Warber, 2014; Muscanell & Guadagno, 2016; Utz & Beukeboom, 2011）。例如，伴侣用在 Facebook 网站上的时间与嫉妒感的增加（Muise et al., 2009）以及满意度的降低、相互发现对方更多缺点等对关系有不利影响的结果（Clayton, Nagurney & Smith, 2013; Hammond & Chou, 2016）相关。因为使用技术而产生的矛盾（例如社交网站上触发争执、恼怒或争论的活动）缓解了花费在社交媒体上的时间以及负面因素对伴侣关系影响（Clayton, 2014）。

"永久在线，永久连接"催生新型异常伴侣行为

保持"永久在线，永久连接"状态可能会引发嫉妒情绪，而如果不保持永久连接可能就不会产生这种情绪。对智能手机的重度使用可能也会危害亲密关系，因为有异常行为的伴侣可能会发现强化异常行为的新方法。用户利用移动社交媒体上丰富的信息资源，可以对伴侣进行密切的控制和监视，这一做法被称为监控行为（Muise, Christofides & Desmarais, 2014; Tokunaga, 2011）。嫉妒和监视会对关系的满意度产

生负面效应（Elphinston & Noller，2011）。此外，一些毁谤者可能会利用社交媒体伤害其伴侣，如破坏其隐私或将其私密照片泄露给大众，这种行为被称作"色情报复"（revenge porn）（cf. Bates，2016）。

## 分手后保持联系？"永久在线，永久连接"和解除亲密关系

一段关系的"最终"阶段，也就是关系解除，通常是一个充满压力和痛苦的过程，与之伴随，人们会产生一些负面情绪（焦虑、愧疚、生气），并且需要很强的自我控制力才能保持正常生活状态（Chung et al.，2012）。分手和离婚一般会给人们的日常生活带来不愉快的变故，随之而来的还会产生挑战，以及努力适应来面对可能发生的负面影响（Frost，Rubin & Darcangelo，2015）。

对于亲密关系的第三阶段，移动通讯被认为有助于伴侣采用"逃离"策略，即想要"逃离"的一方可以控制接触的频率和热情程度并使关系逐渐冷却，这样希望增加"距离"的伴侣就可以慢慢退出这段关系。突然分手不需要大费周折，伴侣之间仅通过发送一条"分手信息"或者快速打一个电话就可以实现，而不必经历充满压力的谈话过程（Bergdall et al.，2012）。然而，在这一阶段，伴侣有产生距离并寻求"思想解脱"的需求和期望，而永久连接则被认为对这一阶段不利。

这是因为（移动）社交媒体及其重度使用行为使得线上分离与线下分离的实现都变得极为困难。随着时间的增长，伴侣之间及其周围的线上关系也随之发展，它们很难被轻易解除，部分联系会在恋情结束后依然存在。这些联系让分手的伴侣们可以（或者使他们）继续保持联系。有研究将前任伴侣之间通过社交媒体进行的不良联系划分为三类：秘密挑衅（covert provocation）、公开骚扰（public harassment）和发泄怒气（venting）（Lyndon，Bonds-Raacke & Cratty，2011）。这三类行为都与过度在线跟踪前任伴侣和偏执地追求对方有关。也就是说，通过监督和跟踪前任伴侣——在分手后依然可能通过电子设备和即时通信软件以及社交网络上的信息对另一半进行监督和跟踪——人们就需要更多的时间来愈合创伤并形成心理分离。焦虑依恋型个体更容易受其影响（Hazan & Shaver，1987）。这类人群倾向于为（破裂的）感情投入更长的时间，而如果一个人对关系的投入越多，他/她在分手后所经历的感情上的痛苦和对伴侣的监视就会越多。总之，"永久在线，永久连接"状态

会加深关系解除所产生的情感痛苦，需要付出额外的努力才能有效落实并处理好分手问题。

## "永久在线，永久连接"有益还是有害？依恋型人格弱化了移动线上通讯对恋爱关系的影响

之前的几部分内容讨论了"永久在线，永久连接"状态对于恋爱关系的起始、维系和解除各个阶段的有利和不利影响。单纯假定"永久在线，永久连接"状态对一段关系产生的是积极影响还是消极影响是不现实的，但是对于研究者和介入者而言，了解"永久在线，永久连接"状态中的哪些因素分别会带来积极影响和消极影响是很重要的。

在这一方面，根据伴侣的依恋类型（attachment styles）判断"永久在线，永久连接"状态对双方的影响，这似乎是合理的（Hazan & Shaver, 1987）。可以从依恋与焦虑这两个缺乏安全感依恋的维度来解读依恋类型概念。焦虑依恋和回避依恋度低的人表现出的是带有安全感的依恋。焦虑依恋的个体认为自己不可爱，害怕被抛弃。因此，他们会采取非常主动的维系策略，并且对于威胁到一段关系的事物极为警觉（Luo, 2014）。回避依恋型个体不喜欢过度密切或亲近，对他人表现出高度的不信任（Collins & Allard, 2001）。在一段关系中，以这样一种缺乏安全感的视角看待自己的性格特质很可能会与"永久在线，永久连接"的行为相互作用，从而对关系质量产生不利影响。

回避型个体不太可能让身处的关系引起公众注意，也不会与伴侣进行频繁、长时间的联系，无论是通过电话（Jin & Peña, 2010）还是短信（Drouin & Landgraff, 2012）。对于更喜欢依靠自己而非与伴侣相互依赖的人而言，"永久在线，永久连接"所带来的机会似乎变成了一种额外的负担，因为他们希望尽可能减少亲密接触，这与线上各种可以保持联系的方式相矛盾。这样一来可能会给他们造成额外的压力，并加重他们对于关系的不安全感，因为他们必须应对亲密和亲近状态给他们带来的压力（Emery, Muise, Dix & Le, 2014）。因此，在选择与伴侣交流的渠道时，回避依恋型个体不太可能选择会增加亲密感和直接性的交流渠道，尤其是像面对面交流这种方式（Wardecker, Chopik, Boyer & Edelstein, 2016）。

换言之，这也表明了"永久在线，永久连接"对于回避依恋型个

体的好处：例如，回避依恋型个人喜欢疏离和间接的沟通方式，因为他们认为这样可以更容易地解决人与人之间的矛盾（Wardecker et al., 2016）。因此，相较于其他交流方式而言，他们会更多地选择基于文字的交流方式（Luo，2014），这也会与更为积极的质量关系呈现相关性（Morey et al.，2013）。

与之相反，焦虑依赖型个人在"永久在线，永久连接"状态下会表现出他们极度的警惕性。例如，他们更加容易频繁给伴侣发信息（Luo，2014）以及性短信（Weisskirch & Delevi，2011），而且还会线上跟踪伴侣（Reed, Tolman, & Safyer, 2015），从而将自己从失去、背叛、抛弃的恐惧中解脱出来，出现这种现象的部分原因是他们具有较强的嫉妒心理（Marshall, Bejanyan, Di Castro, & Lee, 2013）。里德（Reed）和同事们（2016）表示，"永久在线，永久连接"状态会为焦虑依赖型个体带来"焦虑循环"（p.261），因为永久连接的一些新形式从技术方面为监控伴侣提供了机遇，同时也滋生了对于关系的焦虑感（例如，伴侣与他人的合影、有调情意味的评论以及标签等信息都可以作为导火索）。

总之，尽管关于"永久在线，永久连接"与依恋型人格之间关系的调和仍需要进一步研究，但可以合理假定，回避依恋型或焦虑依恋型个体相较于安全依恋型个体而言，更容易因为"永久在线，永久连接"状态而对关系发展产生负面影响。或许"明智"地运用"永久在线，永久连接"行为会在一定程度上弥补缺乏安全感的依恋型人格的弊端（例如，回避依恋型个体可以通过基于文字的信息更好地控制亲密程度），但是关于各类依恋型人格如何通过保持"永久在线，永久连接"与伴侣进行良性互动方面尚需进一步的理论建设和研究。

# 结 论

当前章节讨论了"永久在线，永久连接"状态已经进入了亲密关系领域这一事实。保持"永久在线，永久连接"状态会对亲密关系从开始到维系、解除各个阶段产生各种各样的影响，而这些影响可能会对亲密关系带来积极或负面效应。在关系起始和维系阶段，保持"永久在线，永久连接"状态对于异地恋伴侣而言可能更加有益，而如果伴侣在身边还保持这种状态则可能产生感情危机。一般而言，较于智能手机使用和线上通信对亲密关系的积极影响，以往的研究更侧重于强调负面影响。

一些学者由移动技术保持永久连接的各种可能性推断出现代通信技术在摧毁人们的社会交往方面威力不可小觑。然而,每一对伴侣——至少可以在某种程度上——形成自己处理"永久在线,永久连接"状态的习惯和规则,并加以调整,从而达到调节关系的目标(例如,Baym, Zhang, Kunkel, Ledbetter & Lin, 2007)。就"永久在线,永久连接"的习惯和方式进行反思和讨论可能会让永久连接对恋爱和亲密关系大有裨益。

如果永久连接可以增进或建立亲密感,同样也可以对感情起到稳定作用,因为对于可感知的亲密性已经被定论为消解关系消极性的一个重要因素,包括因"永久在线,永久连接"相关行为而出现的一些令人厌烦的经历(Hand, Thomas, Buboltz, Deemer & Buyanjargal, 2012)。经证实,在发生矛盾时的谅解感可以减少矛盾分歧对感情的破坏性影响(Gordon & Chen, 2016),面对面交流依然是澄清重要的、有挑战性的、严肃的以及非常感性的话题的最佳解决途径。在这一背景下,伴侣从"永久在线,永久连接"带来的整体及部分带有威胁性的影响中得到的启示,他们意识到或许应该考虑重新让"无时无刻"回到亲密关系中(Cantó-Milà et al., 2016),如此,彼此不需要电子媒介就可以联络。

## 参考文献

Amplitude Research, *Mobile's impact on dating & relationships*, Retrieved November 14, 2016, from www.stateofdatingreport.com/docs/FINAL_Mobiles_Impact_on_Dating_and_Relationships_Study.pdf, 2013.

Antheunis, M. L., Valkenburg, P. M. & Peter, J., Getting acquainted through social network sites: Testing a model of online uncertainty reduction and social attraction, *Computers in Human Behavior*, 2010, 26(1): 100 – 109. http://doi.org/10.1016/jxhb.2009.07.005.

Augé, M., *Non-places: Introduction to an anthropology of supermodernity*, London: Verso, 1995.

Bates, S., Revenge porn and mental health: A qualitative analysis of the mental health effects of revenge porn on female survivors, *Feminist Criminology*, 2016, 12(1): 22 – 42. http://doi.org/1557085116654565.

Baumeister, R. E. & Leary, M. R., The need to belong: Desire for interpersonal attachments as a fundamental human motivation, *Psychological Bulletin*, 1995, 117 (3): 497 – 529.

Baym, N. K., Zhang, Y. B., Kunkel, A., Ledbetter, A. & Lin, M. – C., Relational quality and media use in interpersonal relationships, *New Media & Society*, 2007, 9 (5): 735 – 752. http: //doi. org/10. 1177/1461444807080339.

Bergdall, A. R., Kraft, J. M., Andes, K., Carter, M., Hatfield-Timajchy, K. & Hock-Long, L., Love and hooking up in the new millennium: Communication technology and relationships among urban African American and Puerto Rican young adults, *Journal of Sex Research*, 2012, 49 (6): 570 – 582. http: //doi. org/10. 1080/00224499. 2011. 604748.

Berger, C. R. & Calabrese, R. J., Some explorations in initial interaction and beyond: Toward a developmental theory of interpersonal communication, *Human Communication Research*, 1975, 1: 99 – 112.

Boothby, E. J., Smith, L. K., Clark, M. S. & Bargh, J. A., Psychological distance moderates the amplification of shared experience, *Personality and Social Psychology Bulletin*, 2016, 42 (10): 1 – 14. http: //doi. org/10. 1177/0146 167216662869.

Brody, N. & Peña, J., Equity, relational maintenance, and linguistic features of text messaging, *Computers in Human Behavior*, 2015, 49: 499 – 506. http: //doi. Org/10. 1016/j. chb. 2015. 03. 037.

Byers, E. S., Relationship satisfaction and sexual satisfaction: A longitudinal study of individuals in long-term relationships, *Journal of Sex Research*, 2005, 42 (2): 113 – 118. http: //doi. org/10. 1080/0022 4490509552264.

Canary, D. J. & Stafford, L., *Communication and relational maintenance*, San Diego, CA: Academic Press, 1994.

Cantó-Milà, N., Núnez-Mosteo, F. & Seebach, S., Between reality and imagination, between you and me: Emotions and daydreaming in times of electronic communication, *New Media & Society*, 2016, 18 (10): 2395 – 2412. http: //doi. org/10. 1177/1461444815586985.

Christopher, F. S., McKenney, S. J. & Poulsen, F. O., Early adolescents' "Crushing": Pursuing romantic interest on a social stage, *Journal of Social and Personal Relationships*, 2015, 33 (4): 1 – 19. http://doi.org/10.1177/0265407515583169.

Chung, M. C., Farmer, S., Grant, K., Newton, R., Payne, S., Perry, M., Stone., Self-esteem, personality and post traumatic stress symptoms following the dissolution of a dating relationship, *Stress and Health*, 2002, 18: 83 – 90.

Clayton, R. B., The third wheel: The impact of twitter use on relationship infidelity and divorce, *Cyberpsychology, Behavior, and Social Networking*, 2014, 17 (7): 425 – 430. http://doi.org/10.1089/cyber.2013.0570.

Clayton, R. B., Nagurney, A. & Smith, J. R., Cheating, breakup, and divorce: Is Facebook use to blame? *Cyberpsychology, Behavior, and Social Networking*, 2013, 16 (10): 717 – 720. http://doi.org/10.1089/cyber.2012.0424.

Collins, N. L. & Allard, L. M., Cognitive representations of attachment: The content and function of working models, In G. O. Fletcher & M. S. Clark (Eds.), Blackwell handbook of social psychology: Interpersonal processes, 2001, (pp. 60 – 85). Malden, MA: Blackwell.

Coyne, S. M., Stockdale, L., Busby, D., Iverson, – B. & Grant, D. M., "I luv u:)!": A descriptive study of the media use of individuals in romantic relationships, *Family Relations*, 2011, 60 (2): 150 – 162. http://doi.org/10.1111/j.1741 – 3729.2010.00639.x.

Dindia, K. & Canary, D. J., Definitions and theoretical perspectives on maintaining relationships, *Journal of Social and Personal Relationships*, 1993, 10: 163 – 173. doi: 10.1177 = 026540759301000201.

Drouin, M. & Landgraff, C., Texting, sexting, and attachment in college students, romantic relationships, *Computers in Human Behavior*, 2012, 28 (2): 444 – 449. http://doi.Org/10.1016/j.chb.2011.10.015.

Elphinston, R. a. & Noller, P., Time to face it! Facebook intrusion and the implications for romantic jealousy and relationship satisfaction, *Cyberpsychology, *Behavior and Social Networking*, 2011, 14 (11): 631 –635. http: //doi. org/10. 1089/cyber. 2010. 0318.

Emery, L. E., Muise, A., Dix, E. L. & Le, B., Can you tell that Tm in a relationship? Attachment and relationship visibility on Facebook, *Personality and Social Psychology Bulletin*, 2014, 40 (11): 1466 – 1479. http: //doi. org/10. 1177/0146167214549944.

Fox, J., The dark side of social networking sites in romantic relationships, In G. Riva, B. K. Wiederhold & P. Cipresso (Eds.), *The psychology of social networking: Communication, presence, identity, and relationships in online communities*, 2016, (pp. 78 –89). Berlin, Germany: Versita.

Fox, J. & Anderegg, C., Romantic relationship stages and social networking sites: Uncertainty reduction strategies and perceived relational norms on facebook, *Cyberpsychology, Behavior, and Social Networking*, 2014, 17 (11): 685 – 691. http: //doi. org/10. 1089/cyber. 2014. 0232.

Fox, J. & Moreland, J. J., The dark side of social networking sites: An exploration of the relational and psychological stressors associated with Facebook use and affordances, *Computers in Human Behavior*, 2015, 45: 168 – 176. http: //doi. org/10. 1016/jxhb. 2014. ll. 083.

Fox, J., Osborn J. L. & Warber, K. M., Relational dialectics and social networking sites: The role of Facebook in romantic relationship escalation, maintenance, conflict, and dissolution, *Computers in Human Behavior*, 2014, 35: 527 – 534. http: //doi. org/10. 1016/jxhb. 2014. 02. 031.

Fox, J. & Warber, K. M., Romantic relationship development in the age of Facebook: An exploratory study of emerging adults'perceptions, motives, and behaviors, *Cyberpsychology, Behavior, and Social Networking*, 121025083321009. http: //doi. org/10. 1089/cyber. 2012. 0288, 2012.

Fox, J., Warber, K. M. & Makstaller, D. C., The role of Facebook in romantic relationship development: An exploration of Knapps relational stage model, *Journal of Social and Personal Relationships*, 2013, 30 (6): 771-794. http://doi.org/10.1177/0265407512468370.

Frost, D. M., Rubin, J. D. & Darcangelo, N., Making meaning of significant events in past relationships: Implications for depression among newly single individuals, *Journal of Social and Personal Relationships*, 2015, 33 (7): 1-23. http://doi.org/10.1177/0265407515612241.

Gibbs, J. L., Ellison, N. B. & Lai, C.-H., First comes love, then comes Google: An investigation of uncertainty reduction strategies and self-disclosure in online dating, *Communication Research*, 2011, December, 38: 70-100. http://doi.org/10.1177/0093650210377091.

Gordon, A. M. & Chen, S., Do you get where I'm coming from? Perceived understanding buffers against the negative impact of conflict on relationship satisfaction, *Journal of Personality and Social Psychology*, 2016, 110 (2): 239-260. http://doi.org/10.1037/pspi0000039.

Gordon-Messer, D., Bauermeister, J. A., Grodzinski, A. & Zimmerman, M., Sexting among young adults, *Journal of Adolescent Health*, 2013, 52 (3): 301-306. http://doi.org/10.1016/jjadohealth.2012.05.013.

Hammond, R. & Chou, H. G., Using facebook: Good for friendship but not so good for intimate relationships, In G. Riva, B. K. Wiederhold, & P. Cipresso (Eds.), *The psychology of social networking: Communication, presence, identity, and relationships in online communities*, 2016, (pp. 41-52). Berlin, Germany: Versita.

Hand, M. M., Thomas, D., Buboltz, W. C., Deemer, E. D. & Buyanjargal, M., Facebook and romantic relationships: Intimacy and couple satisfaction associated with online social network use, *Cyberpsychology, Behavior, and Social Networking*, 2012, 16 (1): 121026063615008. http://doi.org/10.1089/cyber.2012.0038.

Hassenzahl, M., Heidecker, S., Eckoldt, K., Diefenbach, S. & Hillmann, U., All you need is love: Current strategies of mediating intimate relationships through technology, *ACM Transactions on Computer-Human Interaction*, 2012, 19 (4): 1-19. http://doi.Org/10.1145/2395131.2395137.

Hazan, C. & Shaver, P., Romantic love conceptualized as an attachment process, *Journal of Personality and Social Psychology*, 1987, 52: 511 – 524.

Ishii, K., Implications of mobility: The uses of personal communication media in everyday life, *Journal of Communication*, 2006, 56 (2): 346 – 365. http://doi. Org/10. llll/j. 1460 – 2466. 2006. 00023. x.

Jin, B. & Peña, J. F., Mobile communication in romantic relationships: Mobile phone use, relational uncertainty, love, commitment, and attachment styles, *Communication Reports*, 2010, 23 (1): 39 – 51. http://doi. org/10. 1080/08934211003598742.

Karadağ, E., Tosuntaş, Ş. B., Erzen, E., Duru, R., Bostan, N., Şahin, B. M., Babadağ, B., Determinants of phubbing, which is the sum of many virtual addictions: A structural equation model, *Journal of Behavioral Addictions*, 2015, 4 (2): 1 – 15. http://doi. Org/10. 1556/2006. 4. 2015. 005.

Kerkhof, P., Finkenauer, C. & Muusses, L. D., Relational consequences of compulsive Internet use: A longitudinal study among newlyweds, *Human Communication Research*, 2011, 37 (2): 147 – 173. http://doi. org/10. 1111/j. l468 – 2958. 2010. 01397. x.

Knapp, M. L., *Social intercourse: From greeting to goodbye*, Needham Heights, MA: Allyn & Bacon, 1978.

Knobloch, L. K. & Solomon, D. H., Information seeking beyond initial interaction-negotiating relational uncertainty within close relationships, *Human Communication Research*, 2002, 28 (2): 243 – 257. http://doi. org/10. 1111/j. 1468 – 2958. 2002. tb00806. x.

Krasnova, H., Abramova, O., Notter, I. & Baumann, A., Why phubbing is toxic for your relationship: Understanding the role of smartphone jealousy among "Generation" users, *In 24th European Conference on Information Systems (ECIS)*, Istanbul, Turkey, 2016.

Ledbetter, A. M., Assessing the measurement invariance of relational maintenance behavior when face-to-face and online, *Communication Research Reports*, 2010, 21: 30 – 37. http://doi. org/10. 1080 = 08824090903

526620.

Lenhart, A., Anderson, M. & Smith, A., *Teens, technology and romantic relationships*, Retrieved November 14, 2016, from www.pewlnternet.org/2015/10/01/teens-technology-and-romantic-relationships/, 2015.

Lenhart, A. & Duggan, M., Couples, the Internet, and social media, Retrieved November 14, 2016, from www.pewInternet.org/2014/02/11/couples-the-Internet-and-social-media/, 2014.

Len-Ríos, M. E., Streit, C., Killoren, S., Deutsch, A., Cooper, M. L. & Carlo, G., US Latino adolescents use of mass media and mediated communication in romantic relationships, *Journal of Children and Media*, 2016, April, 2798: 1 – 16. http://doi.org/10.1080/17482798.2016.1144214.

Licoppe, C., "Connected" presence: The emergence of a new repertoire for managing social relationships in a changing communication technoscape, *Environment and Planning D: Society and Space*, 2004, 22 (1): 135 – 156.

Luo, S., Effects of texting on satisfaction in romantic relationships: The role of attachment, *Computers in Human Behavior*, 2014, 33: 145 – 152. http://doi.Org/10.1016/j.chb.2014.01.014.

Lyndon, A., Bonds-Raacke, J. & Cratty, A. D., College students' Facebook stalking of ex-partners, *Cyberpsychology, Behavior & Social Networking*, 2011, 14 (12): 711 – 716. http://doi.org/10.1089/cyber.2010.0588.

Marshall, T. C., Bejanyan, K., Di Castro, G. & Lee, R. A., Attachment styles as predictors of Facebook-related jealousy and surveillance in romantic relationships, *Personal Relationships*, 2013, 20 (1): 1 – 22. http://doi.org/10.1111/j.1475 – 6811.2011.01393.x.

McCormack, M., *The role of smartphones and technology in sexual and romantic lives, Project Report*, Durham University, Retrieved April 20, 2017, from http://dro.dur.ac.uk/14770/1/14770.pdf?DDD34 + dvmq56, 2015.

McDaniel, B. T. & Coyne, S. M., "Technoference": The interference of technology in couple relationships and implications for women's personal and relational well-being, *Psychology of Popular Media Culture*, 2016, 5 (1): 85 – 98. http://doi.org/10.1037/ppm0000065.

Morey, J. N., Gentzler, A. L., Creasy, B., Oberhauser, A. M. & Westerman, D., Young adults' use of communication technology within their romantic relationships and associations with attachment style, *Computers in Human Behavior*, 2013, 29: 1771 – 1778.

Muise, A., Christofides, E. & Desmarais, S., More information than you ever wanted: Does Facebook bring out the green-eyed monster of jealousy? *Cyber Psychology & Behavior*, 2009, 12 (4): 441 – 444. http://doi.org/10.1089/cpb.2008.0263.

Muise, A., Christofides, E. & Desmarais, S., "Creeping" or just information seeking? Gender differences in partner monitoring in response to jealousy on Facebook, *Personal Relationships*, 2014, 21 (1): 35 – 50. http://doi.org/10.1111/pere.12014.

Muscanell, N. & Guadagno, R., 12 Social networking and romantic relationships: A review of jealousy and related emotions, In G. Riva, B. K. Wiederhold & P. Cipresso (Eds.), *The psychology of social networking: Communication, presence, identity, and relationships in online communities*, 2016, (pp. 143 – 158). Berlin, Germany: Versita.

Olson, D., Olson-Sigg, A. & Larson, P., *The couple checkup: Finding your relationship strengths*, Nashville, TN: Thomas Nelson, 2008.

Papp, L. M., Danielewicz, J. & Cayemberg, C., "Are we Facebook official?" Implications of dating partners' Facebook use and profiles for intimate relationship satisfaction, *Cyberpsychology, Behavior and Social Networking*, 2012, 15 (2): 85 – 90. http://doi.org/10.1089/cyber.2011.0291.

Pettigrew, J., Text messaging and connectedness within close interpersonal relationships, *Marriage & Family Review*, 2009, 45: 697 – 716. http://doi.org/10.1080/01494920903224269.

Reed, L. A., Tolman, R. M. & Safyer, P., Too close for comfort: Attachment insecurity and electronic intrusion in college students5 dating relationships, *Computers in Human Behavior*, 2015, 50: 431 – 438. http://doi.org/10.1016/j.chb.2015.03.050.

Reed, L. A., Tolman, R. M., Ward, L. M. & Safyer, P., Keeping tabs: Attachment anxiety and electronic intrusion in high school dating relationships, *Computers in Human Behavior*, 2016, 58: 259 – 268. http://doi.Org/10.1016/j.chb.2015.12.019.

Roberts, J. A. & David, M. E., My life has become a major distraction from my cell phone: Partner phubbing and relationship satisfaction among romantic partners, *Computers in Human Behavior*, 2016, 54: 134 – 141. http://doi.org/10.1016/jxhb.2015.07.058.

Saslow, L. R., Muise, A., Impett, E. a. & Dubin, M., Can you see how happy we are? Facebook images and relationship satisfaction, *Social Psychological and Personality Science*, 2012, 4 (4): 411 – 418. http://doi.org/10.1177/1948550612460059.

Scott, V. M., Mottarella, K. E. & Lavooy, M. J., Does virtual intimacy exist? A brief exploration into reported levels of intimacy in online relationships, *Cyberpsychology & Behavior*, 2006, 9 (6): 759 – 761. http://doi.org/10.1089/cpb.2006.9.759.

Slatcher, R. B., Vazire, S. & Pennebaker, J. W., Am "I" more important than "we"? Couples' word use in instant messages, *Personal Relationships*, 2008, 15 (4): 407 – 424. http://doi.Org/10.1111/j.1475 – 6811.2008.00207.x.

Stafford, L. & Canary, D. J., Maintenance strategies and romantic relationship type, gender and relational characteristics, *Journal of Social and Personal Relationships*, 1991, 8: 217 – 242.

Stafford, L. & Canary, D. J., Equity and interdependence as predictors of relational maintenance strategies, *Journal of Family Communication*, 2006, 6: 227 – 254.

Stewart, M. C., Dainton, M. & Goodboy, A. K., Maintaining relationships on Facebook: Associations with uncertainty, jealousy, and satisfaction, *Communication Reports*, 2014, 27 (1): 13 – 26. http://doi.org/10.1080/08934215.2013.845675.

Tokunaga, R. S., Social networking site or social surveillance site? Understanding the use of interpersonal electronic surveillance in romantic relationships, *Computers in Human Behavior*, 2011, 27 (2): 705–713. http://doi.org/10.1016/j.chb.2010.08.014.

Toma, C. L. & Choi, M., Mobile media matters: Media use and relationship satisfaction among geographically close dating couples, *In Proceedings of the 19th ACM Conference on Computer-Supported Cooperative Work & Social Computing-CSCW'16*, February, 2016, (pp. 394–404). http://doi.org/10.1145/2818048.2835204.

Turkle, S., *Alone together: Why we expect more from technology and less from each other*, New York: Basic Books, 2011.

Utz, S. & Beukeboom, C. J., The role of social network sites in romantic relationships: Effects on jealousy and relationship happiness, *Journal of Computer-Mediated Communication*, 2011, 16 (4): 511–527. http://doi.org/10.1111/j.1083-6101.2011.01552.x.

Vangelisti, A. & Perlman, D., *Cambridge handbook of personal relationships* (A. Vangelisti & D. Perlman, Eds.), Cambridge: Cambridge University Press, 2006.

Van Ouytsel, J., Walrave, M., Ponnet, K. & Heirman, W., The association between adolescent sexting, psychosocial difficulties, and risk behavior: Integrative review, *The Journal of School Nursing*, 2015, 31 (1): 54–69. http://doi.org/10.1177/1059840514541964.

Wardecker, B. M., Chopik, W. J., Boyer, M. R. & Edelstein, R. S., Individual differences in attachment are associated with usage and perceived intimacy of different communication media, *Computers in Human Behavior*, 2016, 59: 18–27. http://doi.org/10.1016/jxhb.2016.01.029.

Weisskirch, R. S. & Delevi, R., "Sexting" and adult romantic attachment, *Computers in Human Behavior*, 2011, 27 (5): 1697–1701. http://doi.Org/10.1016/j.chb.2011.02.008.

## 第四部分

# POPC 环境中的社会化：
# 成长、技能习得及文化影响

# 第十六章

# 伴随网络成长:媒介使用与青春期早期发展

艾米·B. 乔丹

(Amy B. Jordan)

## 引 言

青年和媒体等领域一直以来关注媒体对儿童健康发展的影响(Wartella & Jennings, 2000)。我们关注的是媒体如何来塑造儿童的学习(Huston & Wright, 1998)、玩耍(Singer, Singer & D'Agnostino, 2009)或社交互动(Cingel, Lauricella, Wartella & Conway, 2014)等行为方式。我们通常也关注媒体使用会给儿童成长带来哪些负面影响。暴力视频游戏是否会让儿童和青少年更加暴力(Moller & Krahe, 2009)、缺少同情心(Funk, Buchman, Jenks & Bechtoldt, 2003)或是缺乏信任感(Rothmund, Gollwitzer, Bender & Klimmt, 2015)?喜欢迪士尼公主电影的女孩子是否更易于接受性别刻板印象(Coyne, Linder, Rasmussen, Nelson & Birbeck, 2016)?数字媒体是否会降低青年人的持续关注力(Nikkelen, Valken-burg, Huizinga & Bushman, 2014)?虽然研究媒体对儿童发展的影响至关重要,但是我认为,通过询问儿童的媒体选择来了解他们的发展需求也同样重要。很显然,儿童喜欢使用媒体,而且几十年来一直在挪用旨在服务于成年人的媒介技术,以满足他们真实或感知的需求(Jones, 2002; Carroll, Howard, Vetere, Peck & Murphy, 2002; Troseth, Russo & Strouse, 2016)。因此在本章节中,我将通过研究儿童在特定发展阶段——青春期早期——的认知特征,来更好地探索媒体对儿童的影响以及分析儿童的媒介使用偏好和习惯对其发展特征的体现。此外，我对于青春期早期的考察置于这样一个时代：年轻人有机会全天候、一周七天处于在线和连接状态。正如沃特拉（Wartella）及其同事的观察之所见，"在一个数字媒体时代，青少年实际上受缚于技术和数字设备"（Wartella, Rideout, Montague, Beaudoin-Ryan & Lauricella, 2016, p. 21）。

### 青春期早期在媒介使用研究中的重要性

本章节之所以重点关注青春期早期，其主要原因如下。首先，在媒介研究中，青春早期（9—12岁）是一个相当重要但又常被忽视的儿童发展阶段。我们的媒介使用偏好和使用模式通常在青春期早期开始形成，贯穿青春期晚期（Leung, 2014）直至成年阶段（Potts & Seger, 2013）。其次，在这一阶段，随着父母监督的减少，儿童在媒体消费中有着更大的自主性（Bjelland et al., 2015）。第三个原因下面也将会谈到，虽然像Facebook等社交媒体出台政策并规定13岁以下儿童不得使用社交媒体，但正是在这个阶段，很多儿童开始接触到社交媒体（Blackwell, Lauricella, Conway & Wartella, 2014）。青春期早期是一个认知、情感和身体出现强烈变化的时期。正如埃克尔斯（Eccles）所指出：

> 几乎没有一个发展期……像青春期早期一样在不同层面经历着如此多的变化，他们不仅要经历发育期的身体变化，经历从小学教育到中学教育的过渡，还要经历伴随性行为出现的心理转变。
>
> （1999, p. 37）

事实上，有着"青春期心理学之父"美誉的斯坦利·霍尔（G. Stanley Hall, 1904）也将这一生命阶段标注为"sturm und drang"（意为"狂飙突进"）——霍尔及许多学者都认为这些变化是"普遍的"和"不可避免的"（Arnett, 2006; Petersen et al., 1993）。

培养自主性和具有个人独特性的自我意识需求是青春期行为的一个重要驱动因素（Connell & Wellborn, 1991）。这种自主性既来自社会角色和期望的转变，也来自生理和认知的变化（Eccles, 1999）。对某些青少年来说，他们在这些方面的转变尤其巨大，在这一十字路口做出的许多决定都可能导致负面结果，例如毒瘾、性冒险和孤立（Eccles,

1999；Rutter，1988）。此外，由于受社会心理和文化因素的影响，"身份"和"自主"也将具有完全不同的含义。有充分证据表明，女孩和男孩（Buhrmester & Prager，1995；Valkenburg & Peter，2007）以及少数族裔（Umana-Taylor et al.，2014）、LGBTQ① 青年（Poteat，2015）在青春期早期经历的压力不同。

然而，尽管存在这些差异，但是在青春期早期还是存在一些即使不是普遍性的但也具有共同性的变化，而了解这些变化则能够帮助我们阐释媒介在青春期早期生活中发挥如此重要作用的方式和原因。首先，这个年龄段的儿童不仅越来越能够抽象地思考，还能够考虑各种假设情况。认知的变化也能够让他们更深刻地理解他人的观点，也包括他们内在的心理特征（Steinberg，2017）。其次，青春期前的儿童已经开始"远离"父母，这一转变既有可能导致冲突，也会有助于培养他们的独立性和自我效能感（Lerner & Steinberg，2009）。第三，在青春期早期，青少年开始更多地关注同龄人群体、社会接受程度和从众性。与儿童期早期相比，他们花费更多的时间来与同龄人建立更密切的关系（Huston & Ripke，2006）。

同龄人较为深入的导向可能会将青少年卷入一种现代现象中，这通常被沃德勒及其同事称为"永久在线、永久连接"（permanently online/permanently connected，简称POPC）（Vorderer，Krömer & Schneider，2016）。POPC 由两个方面组成："长期使用电子媒介的明显行为和永久性交际警惕的心理状态"（p. 695）。虽然青少年的 POPC 现象还有待于系统性的研究，但是 POPC 的假设心理起源也体现了青春期的许多发展特征，包括归属感、对排斥的恐惧和错失恐惧症等（Vorderer et al.，2016，p. 695）。

然而，儿童期并未总是被视为一个独特或特别重要的时期。在许多领域，9 岁至 12 岁儿童被归类为"学龄"儿童或"青春前期"儿童。但是在美国，媒体制作人（尤其是电视节目制作人）认识到，这一年龄段的受众行为既不同于比其年幼的儿童，也不同于比其年长的青少

---

① LGBTQ 为女同性恋者（Lesbians）、男同性恋者（Gays）、双性恋者（Bisexuals）与跨性别者（Transgender）的英文首字母缩略字。在现代用语中，"LGBT"一词十分重视性倾向与性别认同文化多样性，除了狭义的指同性恋、双性恋或跨性别族群，也可广泛代表所有非异性恋者。

## 第四部分 POPC 环境中的社会化：成长、技能习得及文化影响

年。媒体开始为这一年龄段观众创作内容，并将其专门标注为"tween"（青年）（这是一个合成词，由"in between"和"teen"这两个单词构成），该年龄段也被视为一个单独的目标受众。例如，美国疾病控制与预防中心（The Centers for Disease Control and Prevention）花费数百万美元来制定、传播和分析一项专为青春期前儿童设计的社会营销活动（"VERB 活动"），鼓励他们更积极地运动（Huhman, Bauman & Bowles, 2008）。一些育儿书籍为业界人士与青春期前儿童打交道提供了新的指南（Goodstein, 2008），而研究人员也开始将青春期前少年与儿童和青少年分开来研究（Azzarone, 2003; Common Sense Media, 2015）。"Tween"这一美国创造的新词也越来越多地在美国之外的语境中使用。例如，丹麦和香港的研究人员对"青春期前消费者"对电视和互联网广告的看法进行了研究（Andersen, Tufle, Rasmussen & Chan, 2007）。尽管青春期前的年龄范围会有变化，但是学界对于该年龄段群体的特征一直都保持独特的兴趣，当然也包括他们的媒介使用模式（Common Sense Media, 2015）。

### 青少年早期的媒介使用

大多数已发表的关于当前"青春期前"儿童媒介使用模式的研究均以美国、英国和欧洲的青年群体为样本。然而不幸的是，这些研究存在局限性，但即便如此，这也是未来以全球化的思维方式来研究青年与媒介的起点。

由 33 个主要欧洲国家组成的"欧盟儿童在线"（EU Kids Online）网络有针对性地开展了跨国调查和访谈分析，他们发现，这些国家中近三分之二（63%）的 11 岁至 16 岁儿童每天"访问社交网络资料"（只有 18% 的父母称他们不允许孩子使用社交媒体）（EU Kids Online, 2014）。虽然像 Facebook、Instagram、Snapchat、WhatsApp、Twitter 等大多数社交网站制定了限制儿童访问其网络的政策，但是显然青春期前儿童正在访问并参与这些社交网站社区。2016 年一项由 BBC 进行的调查表明，英国四分之三的 10 岁至 12 岁儿童使用社交媒体（Coughlan, 2016）。另外一项针对美国 8 岁至 12 岁儿童进行的调查显示，约五分之一（18%）的儿童认为 Facebook 是"最喜欢"的网站。尽管有年龄限制，但家长似乎并不是很担心。戴纳·博伊德（danah boyd）及其同事（2011）的

研究发现，许多家长都知道他们的未成年孩子正在使用社交媒体，他们"经常与孩子串通一气并帮助孩子加入这些社交网站"（boyd, Hargittai, Schultz & Palfrey, 2011）。

当然，青年人的媒介使用偏好也体现出他们的技术获取能力。在美国，几乎所有的高收入家庭都拥有一台笔记本电脑（92%）和/或一台平板电脑（89%），而较低收入家庭的儿童拥有这些设备的比例则较低（分别为54%和71%）。非营利组织"常识媒体"① （Common Sense Media）的一项调查表明受访者在技术获取能力方面存在差距（commonsensemedia.org），其他研究也指出在技术使用鸿沟方面存在更大的差距。正如多兰（Dolan）所主张的，"获取能力"的定义现在必须包括：

> 定位技术的可访问性、补充技术（如软件）的可用性、移动技术的爆炸式增长及学生了解和使用技术的个人能力。此外，学生在家接触技术以及在校外使用技术的方式似乎与他们在学校获得和使用技术并不相关。

(2016, p.19)

## 青春期早期少年的发展特点及媒介在他们生活中的作用

如前所述，我们可以按照多个重要的基准来理解体现青春期早期的童年空间：提升理解抽象和假设的认知能力、形成独立身份和自我概念以及在改变与家庭关系的背景下加强与同龄人的联系。通过这些同步镜头，我们可以在青少年发展的背景下来考察POPC这个概念。

媒介与认知

在青春期早期，随着儿童学习的复杂性不断提高，他们开始能够从多个方面来考虑问题并进行抽象和假设推理（Eccles, 1999）。尤其在呼吁"永久在线、永久连接"的背景下，数字媒体技术的过剩和普遍存在对青少年及其认知发展意味着什么呢？其中一个主要的关切与青少年面临多任务的趋势有关，大多数的青少年表示他们"大部分"或"某些"时间都需要处理多项任务（Rideout, Foehr & Roberts, 2010）。

---

① 常识媒体（Common Sense Media）是专门帮助儿童、家长和教育工作者提供媒体和技术使用建议的非营利组织机构。——译者注

## 第四部分 POPC 环境中的社会化：成长、技能习得及文化影响

已有研究表明，多任务处理会影响青少年的学习成绩（Pool, Koolstra & van der Voort, 2003）和认知功能能力（Ophir, Nass & Wagner, 2009）。例如，有研究假设：利用数字媒介处理多任务会对青少年的学习产生负面影响，因为他们在处理具有竞争性的传入信息时能力有限（hen & Yan, 2016; see also David, this volume and Xu and Wang, this volume）。对身处 POPC 环境的个人而言，媒介多任务处理更像是序列式任务处理（serial tasking），学习者不停地经历停顿、开始及打断等过程，这都需要时间来恢复（Firat, 2013; Ophir, Nass & Wagner, 2009）。一项针对大学生的研究表明，虽然多任务处理会消耗"较高认知成本"，但他们仍然选择同时处理多重任务，因为这既满足了他们的情感需求，也是习惯所然（Wang & Tchernev, 2012）。而对刚刚开始形成学习习惯及可能无法控制其冲动的青少年来说，媒介多任务处理则可能会影响他们的学习效果。荷兰一项针对青少年早期执行能力（即工作记忆、转移和控制）的研究发现，11 岁至 15 岁间的儿童更频繁地进行媒介多任务处理，他们在长时间保持专注和集中注意力方面存在更多问题（Baumgartner, Weeda, van der Heijden & Huizinga, 2014）。在这项研究中有重度多任务处理行为的青少年也存在更多的学校和社会问题。

对不断寻求刺激而又缺少自我控制的青少年而言，数字媒介技术具有很大的吸引力。一项针对美国青少年进行的为期三年的纵向调查发现，男孩和女孩群体出现分化，女孩的外控倾向更强，男孩的内控倾向更强（Kulas, 1996）。青少年渴望处于 POPC 状态的冲动可能反映了他们对自己人生大事和结果的影响程度的感知。

社交媒体也为青少年能够假设、理解他人动机和观点看法提供了可能性。社交媒体还可以利用这些新认知能力，尤其是它们为处于 POPC 环境的青少年持续提供反馈。例如西蒙斯（Simmons）（2014）写道：

> Instagram 界面简洁是……具有欺骗性的，仔细观察，你就会找到女孩焦虑的罗塞塔石碑：这个方法能够让青少年了解到同龄人是如何真正看待他们的（那个关于我裙子的评论是开玩笑的吗？她真是这么认为的吗？）、谁喜欢你（为什么那张照片上没有我？），甚至是多少人喜欢你［你的发帖如果没有几个人点赞，你可能会

觉得"羞愧"（Instshame）]。

其他媒体也占用青少年的时间并吸引他们的注意力。数字游戏对青少年的吸引力与他们的好奇心、能动性和沉浸感（Klimmt, 2009; Bryant & Fondren, 2009）有关。人们发现游戏玩家有更强的归纳推理能力（Greenfield et al., 1994）、元认知能力（VanDeventer & White, 2002）以及注意力的空间分布能力（Boot, Kramer, Simons, Fabini & Gratton, 2008）等。有研究发现，甚至是暴力视频游戏也有助于提高科学推理能力（Dickey, 2011）——虽然观察人士很快指出，暴力视频游戏的益处"需要根据感知风险来考量"（Blumberg, Blades & Oats, 2013）。

媒介与身份发展

青春期早期一个重要的里程碑就是不同于父母和兄弟姐妹的身份认同发展，而且一种有个性的自我意识、一系列信仰以及指导未来决策的道德指向标（Moreno & Kolb, 2012）。媒介在青少年的身份发展中发挥着重要的作用，它提供了一个窗口，以让人们了解其思考方式、行为方式和自我展现方式。

早期关于青少年在线聊天室的研究发现，与现实世界相比，青少年聊天室里的"虚拟世界"可能为探索新的性别议题提供了一个更加安全的环境。皮尤研究中心（Pew Center）在2001年进行的一项研究发现，55%的青少年网民都访问过聊天室。苏巴拉曼尼恩（Subramanyam）及其同事（2004）针对聊天室的青少年用户进行的一项研究表明，虽然青少年会想方设法克服平台的"匿名性"和"无位置性"来更好地展现自己以及了解其他人的性别、性取向等类别，但是聊天室的参与者通常都是处于匿名与"虚拟"状态。因此，学者们认为，"媒介并没有对青少年产生影响，相反，青少年正在利用媒介来做些事情。青少年聊天室为研究传统的青少年问题提供了新视角"。（p. 664）网络在场也为青少年探索其身份等其他方面提供了机会，这么做也可以让他们从同龄人那里获得反馈。社交媒体既可以为公民表达政治观点提供渠道（Weinstein, 2014），也可为认为自己被排斥在主流文化之外的青少年提供了安全的空间，例如身体病弱的青少年（Wong et al., 2016）、LGBTQ青年（DeHaan et al., 2013）或残疾青少年等（Soderstrom, 2009）。在线同龄人群体可为青少年提供他们在"现实"环境中无法得到的支持。

# 第四部分  POPC 环境中的社会化:成长、技能习得及文化影响

正如德哈恩（DeHaan）所述：

> 在线下无法披露其个人生活细节的年轻人往往倾向于参与网络关系……[这可以]减少他们的孤独感和社会排斥感，提高社交技能，帮助年轻人创建有意义的网络关系，这些关系会从线上延伸至线下。

（2013，p. 422）

年轻人在媒介环境中尽情畅游，这既为他们的身份发展带来了许多机会，但同时也面临许多挑战。例如，视频游戏文化中有组织地过度呈现男性、白人和成年人的形象，而对于女性、拉美裔、美洲原住民、儿童和老人却基本忽略（Williams, Martins, Consalvo & Ivory, 2009）。女性和少数族裔在好莱坞主流电影中被忽视或边缘化（Erigha, 2015）。社会认同理论（social identity theory）认为，一个群体会先找到自己的表征，然后将这些表征与其他群体相比较（Tajfel, 1978）。一个群体在主流媒体中出现则表明，这些群体成员在社会中"非常重要"，而他们的缺席则表明自身是不重要的且缺乏影响力（Mastro & Behm-Morawitz, 2005）。

处于身体发育期的青年人也面临挑战。客体化理论（Objectification Theory）认为：

> 客体化现象无处不在，与之伴随，女性逐渐被社会化，从一个观察者的视角来看待身体自我。当她们在经历青春期时，开始将自己视为一个根据外貌来被观察和评估的客体，而部分原因来自于媒体对她们的定位。

（Tiggeman & Slater, 2015）

一项针对澳大利亚青少年的研究发现，年仅 10—11 岁的女孩呈现自我客体化特征，样本群体的自我客体化观念与身体羞耻感、节食和抑郁症状有关。虽然这是一项横截面式研究，但仍然发现媒体消费与外貌对话（appearance conversation）之间显著相关，而这也是自我客体化的最为关键的预测因素（Tiggeman & Slater, 2015）。自我客体化的女孩以瘦为美，甚至可能会经历饮食失调，而这种症状会因浏览/观看"支持

厌食症"（pro-anorexia）的内容而加剧（Rogers, Lowry, Halperin & Franko, 2016）。对处于POPC状态的青少年而言，即时可用的数字媒体可能会加剧身体畸形和饮食失调等现象。

同龄人情境下的媒介

青少年在青春期的两项主要任务是既要引人注目同时也要融入群体（Shapiro & Margolin, 2014）。克罗斯洛（Crosnoe）和约翰逊（Johnson）(2011) 认为，这些看似相悖的目标是个人身份需求与强烈的集体归属需求之间相互作用的结果。青少年可以通过多种方式与同龄人建立联系，而且他们在社交网站出现之前就已经利用媒体来与同龄人联络、关联和密切联系。1977年，一项针对芝加哥郊区一所多元化高中的研究得出结论："摇滚乐尤其能被年轻人接受，就在于它的声音和歌词反映了青春期经历的强烈和波动"（Larson & Kubey, 1983）。研究人员使用经验抽样法，要求青少年每隔一段时间报告他们的活动和情绪。

> 与［看电视］相比，听音乐似乎更契合以青少年为主的同龄人群体的生活……积极参与音乐活动的经历尤其丰富了他们与朋友分享的生活。
>
> （pp. 27–28）

也许社交网站是媒体融入青少年同伴文化的最重要途径。如前所述，社交媒体在青少年中被广泛使用，却被成年人勉强接受。从发展角度来看，青少年青睐于这样的环境也在情理之中，因为社交媒体为他们提供了展示自我以及与同龄人比较的机会。发展心理学家称之为"假想观众"（imaginary audience），这成为"青春期前"时期一个尤为突出的特征（Elkind & Bowen, 1979）。青少年刚获得的成熟认知技能让他们从他人视角出发来自省自身及其在世界中的位置。如此，青少年会产生一种感觉，即别人对他们的批评和他们对自己的批评同样重要，这也是青少年自我中心主义的一种形式，在青少年后期，这种形式会日渐式微（Enright, Shukla & Lapsley, 1980）。

有些人认为，人们对于假想观众的趋向会产生社会比较——无论是上行比较或是下行比较——这都可能会影响青少年的自尊（Krayer, Ingledew & Iphofen, 2008）。社交媒体上精心策划的自我呈现可能会给人们一种感觉，即其他人的生活更加幸福、更有趣或更受欢迎（boyd & Ellison，2007），但有些研究人员也担心这可能会导致负面身体形象，在学习或社交生活中更具挫败感等负面影响（Haferkamp & Kramer，2011；Appel，Gerlach & Crusius，2016）。荷兰一项关于交友社交网络的研究显示，社交媒体参与效果反映了青少年所收到针对个人资料反馈的类型。正如我们所预料的，积极反馈增强了青少年的社会自尊和幸福感，而负面反馈则降低了他们的自尊和幸福感（Valkenburg，Peter & Schouten，2006）。

学者们近来也提出"错失恐惧症"（fear of mission out，FOMO），这个相对现代的概念将青少年的社会需求与参与社交网站联系起来。错失恐惧症指的是"人们总是认为别人会从他们错过的体验中获益"（Przybylski，Murayama，DeHaan & Gladwell，2013），它也被认为是POPC的心理起源之一（Vorderer et al.，2016）。一项针对比利时青少年的横断式调查评估了青少年的社交媒体参与、归属需求、人气需求、错失恐惧症以及与使用Facebook有关的感知压力（Beyens，Frison & Eggermont，2016）。研究人员发现，青少年的归属需求和名望需求与错失恐惧症出现频率的增加有关，而失恐惧症的增加又与Facebook使用的增多有关。作者们认为，"错失恐惧症会推动人们走向社交媒体，而社交媒体的使用反过来又会增加青少年的错失恐惧感，从而形成恶性循环"（p.6），并且可能会加剧螺旋式上升。此外，他们还发现，四分之一的青少年表示，在Facebook上得不到关注会给他们带来极大压力。

## 结 论

本章主要讨论了"青少年早期"媒体如何影响和体现青春期早期发展特征。青春期的脆弱性与青少年广泛接触POPC环境呈现相关性，该问题值得进一步研究。虽然该议题的证据正趋于充分，但是相关研究也存在局限性，主要来自参与者"WEIRD"因素的限制，"WEIRD"是由海因里希（Heinrich）、海恩（Heine）& 诺伦萨扬（Norenzayans）（2010年）提出，为Western（西方的）、educated（受过教育的）、in-dustrialized（工业化的）、rich（富有的）和democratic（民主的）这5个词的首字母缩写。童年的发展背景并不是单一的，成长于非西方、非发达国家环境的青少年的媒体经历亦是如此。迄今为止，研究的另一个局限性就是其横断面性质。虽然说如友谊、社交媒体参与等因素的协方差是值得观察的，但是其指向并不是很明确（例如，待人友好的人更倾向于使用社交媒体吗？使用社交媒体可以提升交友技能吗？），更有可能的是，媒介使用与心理社会特征相互作用，反映了两者之间的非递归关系。从青春期早期开始追踪到成年期早期的纵向调查可进一步了解媒介使用是否以及如何在青少年的发展中发挥作用。通过"永久在线，永久连接"概念视角，我们可以更好地理解处于成长期的儿童性格如何与技术环境的驱动力相互作用。

## 参考文献（References）

Andersen, L. P., Tufle, B., Rasmussen, J. & Chan, K., Tweens and new media in Denmark and Hong Kong, *Journal of Consumer Marketing*, 2007, 24（6）: 340–350.

Appel, H., Gerlach, A. L. & Crusius, J., The interplay between Facebook use, social comparison, envy, and depression, *Current Opinion in Psychology*, 2016, 9: 44–49. doi: 10.1016/j.copsyc.2015.10.006.

Arnett, J. J., G. Stanley Halls adolescence: Brilliance and nonsense, *History of Psychology*, 2006, 9（3）: 186–197.

Azzarone, S., Tweens, teens and technology: What's important now? *Young Consumers*, 2003, 5（1）: 57–61.

Baumgartner, S. E., Weeda, W. D., van der Heijden, L. L. & Huizinga, M., The relationship between media multitasking and executive function in early adolescents, *The Journal of Early Adolescence*, 2014, 34（8）: 1120–1144.

Beyens, I., Frison, E. & Eggermont, S., "I don't want to miss a thing": Adolescents' fear of missing out and its relationship to adolescents' social needs, Facebook use, and Facebook related stress, *Computers in Human Behavior*, 2016, 64: 1–8.

Bjelland, M., Soenens, B., Bere, E. l., Kovacs, E., Lien, N., Maes, L., Manios, Y., Moschonis, G. & Velde, S., Associations between parental rules, style of communication and children's screen time, *BMC*

*Public Health*, 2015, 15 (1002): 1 – 13.

Blackwell, C., Lauricella, A., Conway, A. & Wartella, E., Children and the Internet: Developmental implications of web site preferences among 8-to 12-year-old children, *Journal of Broadcasting and Electronic Media*, 2014, 58 (1): 1 – 20.

Blumberg, F. C., Blades, M. & Oates, C., Youth and new media: The appeal and educational ramifications of digital game play for children and adolescents, *Zeitschrift fur Psychologie*, 2013, 221 (2): 67 – 71.

Boot, W. R., Kramer, A. E., Simons, D. J., Fabiani, M. & Gratton, G., The effects of video game playing on attention, memory, and executive control, *Acta Psychologica*, 2008, 129: 387 – 398.

Boyd, d. & Ellison, N. B., Social network sites: Definition, history, and scholarship, *Journal of Computer Mediated Communication*, 2007, 13: 210 – 230.

Boyd, d., Hargittai, E., Schultz, J. & Palfrey, J., Why parents help their children lie to Facebook about age: Unintended consequences of the "Children's Online Privacy Protection Act", *First Monday*, 2011, November, 16 (11). http://journals.uic.edu/ojs/index.php/fm/article/view/3850/3075.

Bryant, J. & Fondren, W., Psychological and communicological theories of learning and emotion underlying serious games, In U. Ritterfeld, M. Cody, & P. Vorderer (Eds.), *Serious games: Mechanisms and effects*, 2009, (pp. 103 – 116). New York: Routledge/Taylor & Francis.

Buhrmester, D. & Prager, K., Patterns and functions of self-disclosure during childhood and adolescence, In K. J. Rotenberg (Ed.), *Disclosure processes in children and adolescents: Cambridge studies in social and emotional development*, 1995, (pp. 10 – 56). New York: Cambridge University Press.

Carroll, J., Howard, S., Vetere, E., Peck, J. & Murphy, J., Just what do the youth of today want? Technology appropriation by young people, *Proceedings of the 35th Hawaii International Conference on System Sciences*, 2002, January.

Chen, Q. & Yan, Z., Does multitasking with mobile phones affect learning? A review, *Computers in Human Behavior*, 2016, 54: 34–42.

Cingel, D. P., Lauricella, A. R., Wartella, E. & Conway, A., Predicting social networking site use and online communication practices among adolescents: The role of access and device ownership, *Media and Communication*, 2014, 2 (2): 1–30.

Common Sense Media, *The common sense census: Media use by tweens and teens*, San Francisco, CA: Common Sense Media, 2015.

Connell, J. P. & Wellborn, J. G., Competence, autonomy, and relatedness: A motivational analysis of self-system processes, In R. Gunnar & L. A. Srofe (Eds.), *Minnesota symposia on child psychology*, 1991, (Vol. 23, pp. 43–77). Hillsdale, NJ: Lawrence Erlbaum Associates.

Coughlan, S., Safer Internet day: Young ignore "social media age limit", *BBC News*, Retrieved April 7, 2016, from www.bbc.com/news/education-35524429, February 9, 2016.

Coyne, S. M., Linder, J. R., Rasmussen, E. E., Nelson, D. A. & Birbeck, V., Pretty as a princess: Longitudinal effects of engagement with Disney princesses on gender stereotypes, body esteem, and prosocial behavior in children, *Child Development*, Retrieved from http://onlinelibrary.wiley.com/doi/10.1111/cdev.12569/full. doi: 10.1111/cdev.12569, 2016.

Crosnoe, R. & Johnson, M. K., Research on adolescence in the 21st century, *Annual Review of Sociology*, 2011, 37: 439–460.

DeHaan, S., Kuper, L. E., Magee, J. C., Bigelow, L. & Mustanski, B. S., The interplay between online and offline explorations of identity, relationships, and sex: A mixed-methods study with LGBT youth, *The Journal of Sex Research*, 2013, 50 (5): 421–434.

Dickey, M. D., World of Warcraft and the impact of game culture and play in an undergraduate game design course, *Computers and Education*, 2011, 56: 200–209.

Dolan, J. E., Splicing the divide: A review of research on the evolving digital divide among K-12 students, *Journal of Research on Technology in*

*Education*, 2016, 48 (1): 16-37.

Eccles, J. S., The development of children ages 6 to 13. When school is out, *The Future of Children*, 1999, 9 (2): 30-44.

Elkind, D. & Bowen, R., Imaginary audience behavior in children and adolescents, *Developmental Psychology*, 1979, 15 (1): 38-44.

Enright, R. D., Shukla, D. G. & Lapsley, D. K., Adolescent egocentrism-sociocentrism and self-consciousness, *Journal of Youth and Adolescence*, 1980, 9 (2): 101-116.

Erigha, M., Race, gender, Hollywood: Representation in cultural production and digital media's potential for change, *Sociology Compass*, 2015, 9 (1): 78-89.

EU Kids Online, *EU Kids Online: findings, methods, recommendations*, EU Kids Online, LSE. Retrieved from https://lsedesignunit.com/EUKidsOnline/index.htmlPr=64, 2014.

Firat, M., Multitasking or continuous partial attention: A critical bottleneck for digital natives, *Turkish Online Journal of Distance Education*, 2013, 14 (1): 266-272.

Funk, J. B., Buchman, D. D., Jenks, J. & Bechtoldt, H., Playing violent video games, desensitization, and moral evaluation in children, *Journal of Applied Developmental Psychology*, 2003, 24: 413-436.

Goodstein, A., *Totally wired: What teens and tweens are really doing online*, New York: St. Martins Press, 2008.

Greenfield, P., Camaioni, L., Ercolani, P., Weiss, L., Lauber, B. A., and Perucchini, P., Cognitive socialization by computer games in two cultures: Inductive discovery or mastery of an iconic code? Journal of Applied Developmental Psychology, 1994, 15: 59-85.

Haferkamp, N. & Krämer, N. C., Social comparison 2.0: Examining the effects of online profiles on socialnetworking sites, *Cyberpsychology, Behavior and Social Networking*, 2011, 14 (5): 309-314. doi: 10.1089/cyber.2010.0120.

Hall, G. S., *Adolescence: Its psychology and its relations to physiology, anthropology, sociology, sex, crime, religion, and education*, 1904, (Vols.

I & II). New York: D. Appleton & Co.

Heinrich, J., Heine, S. & Norenzayan, A., The weirdest people in the world? *Behavioral and Brain Sciences*, 2010, 33: 61–135.

Huhman, M., Bauman, A. & Bowles, H. R., Initial outcomes of the VERB Campaign: Tweens' awareness and understanding of campaign messages, *American Journal of Preventive Medicine*, 2008, 34 (6S): S2441–S248.

Huston, A. C. & Ripke, M. N., Middle childhood: Contexts of development, In A. C. Huston & M. N. Ripke (Eds.), *Developmental contexts in middle childhood: Bridges to adolescence and adulthood*, New York: Cambridge University Press, 2006.

Huston, A. C. & Wright, J. C., Television and the informational and educational needs of children, *Annals of the American Academy of Political & Social Science*, 1998, 557: 24.

Jones, G., *Killing monsters: Why children need fantasy, super heroes, and make-believe violence*, New York: Basic Books, 2002.

Klimmt, C., Serious games and social change, Why they (should) work, In U. Ritterfeld, M. Cody, & P. Vorderer (Eds.), *Serious games: Mechanisms and effects*, 2009, (pp. 248–270). New York: Routledge/Taylor & Francis.

Krayer, A., Ingledew, D. K. & Iphofen, R., Social comparison and body image in adolescence: A grounded theory approach, *Health Education Research*, 2008, 23 (5): 892–903.

Kulas, H., Locus of control in adolescence: A longitudinal study, *Adolescence*, 1996, 31 (123): 721–730.

Larson, R. & Kubey, R., Television and music: Contrasting media in adolescent life, *Youth & Society*, 1983, 15 (1): 13–31.

Lerner, R. & Steinberg, L. (Eds.), *The handbook of adolescent psychology* (3rd ed.), New York: Wiley, 2009.

Leung, L., Predicting Internet risks: A longitudinal panel study of gratifications-sought, Internet addiction symptoms, and social media use among children and adolescents, *Health Psychology and Behavioral Medicine*,

2014, 2 (1): 424 – 439.

Mastro, D. & Behm-Morawitz, E., Latino representation on primetime television, *Journalism and Mass Communication Quarterly*, 2005, 82 (1): 110 – 130.

Möller, I. & Krahe, B., Exposure to violent video games and aggression in German adolescents: A longitudinal analysis, *Aggressive Behavior*, 2009, 35: 75 – 89.

Moreno, M. A. & Kolb, J., Social networking sites and adolescent health, *Pediatric Clinics of North America*, 2012, 59 (3): 601 – 612.

Nikkelen, S. W. C., Valkenburg, P. M., Huizinga, M. & Bushman, B. J., Media use and ADHD-related behaviors in children and adolescents: A meta-analysis, *Developmental Psychology*, 2014, September, 50 (9): 2228 – 2241.

Ophir, E., Nass, C. & Wagner, A. D., Cognitive control in media multitaskers, *Proceedings of the National Academy of Sciences*, 2009, 106: 15583 – 15587.

Petersen, A. C., Compas, B. E., Brooks-Gunn, J., Stemmier, M., Ey, S. & Grant, K. E., Depression in adolescence, *Psychologist*, 1993, 48: 155 – 168.

Pew Internet and American Life Project, *Teenage life online: The rise of the instant-message generation and the Internets impact on friendships and family relationships*, Retrieved from www.pewinternetInternet.org/2001/06/21/ teenage-life-online/, 2001.

Pool, M. M., Koolstra, C. M. & Voort, T. H. A. van der, The impact of background radio and television on high school students5 homework performance, *Journal of Communication*, 2003, 53: 74 – 87.

Poteat, V. P., Individual psychological factors and complex interpersonal conditions that predict LGBT affirming behavior, *Journal of Youth and Adolescence*, 2015, 44 (8): 1494 – 1507.

Potts, R. & Seger, J., Validity of adults, retrospective memory for early television viewing, *Communication Methods and Measures*, 2013, 7: 1 – 25.

Przybylski, A. K., Murayama, K., DeHaan, C. R. & Gladwell, V., Motivational, emotional, and behavioral correlates of fear of missing out, *Computers in Human Behavior*, 2013, 29: 1841 – 1848.

Rideout, V. J., Foehr, U. G. & Roberts, D. E., *Generation M2: Media in the lives of 8-to 18-year-olds*, Menlo Park, CA: Henry J. Kaiser Family Foundation, 2010.

Rogers, R. R., Lowry, A. S., Halperin, D. M. & Franko, D. L., A meta-analysis examining the influence of pro-eating disorder websites on body image and eating pathology, *European Eating Disorders Review*, 2016, 24 (1): 3 – 8.

Rothmund, T., Gollwitzer, M., Bender, J. & Klimmt, C., Short-and long-term effects of video game violence on interpersonal trust, *Media Psychology*, 2015, 18: 106 – 133.

Rutter, M., *Studies of psychosocial risk: The power of longitudinal data*, New York: Cambridge University Press, 1988.

Shapiro, L. A. & Margolin, G., Growing up wired: Social networking sites and adolescent psychosocial development, *Clinical Child and Family Psychological Review*, 2014, 17 (1): 1 – 18.

Simmons, R., The secret language of girls on Instagram, *Time Magazine*, Retrieved from http: //time.com/3559340/instagram-tween-girls/, 2014, November 10.

Singer, D. G., Singer, J. L. & D'Agnostino, H., Children's pastimes and play in sixteen nations: Is free-play declining? *American Journal of Play*, 2009, 1 (3): 283 – 312.

Soderstrom, S., Offline social ties and online use of computers: A study of disabled youth and their use of ICT advances, *New Media & Society*, 2009, 11 (5): 709 – 727.

Steinberg, L., *Adolescence*, 2017, (11th ed.), New York: McGraw-Hill.

Subrahmanyam, K., Greenfield, P. M. & Tynes, B., Constructing sexuality and identity in an online teen chat room, *Journal of Applied Developmental Psychology*, 2004, 25 (6): 651 – 666.

Tajfel, H., *Differentiation between social groups: Studies in the social psy-*

chology of intergroup relations, London: Academic Press, 1978.

Tiggeman, M. & Slater, A., The role of self-objectification in the mental health of early adolescent girls: Predictors and consequences, *Journal of Pediatric Psychology*, 2015, 40 (7): 704 – 711.

Troseth, G. L., Russo, C. & Strouse, G. A., What's next for research on young children's interactive media? *Journal of Children and Media*, 2016, 10 (1): 54 – 62.

Umaña-Taylor, A. J., Quintana, S. M., Lee, R. M., Cross, W. E., Rivas-Drake, D., Schwartz, S. J. & Seaton, E., Ethnic and racial identity during adolescence and into young adulthood: An integrated conceptualization, *Child Development*, 2014, 85 (1): 21 – 39.

Valkenburg, P. M. & Peter, J., Preadolescents' and adolescents' online communication and their closeness to friends, *Developmental Psychology*, 2007, 43 (2): 261 – 211.

Valkenburg, R. M., Peter, J. & Schouten, A. P., Friend networking sites and their relationship to adolescents' well-being and social self-esteem, *Cyber Psychology & Behavior*, 2006, 9 (5): 584 – 590.

VanDeventer, S. S. & White, J. A., Expert behavior in children's video game play, *Simulation & Gaming*, 2002, 33: 28 – 48.

Vorderer, P., Krömer, N. & Schneider, R. M., Permanently online-permanently connected: Explorations into university students'use of social media and mobile smart devices, *Computers in Human Behavior*, 2016, 63: 694 – 703. doi: 10. 1016/j. chb. 2016. 05. 085.

Wang, Z. & Tchernev, J. M., The "myth" of media multitasking: Reciprocal dynamics of media multitasking, personal needs, and gratifications, *Journal of Communication*, 2012, 62: 493 – 513.

Wartella, E. A. & Jennings, N., Children and computers: New technology-old concerns, *Future of Children*, 2000, 10 (2): 31 – 34.

Wartella, E. A., Rideout, V., Montague, H., Beaudoin-Ryan, L. & Lauricella, A., Teens, health and technology: A national survey, *Media and Communication*, 2016, 4 (3): 13 – 23.

Weinstein, E. C., The personal is political on social media: Online civic expression patterns and pathways among civically engaged youth, *International Journal of Communication*, 2014, 8: 210-233.

Williams, D., Martins, N., Consalvo, M. & Ivory, J., The virtual census: Representations of gender, race and age in video games, *New Media and Society*, 2009, 11 (5): 815-834.

Wong, C. A., Ostapovich, G., Kramer-Golinkoff, E., Griffis, H., Asch, D. A. & Merchant, R. M., How, U.S., childrens hospitals use social media: A mixed methods study, *Healthcare*, 2016, 4 (1): 15-21.

# 第十七章

## 用心相连：应对 POPC 世界中青少年面临的挑战

多萝茜·赫夫纳、卡琳·克诺普、克里斯托弗·克利姆特
(Dorothee Hefner, Karin Knop and Christoph Klimmt)

无处不在的在线服务为个人的（数字）社交生活带来了新的可能性：用户几乎可以永久地与他人建立联系、交换信息、分享想法和情感、利用社会支持、发布图片、展示自己的同时也观察着他人的生活。这些机会对处于成长阶段的青少年来说尤其具有吸引力，同龄人对青少年发挥的重要作用以及青少年个人和社会身份的发展是这一阶段的主要特征（Arnett, 2004; Grusec & Hastings, 2015）。因此，无论是线下的还是中介式的社交互动对青少年来说均尤为重要。这也是青少年为什么经常从乏味的活动中分心来处理传入信息、分享想法或与某个人保持联系的原因。但是即使如归属需求（Baumeister & Leary, 1995）或错失恐惧症（Przybylski, Murayama, DeHaan & Gladwell, 2013）等人类需求可以解释——尤其在青春期——"永久连接"的吸引力，但是过度使用或沉迷于手机将会产生负面影响。用户可能会对海量信息不知所措，而不得不被永久连接，并且立即做出回应，甚至自己生成内容（LaRose, Connolly, Lee, Li & Hales, 2014; Mai, Freudenthaler, Schneider & Vorderer, 2015）。因此数字压力也伴随出现（Hefner & Vorderer, 2016; Kushlev & Dunn, 2015; Misra & Stokols, 2012）。此外，手机的诱惑——尤其是显示收到信息时——会触发多任务处理机制（参见 David、Xu 和 Wang 在本书的内容），从而损害完成其他重要任务所需的专注力，例如驾驶（Bayer & Campbell, 2012）、做（家庭）作业（David, Kim, Brickman, Ran & Curtis, 2015）。除了数字通信数量的这些缺点

外，青少年用户也面临着通信内容方面的挑战。永久、迅速并且经常无意识地创建信息、发帖、处理通信内容等都与通常讨论的网络风险有关，例如隐私问题、网络欺凌或是与上行社会比较产生的负面情绪（Appel，Gerlach & Crusius，2016；Livingstone，Haddon，Gorzig & Olafsson，2011）。

为了从手机通信带来的满足感中获益，同时避开永久性分心的负面影响，手机用户必须针对如何管理其在线状态，如何应对传入信息，何时及如何发送信息、发布帖子和照片等一系列问题来制定和采取相应有效策略。显然，这些策略体现了手机使用的主动、反思性转向。但是，移动电话通信经常是速战速决，而且具有习惯性与无意识的特征（Bayer，Campbell & Ling，2016），因此，我们既要培养青少年克服多重挑战的能力，同时也要感谢手机对青少年的吸引力，目的是为了支持青少年在POPC世界中健康成长或重新塑造有益的生活模式。

本章旨在对如何成功地从事这项工作而提出观点建议。首先，我们将对青春期这一人类发展阶段与通信有关的领域进行研究。其次，我们将讨论青少年在一个充满无数机会（和感知义务）的世界里全天候与他人进行数字化交流所面临的挑战。第三，我们将定义青少年（重新）健康地使用互联网服务所具备的至关重要的能力。最后，我们将为青少年培养POPC相关的媒体素养提供一些颇具潜力的方法。

## 寻求建立联系的青少年

移动媒体学者已将当代青年文化称为"移动青年文化"（e.g.，Campbell & Park，2008；Vanden Abeele，2016），尤其是在青少年当中，移动电话的使用正呈上升趋势（Schmitt & Vorderer，2015；Lenhart，2015；Mascheroni & Olafsson，2014；Sambira，2013）。与这一年龄段最相关的是手机的社交应用程序和功能，例如Facebook、Instagram和即时通信应用程序等（Lenhart，2015）。

移动通信对这一特殊年龄群体具有强烈吸引力，甚至可以说是魅力，这种现象该如何解释呢？我们可以从青春期的发展过程和各种任务中来寻找答案（参见Jordan在本书的内容）。青春期的生活阶段呈现一些重要的发展特征。例如，同伴的重要性日益增加，青少年渴望与同伴建立联系，青少年自主性与身份的发展（Eccles，Early，Fraser，Belansky & McCarthy, 1997; Steinberg & Morris, 2001), 以及他们由于大脑复杂的发育过程而易受风险或鲁莽行为影响 (Dahl, 2001; Steinberg, 2008), 这些发展特征似乎都与手机使用尤为相关。

手机及其功能可供性似乎正好满足了上述发展过程相伴随产生的需求，即处于 POPC 状态能够让青少年维持社交网络和管理社交关系，获得归属感和社会支持，并减少孤独感（e.g., Liu & Wei, 2014; Valkenburg & Peter, 2009; Vanden Abeele, 2016）。此外，通过手机和互联网进行的数字通信和自我披露为认同行为提供了大量机会（Valkenburg & Peter, 2009）。青少年甚至在家都能通过手机来展现新获得的自主权（Blair & Fletcher, 2011）。因此，短信成为青少年最受欢迎的通信渠道也就不足为奇了（Lenhart, Ling, Campbell & Purcell, 2010）。

同时，对集体归属感的强烈需求可能会导致"错失恐惧症"，错失恐惧症被定义为"人们由于可能错失社交圈中所发生的事件、经历和对话而产生的恐惧、担心和焦虑等心理状态"（Przybyl-ski, Murayama, DeHaan & Gladwell, 2013, p. 1482）。错失恐惧症在儿童期后期和青春期早期较为显著，而且研究发现，该症状可以用来解释这个年龄段群体在手机使用障碍方面存在诸多差异（Hefner, Knop & Vorderer, in press）。同样，对社会肯定（social assurance）的强烈需求促进了"永久在线与永久连接"的模式，也就解释了多元沟通现象，即支持（至少）两个同伴对话的原因（Seo, Kim & David, 2015）。此外，由于同龄人对于青少年至关重要，因此他们会极易受到（有风险的）同伴行为规范的影响（Berndt & Ladd, 1989; Furman & Gavin, 1989）。如果这些规范支持 POPC 心理，那么青少年会更有可能去适应这些规范（Bayer, Campbell & Ling, 2016）。错失恐惧症和遵循同伴交流行为规范表明，在青春期智能手机的重度使用不仅是由社会满足感驱动的、以目标导向的行为，一定程度上也是对强大的外部社会力量的一个非自愿反应。

当然，自尊、冲动行为倾向等人格特征也会降低青少年对同伴规范和社会义务的敏感性（Stautz & Cooper, 2014）。手机行为相关的自控力程度对于青少年而言至关重要，因为自控力与冲动有关。在青春期，人的大脑处于发育状态，因此该阶段青少年的自我控制力较低（Dahl, 2001; Steinberg, 2008），这也强化了尤其是弱势个体无节制、强迫性地使用互联网和手机等行为（e.g., Billieux & Van der Linden, 2012; Khang, Woo & Kim, 2012; van Deursen, Bolle, Hegner & Kommers, 2015）。

因此，对处于"永久在线、永久连接"状态的渴望似乎是青少年需求和发展任务的必然结果，其中一些需求与任务为青少年提供了特定的发展条件，但也为他们过度使用手机提供更多机会。但是这些年轻人如何找到利用POPC机会的有益模式呢？他们如何能够培养应对这些机会的必要技能呢？

## 永久连接所带来的挑战

显然，我们现在所生活的这个POPC世界为满足人类的基本需求（如归属需求）、帮助个人管理和改善生活（Vincent, 2015; Liu & Wei, 2014）提供了大量的机会。但是这个新世界自身存在缺陷，例如过度、无节制地使用智能手机阻碍青少年追求其他重要的目标（例如完成学业）或是享受面对面的互动，而且在创建或阅读信息和发帖方面也存在风险（Appel et al., 2016; Livingstone et al., 2011）。因此，以有益的方式使用手机所面临的总体挑战是，既要利用手机所带来的机会，又要防止无节制地、有风险地使用手机。在此，我们将主要讨论（1）如何以有益的方式融合线上线下世界所面临的挑战；（2）在POPC环境下自己创建内容时所面临的挑战；（3）在POPC环境下处理其他用户创建内容所面临的挑战。

挑战一：融合线上线下世界

通过手机与朋友联系、以数字通信方式互说笑话、相互提供社会支持和安排休闲时间等，这些都得归功于今天的POPC环境。然而，如完成家庭作业、享受面对面的互动或是睡个好觉等重要活动同样也有助于提升青少年的幸福感。因此这些年轻人面临一些挑战，他们需要不断地做出决定：走出去主动与他人联系，或以数字通信方式登录网站、参与游戏及其他形式，亦或是保持离线状态。大多时候，他们并非是有意识地、慎重地做出这些决定，而是这些行为习惯性地、无意识地就发生了（Bayer et al., 2016，参见van Koningsbruggen、Hartmann及Du在本书的内容）。

在用户与数字社会连接时所产生的社会认知模式中，拜耳（Bayer）

## 第四部分 POPC 环境中的社会化:成长、技能习得及文化影响

及其同事（2016）阐述了连接习惯与社会规范如何或多或少地塑造了用户对于社交功能的习惯性使用及重度使用等行为。习惯性行为是一种由提示引起的无意识行为形式（Orbell & Verplanken, 2010）。根据拜耳等人（2016）的定义，连接习惯体现了连接行为的无意识性，比如查看移动设备是否有更新信息等。这些无意识发生的行为由连接提示所触发，这些提示本质上具有技术性（如提示音）、空间性（如在火车上，周围的人都盯着手机）或精神性（如无聊等特定情绪或认知状态）。

在当今社会，永久性数字获取与连接相关的社会规范或多或少已经得到发展（Ling, 2012; Vorderer & Kohring, 2013; Vorderer, Kromer & Schneider, 2016）。数字连接与可用的社会规范越明显，个人对内外部连接提示的警觉性就越高，因此连接行为出现也就越频繁（Bayer et al., 2016）。由于在青少年中"内化连接"（internalized connectedness）程度（Bayer et al., 2016, p.8）较高，所以他们应该倾向于持续保持通信的警觉性，频繁地、无意识地使用手机及其社交功能。当然，这可能会带来数字压力（LaRose et al., 2014; Misra & Stokols, 2012; Reinecke et al., 2017; Thomee, Harenstam & Hagberg, 2011; for an overview see Hefner & Vorderer, 2016）并影响睡眠质量（e.g., Munezawa et al., 2011; Thomee et al., 2011）。此外，如果被频繁联系的青少年无意识地对连接提示做出反应，那么（无意识地）使用手机同时进行多任务处理——即在使用手机的同时进行其他活动——的可能性也会增加（see David, this volume; Xu and Wang, this volume）。例如，研究表明，通过习惯性发短信的行为可以预见在驾车时也会发送和阅读短信（Bayer & Campbell, 2012）。同样，在做作业或面对面对话时，亦会使用手机（David et al., 2015）。但是为什么使用手机进行多任务处理存在问题呢？因为它消耗了我们的认知能力，增加了任务转换的成本，从而影响并行（线下）任务的执行，如可能是学习（Chen & Yan, 2016; Junco & Cotten, 2012; Wood et al., 2012）、面对面交流（Misra, Cheng, Genevie & Yuan, 2016; Przybyl-ski & Weinstein, 2013）或是驾驶车辆（Bayer & Campbell, 2012）。另一方面，一项经验抽样研究表明，人们能从媒介多任务处理中获得情感上的满足（Wang & Tchernev, 2012）。这也可以解释为什么尽管处理多任务会损害认知能力，但人们还是会如此频繁地参与多任务处理。该研究还强调了创建或维持线下和线上活动平衡的重要性，这有助于实现个人幸福。然而，人们对于无

意识行为及内在化连接的青睐似乎打乱了平衡，这也催生了永久连接与分心等行为，因此人们也更倾向于线上活动。那么对青少年来说，如何抵制手机所带来的持续且经常无意识的诱惑是一个重要挑战。

挑战二：在 POPC 环境下生成自己的内容

在当今社会，年轻人花费大量的时间和精力来传播自己生成的内容：通过 WhatsApp 发送信息、在 Instagram 或是 Snapchat 上发布照片、在 Tumblr 上分享经验、活动和情感等等，这些只是其中几个比较突出的例子（Knop et al.，2015；Lenhart，2015）。实际上，这也是尤为危险的情况，"因为年轻人仍在培养自身的社交能力和情感能力，以管理自我表达、亲密性和关系等"（Livingstone，Olafsson & Staksrud，2013，pp. 303 - 304；also see Coleman & Hagell，2007）。例如，在社交网站（Social Network Site，SNS）上（过多）披露个人信息（参见 Trepte 与 Oliver 在本书的内容）或是通过数字渠道欺凌他人（e.g.，Livingstone et al.，2013），这些都是导致不良内容出现的原因。而且对生成内容或相关人士造成不利影响。POPC 环境催生出"随时随地"（anytime anyplace）的传播模式（Quinn & Oldmeadow，2013），用户没有太多时间和动机来认真考虑发送和发布的内容。因此，发送者更容易忽视生成这些发帖和信息所可能带来的风险。人们有意识地谨慎处理 POPC 机会并全面地审视自我和他人，这些似乎是当今世界青少年所面临的最重要挑战之一。

挑战三：在 POPC 环境下处理其他人创建的内容

青少年在处理和解读 POPC 环境下其他人所生成的内容时也面临类似的挑战。很多时候，发帖、照片、视频和信息等活动是在认知能力有限的情况下来处理的——例如正在教室里听课、正与他人交谈、骑车、看电影、同时与多人聊天和在社交网站上与人交流，或是即将就寝前等（e.g.，Seo，Kim & David，2015）。人们在阅读或收听消息时，有限的注意力和意识会让他们快速、无意识地来处理信息，也会产生快速并且欠考虑的反应。另外，这种行为也加深了对于内容的误解和曲解。鉴于习惯、在儿童早期学到的策略、社会文化规范以及隐含目标等因素（Mauss、Bunge & Gross，2007），无意识的信息处理还会激发不利于个人幸福感产生的认知和情感。例如，贝克斯（Becks）的抑郁认知理论（cognitive theory of depression）（Beck，1964）就是基于这样一种观点：关于自我、世界和未来的无意识消极思想往往是抑郁症的成因。同样，焦虑症也会与特定的自我无意识的消极思想相伴出现（e.g., Calvete, Orue & Hankin, 2013）。我们将这一观点运用于快速、无意识地处理 POPC 模式下的数字通信内容这种情况并发现，确实有许多事件存在触发无意识消极思想的风险。其中一个例子就是，用户会将自己与社交媒体应用程序中的其他人进行比较。如果这种比较对自己不利并且产生嫉妒心理，则会对幸福感带来负面影响，并会加剧抑郁症状（e.g., Feinstein et al., 2013; Nesi & Prinstein, 2015; Appel, Gerlach & Crusius, 2016）。社会比较的负面结果尤其可能会对青少年产生影响，因为他们"刚形成较为成熟的认知能力，因此会从他人视角出发来反省自身及其在世界中的位置"（Jordan, this volume, pp. 170-171, Enright, Shukla & Lapsley, 1980）。这会助长一个人采用批判性的思维与自身、甚至预期的他人之间进行社会比较。因此，人们生活在 POPC 模式中会产生负面效应，对脆弱群体而言更是如此。这也强调了一个事实的重要性，即支持青少年以更有意识的、深思熟虑的、反思性的、主动的方式利用移动网络及其带来的大量机会。

## 迎接挑战

我们已经讨论了青少年在 POPC 环境中成长所伴随产生的三个主要挑战。这些挑战不仅在于青少年利用移动通信实现需求与寻求满足感（例如，归属感、了解他人的活动、与他人比较等）至关重要，还源于与永久性地、快速地、无意识地和"顺便"地交流伴随而来的风险。那么我们要如何来应对这些挑战呢？既要考虑到（永久）数字通信的需求和动机，还要避免青少年完全习惯性地、轻率地使用智能手机，因为这种习惯经常会阻碍他们实现其他重要长期目标。为此，我们提出了四种应对策略，青少年可以通过这些途径来提高将智能手机使用作为生活和成长中一种良性、积极力量的能力，同时避免出现问题与风险等负面效应。

（1）有关手机使用和计算机媒介传播特征的知识和认识

要管理一个人的手机使用行为，就必须要了解这种使用行为的具体特征和过程。例如，如果用户知道移动电话的使用行为很大一部分是来自自发与依赖提示，那么他们就能更好监测并反思自己对手机的使用情况（参阅下文）。另外了解计算机中介传播（computer-mediated communication, CMC）的某些特征和趋势，如有利于自身的选择性自我呈现

(Walther，2007)的倾向可以防止误解或是发现负面社会比较等有害无意识认知。此外，了解到支持永久连接的社会关系规范可以提高年轻用户对自身行为的敏感度，而这些行为也可能会强化相应社会关系规范。

(2) 观察和反思自己的数字通信

与了解一般沟通机制同样重要的是，观察和反思自己的个人认知、情绪和行为。拉罗斯（LaRose）及其同事认为，缺乏自我观察（self-observation）是习惯的一个重要组成部分（LaRose，Lin & Eastin，2003；LaRose，Kim & Peng，2011）。因此，监测人们的活动也会打乱他们的习惯，因为这时个体已经"意识到一些重要的日常活动不再活跃"（LaRose et al.，2014，p. 70）。

(3) 为接受POPC机会设定目标和动机

制定和确定目标并为实现这些目标设定意向行为，这已经被证明对改变行为颇为奏效（Webb & Sheeran，2006）。目标不仅影响带有目的性的行为，也会影响自动调节情绪等无意识的心理过程（Bargh，Gollwitzer，Lee-Chai，Barndollar & Trotschel，2001；Mauss，Bunge & Gross，2007）。这表明，我们应鼓励青少年不仅要观察他们自己实际的手机行为，还要就手机使用、对连接提示和其他人生成内容的反应等制定目标和形成意向。我们还应鼓励年轻人将短期需求与长期目标进行比较和评估，并就他们希望如何实现数字连接来形成意向。一个可能的选择就是他们可以根据时间、位置或活动来设定个人的线下区域。

(4) 自我调节数字连接

为了实现目标，我们总是需要充分的自我调节（self-regulation）。自我调节或自我控制（self-control）"指的是改变自己的反应能力，尤其反应行为应符合理想、价值、道德和社会期望等标准，从而为追求长期目标提供支持"（Baumeister，Vohs & Tice，2007，p. 351）。研究表明，缺乏自我调节的用户会强迫自己使用互联网（e.g.，Bianchi & Phillips，2005；Billieux & Van der Linden，2012）、手机（hang，Woo & Kim，2012；van Deursen，Bolle，Hegner & Kommers，2015）或是发短信（Igarashi，Motoyoshi，Takai & Yoshida，2008），这将产生各种问题。此外，无论是作为实施者还是受害者，缺乏自我调节还会滋生网络欺凌现象（Vazsonyi，Machackova，Sevcikova，Smahel & Cerna，2012）。

那么，家长、教育工作者和机构如何来支持青少年养成这种用心的、反思性的、以目标和自我为导向的 POPC 行为技能和能力呢？对于青少年使用"传统"媒体，父母介入（parent mediation）的概念很早之前就已得到发展，以有效应对媒体教育问题（e.g., Nathanson, 1999）。显然，"正念"（mindfulness）成为培养青少年如今所需技能策略的方向。正念是指个人关注当下的一切，而对其不作任何反应、任何判断的一种心态（e.g., Brown & Ryan, 2003; Kabat-Zinn, 1990）。瓦戈（Vago）和席伯史韦格（Silbersweig）（2012）将正念描述为一种"元意识（meta-awareness），即自我意识（self-awareness），一种有效调节自我行为（自我调节）的能力，以及一种自我与他人之间的积极关系，可以超越以自我为中心的需求并增加亲社会特征（自我超越）（self-transcendence）"（p.1）。"正念"概念可以用于解释 POPC 生活情境，这也意味着个体以客观方式了解自身行为或反应（例如，注意到自己查看手机的冲动，但并不因此而责备自己），参加线上和线下活动，从而将所有注意力集中于一项任务，并且不会无意识地对每个在线交流机会做出反应，而是以自我调节的方式来行事和应对，并考虑到其他人的需求。

事实上，初步的研究结果表明，针对无意识的、有害的手机使用行为，"正念"方法具有保护功能。罗伊（Loy）、鲍尔（Bauer）、马苏尔（Masur）和施耐德（Schneider）发现，在即时通讯中，正念与感知压力呈负相关，而与积极情感呈正相关。除此之外，正念还间接地形成了人们参与即时通讯的自主性动机，这反过来又增强了他的积极情感并减轻了压力（Loy, Bauer, Masur & Schneider, 2016）。拜耳（Bayer）及其同事发现，无意识地发短信与正念各维度存在负相关（Bayer, Dal Cin, Campbell & Panek, 2016）。一项关于驾车时发短信的研究也发现，这种行为与正念之间存在负相关（Feldman, Greeson, Renna & Robbins-Monteith, 2011）。在更广泛的层面上，越来越多的研究表明，基于正念的培训对多种强迫性成瘾行为（compulsive-addictive behaviors）有效（Baer, 2003; Brewer, Elwafi & Davis, 2013; Witkiewitz, Lustyk & Bowen, 2013）。从理论上来讲，这些培训之所以成功在于能够加强个人能力和接受消极状态的潜力，因为消极状态通常会引发渴望和强制行为（Baer, 2003; Feldman et al., 2011; Witkiewitz et al., 2013）。通过这种方式，习惯性的过程可能被"去无意识化"（deautomatized）（Brewer et al., 2013)。这不仅有助于青少年处理永久传入的信息，还可以防止他们做出快速、轻率的反应，有助于他们处理通信内容引发的负面认知和情绪。

如何来鼓励和帮助青少年在这个生命阶段提高正念能力仍存在问题，这个生命阶段的特征不仅体现在同伴的重要性日益凸显以及与同伴之间保持持续沟通（Brown & Larson, 2009; Vanden Abeele, 2016），还体现在青少年大脑正经历复杂的发育过程，这对他们的自我控制能力提出挑战（Steinberg, 2008）。首先，这个生命阶段也应被视为一个"机会之窗"，也就是说这个阶段特别适合培养积极认同感、价值、技能和心态（Lerner, Dowling & Anderson, 2003; Roeser & Pinela, 2014）。为了广泛推行"正念"理念，专门针对青少年开展正念小组训练。实践表明，这些训练有助于从多个方面来提升青少年的幸福感（e.g. Broderick & Metz, 2009; kaes, Griffith, Yan der Gucht & Williams, 2014）。这些训练还应该对青年人如何有效使用手机和（移动）互联网的功能产生积极影响。因此，我们建议将适应POPC环境的父母介入行为与培养一般正念心理相结合，以此作为战略性教育对策，来应对青少年POPC行为所带来的挑战。

## 结　论

在本章中，我们阐述了青年人在POPC环境中成长所面临的挑战。由于永久在线和连接现象似乎与青少年时期的发展阶段相伴、相生，同时青年人还受积极动机和社会压力的驱使而不得不频繁上网，所以无论在这个生命阶段中有多么困难，他们学会平衡POPC行为的益处与风险。许多风险源于习惯性的、不假思索的永久在线行为模式，因此找到有效策略来提高青年人以良性方式处理POPC习惯和行为的能力（知识、反思、目标设定和自我调节），这对父母、教育工作者、学校系统乃至社会而言都势在必行。现有研究已立足概念视角，并从媒介素养、父母介入和作为创新元素的正念训练等现有方法中制定相关策略。青少年在无意识认知与习惯的驱使下每天都会产生许多POPC行为，而且智能手机拥有如此强大的功能可供性，所以培养正念和抵制参与永久交流的冲动和诱惑的能力是青少年在当今媒体生态环境中保持自主性和自我导向的关键。

## 参考文献

Appel, H., Gerlach, A. L. & Crusius, J., The interplay between Facebook use, social comparison, envy, and depression, *Current Opinion in Psychology*, 2016, 9: 44 – 49. doi: 10.1016/j.copsyc.2015.10.006.

Arnett, J. J., *Emerging adulthood: The winding road from the late teens through the twenties*, New York: Oxford University Press, 2004.

Baer, R. A., Mindfulness training as a clinical intervention: A conceptual and empirical review, *Clinical Psychology: Science and Practice*, 2003, 10 (2): 125 – 143.

Bargh, J. A., Gollwitzer, P. M., Lee-Chai, A., Barndollar, K. & Trötschel, R., The automated will: Noncon-scious activation and pursuit of behavioral goals, *Journal of Personality and Social Psychology*, 2001, 81: 1014 – 1027.

Baumeister, R. F. & Leary, M. R., The need to belong: Desire for interpersonal attachments as a fundamental human motivation, *Psychological Bulletin*, 1995, 117 (3): 497 – 529. doi: 10.1037/0033 – 2909.117.3.497.

Baumeister, R. F., Vohs, K. D. & Tice, D. M., The strength model of self-control, *Current Directions in Psychological Science*, 2007, 16 (6): 351 – 355. doi: 10.1111/j.1467 – 8721.2007.00534.x.

Bayer, J. B. & Campbell, S. W., Texting while driving on automatic: Considering the frequency-independent side of habit, *Computers in Human Behavior*, 2012, 28 (6): 2083 – 2090. doi: 10.1016/j.chb.2012.06.012.

Bayer, J. B., Campbell, S. W. & Ling, R., Connection cues: Activating the norms and habits of social connectedness, *Communication Theory*, 2016, 26 (2): 128 – 149. doi: 10.1111/comt.12090.

Bayer, J. B., Dal Cin, S., Campbell, S. W. & Panek, E., Consciousness and self-regulation in mobile communication, *Human Communication Research*, 2016, 42: 71 – 97. doi: 10.1111/hcre.12067.

Beck, A. T., Thinking and depression: Theory and therapy, *Archives of General Psychiatry*, 1964, 10: 561 – 571.

Berndt, T. J. & Ladd, G. W. (Eds.), *Peer relationships in child development*, New York: Wiley, 1989.

Bianchi, A. & Phillips, J. G., Psychological predictors of problem mobile phone use, *Cyberpsychology & Behavior*, 2005, 8 (1): 39 – 51. doi: 10. 1089/cpb. 2005. 8. 39.

Billieux, J. & van der Linden, M., Problematic use of the Internet and self-regulation: A review of the initial studies, *The Open Addiction Journal*, 2012, 5 (1): 24 – 29. doi: 10. 2174/1874941001205010024.

Blair, B. L. & Fletcher, A. C., "The only 13-year-old on planet earth without a cell phone": Meanings of cell phones in early adolescents' everyday lives, *Journal of Adolescent Research*, 2011, 26 (2): 155 – 177.

Brewer, J. A., Elwafi, H. M. & Davis, J. H., Craving to quit: Psychological models and neurobiological mechanisms of mindfulness training as treatment for addictions, *Psychology of Addictive Behaviors*, 2013, 27 (2): 366.

Broderick, P. C. & Metz, S., Learning to breathe: Pilot trial of a mindfulness curriculum for adolescents, *Advances in School Mental Health Promotion*, 2009, 2: 35 – 46.

Brown, B. B. & Larson, J., Peer relationships in adolescence, In R. M. Lerner & L. Steinberg (Eds.), *Handbook of adolescent psychology*, 2009, (3rd ed., pp. 74 – 103). New York: Wiley, doi: 10. 1002/ 9780470479193. adlpsy002004.

Brown, K. W. & Ryan, R. M., The benefits of being present: Mindfulness and its role in psychological wellbeing, *Journal of Personality and Social Psychology*, 2003, 84 (4): 822 – 848. doi: 10. 1037/0022 – 3514. 84. 4. 822.

Calvete, E., Orue, I. & Hankin, B. L., Early maladaptive schemas and social anxiety in adolescents: The mediating role of anxious automatic thoughts, *Journal of Anxiety Disorders*, 2013, 27: 278 – 288.

Campbell, S. W. & Park, Y. J., Social implications of mobile telephony:

The rise of personal communication society, *Sociology Compass*, 2008, 2 (2): 371 – 381.

Chen, Q. & Yan, Z., Does multitasking with mobile phones affect learning? A review, *Computers in Human Behavior*, 2016, 54: 34 – 42. doi: 10.1016/j.chb.2015.07.047.

Coleman, J. & Hagell, A., *Adolescence, risk and resilience: Against the odds*, Chichester, West Sussex: John Wiley & Sons, 2007.

Dahl, R. E., Affect regulation, brain development, and behavioral/emotional health in adolescence, *CNS Spectrums*, 2001, 6: 60 – 72. doi: 10.1017/S1092852900022884.

David, P., Kim, J.-H., Brickman, J. S., Ran, W. & Curtis, C. M., Mobile phone distraction while studying, *New Media & Society*, 2015, 17 (10): 1661 – 1679. doi: 10.1177/1461444814531692.

Eccles, J. S., Early, D., Fraser, K., Belansky, E. & McCarthy, K., The relation of connection, regulation, and support for autonomy to adolescents, functioning, *Journal of Adolescent Research*, 1997, 12: 263 – 286.

Enright, R. D., Shukla, D. G. & Lapsley, D. K., Adolescent egocentrism-sociocentrism and self-consciousness, *Journal of Youth and Adolescence*, 1980, 9 (2): 101 – 116.

Feinstein, B. A., Hershenberg, R., Bhatia, V., Latack, J. A., Meuwly, N. & Davila, J., Negative social comparison on Facebook and depressive symptoms: Rumination as a mechanism, *Psychology of Popular Media Culture*, 2013, 2 (3): 161 – 170. doi: 10.1037/a0033111.

Feldman, G., Greeson, J., Renna, M. & Robbins-Monteith, K., Mindfulness predicts less texting while driving among young adults: Examining attention-and emotion-regulation motives as potential mediators, *Personality and Individual Differences*, 2011, 51 (7): 856 – 861. doi: 10.1016/j.paid.2011.07.020.

Furman, W. & Gavin, L. A., Age differences in adolescents, perception of their peer groups, *Developmental Psychology*, 1989, 25 (5): 827 – 834. doi: 10.1037/0012 – 1649.25.5.827.

Grusec, J. E. & Hastings, P. D. (Eds.), *Handbook of socialization* (2nd ed.), New York: Guilford, 2015.

Hefner, D., Knop, K. & Vorderer, R. (in press), "I wanna be in the loop!" ——The role of fear of missing out (FoMO) for the quantity and quality of young adolescents', mobile phone use, In S. Baumgartner, R. Kühne, T. Koch & M. Hofer (Eds.), *Youth and media*, Baden-Baden: Nomos, January 2018.

Hefner, D. & Vorderer, P., Digital stress: Permanent connectedness and multitasking, In L. Reinecke & M. - B. Oliver (Eds.), *Handbook of media use and well-being*, 2016, (pp. 237 - 249). New York: Routledge.

Igarashi, T., Motoyoshi, T., Takai, J. & Yoshida, T., No mobile, no life: Self-perception and text-message dependency among Japanese high school students, *Computers in Human Behavior*, 2008, 24 (5): 2311 - 2324. doi: 10.1016/j.chb.2007.12.001.

Junco, R. & Cotten, S. R., No A 4 U: The relationship between multitasking and academic performance, *Computers & Education*, 2012, 59 (2): 505 - 514.

Kabat-Zinn, J., *Full catastrophe living: Using the wisdom of your body and mind to face stress, pain, and illness*, New York: Delacourt, 1990.

Khang, H., Woo, H. - J. & Kim, J. K., Self as an antecedent of mobile phone addiction, *International Journal of Mobile Communication*, 2012, 10 (1): 65 - 84. doi: 10.1504/IJMC.2012.044523.

Knop, K., Hefner, D., Schmitt, S. & Vorderer, P., *Mediatisierung mobile-Handy-und mobile Internetnutzung von Kindern und Jugendlichen*, Band der Schriftenreihe Medienforschung der Landesanstalt für Medien-Nordrhein-Westfalen (LfM) [Mobile mediatization, Cellphone and mobile Internet use of children and adolescents, Monograph Series Media Research of the Federal Institute for the Media Northrhine Westfalia, Vol. 77]. Düsseldorf; Leipzig: Vistas, 2015.

Kushlev, K. & Dunn, E. W., Checking email less frequently reduces stress, *Computers in Human Behavior*, 2015, 43: 220 - 228. doi: 10.1016/j.chb.2014.11.005.

LaRose, R., Connolly, R., Lee, H., Li, K. & Hales, K. D., Connection overload? A cross cultural study of the consequences of social media connection, *Information Systems Management*, 2014, 31 (1): 59–73.

LaRose, R., Kim, J. & Peng, W., Social networking: Addictive, compulsive, problematic, or just another media habit? In Z. Papacharissi (Ed.), *A networked self: Identity, community, and culture on social network sites*, New York: Routledge, 2011.

LaRose, R., Lin, C. A. & Eastin, M. S., Unregulated Internet usage: Addiction, habit, or deficient self-regulation? *Media Psychology*, 2003, 5 (3): 224–253. doi: 10.1207/S1532785XMEP0503_01.

Lenhart, A., *Teens, social media & technology overview* 2015, Retrieved from www.pewlnternet.org/2015/04/09/teens-social-media-technology-2015/, 2015.

Lenhart, A., Ling, R., Campbell, S. & Purcell, K., *Teens and mobile phones*, Retrieved from www.pewinternet.org/2010/04/20/teens-and-mobile-phones/, 2010.

Lerner, R. M., Dowling, E. M. & Anderson, P. M., Positive youth development: Thriving as the basis of personhood and civil society, *Applied Developmental Science*, 2003, 7: 172–180.

Ling, R. S., *Taken for grantedness: The embedding of mobile communication into society*, Cambridge, MA: MIT Press, 2012.

Liu, X. & Wei, R., Maintaining social connectedness in a fast-changing world: Examining the effects of mobile phone uses on loneliness among teens in Tibet, *Mobile Media & Communication*, 2014, 2 (3): 318–334. doi: 10.1177/2050157914535390.

Livingstone, S., Haddon, L., Gorzig, A. & Olafsson, K., *Risks and safety on the Internet: The perspective of European children. Full findings*, LSE, London: EU Kids Online, 2011.

Livingstone, S., ólafsson, K. & Staksrud, E., Risky social networking practices among "underage" users: Lessons for evidence-based policy, *Journal of Computer-Mediated Communication*, 2013, 18 (3): 303–

320.

Loy, L. S., Bauer, A., Masur, P. K. & Schnieder, F. M., Stressed by smartphone use? The interplay of motivation and mindfulness during instant messaging, *Presentation at the 66th annual conference of the International Communication Association* (ICA) June 9 – 13, Fukuoka, Japan, 2016.

Mai, L. M., Freudenthaler, R., Schneider, R. M. & Vorderer, P., "I know you've seen it!" Individual and social factors for users' chatting behavior on Facebook, *Computers in Human Behavior*, 2015, 49: 296 – 302. http://dx.doi.org/10.1016/j.chb.2015.01.074.

Mascheroni, G. & ólafsson, K., *Net children go mobile: Risks and opportunities* (2nd ed.), Milan, Italy: Educatt, 2014.

Mauss, I. B., Bunge, S. A. & Gross, J. J., Automatic emotion regulation, *Social and Personality Psychology Compass*, 2007, 1: 146 – 167.

Misra, S., Cheng, L., Genevie, J. & Yuan, M., The iPhone effect: The quality of in-person social interactions in the presence of mobile devices, *Environment and Behavior*, 2016, 48 (2): 275 – 298. doi: 10.1177/0013916514539755.

Misra, S. & Stokols, D., Psychological and health outcomes of perceived information overload, *Environment and Behavior*, 2012, 44 (6): 737 – 759. doi: 10.1177/0013916511404408.

Munezawa, T., Kaneita, Y., Osaki, Y., Kanda, H., Minowa, M., Suzuki, K., Ohida, T., The association between use of mobile phones after lights out and sleep disturbances among Japanese adolescents: A nationwide cross-sectional survey, *Sleep*, 2011, 34 (8): 1013 – 1020. doi: 10.5665/SLEEP.1152.

Nathanson, A. I., Identifying and explaining the relationship between parental mediation and children's aggression, *Communication Research*, 1999, 26 (2): 124 – 143.

Nesi, J. & Prinstein, M. J., Using social media for social comparison and feedback-seeking: Gender and popularity moderate associations with depressive symptoms, *Journal of Abnormal Child Psychology*, 2015, 43 (8): 1427 - 1438. doi: 10. 1007/s10802 - 015 - 0020 - 0.

Orbell, S. & Verplanken, B., The automatic component of habit in health behavior: Habit as cue-contingent automaticity, *Health Psychology*, 2010, 29 (4): 374 - 383.

Przybylski, A. K., Murayama, K., DeHaan, C. R. & Gladwell, V., Motivational, emotional, and behavioral correlates of fear of missing out, *Computers in Human Behavior*, 2013, 29 (4): 1841 - 1848.

Przybylski, A. K. & Weinstein, N., Can you connect with me now? How the presence of mobile communication technology influences face-to-face conversation quality, *Journal of Social & Personal Relationships*, 2013, 30 (3): 237 - 246.

Quinn, S. & Oldmeadow, J. A., The Martini effect and social networking sites: Early adolescents, mobile social networking and connectedness to friends, *Mobile Media & Communication*, 2013, 1 (2): 237 - 247. doi: 10. 1177/2050157912474812.

Raes, R., Griffith, J. W., Van der Gucht, K. & Williams, J. M. G., School-based prevention and reduction of depression in adolescents: A cluster-randomized controlled trial of a mindfulness group program, *Mindfulness*, 2014, 5: 477 - 486. doi: 10. 1007/sl2671 - 013 - 0202 - 1.

Reinecke, L., Aufenanger, S., Beutel, M. E., Dreier, M., Quiring, O., Stark, B., Wolfling, K. & Müller, K. W., Digital stress over the life span: The effects of communication load and Internet multitasking on perceived stress and psychological health impairments in a German probability sample, *Media Psychology*, 2017, 20 (1): 90 - 115. doi: 10. 1080/ 15213269. 2015. 1121832.

Roeser, R. W. & Pinela, C., Mindfulness and compassion training in adolescence: A developmental contemplative science perspective, *New Directions for Youth Development*, 2014, (142): 9 - 30.

Sambira, J., Africa's mobile youth drive change. Cell phones reshape youth cultures, *AfricaRenewal*, 2013, May, p. 19. Retrieved from www. un. org/africarenewal/magazine/may-2013/africa% E2% 80% 99s-mobileyouth-drive-change.

Seo, M., Kim, J. - H. & David, P., Always connected or always distracted? ADHD symptoms and social assurance explain problematic use of mobile phone and multicommunicating, *Journal of Computer-Mediated Communication*, 2015, 20 (6): 667 - 681. doi: 10.1111/jcc4.12140.

Stautz, K. & Cooper, A., Brief report: Personality correlates of susceptibility to peer influence in adolescence, *Journal of Adolescence*, 2014, 37 (4): 401 - 405. doi: 10.1016/j.adolescence.2014.03.006.

Steinberg, L., A social neuroscience perspective on adolescent risk-taking, *Developmental Review*, 2008, 28 (1): 78 - 106.

Steinberg, L. & Morris, A. S., Adolescent development, *Annual Review of Psychology*, 2001, 52: 83 - 110.

Thomée, S., Härenstam, A. & Hagberg, M., Mobile phone use and stress, sleep disturbances, and symptoms of depression among young adults-a prospective cohort study, *BMC Public Health*, doi: 10.1186/1471 - 2458 - 11 - 66, 2011.

Vago, D. R. & Silbersweig, D. A., Self-awareness, self-regulation, and self-transcendence (S-ART): A framework for understanding the neurobiological mechanisms of mindfulness, *Frontiers in Human Neuroscience*, 2012, 6: 296. doi: 10.3389/fnhum.2012.00296.

Valkenburg, P. M. & Peter, J., The effects of instant messaging on the quality of adolescents' existing friendships: A longitudinal study, *Journal of Communication*, 2009, 59 (1): 79 - 97.

Vanden Abeele, M. M. P., Mobile youth culture: A conceptual development, *Mobile Media & Communication*, 2016, 4 (1): 85 - 101. doi: 10.1177/2050157915601455.

Van Deursen, A. J., Bolle, C. L., Hegner, S. M. & Kommers, P. A., Modeling habitual and addictive smart phone behavior, *Computers in Human Behavior*, 2015, 45: 411 - 420. doi: 10.1016/j.chb.2014.12.039.

Vazsonyi, A. T., Machackova, H., Sevcikova, A., Smahel, D. & Cerna, A., Cyberbullying in context: Direct and indirect effects by low self-control across 25 European countries, *European Journal of Develop-*

mental Psychology, 2012, 9（2）：210－227. doi：10.1080/17405629. 2011.644919.

Vincent, J., *Mobile opportunities*: *exploring positive mobile opportunities for European children*, POLIS, The London School of Economics and Political Science, London, UK, 2015.

Vorderer, R. & Kohring, M., Permanently online: A challenge for media and communication research, *International Journal of Communication*, 2013, 7: 188－196.

Vorderer, R., Krömer, N. & Schneider, F. M., Permanently online—permanently connected: Explorations into university students' use of social media and mobile smart devices, *Computers in Human Behavior*, 2016, 63: 694－703. doi：10.1016/j.chb.2016.05.085.

Walther, J. B., Selective self-presentation in computer-mediated communication: Hyperpersonal dimensions of technology, language, and cognition, *Computers in Human Behavior*, 2007, 23（5）：2538－2557.

Wang, Z. & Tchernev, J. M., The "myth" of media multitasking: Reciprocal dynamics of media multitasking, personal needs, and gratifications, *Journal of Communication*, 2012, 62（3）：493－513. doi：10.1111/j.1460－2466.2012.01641.x.

Webb, T. L. & Sheeran, P., Does changing behavioral intentions engender behavior change? A meta-analysis of the experimental evidence, *Psychological bulletin*, 2006, 132（2）：249－268. doi：10.1037/0033－2909.132.2.249.

Witkiewitz, K., Lustyk, M. K. B. & Bowen, S., Retraining the addicted brain: A review of hypothesized neu-robiological mechanisms of mindfulness-based relapse prevention, *Psychology of Addictive Behaviors*, 2013, 27（2）：351.

Wood, E., Zivcakova, L., Gentile, P., Archer, K., De Pasquale, D. & Nosko, A., Examining the impact of off-task multi-tasking with technology on real-time classroom learning, *Computers & Education*, 2012, 58（1）：365－374.

# 第十八章

## 全球永久连接：POPC 中的跨文化差异与跨文化交流

哈特穆特·韦斯勒、戴安娜·里格尔、
乔纳森·柯恩、彼得·沃德勒
(Hartmut Wessler, Diana Rieger, Jonathan Cohen and Peter Vorderer)

### 引 言

随着移动通信在我们的日常生活中逐渐发挥核心作用，人们也越来越多地将注意力集中在他们的通信设备上。这让人们很容易相信一点，即每个人与他人之间真的存在永久连接与永久在线。我们趋向于忘记智能手机和平板电脑之外的世界，而这也影响了我们的交往对象与交流方式。常言道，无论身在何处，也无论社会距离如何，我们都可以随时随地与任何人进行交流和协作，因为技术已经让这个世界"扁平化"，让曾经的不可能成为可能。然而，虽然人们跨越边境与跨越时空更容易，也更加频繁，但世界并不是一个地球村。本章将研究跨边境与跨文化交流的限制性因素，这些因素是构成 POPC 的边界条件。世界各地机场川流不息的商务出差人士也表明，在线交流仍存局限性，这足以体现他们克服困难、不计成本地到世界各地出差和参加面对面会议的必要性。

我们通过举例来表明跨境合作确实存在困难，你可以想象一个国际组织委员会，其成员分别居住在美国、欧洲和中国。鉴于中美两国之间存在时间差，在正常工作时间内为所有成员举行视频会议是不可能的。值得庆幸的是，即使某些参会者可能在家、在车上或是在其他地方，技术已让这样的远程会议成为可能，虽然这可能意味着这些参会者会分心、会感到疲倦或是受到限制。而且一些参会者也需要同意放弃他们认

## 第四部分 POPC 环境中的社会化：成长、技能习得及文化影响

为的工作/生活界限，并在非常规工作时间内参加会议。

此外，定期使用视频会议技术（如 Skype、Google Hangouts 等）的人都知道，视频会议的质量很大程度取决于所有参会者拥有良好的设备（电脑或移动设备、麦克风和相机）以及足够的宽带。此外，发言模式也要精心安排，保证一次只有一位参会者发言，同时还必须适应语音上的延迟，这也使得轮流发言变得相当麻烦，而在面对面的会议中对话交流更为自然流畅（Sellen，1992）。还应指出的是，支持 POPC 文化的新通信技术所提供的跨文化交流，主要适用于那些拥有相同语言或能用英语交流的人。但是即使在全球的英语使用者中，对语言的细微差别、反语、讽刺和幽默等的不同理解也会造成沟通障碍，而这些无法通过技术来消除。

像这样零星的证据揭示了一种更为普遍的见解，那就是当我们在当今全球化通信环境中研究 POPC 时，除技术问题之外，文化认同（culture identities）也发挥着至关重要的作用。在本章中，我们将按照两种路径来探讨文化认同的作用。一方面，我们将文化认同视为构成 POPC 行为和观念的一般性特质（generalized dispositions）。文化价值观、习惯和规则影响着全球 POPC 的范围和形式。我们之所以称之为一般性特质是因为（1）它们并不是个人的特质特征，而是某个特定文化群体成员共享的特征；（2）从个体层面而言，这些特质在各种情境中产生影响，因此也多少具有持久性。

然而，文化和文化认同并不具有稳定性。的确，价值观、习惯和规则随着时间而改变，在全球化交流的时代，几乎没有一个文化群体在改变中幸免。事实上，在上述跨文化交流中，我们可以找到一种改变价值观、习惯和规则的重要渠道。在跨文化 POPC 交流中，参与者们相互影响，他们适应环境并培养自己的新能力，有时候甚至将不同于以往的文化取向融为一体。因此，在第二种观点中，必须将文化认同概念化为 POPC 行为和认知的多变和协商特质（shifting and negotiated qualities）。从这个角度来看，文化并不是影响 POPC 的一个外在因素，而是 POPC 过程中的整体特质。

将文化认同作为一般性特质来研究将有助于 POPC 行为和认知的跨文化比较，这是我们本章第一部分的探讨路径。反之，将文化认同作为 POPC 过程的协商式特质进行研究，则需要对来自不同文化背景的个人

或群体之间的交流展开深入的关系分析——这也是我们在第二部分将要探讨的主题。基于两种观点中存在的（有限）知识，我们将在本章的结论部分针对未来的 POPC 研究提出颇具成效的研究路径。

## POPC 交流中的跨文化差异

在每种文化中，媒体用户根据不同的价值观、习惯、规则、要求和期望来行事，这些都是构成现代文化认同的重要元素（Baron & Segerstad, 2010; LaRose, Connolly, Lee, Li & Hales, 2014; Campbell, 2007a, 2007b）。多项研究为不同情况下是否适合使用手机存在的跨文化差异提供证据（Campbell, 2007a, 2007b）。一项跨文化调查发现，人们对手机的认知存在差异并体现于以下五个方面：（1）将手机视为一种时尚的态度；（2）对在公共场所使用手机的态度；（3）出于安全考虑而使用手机；（4）出于功能性目的的手机使用，例如用于后勤协调等；和（5）出于表达性目的的手机使用，例如与朋友保持联系（Campbell, 2007a）。针对五个不同文化群体（来自夏威夷、日本、瑞典、中国台湾和美国本土）的比较结果显示，这五个文化群体在上述几方面均存在差异：亚洲学生更能容忍在公共场所使用手机，而北美的学生则更多地出于安全原因而使用手机（Campbell, 2007b）。关于在工作环境中使用手机的适当性而言，卡波雷尔（Caporael）和谢（Xie）（2003）发现，中国参与者可以接受雇主在非工作时间致电，但是美国参与者却认为不能接受在非工作时间打电话讨论工作。

虽然早在十多年前就有相关研究，而且手机使用行为在过去十年也发生了显著变化，但是这些发现阐明了全球化现象中的跨文化因素（Gudykunst et al., 1996; Hofstede, 2001; Schwartz & Sagiv, 1995）。霍尔（Hall）（1976）通过区分低语境交流和高语境交流来解释这种文化差异。一些国家（如美国、德国和大多数西方国家）的文化被认为是低语境文化（low-context culture），即信息表达的措辞很明确。而在高语境文化（high-context culture）中（如韩国、日本及大多数的亚洲、阿拉伯和地中海文化），信息表达通常更隐晦、更委婉含蓄（Hall & Hall, 1990），而且人际交流被认为比其他任何事情都重要。信息编码的隐性或显性方式也使得手机的使用方式出现差异：例如，中国人通过建立个人关系网络（关系网）来确保利益并形成被保护感，这与他们的移动技术使用模式存在关联（Yu & Tng，2003）。确切地说，关系网的建立通常需要面对面交往，因此手机至少具备即时的、私密的语音功能甚至视频交流功能。在中国关系网礼仪中，人们通过这种交往形式既可以给予和接受馈赠，也可以造成亏欠并为之弥补。我们可以得出结论：在中国市场，手机是一个增强和培养关系网的工具，即使在无法面对面联系或无法协调个人会议和约会的情况下，人们可以通过手机获取联系人列表并开启私密性谈话来建立高度个性化的关系。这与霍夫施泰德（Hofstede）（2011）所提出的某些文化维度之间存在联系的研究相一致。卡杜恩（Cardon）等人（2009）研究表明，高度集体主义与人们和陌生人有较多在线联系显著相关。根据这一观点，阿巴斯（Abbas）和梅施（Mesch）（2015）针对以色列样本调查了文化维度对使用Facebook动机所发挥的作用。他们发现，集体主义和不确定性规避程度较高（see Hofstede，2001）的受访者则更积极地使用Facebook来维系现有关系。

另外，关于公共场所（咖啡店、公共交通工具等）的礼貌问题也存在差异。在一项关于五种不同文化（美国、瑞典、日本、韩国和意大利）比较的调查中，日本的受访者普遍比其他国家的受访者更加关注公共场所的礼貌问题（Baron & Campbell，2012）。差异存在的原因就在于日本的教育：日本儿童从小被教育要避免"令人讨厌的"（meituaku）行为。例如，与日本受访者相比，瑞典和美国的受访者更为赞同在咖啡厅使用手机（Baron & Segerstad，2010）。调查还发现，美国受访者每天的语音通话频率要高于日本受访者，而日本受访者使用短信的频率要远高于美国受访者。与此同时，与美国人相比，日本人更讨厌大声打电话的行为（Baron & Segerstad，2010）。

综合上述研究，我们可以得出结论：高语境文化强调的是交流情境，在该情境下人们既能维护与缓和自己的人际关系，但同时又遵循规范（如避免令人讨厌的行为、遵守关系网礼仪等）。相反，低语境文化更多地强调自我表达，而最终忽视礼貌问题。这个结论也在个人化行为实践的研究中得到进一步印证，如最近一项有关手机个人化模式的研究表明，与美国受访者相比，韩国受访者具有更强的他人导向性（other directedness），因此他们较多地报告了美学相关的手机个人化行为。这种审美个人化行为反过来也与以下观点存在关联，即手机就是一种自我表现的方式，这是一种更为隐晦和含蓄的自我表达（Lee & Sundar，2015）。

相比之下，美国受访者比韩国受访者要更重视自我表达，在作为印象管理的自我推销（self-promotion）方面得分更高。但是这种趋势与人们的手机个人化行为模式无关。

我们进一步解释了自我建构的类型，即人们根据自己依赖或独立于社会环境的不同程度来划分自我建构的类型。这种差异分别被称为独立型自我建构（independentself-construal）或依存型自我建构（interdependent self-construal）（Markus & Kitayama，1991）。独立型自我建构与西方工业国家（如美国）的关联性更强。在这些工业化国家中，人们的总体目标是实现独特性、展现优越性以及追求自身目标（Uchida & Kitayama，2009）。相比之下，依存型自我建构与亚洲国家（如日本）的关联性更强，还与努力和他人保持一致、坚持保守理念、维护社会关系以及与社会环境和谐共处等价值观相关。同样，价值观也会根据个人主义（如权力和成就）、集体主义（如传统、从众）和普世价值（如仁心）（Schwartz & Bilsky，1990；Schwartz & Sagiv，1995）来分类。因此，一个人的文化塑造了他/她的态度和价值观，而态度和价值观又反过来影响人们为了满足需求而使用通信技术的方式（Erumban & de Jong，2006；Silverstone & Haddon，1996）。例如李（Lee）、崔（Choi）、金（King）和洪（2007）认为独立型自我建构与移动互联网服务的采纳后感知（post-adoption perception）之间存在正向关系。一个人在自我建构过程越独立，他对移动服务的感知就越积极。

随着社交网站的广泛使用，文化维度与用户通过使用社交网站维系和拓展社会关系的不同动机之间存在关联。金、索恩（Sohn）和崔（2011）发现，与韩国学生相比，美国学生在 Facebook 上有更多的社交联系。他们对这一发现的理解表明，文化维度（如集体主义）与社会关系的不同观点有关：一种观点强调通过在线寻找新朋友来拓展社会关系（例如，为了增强积极的自我价值感）；另一种观点则重视通过表达对家庭和朋友的承诺来维系现有的社会关系。杰克逊（Jackson）与王（Wang）（2013）也发现，与中国参与者相比，美国参与者则在社交网站上花费更多时间，认为社交网站更为重要，并且拥有更多的网友。这两位学者还认为，集体主义文化更多地强调家庭和亲密朋友，这可能也部分解释了他们较少使用社交网站的原因。个人主义文化倾向于关注度高但不太亲密和持久的友谊，这也许可能解释了美国样本中社交网站使用率更高的原因。

此外，该研究还揭示出一些新技术使用的影响因素，这些因素在不同文化内可能存在差异。首先，随着技术在文化群体中的扩散速度（即拥有移动电话等先进技术设备）越来越快，文化群体成员也逐渐变得"精通技术"（technologically smart）（Beckers, Mante & Schmidt, 2003）。"精通技术"是指个人或社会更多地使用移动电话（或 20 年前诞生的互联网）等现代先进技术并对这些新技术持无忧无虑的态度（Beckers et al., 2003）。因此，技术亲和力（technological affinity）是区分使用模式和行为的一个关键维度。其次，谢克特（Schejter）和科恩（Cohen）在 2002 年报告称，以色列的手机使用率为全球最高，基本上是欧洲同期平均水平的两倍和美国的四倍。他们将以色列手机的增长归因于以色列人"建立联系和闲谈的需求以及他们强硬、果敢的性格"（p. 38）。该解释的固有观点是，在各种文化群体中，群体成员与其社交网络（在线和离线）保持联系、交流或对话的期望程度有所不同。因此，交流需求甚至是归属感的基本需求（Baumeister & Leary, 1995）也可以作为解释动机。

除媒体和技术使用模式存在跨文化差异外，卡茨（Katz）和奥胡斯（Aakhus）（2002）从机器精神（apparatgeist）视角探讨了文化类同的观点。根据机器精神概念可知，潜在的人类精神成为个人采纳和使用通信技术的指南。这一精神被认为具有普世性，也就是说，在不同文化中保持一致。卡茨和奥胡斯（2002）还认为，人们普遍对永久连接有一种冲动（虽然这可能因个体间的差异而有所不同，参阅有关建立联系需求方面的评论，Schejter & Cohen, 2002），该因素决定了人们如何判断、发明和使用通信技术。例如，除文化群体间的某些差异外，坎贝尔（2007a, 2007b）认为他的调查结果符合机器精神理论的一般假设和关于如何使用通信技术和处理技术可供性的一种全球性观念或本能。康（Kang）和钟（Jung）（2014）在对韩国和美国学生进行比较后还发现，两国在智能手机的使用与满足人类需求方面存在相似的关联性。

### POPC 传播中的跨文化交流

在当今全球化的世界中，来自不同文化背景的人们不仅在文化认同及相关 POPC 行为方面存在差异，他们还在专业和个人背景层面不断加强与其他国家和文化之间的相互联系。同事、家人、朋友以及亲密合作伙伴之间的这种跨文化交流当然可以在本地发生,它将来自不同文化背景但在同一个地方工作或生活的人们连接在一起。但是这样的跨文化交流逐渐超越本地范围,更多地通过媒介来完成,其原因在于全球化经济致使工作场所趋于分散,出现移民、交流学习、旅游和其他创造机会的迁徙实践,以及将不同文化背景的人们连接起来。现在可用的移动和在线技术及平台,尤其是像 Facebook 这样的社交网站、WhatsApp 这样的移动信息类应用程序以及 Skype 这样的视频通话平台等,有助于跨文化交流的发展,而跨文化交流也是大众媒体内容跨境流动的一部分(Brüggemann & Wessler,2014 年)。

然而,这里有两个条件很重要。首先,上述跨文化交流服务在世界各国的普及程度并不相同。个别国家政府可能会阻止某项服务或是对其服务进行严格的监管和审查,以至于用户不愿意随意使用这些网络服务。而 POPC 行为以所有参与者同时获得相同的平台或服务为先决条件,这样的约束条件明显限制了 POPC 的全球影响力和个人参与能力。其次,各国在融入全球经济、参与国际交流项目、支持国际人员往来以及提供媒体技术获取途径等方面的程度也不相同。因此,在经济繁荣和发展程度较高或较低国家中与来自其他文化背景的人员实际接触的机会也大相径庭。当然,即使在同一个国家,个人在获得跨文化交流机会方面也存在迥异,受过良好教育、来自富裕城市的精英机会最大。诺里斯(Norris)和英格尔哈特(Inglehart)(2009)将政府控制程度和全球交流与传播的融入程度这两个因素统一纳入"世界主义"(cosmopolitanism)指数。国际性社会是将媒体自由与强大的全球一体化相结合的社会,而封闭性社会则具有媒体使用受限、全球联系弱的特征。通常西方国家的世界主义程度处于高位,南非、巴西、墨西哥、印度、俄罗斯等新兴国家处于中位,而许多发展中国家则处于较低位。永久性跨境联系的相关研究不应忽视跨文化 POPC 交流机会在这种宏观层面上的差异。

此外,重要的是,"不同文化背景"并非一个绝对的范畴,而呈现渐进性特征。文化差异可大可小,与某些价值和习惯更为相关,尤其是可以通过一种简单或反身性的方式来体验。以一名来华留学的德国交换生为例,她在回国后通过 Facebook 和 WhatsApp 与一位中国同学保持长期联系,偶尔也会用 Skype 聊聊天。她在中国时所经历的跨文化交流可

## 第四部分 POPC 环境中的社会化:成长、技能习得及文化影响

能让她对德国人和中国人有了新的认识,而没有她这样经历的人则不会有这种认识。当她在 POPC 环境中开始一段关系时,她或多或少会以一种反身性视角来看待与自身经历相关的文化差异,POPC 进程本身有助于逐渐缩小、扩大或进一步反思这些差异。

　　文化认同是 POPC 过程的一个组成部分,因此以差异化和动态性的方式来理解文化认同,这将为探索如何在跨文化的 POPC 交流中妥协和转换文化身份提供了新契机。尽管学界没有特别关注交流联系的持久性,但是已有学者针对移民与散居社区来研究上述相互作用。赫普(Hepp)、博兹达(Bozdag)和苏纳(Suna)(2012)在针对德国三个移民社区的民族志研究中,确定了对 POPC 研究有指导意义的三种典型文化取向。第一类为原籍社区成员(即土耳其人、摩洛哥人和俄罗斯人),坚持以原籍为本(Origin-oriented)的移民自我认同,而第二代或第三代移民甚至可能仅仅从传闻及偶然的度假访问中才了解自己的"原籍"。并与当地侨民社区的其他成员建立联系,并与在原籍国的家人和朋友进行跨地域联系。虽然他们保持跨境联系,但是对以原籍为本的移民而言,跨文化交流发挥着相对次要的作用。相比之下,以种族为本的移民形成一种认同,其标志为原籍国与现居住国之间存在矛盾。他们认为自己是"德国—土耳其人"(German-Turks)等,这种民族定位是他们身份的核心(Hepp et al., 2012)。这样的身份认同与多元化的通信网络相关联,包括与两个社区的成员建立本地和跨地域的联系,但是归属的核心在于他们位于德国的侨民社区,他们与同一地方的其他移民及某些本土德国人有联系。最后为第三种类型,由以世界为本的移民组成,他们自称为"欧洲人"或"世界主义者"。这一相对年轻且受过良好教育的群体与以种族为本的群体共享一个交流网络,该网络覆盖至更多具有不同原籍身份的人们,他们不仅仅生活在原籍国和居住国。以世界为本的移民与我们所列举德国交换学生从中国回国的案例最为相似,因此,在该移民群体中,移动设备的使用以及跨文化边界永久连接参与度的发展势头最为强劲,这也就不足为奇了(Hepp et al., 2012)。

　　POPC 的研究人员通常对移民社区本身不感兴趣。但是立足移民通信网络的视角,与其他环境相比,研究人员可以更清晰地理解文化认同与 POPC 行为之间相互作用的差异化与动态性。我们没有必要在文化认同与 POPC 行为和认知之间建立固定的因果关系。在当前的知识阶段,

学界研究固定组群之间跨文化边界的永久连接似乎更有希望，在这个过程中，文化身份变得不太固定并正通过永久交流来重新精准定位。

**研究视角**

综上观之，关于 POPC 交流的比较研究和跨文化视角研究各有优势。比较研究有助于理解低语境文化和高语境文化，以及独立型和依存型自我建构如何影响人们的 POPC 行为和感知。例如，我们有理由相信，明确、直接地传递信息的低语境文化群体，在 POPC 交流中会直接根据字面意思获得缺席或在场的提示，因此某人在场或在线意味着可以直接开启交流的大门。相比之下，在高语境文化中，首先询问我的交流伙伴是否真正方便进行交流或其他时间点交流是否会更为合适，这被视为较为妥当的做法。一旦开始交流，那么在以自我主张为特征的独立型文化中，交流者在是否或如何回应方面有更多的回旋余地，而在依存型文化中，交流者的行为则更适应于与交流伙伴保持和谐的关系。很多其他类似的假设和研究问题都可以在一个跨文化的比较框架中得到解决。例如，在 POPC 交流中，我允许交流伙伴在收到信息时进行审核并再次回复，在这之前我需要等多久，不同文化之间存在很大差异。

相反，对跨境 POPC 联系的研究采用跨文化视角有助于阐释我如何与来自不同文化背景的交流伙伴商谈并建立相应的交流模式，如此，既使我的需求得到满足也不会冒犯交流伙伴。这种跨文化交流的持续性或永久性本质，极有可能形成一个双方较为认可的 POPC 行为适应过程，他们会对此类行为中所体现的文化差异进行不断的认识和反思。通过这种方式，永久性跨文化交流将促使人们更愿意相互包容，甚至能够理解多元化差异，而非将其视为一种麻烦。一般而言，时空分离将对于我理解社交中永久性的意义产生影响，这种分离还可能影响我对于非介入式的面对面交流价值的态度。

最后，我们认为，在经验性的 POPC 研究中，应该将这两种视角相结合，如此才能真正发挥它们的优势。例如，某种程度上，文化认同所产生的泛化心理倾向将促进建立永久性的跨文化交流。此外，在跨文化的 POPC 交流中所经历的潜在适应过程也部分取决于交流者实际的文化价值观。反之，部分价值观也会在持续交流的过程中发生改变，例如，他们是遵循独立型自我建构还是依赖型自我建构。我们非常清楚，对这些问题和观点的调查研究需要一个研究设计，这既可以掌握 POPC 交流伙伴的心理倾向（即价值观、习惯和规则等），也可以了解他们相互交流的质量（即亲密感、文化差异和需求满足感等）。这不是一项小任务，尤其如果还要涉及时间维度的考察，了解随时间推移所发生的变化，调查研究应体现时间维度。然而，在当今的全球化世界中，随着跨文化交际变得越来越频繁、持久和复杂，我们的调查研究策略也应该能够应对这种复杂性。

## 参考文献

Abbas, R. & Mesch, G. S., Cultural values and Facebook use among Palestinian youth in Israel, *Computers in Human Behavior*, 2015, 48: 644–653. doi: 10.1016/j.chb.2015.02.031.

Baron, N. S. & Campbell, E. M., Gender and mobile phones in cross-national context, *Language Sciences*, 2012, 34 (1): 13–27. doi: 10.1016/j.langsci.2011.06.018.

Baron, N. & Segerstad, Y., Cross-cultural patterns in mobile-phone use: Public space and reachability in Sweden, the USA, and Japan, *New Media & Society*, 2010, 12 (1): 13–34.

Baumeister, R. F. & Leary, M. R., The need to belong: Desire for interpersonal attachments as a fundamental human motivation, *Psychological Bulletin*, 1995, 117 (3): 497–529.

Becker, J., Mante, E. & Schmidt, H. G., Communication anxiety among "smart" Dutch computer users, In J. Katz (Ed.), *Machines that become us: The social context of communication technology*, 2003, (pp. 147–160). New Brunswick, NJ: Transaction Publishers.

Brüggemann, M. & Wessler, H., Transnational communication as deliberation, ritual and strategy, *Communication Theory*, 2014, 24 (4): 394–414.

Campbell, S. W., A cross-cultural comparison of perceptions and uses of mobile telephony, *New Media & Society*, 2007a, 9 (2): 343–363. doi: 10.1177/1461444807075016.

Campbell, S. W., Perceptions of mobile phone use in public settings: A cross-cultural comparison, *International Journal of Communication*, 2007b, 1: 738 – 757. Retrieved from http://ijoc.org/ojs/index.php/ijoc/article/view/169.

Caporael, L. R. & Xie, B., Breaking time and place: Mobile technologies and reconstituted identities, In J. Katz (Ed.), *Machines that become us: The social context of communication technology*, 2003, (pp. 219 – 232). New Brunswick, NJ: Transaction Publishers.

Cardon, P. W., Marshall, B., Choi, J., El-Shinnaway, M. M., North, M., Svensson, L., alenzuala, J. P., Online and offline social ties of social network website users: An exploratory study in eleven societies, *Journal of Computer Information Systems*, 2009, 50 (1): 54 – 64. doi: 10.1177/1080569908330376.

Erumban, A. A. & Jong, S. B. de., Cross-country differences in ICT adoption: A consequence of culture? *Journal of World Business*, 2006, 41 (4): 302 – 314. doi: 10.1016/j.jwb.2006.08.005.

Gudykunst, W. B., Matsumoto, Y., Ting-Toomey, S., Nishida, T., Kim, K. & Heyman, S., The influence of cultural and individual values on communication styles across cultures, *Human Communication Research*, 1996, 22 (4): 510 – 543. doi: 10.1111/j.1468 – 2958.1996.tb00377.x.

Hall, E. T., *Beyond culture*, Garden City, NY: Anchor Press, Doubleday, 1976.

Hall, E. T. & Hall, M. R., *Hidden differences*, New York: Anchor Books, 1990.

Hepp, A., Bozdag, C. & Suna, L., Mediatized migrants. Media cultures and communicative networking in the diaspora, In L. Fortunati, R. Pertierra & J. Vincent (Eds.), *Migrations, diaspora, and information technology in global societies*, 2012, (pp. 172 – 188). London: Palgrave.

Hofstede, G., *Culture's consequences: Comparing values, behaviors, institutions and organizations across nations* (2nd ed.), Thousand Oaks, CA: Sage Publications, 2001.

Jackson, L. A. & Wang, J. -L. , Cultural differences in social networking site use: A comparative study of China and the United States, *Computers in Human Behavior*, 2013, 29 (3): 910 - 921. http: //dx. doi. Org/10. 1016/j. chb. 2012. 11. 024.

Kang, S. & Jung, J. , Mobile communication for human needs: A comparison of smartphone use between the US and Korea, *Computers in Human Behavior*, 2014, 35: 376 - 387. doi: 10. 1016/j. chb. 2014. 03. 024.

Katz, J. E. & Aakhus, M. A. (Eds. ), *Perpetual contact: Mobile communication, private talk, public performance*, Cambridge, UK: Cambridge University Press, 2002.

Kim, Y. , Sohn, D. & Choi, S. M. , Cultural difference in motivations for using social network sites: A comparative study of American and Korean college students, *Computers in Human Behavior*, 2011, 27 (1): 365 - 372. http: //dx. doi. org/10. 1016/j. chb. 2010. 08. 015.

LaRose, R. , Connolly, R. , Lee, H. , Li, K. & Hales, K. D. , Connection overload? A cross cultural study of the consequences of social media connection, *Information System Management*, 2014, 31 (1): 59 - 73.

Lee, I. , Choi, B. , Kim, J. & Hong, S. -J. , Culture-technology fit: Effects of cultural characteristics on the post-adoption beliefs of mobile Internet users, *International Journal of Electronic Commerce*, 2007, 11 (4): 11 - 51.

Lee, S. & Sundar, S. , Cosmetic customization of mobile phones: Cultural antecedents, psychological correlates, *Media Psychology*, 2015, 18 (1): 1 - 23. doi: 10. 1080/15213269. 2013. 853618.

Markus, H. & Kitayama, S. , Culture and the self: Implications for cognition, emotion, and motivation, *Psychological Review*, 1991, 98 (2): 224 - 253. Retrieved from http: //psycnet. apa. Org/journals/rev/98/2/224/.

Norris, P. & Inglehart, R. , *Cosmopolitan communications, Cultural diversity in a globalized world*, Cambridge: Cambridge University Press, 2009.

Schejter, A. & Cohen, A., Israel: Chutzpah and chatter in the holy land, In J. Katz & M. Aakhus (Eds.), *Perpetual contact: Mobile communication, private talk, public performance*, 2002, (pp. 30 – 41). Cambridge: Cambridge University Press.

Schwartz, S. H. & Bilsky, W., Toward a theory of the universal content and structure of values: Extensions and cross-cultural replications, *Journal of Personality and Social Psychology*, 1990, 58 (5): 878 – 891. doi: 10.1037//0022 – 3514.58.5.878.

Schwartz, S. H. & Sagiv, L., Identifying culture-specifics in the content and structure of values, *Journal of Cross-Cultural Psychology*, 1995, 26 (1): 92 – 116. doi: 10.1177/0022022195261007.

Sellen, A. J., *Speech patterns in video mediated conversations*, Proceedings of the Conference on Computer Human Interaction' 92, Monterey, CA, May 4 – 7, 1992.

Silverstone, R. & Haddon, L., Design and the domestication of ICTs: Technical change and everyday life, In R. Mansell Sc R. Silverstone (Eds.), *Communicating by design: The politics of information and communication technologies*, 1996, (pp. 44 – 74). Oxford: Oxford University Press.

Uchida, Y. & Kitayama, S., Happiness and unhappiness in East and West: Themes and variations, *Emotion*, 2009, 9 (4): 441 – 456. doi: 10.1037/a0015634.

Yu, L. & Tng, T. H., Culture and design for mobile phones in China, In J. Katz (Ed.), *Machines that become us: The social context of communication technology*, 2003, (pp. 187 – 198). New Brunswick, NJ: Transaction Publishers.

# 第五部分

# POPC 公民：政治和参与

# 第十九章

# POPC 公民:第四政治传播时代的政治信息

多罗西·赫夫勒、艾克·马克·林克、弗兰克·M. 施耐德

(Dorothee Hefner, Eike Mark Rinke and Frank M. Schneider)

## 引 言

一位女士站在报刊架旁浏览手机上的信息；一个女孩边排队边刷着 Facebook，偶然发现关于近期美国总统选举结果的视频片段；一个年轻小伙子一边用平板玩游戏，同时在另一个窗口播放着电视新闻。这三个日常场景展现了当今"永久在线、永久连接"（POPC）的交流环境为人们如何获取并消费政治信息创造了新条件。交流形式和内容纷繁复杂，这使得持续获取政治信息变得更为容易，而且网上有趣的事情很多，我们也可以避开政治内容。与此同时，因为社交网站（SNS）经常把新闻推送给不知情的用户，所以我们也很难完全远离政治信息。社交网站和即时信息服务平台有激活社会关系的潜力，而且这种潜力具有永久性，政治信息已经嵌入到公民的社交网络中，他们可以对信息点赞、分享与评论。数字化与媒介化现象随处可见，这对政治领域的影响颇深，如此，杰伊·布朗德（Jay Blumler）（2016）于近期宣布"第四政治传播时代"的到来。与此前的其他时代相比，第四个时代的政治传播特点是"传播实践更为丰富"（p.24），尤其新的移动接入设备逐渐抢夺观众的注意力。互联网的兴起较早，互联网的移动化则推动其发展：移动性不仅增加了交流的频率，也因此增加了用户有意识选择交流模式和内容等行为的发生频率。由于人们经常在现实生活中也会参与数字传播，因此传播行为也可能变得更加冲动和无意识（van Koningsbruggen, Hartmann & Du, this volume），对内容的关注也与以往相比更

为肤浅。

然而，POPC 媒体环境的承载能力不仅仅影响着人们选择、接触和处理政治传播的方式。在本章中，我们认为，POPC 环境与公民的个人特征相互作用，这对于运转良好的民主制度的传播效果产生深远影响，如公民对政治的了解、介入及参与等。普赖尔（Prior）（2007）的研究表明，在富媒体环境中，相比严肃新闻，人们对娱乐的偏向日益凸显。我们认为，与娱乐内容相比，公民对"硬"新闻的偏好以及他们的政治兴趣等这些众所周知的新闻接触相关预测因素在 POPC 条件下以及多选择和强刺激的环境中将变得更为重要。简而言之，对政治完全不感兴趣的人既没有动机，也完全没有必要来追踪和阐述新闻，因为对他们来说网上有更多吸引人的、令人忙碌的信息。此外，在 POPC 世界中，注意力分散等个人性格特征（Reinecke & Hofmann，2016）可能会对政治信息的处理过程产生影响。这些看似无限多的交流和接收信息方式以及推送信息等技术带来的更多刺激因素，都有可能致使公民日常的政治新闻接触行为产生新的变化。

本章旨在概述 POPC 环境如何与个人特征共同影响人们接触和处理政治信息的方式。在概述 POPC 现象的政治影响时，我们将采用社会心理学的观点来研究并聚焦于个人层面（更多的社会心理学观点请参阅 Vromen、Xenos 与 Loader 的章节）。我们勾勒出当代"POPC 公民"的社会心理轮廓并概述公民使用移动信息和通信技术获取政治信息的最新发展动态，以及对个人的公民能力（civic competencies）乃至民主的影响。

## POPC 环境的特征

在过去几十年里，我们的媒体环境发生了翻天覆地的变化。移动设备一直是媒体环境发展的催化剂，它让我们能够永久在线、永久连接（Klimmt, Hefner, Reinecke, Rieger & Vorderer, this volume）。这种新环境的核心要素是现代智能手机，它将新旧大众媒介（如数字电视广播、报纸内容、音乐和视频等）与人际传播渠道（如社交网站、电子邮箱、发短信）融为一体。这些媒体、服务和功能几乎可以随时随地甚至同时被使用。另外，由于智能手机是一个稳定的"伴侣"，所以这种媒介式的提示信息流似乎没有终点也没有起点。此外，多选择、强刺激的 POPC 媒体环境为用户带来海量信息和持续的功能可供性。未读的即时信息、邮箱内的时事通讯、要继续玩的在线游戏、在线新闻网页和社交网站上永无止境的更新、推文、转发或链接分享——这些为同时获取信息、展开交流和享受娱乐既提供了机会也赋予义务。近期，有数据显示，当今的数字移动媒体是仅次于电视的最重要和最常用的新闻来源之一（e.g., Holig & Hasebrink, 2013；Pew Research Center, 2016）。POPC 环境为政治信息的生成、传播和接收创造了一个全新语境。因此，促使信息环境对于政治产生重要作用的机制也会发生巨大变化。手机的无处不在、永久连接和即时信息等功能特点以及基于位置的和个性化的服务（for examples, see Martin, 2014），不仅在政治内容方面，而且也在娱乐和人际交往方面发挥着重要作用。正是这种新环境的永久性和普遍性增加了个人有意或无意接触政治信息的机会。

## 在 POPC 环境中接触政治信息

对 POPC 公民来说，多种信息流的交汇、竞争和融合为公民接触政治信息创造了一系列的渠道和机会。当代政治信息生态变得更为复杂和偶然（Thorson & Wells, 2016），如智能手机和其他移动信息通信设备的可供性，以及当今公民的 POPC 思维模式，这些都极大地增加了人们在接受政治新闻时的复杂性和偶然性。

最近一项关于政治新闻受众的评估表明，政治信息消费正逐渐成为公民 POPC 媒体日常的一部分，至少在互联网普及率高的国家是这样。2015 年，在西欧大多数国家及美国，约 40% 的公民使用手机消费新闻，几乎同样比例的公民也表示，他们将社交媒体作为获取政治信息的渠道（Holig, Nielsen & Schroder, 2016）。事实上，瑞典数据显示，2015 年公民通过移动设备获取网络新闻的频率首次超过电脑端（Westlund, 2016）。

在技术加持下的 POPC 环境中，人们使用移动终端来获取政治信息的方式发生了显著的变化。移动设备经常并越来越多地（Westlund & Fardigh, 2015）被用于跨媒体新闻消费，这成为传统新闻来源的补充（Damme, Courtois, Verbrugge & Marez, 2015）。虽然移动终端消费的大部分内容来自传统新闻媒体（Wolf & Schnauber, 2015 年），但移动信息通信技术（ICT）的可供性却在媒体活动中引发了严重的不平等现象，尤其会损害使用手持终端浏览网页的网民的潜在利益（Pearce & Rice,

2013年)。实际上,研究表明,公民通过移动设备所获取新闻内容涉及范围更为广泛,但也更为肤浅(Westlund,2016)。

用户随时随地通过移动在线媒体接触新闻,这也引发了一系列技术结构(technological makeup)相关的问题,如手机屏幕较小,这不仅限制了用户对内容的选择,还影响其阅读的舒适度,因此平均阅读一篇文章的时间以及通过新闻学习的内容量也都受到限制。手机与互联网的连接速度往往比固定计算机要慢,这可能会导致新闻消费中的用户流失率更高,而用户返回新闻网站的可能性更低,尤其是如果用户很少接触新闻更是如此。此外,移动互联网接入成本更高,这个问题在可预见的未来可能仍然存在(Dunaway,2016)。虽然移动信息通信技术为新闻消费开启了新时代和新空间(Struckmann & Karnowski,2016),那些受教育程度更高、收入更高的群体会充分利用这些机会,至少他们会获取高质量的新闻内容。

众所周知的教育与收入等层面的不平等现象再次出现于政治信息中,鉴于此,一些学者得出结论,即移动网络通信技术的扩散导致了移动互联网下层阶级的出现,他们的特征为政治参与度低(Napoli & Obar,2014)。对于公民通过移动媒体浏览新闻来参与政治,上述评估似乎比偶尔表达的乐观态度更为合理有效(Martin,2015,2016)。

近期,政治传播研究人员对于一个POPC现象较为关注,这个现象可能会加强这一趋势:越来越多的人,尤其是青年公民,更多地依赖偶然性的新闻接触来获取政治信息。他们通常在"新闻找到我"(news find me,NFM)期望的驱使下产生一些新闻接触行为,这种期待是移动信息通信技术加持下POPC思维方式中永久显著性与警觉性的产物。然而,当人们以"新闻找到我"这种警觉性的心态来使用手机会意外地接触到政治信息,但更重要的影响是,他们会采取一种更加消极,甚至冷漠的姿态来面对政治世界。以"新闻找到我"的姿态来应对POPC,这致使公民对政治逐渐失去兴趣,且他们对于政治的了解程度也日益下降,从而也减少了他们参与政治的频率(Gil deZúñiga & Diehl,2016)。更糟糕的是,偶然性的新闻接触——如对"新闻找到我"期望较高的个人所期待的那样——往往会有利于那些对政治感兴趣的公民参与政治(Kim,Chen & Gil de Zúñiga,2013;see also Tewksbury,Weaver & Maddex,2001),而这会加深政治分歧。重要的是,这一结论可能并不适用于社交网站中的偶然性新闻接触（Valeriani & Vaccari, 2016）。一个可能的解释是，用户一旦"进入"某个特定社交网站后就没有很多选择（Bode, 2016）。例如，在 Facebook 上，朋友的发帖被列入单个信息流，因此用户几乎要被迫留意到每条发帖——无论这些发帖是否涉及政治内容。然而，按照社交网站"学习"算法的结果，对政治不感兴趣的用户会发现他们在社交网站上浏览到的政治信息逐渐变少，他们曾经对于政治内容发帖的关注度与参与度越低，这类内容在他们的社交网站中出现的频率也越低（Thorson & Wells, 2016）。此外，随着时间的推移，他们可能将社会网站的设置非政治化或政治多元化，还可以通过"过滤"掉一些不友好的联系人发来的信息，这些人通常会发送一些政治内容或令人不舒服的政治类内容，（John & Dvir-Gvirsman, 2015）。

POPC 环境中媒介接触形成中的第二个现象是倾向于使用"第二块屏幕"，即除主流媒体资源外，通过其他联网设备来浏览政治新闻。这种行为已被视为一种新型在线政治参与形式，它也可以转化为线下政治参与和公民参与（Gil de Zúñiga, Garcia-Perdomo & McGregor, 2015; Vaccari, Chadwick & O'Loughlin, 2015）。但是，如果从信息处理角度考察，双屏幕接触（dual-screen use）所产生的信息接收模式具有多任务处理的性质，这可能会让接触新闻所产生的益处大打折扣（Jeong & Hwang, 2016; see next section）。

### 处理 POPC 环境中的政治信息

POPC 环境不仅影响公民接触政治信息，还会影响公民对所接触新闻的处理方式。POPC 环境的两个特征尤其影响着公民处理政治信息的方式，同时也会对政治认知和政治参与的相关结果产生影响：（1）丰富性，即移动互联网可以随时随地就几乎可以想象的任何话题向人们提供形形色色的内容；（2）社会嵌入性，即通过社交媒体向公民提供大量政治内容。鉴于 POPC 媒体生态中信息与通信功能的丰富可用性，我们可能期望关于政治信息的多任务处理行为（或快速切换任务）成为一种常态而非例外。但是，多任务处理往往会降低主要任务（本文主要指处理新闻内容）的完成效率并影响学习效果（e.g., Chen & Yan, 2016; Junco & Cotten, 2012; Wood et al., 2012; see also the chapters by David）。最近一

## 第五部分 POPC 公民：政治和参与

项研究表明，在浏览政治新闻时的媒体处理多任务行为发生的一般频率（即参与发短信、看电视或使用社交网站等其他媒体活动）与浏览一般性政治知识时的多任务处理发生频率呈现负相关，但与浏览主观性政治知识时的多任务处理发生频率呈正相关（Ran，Yamamoto & Xu，2016）。因此，"一心多用"的新闻用户不仅在浏览新闻时学习的内容较少，而且还对于他们所学的知识有较高预期。

不过，我们可以假设，人们在如下方面产生差异：将POPC环境的可供性转化为多任务处理行为并将其内化为个人特征。例如，个体多元性时间观（polychronicity）被认为是一种体现多任务处理倾向的个人特质（Poposki & Oswald，2010）。多元性时间观较强的个体喜欢在同一时间内执行多项任务而非单项任务。因此，具有多元性时间观的人更有可能在同一屏幕上同时进行多项活动，如在观看新闻的同时浏览其他终端屏幕。另一个可能相关的个人特征是一般性注意力分散（general distractibility）（Forster & Lavie，2016），这影响了个体在完成主要目标时轻易分散注意力的程度。一个人注意力越分散，那么他可能越容易受到永久性机会的干扰，如接触海量无关内容或参与其他社交活动，这已经成为一种共识。例如，在阅读在线报纸文章时，容易分心的用户更易于对移动电话上收到的信息做出回应（Reinecke & Hofmann，2016；Klimmt et al.，this volume）。

还有一种观点认为，对政治不感兴趣的公民处理新闻时更乐观，但该观点也存在争议，而且与上述提及的政治信息在POPC环境中的社会嵌入性有关。在社交网站和移动在线应用程序中，许多新闻内容通过分享来传播：朋友将媒体新闻转发至有其他人员组成的圈子，为新闻事件创建了社交环境。因此，当POPC环境中的媒体用户了解到他们的朋友和网友正在阅读哪些政治文章、正在观看什么视频、正在签署哪些请愿书时，他们可能会与朋友在内容选择上保持一致。换句话说，POPC环境可能放大新闻消费的社会意义，政治信息可以充当与朋友、同事及熟人预期谈话的谈资。人们通过搜索新闻为与其他人进行政治互动而做准备，这也体现了他们处理新闻时的认真态度及强化了他们对政治的认知（Beaudoin & Thorson，2004）。人们有监测社会环境及解决政治困惑的动机，这种社会因素产生的影响甚至超过了专门学习政治知识的效果（Eveland，2001）。如果POPC环境实际上触发了人们频繁参与社交活动的动机，如他们会经常看到其他相关人士的政治兴趣，那么人们也会更加期待从社会层面来解读政治新闻。然而，无论政治兴趣如何，人们都可能会受到影响。然而，这种机制的普遍存在可能有助于缩小政治性较高群体和政治性较低群体之间的差距。另一方面，个人对社交网络的政治兴趣以及网络成员沟通新闻的意愿也决定了这种影响产生的可能性（Thorson & Wells，2016）。

当今媒介生态及人们的POPC思维产生的另一个积极影响是为公民在线参与政治讨论和审议带来了新机遇。社交媒体有助于人们表达政治观点和参与政治辩论，因为他们总是可以实现对新闻点赞、分享与评论，谈论政治及参与商议（Stromer-Galley & Wichowski，2011）。POPC环境也因此可以提高公民集体处理新闻的程度（e.g.，Graham，2015；Halpern & Gibbs，2013）。所有这些都可能唤醒情境式的政治意识（例如突发性的、引人关注的新闻报道），同时也会激发公民更为持久的政治兴趣、政治认知和政治参与行为（Ahmed，2011）。但是，我们要再次强调的是，与POPC之前的世界相比，POPC环境产生积极影响的大小可能取决于个人倾向（如他们的政治兴趣）。

## 结 论

POPC现象与第四政治传播时代密切相关。这是历史上第一个以永久可能的、无处不在的、无边界的政治信息和话语体系为特征的时代。在本章中，我们概述了POPC环境对接触和处理政治信息所产生的公认的、预判性的影响。在"选择充足"的条件下（Webster & Nelson，2016），信息偏好、动机、个性特质等个人特征，个人中介式的社交网络、个人对媒体环境的看法和解读等都对其日常接触政治新闻发挥越来越重要的作用。公民获取信息、参与政治讨论与行动的机会很多，这在人类历史上前所未有。今天的公民几乎可以随时随地通过各种渠道、以不同方式来获取政治信息。此外，他们也可能与其他人在线讨论政治问题，可以轻松地参与政治进程。

不过，这与社会政治生活的现状往往存在差异，因为现实情况是：公民很少利用这样的新机会（Norris，2001）。我们可以从POPC环境中找到原因：移动互联网不仅为政治信息提供永久性的访问途径，还提供非政治性的娱乐和生活内容（如天气预报、公共交通信息），以及数字化人际交流等新机会。在当今世界，公民要经常面临众多选择，如阅读、观看、搜索或以其他方式参与信息和沟通。我们对文献的简要概述强调了这种富媒体特征存在的问题。此外，未来，由于个人偏好和兴趣的重要性日益凸显，对政治感兴趣和不感兴趣的社会阶层在接触和处理新闻方面的差距可能加大而非缩小。另外，公民的分心程度等这些新产生的个体差异，通常在多选择、强刺激的环境中更为常见，而在这种环境下，人们可以不间断地接收信息。不过，这种环境也可能促使公民尤其是在社交网站上会偶尔接触到碎片化新闻（Bode，2016）。由于互联网中的许多政治信息在社交网络内被分享、点赞和评论，所以公民被告知义务等公认的社会规范（Poindexter & McCombs，2001）或准备讨论时事等社会动机，都可以刺激新闻消费。这也再一次表明，监管社交网站及网络应用算法的重要性也日益凸显（Thorson & Wells，2016）。

公民的多元化媒介渠道已经不再是 POPC 媒体环境的唯一特征。越来越多的公民通过永久性信息可以自主选择进入这种高度刺激的媒介环境。第四政治传播时代的公民不仅需要更快地做出更多的媒体选择，还需要凭借个人的有限信息处理能力来应付过剩的信息与传播机会。

我们有充分的理由相信，个人媒体环境中政治信息的丰富程度以及他们参与政治信息的成效已经远远超过了过去的政治传播时代，这均取决于他们的个人特征，也就是他们固有和后天获得的个人品质。尽管针对 POPC 趋势的系统性研究相对欠缺，但我们仍然认为未来这种趋势会加剧政治认知和参与的不平等，而并非减少。

## 参考文献

Ahmed, M. A. K., *Students' exposure to political news on the Internet and political awareness: A comparison between Germany and Egypt*, Doctoral dissertation, Technical University of Dresden, Germany. Retrieved from www.qucosa.de/fileadmin/data/qucosa/documents/8441/Mohamed_Ahmed_phD_Dissertation.pdf, 2011.

Beaudoin, C. E. & Thorson, E., Testing the cognitive mediation model: The roles of news reliance and three gratifications sought, *Communication Research*, 2004, 31: 446–471. doi: 10.1177/0093650204266098.

Blumler, J. G., The fourth age of political communication, *Politiques de Communication*, 2016, 6: 19 – 30.

Bode, L., Political news in the news feed: Learning politics from social media, *Mass Communication and Society*, 2016, 19: 24 – 48. doi: 10. 1080/15205436. 2015. 1045149.

Chen, Q., & Yan, Z., Does multitasking with mobile phones affect learning? A review, *Computers in Human Behavior*, 2016, 54: 34 – 42. doi: 10. 1016/j. chb. 2015. 07. 047.

Damme, K. V., Courtois, C., Verbrugge, K., & Marez, L. D., What's APPening to news? A mixed-method audience-centred study on mobile news consumption, *Mobile Media & Communication*, 2015, 3: 196 – 213. http://doi. org/10. 1177/2050157914557691.

Dunaway, J., *Mobile vs. computer: Implications for news audiences and outlets* (Discussion Paper Series No. D-103), Cambridge, MA: Shorenstein Center on Media, Politics and Public Policy, Retrieved from http://shorenstein center. org/mobile-vs-computer-news-audiences-and-outlets/, 2016.

Eveland, W. P., The cognitive mediation model of learning from the news: Evidence from nonelection, off-year election, and presidential election contexts, *Communication Research*, 2001, 28: 571 – 601. doi: 10. 1177/009365001028005001.

Forster, S. & Lavie, N., Establishing the attention-distractibility trait, *Psychological Science*, 2016, 21: 203 – 212. doi: 10. 1177/0956797615617761.

Gil de Zúñiga, H. & Diehl, T. H., *Detachment from surveillance needs: Effects of "news finds me" perception on political knowledge, interest, and voting*, Presented at the 66th Annual Conference of the International Communication Association, Fukuoka, Japan, 2016, June.

Gil de Zúñiga, H., Garcia-Perdomo, V. & McGregor, S. C., What is second screening? Exploring motivations of second screen use and its effect on online political participation, *Journal of Communication*, 2015, 65: 793 – 815. doi: 10. 1111/jcom. l2174.

Graham, T. S., Everyday political talk in the Internet-based public sphere,

In S. Coleman & D. Freelon (Eds.), *Handbook of digital politics*, 2015, (pp. 247 – 263). Cheltenham, UK: Edward Elgar Publishing.

Halpern, D. & Gibbs, J., Social media as a catalyst for online deliberation? Exploring the affordances of Facebook and YouTube for political expression, *Computers in Human Behavior*, 2013, 29: 1159 – 1168. doi: 10.1016/j.chb.2012.10.008.

Hölig, S. & Hasebrink, U., Nachrichtennutzung in konvergierenden Medienumgebungen: International vergleichende Befunde auf Basis des Reuters Institute digital news survey 2013, *Media Perspektiven*, 2013, 44: 522 – 536.

Hölig, S., Nielsen, R. K. & Schrøder, K. C., Changing forms of cross-media news use in Western Europe and beyond, In J. L. Jensen, M. Mortensen, & J. Ørmen (Eds.), *News across media: Production, distribution and consumption*, 2016, (pp. 102 – 122). New York: Routledge.

Jeong, S. - H. & Hwang, Y., Media multitasking effects on cognitive vs. attitudinal outcomes: A meta-analysis, *Human Communication Research*, 2016, 42: 599 – 618. doi: 10.1111/hcre.12089.

John, N. A. & Dvir-Gvirsman, S., "I don't like you any more": Facebook unfriending by Israelis during the Israel-Gaza conflict of 2014, *Journal of Communication*, 2015, 65 (6): 953 – 974. doi: 10.1111/jcom.12188.

Junco, R. & Cotten, S. R., No A 4 U. The relationship between multitasking and academic performance, *Computers & Education*, 2012, 59: 505 – 514. doi: 10.1016/j.compedu.2011.12.023.

Kim, Y., Chen, H. - T. & Gil de Zuniga, H., Stumbling upon news on the Internet: Effects of incidental news exposure and relative entertainment use on political engagement, *Computers in Human Behavior*, 2013, 29: 2607 – 2614. doi: 10.1016/j.chb.2013.06.005.

Martin, J. A., Mobile media and political participation: Defining and developing an emerging field, *Mobile Media & Communication*, 2014, 2: 173 – 195. doi: 10.1177/2050157914520847.

Martin, J. A., Mobile news use and participation in elections: A bridge for the democratic divide? *Mobile Media & Communication*, 2015, 3: 230 – 249. doi: 10. 1177/2050157914550664.

Martin, J. A., Mobile media activity breadth and political engagement: An online resource perspective, *International Journal of Mobile Communications*, 2016, 14: 26 – 42. doi: 10. 1504/IJMC. 2016. 073354.

Napoli, P. M. & Obar, J. A., The emerging mobile Internet underclass: A critique of mobile Internet access, *The Information Society*, 2014, 30: 323 – 334. doi: 10. 1080/01972243. 2014. 944726.

Norris, P., *Digital divide: Civic engagement, information poverty, and the Internet worldwide*, Cambridge: Cambridge University Press, 2001.

Pearce, K. E. & Rice, R. E., Digital divides from access to activities: Gomparing mobile and personal computer Internet users, *Journal of Communication*, 2013, 63: 721 – 744. doi: 10. 1111/jcom. 12045.

Pew Research Center, *State of the news media* 2016, Retrieved from www. journalism. org/files/2016/06/State-of-the-News-Media-Report-2016-FINAL. pdf, 2016.

Poindexter, P. M. & McCombs, M. E., Revisiting the civic duty to keep informed in the new media environment, *Journalism & Mass Communication Quarterly*, 2001, 78: 113 – 126. doi: 10. 1177/107769900107800108.

Poposki, E. M. & Oswald, F. L., The multitasking preference inventory: Toward an improved measure of individual differences in polychronicity, *Human Performance*, 2010, 23: 247 – 264. doi: 10. 1080/08959285. 2010. 487843.

Prior, M., *Post-broadcast democracy: How media choice increases inequality in political involvement and polarizes elections*, New York: Cambridge University Press, 2007.

Ran, W., Yamamoto, M. & Xu, S., Media multitasking during political news consumption: A relationship with factual and subjective political knowledge, *Computers in Human Behavior*, 2016, 56: 352 – 359. doi: 10. 1016/j. chb. 2015. 12. 015.

Reinecke, L. & Hofmann, W., Slacking off or winding down? An experience sampling study on the drivers and consequences of media use for recovery versus procrastination, *Human Communication Research*, 2016, 42: 441 – 461. doi: 10. 1111/hcre. 12082.

Stromer-Galley, J. & Wichowsk, A., Political discussion online, In M. Consalvo, C. Ess, & R. Burnett (Eds.), *Blackwell handbook of Internet studies*, 2011, (pp. 168 – 187). London: Blackwell.

Struckmann, S. & Karnowski, V., News consumption in a changing media ecology: An MESM-study on mobile news, *Telematics & Informatics*, 2016, 33: 309 – 319. doi: 10. 1016/j. tele. 2015. 08. 012.

Tewksbury, D., Weaver, A. J. & Maddex, B. D., Accidentally informed: Incidental news exposure on the Worldwide Web, *Journalism & Mass Communication Quarterly*, 2001, 78: 533 – 554. doi: 10. 1177/107769900107800309.

Thorson, E., Shoenberger, H., Karaliova, T., Kim, E. & Fidler, R., News use of mobile media: A contingency model, *Mobile Media & Communication*, 2015, 3: 160 – 178. doi: 10. 1177/2050157914557692.

Thorson, K. & Wells, C., Curated flows: A framework for mapping media exposure in the digital age, *Communication Theory*, 2016, 26: 309 – 328. doi: 10. 1111/comt. 12087.

Vaccari, C., Chadwick, A. & O'Loughlin, B., Dual screening the political: Media events, social media, and citizen engagement, *Journal of Communication*, 2015, 65: 1041 – 1061. doi: 10. 1111/jcom. 12187.

Valeriani, A. & Vaccari, C., Accidental exposure to politics on social media as online participation equalizer in Germany, Italy, and the United Kingdom, *NewMedia & Society*, 2016, 18: 1857 – 1874. doi: 10. 1177/1461444815616223.

Webster, J. G. & Nelson, J. L., The evolution of news consumption: A structurational interpretation, In J. L. Jensen, M. Mortensen & J. Ørmen (Eds.), *News across media: Production, distribution and consumption*, 2016, (pp. 84 – 101). New York: Routledge.

Westlund, O., News consumption across media: Tracing the revolutionary uptake of mobile news, In J. L. Jensen, M. Mortensen & J. Ørmen (Eds.), *News across media: Production, distribution and consump-*

*tion*, 2016, (pp. 123 – 141). New York: Routledge.

Westlund, O. & Fardigh, M. A., Accessing the news in an age of mobile media: Tracing displacing and complementary effects of mobile news on newspapers and online news, *Mobile Media & Communication*, 2015, 3: 53 – 74. doi: 10. 1177/2050157914549039.

Wolf, C. & Schnauber, A., News consumption in the mobile era: The role of mobile devices and traditional journalisms content within the user's information repertoire, *Digital Journalism*, 2015, 3: 759 – 776. doi: 10. 1080/2167 0811. 2014. 942497.

Wood, E., Zivcakova, L., Gentile, P., Archer, K., Pasquale, D. de & Nosko, A., Examining the impact of off-task multi-tasking with technology on real-time classroom learning, *Computers & Education*, 2012, 58: 365 – 374. doi: 10. 1016/j. compedu. 2011. 08. 029.

# 第二十章

# 作为 POPC 公民的网络化年轻公民

阿丽雅德妮·弗洛蒙、迈克尔·A. 瑟诺斯、布莱恩·D. 洛德
(Ariadne Vromen, Michael A. Xenos and Brian D. Loader)

## 引 言

随着年轻公民的失落感日益增长,现代代议制政府的体制和措施也受到影响,这一点毋庸置疑。他们不愿在选举中投票、不愿加入政党或不愿尊重政治家,这表明许多国家的年轻人正远离政治(Fieldhouse, Tranmer & Russell, 2007; Van Biezen, Mair & Poguntke, 2012)。相反,其他新政治参与形式的出现则表明,关于主流文化参与形式,代议制民主这种传统模式可能会被越来越具有网络特征的方式所取代。家庭、社区、学校或工作等社会关系对公民构建政治身份与形式政治态度产生影响,然而这种影响却日渐式微,原因在于公民在社会网络中的参与方式与互动方式发生变化,而公民自身在新社会网络建构中至关重要。这种网络个人主义模式的核心(Rainie & Wellman, 2012)在于数字和网络通信技术的作用,因此社会网络中的永久在线与永久连接现象将对年轻人的生活产生何种颠覆式变革(Vorderer, Kromer & Schneider, 2016)。本章我们将重点介绍年轻人如何在网络中而非线下来参与政治。我们还分析了基于社交媒体平台的新型政治参与形式,发现年轻人的 Facebook 使用能力远胜于年长者。我们的研究结果并非是对这种新方式表达不满,而是发现许多年轻人利用网络通信技术频繁参与政治活动。然而,我们也提出警示,年轻人不应热衷于网络参与政治这种方式,因为政治制度与流程呈现结构化、开放性和吸引力等特征,这也增加了政治参与的难度。年轻人虽身处永久在线与永久连接环境中,但并不习惯于日常

生活中社交媒体平台政治永久在场。

关于年轻人公民身份的辩论充斥着各种言论，人们期望年轻人采用尽职尽责的参与式做法，但也认为这些行为应该与上一代人所制定的公民规范相呼应。因此，公民应该在选举中积极参与投票，尊重他们的代表，接触传统媒体，加入政治团体，在他们的公民社区从事志愿活动。这是公民参与政治的模式，我们可以看到人们通过尽职行动来支持代议制，但他们的声音却很少被听到或得到认可。的确，人们认为民主的未来前景取决于尽职公民的支持，因此许多民主国家对年轻人明显的不满态度表示关切（Stoker，2006；Amna & Ekman，2013）。然而，学术分析也表明，世界上许多地方年轻人的政治态度不再那么毕恭毕敬，而是更加个性化（Beck，1992），并有批判性倾向（Norris，2002），这显然已经背离了公民的义务规范（Dalton，2008）。本内特（Bennett）及其同事的研究发现，新的公民参与规范发生了根本性转变，即他们在社交网络中通过表达与彰显个性等行为来进行参与，这是一种自我实现的方式。这与义不容辞地通过已建立的由媒体、政府及公民社会构成的等级制度来参与政治这种方式形成鲜明对比（Bennett，Wells & Rank，2009）。政治参与文化发生变化是受到更为广泛的经济和社会力量的影响，它不是一种普遍现象，也并非一蹴而就。此外，在许多国家，各年龄段年轻公民正式参与政治的行为呈现持续下降趋势（Norris，2002）。与其把新公民规范的出现看作是发达民主的丧钟，不如把它们视为对现代政治体制和实践的重新调整，如此可能会更能反映许多年轻人的不满情绪。年轻公民可能正在寻求新的方式来采取行动，表达他们的意见，建构新空间来放飞想象。

以一些关键特征来定义所谓的网络化年轻公民颇见成效（See Loader，Vromen & Xenos，2014）。网络化年轻公民几乎不可能成为政治组织或公民组织（如政党或工会）的成员，反而更可能参与到平行或非层级网络中（Cammaerts，Bruter，Banaji，Harrison & Anstead，2014；Kahne，Lee & Feezell，2013）；更多以项目为导向（Bang，2005）；而且本能地将参与政治作为一种生活方式（Bennett，1998）；他们不是在尽职尽责，而是在实现自我（Bennett，Wells & Rank，2009）；其历史参照点不可能是现代福利资本主义，而是全球信息网络化资本主义，同时他们的社会关系在社交媒体环境中也日益凸显。我们的目标并不是重新划分年轻

## 第五部分 POPC 公民：政治和参与

人的类型，相反，而是要提供一种有效的分析手段，以评估文化和政治变革的论据。我们需要进一步阐释所提及的这些特征。首先，这并不是与之前尽职型参与模式的一种断裂。网络化的年轻公民可能会与其他尽职尽责公民和睦相处，有时候他们还会分享一些彼此的特质。其次，网络化的公民身份具有流动性特征，并形成于监管规范和结构的过程。一个个流动的、基于年轻人生活经验的公民模式并不会让人们产生政治冷漠心理，相反这恰恰表明，年轻公民的社会身份形成于日常行为和互动中。这些行为每天都会在社交网络中上演，它们可能对占主导地位的公民履行义务方式构成挑战。再次，不同的个人生活经历塑造了年轻网络公民，而每个人的体验又存在差异。因此，不平等与权力等问题开始发酵，最近研究表明，社交媒体使用与政治参与之间呈现正向相关（e. g. Gil de Zuniga, Jung & Valenzuela, 2012），然而社交媒体能否帮助遏制甚至扭转政治不平等局面，这遭到人们的质疑（参见 Schlozman, Verba & Brady, 2010）。社交媒体的互动性、协作性和用户生产能力催生新的政治传播模式，这更符合与网络年轻公民相关的当代青年文化（Bakker & deVreese, 2011）。他们指出，在选举中，社交媒体固有的民主特征与其增强年轻公民参与能力和协商能力的可能性密切相关（Benkler, 2006; Jenkins, 2006）。总而言之，目前研究通常致力于探讨网络用户（尤其是年轻人）的参与度与鼓舞人心的参与性实践。然而，社交网络环境对年轻公民的政治参与有何影响？这是否让年轻公民更容易谈论影响他们生活体验的公共问题？他们是否更愿意分享政治观点？

在发达民主国家，互联网连接与使用已经成为常态。2016 年，皮尤研究中心（Pew Research Center）公布 40 项关于国家互联网与智能手机使用的分析结果并发现，在半数国家（大部分为发达民主国家）中，90% 以上的 18—34 岁年轻受访者使用互联网；通常使用互联网的年轻受访者是 35 岁以上受访者的两倍，这在新兴民主国家中尤其凸显（Poushter, 2016）。研究发现，世界各地的年轻用户至少每天都上网，并且参与社交网络的比例高于年长用户。在发展中国家，互联网的连接与使用正呈稳步递增趋势，这主要得益于使用智能手机的年轻人。在所调查国家中，三分之二的年轻人使用智能手机，在韩国、澳大利亚、加拿大、德国、美国、西班牙和英国这 7 个国家中，超过 90% 的年轻人使用智能手机（Poushter, 2016）。自 2005 年开始，皮尤研究中心一直系统地收集美国用户的社交媒体使用相关数据。从那时起，该研究机构针对社交媒体使用的每日主流情况来绘制图表。截至 2015 年，成人用户的互联网使用率从 10% 上升至 76%。18—29 岁的公民一直是最青睐于社交媒体的用户群体，截至 2015 年，他们在社交媒体用户中占比达 90%（Perrin, 2015）。基于这些研究，我们可以有把握地认为，在发达国家，年轻人现在是网络化的年轻公民，他们会通过社交媒体永久在线永久连接（Vorderer, Kromer & Schneider, 2016），而在发展中国家，受教育程度更高、更富有的人亦是如此。

2012 年，我们启动了公民网络项目（Civic Network project），系统地比较了澳大利亚、美国和英国的年轻人在公民和政治参与方面的社交媒体使用情况。我们尤其对以下两个问题感兴趣，首先，确定年轻人每天使用社交媒体是否能够校正教育和社会经济背景下政治参与产生的不平等模式；第二，是否有证据表明上述讨论的新公民规范塑造了年轻人在政治上的社交媒体使用习惯。该项目由美国斯潘塞慈善基金会（Spencer Foundation）资助，采用分阶段且多元化方法来收集初步研究数据。我们针对政治与民间团体中一些由校园学生活动分子组成的团体开展面对面的焦点小组活动；然后，对这三个国家的 3600 多名 16 岁至 29 岁的年轻人展开调查，具体采用原始的政治参与测量方法和基于社交媒体的政治参与测量方法；其次，设有 12 个在线定性论坛，共有 107 名年轻人参加，他们都是根据政治参与程度和社会经济背景，从选定的调查子样本中选出。本章重点介绍这个项目的一些关键发现并在我们现有出版物中进行详细阐述。

## 年轻人使用互联网和社交媒体在多大程度影响个人或群体形式的政治参与

为了定量研究中政治参与概念的可操作化，我们采用两种不同的测量方法。首先是所谓的个人政治参与（*individual political engagement*），围绕公众参与或政治参与的 12 种不同行为而衍生出一系列问题，并以此为基础，参照佐金（Zukin）与同事曾采用的分析指标（Zukin, Keeter, Andolina, Jenkins & Delli Carpini, 2006）。这份包罗万象的项目列表聚焦传统的政治活动，具体包括：联系领导，试图影响其他人在选举中的投票方式；如为慈善事业筹款等更多民间活动；新型政治活动，如基于政治或道德目的而（不）购买的商品或服务，以及参加示威或政治集会。图20.1显示了这三个国家在过去一年中参加每项行动的年轻人比例的分布情况。大多数人只参与了一项活动：与朋友和家人讨论政治。在这三个国家，平均19%的年轻人在过去一年没有发生12种行为中的任何一种；81%的年轻人至少采用一种个人政治参与形式，平均为4.10次，标准差为3.88，这表明大多数网络化青年公民可选择的政治参与方式广泛（see Xenos et al., 2014; alsoZukin et al., 2006）。这三个国家的差异不明显，12种行为的发生顺序大致相同。而唯一的差别在于"劝说其他人投票"及"佩戴徽章"这两项上，美国年轻受访者的行为倾向更为凸显。这可能是由于当时调查时间正好处于2012年总统大选期间。

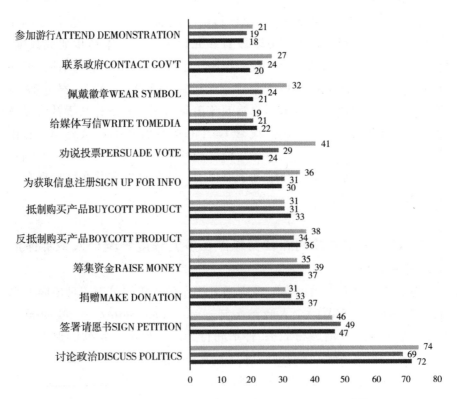

图20.1 过去一年以个人形式参与政治的受访者比例（单位：%）

参与者还被问及他们是否以在线、离线或在线+离线等形式来参与这些活动。图20.2表明，在三个国家中，线下方式已经不再是年轻人参与这些政治活动的主要方式。超过三分之二的年轻人是在网上注册获取信息、向媒体写信或投稿、签署请愿书并联系政府。对于这三个国家的大多数年轻人来说，只有两项活动还明显以线下方式为主：筹集资金和讨论政治。大多数人倾向于线下和面对面地讨论政治话题，这对于思考政治对话如何在社交媒体平台和年轻人的社交网络中发生（不发生）有重要意义。我们将在下一节中讨论这个问题。然而，从国家层面来看，也存在差异，比如美国年轻人更愿意在线参与抵制购买活动、"反抵制购买"活动（buycotting）（故意购买一个公司或国家的产品以支持其政策，与"抵制购买"相对）、捐款以及与政府联系；这主要在于一些国家的消费者机制发展相对较好而且应用范围广泛，美国的线上活动已经超过其他两个国家，尤其是澳大利亚。

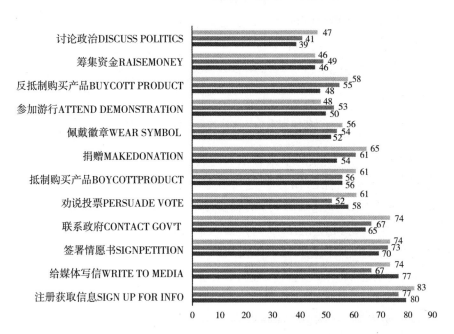

图20.2 以个人方式在网络中参与政治的受访者比例（单位：%）

我们提及的第二种政治参与测量方法是专门针对那些与组织或团体

中其他人合作的活动。我们称之为集体政治参与（collective political engagement）。与个人政治参与相似，我们尝试采用各种参与类型，包括"政治团体或事业""非政治机构或慈善机构"，以及与政治候选人或政党相关的组织。总而言之，针对这五类组织，我们询问参与者是否是其中的会员、员工或志愿者，他们可以计算不同程度上可能涉及或不涉及互联网的活动。图 20.3 显示，与大多数个人行为相比，年轻人参与集体政治活动的可能性较小；事实上，在这三个国家中，平均 54% 的年轻人没有加入过一个团体。这三个国家的年轻人更有可能加入慈善团体或社区项目，而非政治团体，美国的年轻人比澳大利亚或英国的年轻人更有可能加入这五类团体。

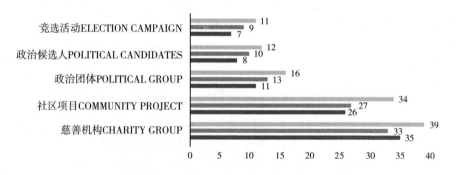

**图 20.3** 以集体方式参与政治的受访者比例（单位：%）

我们对这三个国家的个人政治参与行为和集体政治参与行为进行回归分析，在控制其他已知的参与自变量（关键测量方法详情参见 Xenos, Vromen & Loader, 2014）的情况下，研究上述两个变量与社交媒体使用、新公民身份规范及政治社会因素之间的相关性。总之，我们的研究证实，三个国家的社交媒体使用都与这两种参与方式呈正相关。我们还发现，其他形式的积极政治兴趣，如受访者在童年时期的家庭环境和其在家庭中谈论政治的频率，与这三个国家的个人政治参与显著相关。我们还发现，年轻人对调查项目的积极响应程度（源于对新的、正在实施的公民规范的理论研究）进一步预测了个人与群体的政治参与度。总之，我们的研究结果表明，政治参与的新规范对理解当代年轻参与者至关重要。在这三个国家中，无论是个人政治参与还是集体政治参与，其结果都积极、显著且一致。激发我们做这项研究的兴趣是为了确定社会经济资源，如高水平的教育和优越的背景是否仍然是未来政治参与的主要预测因素；或者广泛使用社交媒体是否会起到调节作用。总而言之，虽然我们发现，像大多数其他政治参与相关研究一样，人们曾经对政治的兴趣仍然是政治参与的一个关键决定因素，但社交媒体使用也是年轻人参与政治的重要因素，而且这种相关性也存在于处于不同社会经济地位的群体。在我们所研究的三个发达民主国家中，互联网和日常社交媒体的使用有助于越来越多的年轻人接触政治（研究结果详情参见 Xenos et al.，2014）。

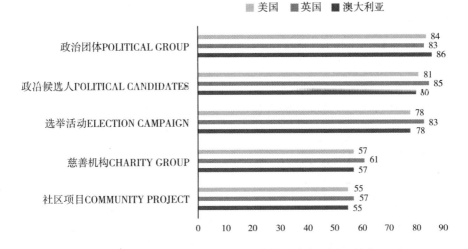

图20.4 通过互联网参与集体政治活动的受访者比例（单位：%）

## 年轻人以象征性的、表达性的和积极的方式利用社交媒体参与政治，但也对政治带来的冲突保持警惕

我们第二阶段的研究是调查年轻人如何利用社交媒体参与政治。我们认为应将社交媒体视为一个从事政治活动的独特空间，而不仅是一个影响后续线下政治形式的独立变量。如上所述，年轻人的线下与线上政治参与形式之间的界限正迅速消失，在线成为人们在大多数参与方式中的第一选择。重点在于解读社交媒体上发生的政治事件，并将社交媒体本身视为年轻人的一种主动的、表达性的参与方式。我们尤其关注 Facebook，因为在所研究的三个国家中，近90%的年轻人都会使用该社交媒体。在此，我们创建了一个基于 Facebook 的政治参与测量方法，而

该方法基于 Facebook 用于政治的九项指标，采用了皮尤互联网研究中心使用的测量方法（参见 Rainie, Smith, Scholzman, Brady & Verba, 2012）。

图 20.5 显示，这三个国家的年轻人大多会通过 Facebook 听闻、了解及关注政治新闻报道。对于大多数年轻人而言，Facebook 是他们了解政界动态的第一窗口，这表明 Facebook 每天无处不在。此外，研究也强调了索尔森（Thorson）所提出的社交策展人（Social Curators）角色的重要性，他们会提供新闻报道的链接并分享社交网络中其他人分享的资料，以供大多数人阅读和学习。图 20.5 也显示，许多年轻人为他们的朋友在社交网络所发布内容"点赞"，这对于沟通具有重要性。这个简单的行为已经被政治化了，因为它和"分享"一样，可以在朋友的新闻推送中看到，从而呈现出个性化的社会团结和网络化的政治偏好。

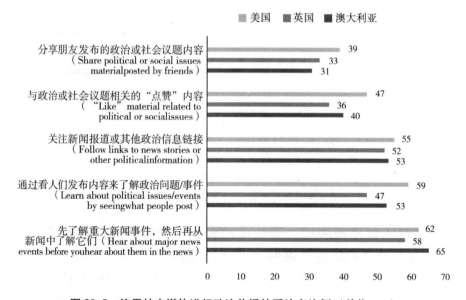

图 20.5　使用社交媒体进行政治传播的受访者比例（单位：%）

图 20.6 是关于积极参与政治的形式，包括受访者使用 Facebook 开启离线形式的政治行动或在线政治辩论。总体而言，年轻人在 Facebook 上使用这些更具表达性和公开性政治参与形式的频率低于图 20.5 中交流和象征性的政治参与形式。在 Facebook 上，基于党派的政治活动似乎只占大多数年轻人日常生活的一小部分。鼓励他人如何投票这种较为

少见的行为表明，与传统语境相比，Facebook 针对年轻人展开选举相关讨论并没有太大优势。研究表明，美国的年轻人最喜欢通过 Facebook 来参与政治，这可能是因为调查正好发生于 2012 年美国总统大选期间，这也并不能表明美国年轻人的政治意识与责任感更高。然而，仅有 19% 的澳大利亚年轻人鼓励他人投票，这可能是囿于澳大利亚的义务选举注册与投票机制，关注选举的人较少，需要动员人们"去参与投票"。

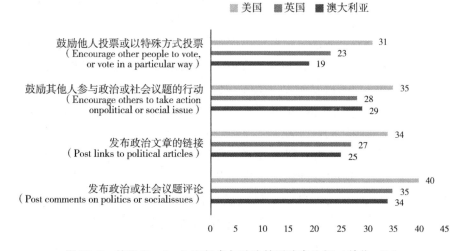

**图 20.6　使用 Facebook 积极参与政治的受访者比例**（单位：%）

作为年轻人参与政治的途径，Facebook 具有广泛的吸引力，围绕 Facebook 衍生的政治社交、政治符号与政治表达也是他们最为普遍的行为。在 Facebook 的年轻用户中，仅有 6% 的人从未参与过图 20.5 和图 20.6 中的九种活动。关于 Facebook 上的积极政治行为，我们仍发现大多数年轻人至少参与了其中一项，仅有 27% 的人从未参与过。然而，我们的定性数据显示，年轻人对利用 Facebook 参与政治存在矛盾心理，如下所示。这可能表明，许多发达民主国家的年轻人对正式选举政治持高度怀疑态度并产生排斥情绪（参见 Henn & Foard，2012；Amna & Ekman，2013）。

我们对基于 Facebook 的政治参与综合指数进行回归分析，以观察每天制定公民规范、先前的政治社会化形式、政治兴趣或个人统计数据等这些指数是否对年轻人基于社交媒体的政治参与产生直接影响（有关完整数据分析参见 Vromen et al.，2016）。总体而言，我们的研究结果表明，性别、种族和受教育程度等人口统计指标对于年轻人利用 Facebook 参与政治活动的阐释力可能没有采用离线或其他网络形式参与政治时那么显著（参见 Gil de Zuniga & Shahin，2015；Henn & Foard，2012）。同时，我们的分析证实，在家庭中谈论政治，以规范为基础的尽职公民表达以及对政治和选举的关注等，这些先前的政治社会化经验仍然是解释基于社交媒体的政治参与形式的重要因素（参见 Xenos et al.，2014；Gil de Zuniga & Shahin，2015）。然而，这个发现并不简单，因为这不仅体现了政治的义务化取向，也会对基于 Facebook 的政治参与产生影响。每天制定公民身份规范——表现出创造性的、平等的和特别形式的政治参与态度（对年轻人来说更受欢迎）——也能很好地预测这三个国家在使用 Facebook 进行政治活动时的差异。最后，用户接触社交媒体的时间越长，那么通过 Facebook 参与政治的可能性就会越大。这不足为奇，因为 Facebook 的社交功能与网络功能依赖于年轻人的高频率使用及从中获得乐趣的动机。研究发现，尽职类的公民规范仍然发挥重要作用，而且与新出现的每日制定者规范相互交织产生影响，这表明我们需要更深入地调查年轻人自己如何理解使用 Facebook 进行政治活动的好处和局限性。这可能意味着，对政治感兴趣的年轻人在 Facebook 上会以一种不负责任的方式来参与政治，而不是以带有本地化、个性化体验特征的幽默和创造性方式来灵活地理解与谈论政治。

频率与回归分析表明，社交媒体为参与政治提供了新途径，对于各类年轻人而言，社交媒体显然是一个重要空间，在此他们可以关注政治并享受社交媒体使用所带来的时间延展性（包括与社交网络的永久连接）（see Vorderer et al.，2016）。然而，与使用 Facebook 的符号功能或信息功能相比，年轻人可能很少通过社交媒体来主动表达自己。那么为什么会这样？为了找到答案，我们针对这三个国家的年轻人采用建立定性在线讨论小组的方法，从我们最初的调查样本中招募政治参与度高于或低于平均水平的参与者，以及社会经济地位高或低的参与者。在回答我们提出的一系列问题时，参与在线讨论组的大多数年轻人对于社交媒体的政治参与持有明显消极态度。他们将政治简单地等同于冲突，但没有从党派视角来理解政治。事实上，他们很少去解读政客和政党，正如那些遵守公民规范的人所期望的一样。相反，他们的不安来自于与朋友和家人在一系列政治问题上的公开分歧程度；而另一些人则担心会说"错"话，而一些人只对社交媒体中纯粹的社交功能感兴趣，因此他们认为政治离他们的日常生活很远。例如，下面的引言揭示了一种持怀疑态度的观点，这表明政治最好亲身参与，这样产生误解或冲突的机会就更少。

> 我很愿意把我的观点说出来，但一般来说，我不会刻意这么做。当人们把头像换成婚姻平等的符号时，我愿意这么做，也许会加一句引言什么的。在奥巴马赢得第二个任期后，我确实在推特上发了一些关于这件事的令人愉快的消息，但这实际上并没有惹恼任何人。我试着在现实生活中而不是网上更多地表达我的观点，因为我认为人们无法成熟地处理这些对话，他们最终会陷入与政治无关的争吵中，而更多的是骂人。
>
> （女性，美国）

显然这属于少数群体，一些年轻人还是更愿意主动利用社交媒体参与政治活动，因为社交媒体是有效的信息来源和重要的政治表达空间。例如：

> 我确实认为它很好。很多像我这个年纪（20岁出头）的人都疏离传统媒体，很少有人定期看新闻或看报纸。因此，以其他方式激发他们的参与行为至关重要。如果他们在社交媒体网站上积极阅读，积极参与，并通过对话获得信息，那么公众的知情程度也越高。
>
> （女性，澳大利亚）

总而言之，我们对三个发达民主国家的年轻人的调查显示，社交媒体，尤其是Facebook，已经成为每天的政治新闻和信息来源，越来越多的年轻人使用社交媒体来对政治问题进行个性化、代表性的声援。这些发现佐证了我们的观点，即青少年通过社交媒体平台参与政治这种形式值得关注，并进一步指出理论框架的实用性，以用于解释日益增长的新公民规范等新现象。相比之下，在这三个国家中，一些年轻人愿意在Facebook上采取更积极的姿态，鼓励其他人采取政治行动或投票，以更

## 第五部分 POPC 公民：政治和参与

尽职或更传统的方式参与政治活动，但是这样的年轻人并不多。这也表明，在我们的在线焦点小组中，年轻人不愿意在 Facebook 上积极参与政治活动，因为他们害怕冲突或被纠正（See Vromen et al., 2016 for furter analysis）。这也进一步论证了图 20.1 和图 20.2 的发现，即与他人讨论政治仍然是年轻人在线下而非网上进行的关键参与行为（Similarly See Ekstrom, 2016）。

尽管参与我们定性研究的年轻人也不情愿使用社交媒体参与政治，但他们还是从利用社交媒体广泛参与官方政治进程中看到了希望。当受访者被问到"你对政客们使用 Facebook 和 Twitter 有什么看法？"这个问题时，他们可能会显得有些出乎意料，但他们普遍回答的都很好。政客们开始使用社交媒体并不令人意外，许多受访者认为，他们有必要利用这些沟通渠道，这样才能跟上时代的步伐。正如有人认为，如果政客们不通过社交媒体联系，他们根本就没有机会与任何人联系（男性，澳大利亚）。这一点尤其明显，他们认为这有助于政治家与年轻人建立联系。例如，

> ［社交媒体］实际上会为"受众"反馈或参与讨论提供可能，即使是在他们之间。他们可以回复帖子，然后互相回复，这样就可以展开很好的讨论。
>
> （女性，美国）

虽然人们强烈期望政客们能正常使用 Facebook 和 Twitter，实现双向互动，但也有人担心他们是否能够合理地使用社交媒体。例如，我们的受访者意识到，政治家很少亲自回应在线问题或自己发布的内容，受访者也实际上不期望他们总是这样做。受访者们往往在意的是，他们没有收到回复，政客们从未亲自参与讨论，或者他们似乎不知道社交媒体平台的互动和参与功能（See Loader et al., 2016 for furter analysis）。

**结论 未来的政治参与将是在线的，但是……我们还需要关注政治为年轻人提供的机会**

关于公民网络项目这一章提供了充分的证据，以表明澳大利亚、美国和英国的年轻人有公民和政治参与的理想，并没有冷漠或不满态度。

他们在网上以个人形式参与政治,尤其是通过 Facebook 等社交媒体平台促成的新政治沟通行为。社交网络有平等性、易于访问性、日常性等特征,这使得年轻人处于永久在线和永久连接,他们比以往任何时候都更容易获得政治发言权。参与式的、可实施的新公民规范的兴起促进了个人化的政治参与的机构,这些规范与维护尽职的理想公民之间也仍存在着重要的相互作用。因此,我们提醒不要将网络政治参与的新转变概括为包括所有年轻人,因为政治参与的重大障碍仍然与更广泛的政治体系的结构、开放性和吸引力有很大关系,所以我们也对网络政治参与转向一般化涵盖所有年轻人的观点持有审慎态度。我们研究中的在线焦点小组的年轻人表示,不愿意积极参与政治谈话,因为他们害怕在更广泛的社交网络中发生冲突;这也反映了年轻人在政治体系和他们所处的日常网络中都缺乏开放性和应对能力。如果我们想让"网络化年轻公民"感到参与政治有效,如他们的声音能被听到,他们的行动发挥作用,那么就需要对形式政治本身的对抗性和等级制的本质进行根本性变革。

## 参考文献

Amna, E. & Ekman, J., Standby citizens: Diverse faces of political passivity, *European Political Science Review*, 2013, 5 (2): 261 –281.

Bakker, T. P., and Vreese, C. H. de., Good news for the future? Young people, good news for the future? Young people, Internet use, and political participation, *Communication Research*, 2011, 38 (4): 451 –470.

Bang, H., Among everyday makers and expert citizens, In J. Newman (Ed.), *Remaking governance*, 2005, (pp. 159 – 179). Bristol: The Policy Press.

Beck, U., *Risk society: Towards a new modernity*, London: Sage, 1992.

Benkler, Y., *The wealth of networks: How social production transforms markets and freedom*, New Haven, CT: Yale University Press, 2006.

Bennett, L., The uncivic culture: Communication, identity, and the rise of lifestyle politics, *PS: Political Science and Politics*, 1998, 31 (4): 740 –761.

Bennett, W. L., Wells, C. & Rank, A., Young citizens and civic learning: Two paradigms of citizenship in the digital age, *Citizenship Studies*, 2009, 13 (2): 105 – 120.

Cammaerts, B., Bruter, M., Banaji, S., Harrison, S. & Anstead, N., The myth of youth apathy: Young Europeans critical attitudes towards democratic life, *American Behavioral Scientist*, 2014, 58 (S): 645 – 664.

Collin, P., *Young citizens and political participation in a digital society: Addressing the democratic disconnect*, Basingstoke: Palgrave Macmillan, 2015.

Dalton, R. J., Citizenship norms and the expansion of political participation, *Political Studies*, 2008, 56 (1): 76 – 98.

Ekstrom, M., Young people's everyday political talk: A social achievement of democratic engagement, *Of Youth Studies*, 2016, 19 (1): 1 – 19.

Fieldhouse, E., Tranmer, M. & Russell, A., Something about young people or something about elections? Electoral participation of young people in Europe: Evidence from a multilevel analysis of the European social survey, *European Journal of Political Research*, 2007, 46 (6): 797 – 822.

Gil de Zuniga, H., Jung, N. & Valenzuela, S., Social media use for news and individuals' social capital, civic engagement and political participation, *Journal of Computer-Mediated Communication*, 2012, 17 (3): 319 – 336.

Gil de Zuniga, H. & Shahin, S., Social media and their impact on civic participation, In H. Gil de Zuniga (Ed.), *New technologies and civic engagement: New agendas in communication*, 2015, (pp. 78 – 90). New York: Routledge.

Henn, M. & Foard, N., Young people, political participation and trust in Britain, *Parliamentary Affairs*, 2012, 65 (1): 47 – 67. doi: 10.1093/pa/gsr046.

Jenkins, H., *Convergence culture: Where old and new media collide*, New York: New York University Press, 2006.

Kahne, J., Lee, N. & Feezell, J. T., The civic and political significance of online participatory cultures among youth transitioning to adulthood, *Journal of Information Technology & Politics*, 2013, 10 (1): 1 – 20.

Loader, B. L., Vromen, A., Xenos, M. A., The networked young citizen: Social media, political participation and civic engagement, *Information, Communication and Society*, 2014, 17 (2): 143 – 150.

Loader, B. L., Vromen, A., Xenos, M. A., Performing for the young networked citizen? Celebrity politics, social networking and the political engagement of young people, *Media, Culture and Society*, 2016, 38 (3): 400 – 419.

Norris, P., *Democratic phoenix: Reinventing democratic activism*, Cambridge: Cambridge University Press, 2002.

Perrin, A., *Social media usage* 2005—2015, Pew Research Centre, Retrieved from file: ///Users/ariadnevromen/Downloads/PI_ 2015 – 10 – 08_ Social-Networking-Usage-2005 – 2015_ FINAL. pdf, 2015, October 8.

Poushter, J., *Smartphone ownership and Internet usage continues to climb in emerging economies*, Pew Research Centre, Retrieved from file: ///Users/ariadnevromen/Downloads/pew_ research_ center_ global_ technology_ report_ final_ febmary_ 22_ 2016. pdf, 2016, February 22.

Rainie, L., Smith, A., Schlozman, K. L., Brady, H. & Verba, S., *Social media and political engagement*, Retrieved from www. pewlnternet. org/files/old-media//Files/Reports/2012/PIP_ SocialMediaAndPoliticalEngage ment_ PDF. pdf, 2012.

Rainie, L. & Wellman, B., *Networked: The new social operating system*, Cambridge, MA: MIT Press, 2012.

Schlozman, K. L., Verba, S. & Brady, H. E., Weapon of the strong? Participatory inequality and the Internet, *Perspectives on Politics*, 2010, 8 (2): 487 – 509.

Stoker, G., *Why politics matters: Making democracy work*, Basingstoke: Palgrave, 2006.

Thorson, K., Facing an uncertain reception: Young citizens and political interaction on Facebook, *Information, Communication and Society*, 2014,

17 (2): 203 – 216.

Van Biezen, I., Mair, R. & Poguntke, T., Going, going, gone? The decline of party membership in contemporary Europe, *European Journal of Political Research*, 2012, 51 (1): 24 – 56.

Vorderer, P., Krömer, N. & Schneider, F. M., Permanently online-permanently connected: Explorations into university students' use of social media and mobile smart devices, *Computers in Human Behavior*, 2016, 63: 694 – 703. doi: 10.1016/j.chb.2016.05.085.

Vromen, A., Loader, B. L., Xenos, M. A. & Bailo, E., Everyday making through Facebook engagement: Young citizens' political interactions in Australia, UK and USA, *Political Studies*, 2016, 64 (3): 513 – 533.

Xenos, M. A., Vromen, A. & Loader, B. L., The great equalizer? Patterns of social media use and youth political engagement, *Information, Communication and Society*, 2014, 17 (2): 151 – 167.

Zukin, C., Keeter, S., Andolina, M., Jenkins, K. & Delli Carpini, M. X., *A new engagement? Political participation, civic life, and the changing American citizen*, New York: Oxford University Press, 2006.

# 第二十一章

# 永久性娱乐与政治行为

R. 兰斯·霍尔伯特、卡利娜·温曼、尼古拉斯·罗宾逊
(R. Lance Holbert, Carina Weinmann and Nicholas Robinson)

政治娱乐研究领域的发展仍处于起步阶段。然而,在过去十年中,政治娱乐化现象在各种媒介渠道与媒介形式中快速涌现(其他详情参见 Compton,2011;Gray,Jones & Thompson,2009)。尽管学者们呼吁用一种系统和条理的方法来更好地理解政治娱乐化媒体(Holbert & Young,2013),但是目前还没有一个占主导地位的理论基础扎根,而且学界也坚定地认为,大部分相关研究也只能算是非理论性研究(Holbert,Hill & Lee,2014)。然而,在当今的"永久在线、永久连接"(POPC)环境出现前缺乏强有力的理论和经验基础(参见 Vorderer,Kromer & Schneider,2016),这为研究政治娱乐化内容及其对于政治行为的影响既带来机遇也构成挑战。政治娱乐化现象在数字媒体平台、社交媒体平台和移动媒体平台上无处不在。因此,随着媒体环境的发展,这一现象变得更加棘手,但却也有更重要的潜在意义。本章将详细阐述政治媒体研究的现状,并论证以娱乐和欣赏为基础的多元研究议程的可行性。在此基础上,还揭示出 POPC 环境下政治娱乐媒体消费本质的嬗变。本章节通过探讨一些经验性问题而提出相应的预计效果,这为未来研究奠定了基础。

**将公民参与政治娱乐的动机概念化**

政治娱乐媒体研究人员需要更好地理解其研究议程背后的解释性原则。阐明这些原则可能具有重要的认识论价值,这为从理论层面研究该

领域提供了可能性（Holbert et al., 2014; Pavitt, 2010）。尤其这些解释性原则体现了学者们关于公民作为政治娱乐媒体用户的观点，即受众动机如何能决定人们的媒体消费性质和期望。因此，对动机的合理概念化是解释与评估政治娱乐在 POPC 环境中影响的必要条件，而非充分条件。

传统观点：理解与一致

早期关于政治娱乐媒体的研究大多采用解释性原则（如理解、一致）作为新闻研究的基石（Holbert 等，2014）。理解性（understanding）原则是指人类理解环境以使其效用最大化（以实现其目标）的基本动机。政治传播中基于理解性的一个主导理论是议程设置（agenda setting）（see McCombs, 2005）。显然，动机与获取知识和信息密切相关。目前，许多政治娱乐相关研究都遵循这一解释原则。例如，一些研究将政治知识视为政治讽刺消费的结果，就符合理解性特征（如 Cao, 2008; Hollander, 2005; Xenos & Becker, 2009）。这种基于理解的研究是为了揭示政治娱乐媒体的规范价值，以推进积极的民主进程和结果。

一致性原则是指人类倾向于接近某一特定现象并对此做出反应，从而根据已有的价值观和世界观做出决定（cf. Cialdini, Trost & Newsom, 1995）。认知失调（cognition dissonance）是政治传播中广泛应用的一种一致性理论（Festinger, 1957）。对于党派选择性接触与特定媒体内容回避研究的最佳解释（e.g., Stroud, 2008）是以一致性原则为导向来解决问题（see Knobloch-Westerwick, 2014）。许多政治娱乐研究都探讨了政治意识形态在政治娱乐化节目消费和制作中的作用（如 Hmielowski, Holbert & Lee, 2011; LaMarre, Landreville & Beam, 2009）。一致性取向通常被用来揭示出政治娱乐媒体的潜力，即在选民中产生以劝服为导向的差异化效果（例如，偏见处理也引发了公众对于内容的不同解读。）。

这两种原则表明，学者将政治娱乐媒体受众视为信息搜索者或受一致性驱使的消费者。虽然理解性与一致性被证实是该研究领域有价值的研究视角，但是这两项原则却均不能解释政治娱乐参与及其影响，这个问题在 POPC 信息环境中更为凸显。具体而言，公民理解和保持一致性的动机更侧重于政治娱乐的"政治"部分，而忽略了"娱乐"性，然而后者是理解媒体影响不可或缺的部分。因此，前者与后者应该具有同等价值。过于注重理解性与一致性的结果就是把政治娱乐当作新闻的功能对等物（即界定新闻影响力的过程与界定政治娱乐效果的过程别无二致），这种方式并不能完全揭示出公民参与政治媒体的原因，因此改变这种思维模式将大有裨益。

*解释原则的延伸：享受和欣赏*

数十年来，人们使用娱乐媒体内容的动机、他们在接触媒体过程中的经历以及这种接触可能产生的影响，一直是娱乐理论和研究的议题（see Bryant & Vorderer，2006；Zillmann & Vorderer，2000）。显然，该研究领域被定位为大众传播和媒介心理学，而不是政治传播学。然而，学者们在带有显著政治倾向媒体的研究中也开始引入这种娱乐性视角。

与理解性原则和一致性原则相反，娱乐研究采用的视角偏情感而非认知。从这个角度来看，媒体用户被定义为寻求娱乐的人，他们使用媒体是为了增加或保持他们的幸福感。根据最近的理论概念，这种在接触媒体时产生的幸福感可以用两个不同的过程来描述，享受（enjoyment）和欣赏（appreciation）（如 Lewis，Tam-borini & Weber，2014；Oliver & Bartsch，2010；Wirth，Hofer & Schramm，2012）。第一种是寻求一种积极情绪，包括诸如乐趣、愉悦、放松或悬念等体验（如 e.g.，Vorderer，Klimmt & Ritterfeld，2004）。因此，这类幸福感产生的动机通常被称为"享受"，是纯粹的享乐。第二个过程被认为具有复杂情绪的特点且受现实论动机（eudaimonic motivations）的驱使，如渴望获得更深刻的见解并体验人类美德实现的意义（See Oliver，2008；Oliver & Bartsch，2010）。关于欣赏体验的其他解读则认为，欣赏是指满足自我决定理论（self-determination theory）（Deci & Ryan，2000；Ryan & Deci，2000；Vorderer & Ritterfeld，2009）所提出的内在需求（如自主性、能力、亲缘关系）。

上述研究用解释性原则阐释公民的政治娱乐媒体消费观念，如此可以在政治娱乐研究中引入"娱乐"视角。这种方法很少从人们对于信息或认知一致性期望的视角来定义公民的政治娱乐参与，而更多是从他们对于乐趣和快乐的渴望，或者对自主性与社会联系的渴望出发来界定。研究表明，这两种体验在公民参与政治娱乐媒体中发挥独特作用（e.g. Matheiβ et al.，2013；Roth，2015；Roth et al.，2014；Weinmann，2017），这不仅体现为参与行为的发生，更在于对政治问题的兴趣等影响的预测价值。因此，对公众体验的考量可能会增强预测效果，这已经超出了理解性原则和一致性原则的问题范畴。大众传播中娱乐视角的引入为政治传播研究者探析创新性问题提供启示。此外，当我们试图更好地理解什么促使公民在 POPC 世界中参与政治内容时，转向娱乐视角可能具有独特的预测效用。

### 享受和欣赏的动机及作为政治行为的媒介使用

放松、娱乐、把问题抛之脑后、消磨时间和其他纯粹的享乐是受众接触政治喜剧和深夜政治谈话节目的动机（Baum, 2002, 2005; Brewer & Cao, 2006; Browning & Sweetser, 2014; Diddi & LaRose, 2006）。从《奥普拉》（Oprah）到《每日秀》（Daily Show）再到《雷诺》（Leno）等一系列美国"软新闻"（softnews）电视节目涌现，观众认为，他们观看节目的主要动机是娱乐（享乐），而不是学习（Brewer & Cao, 2006; Diddi & LaRose, 2006）。然而，纯粹的享乐主义并不能解释普遍使用娱乐媒体这一现象（Bartsch, 2012; Knobloch-Westerwick 等人, 2012; Oliver & Raney, 2011），尤其是政治娱乐化现象（Mattheip et al., 2013; Roth et al., 2014）。现实论动机为政治娱乐的使用提供了更为简洁的解释：观众观看美国版《每日秀》（The Daily Show）或德国版《每日秀》（heute-show）等节目时，他们既追求享乐，又追寻奥利弗（Oliver）与巴奇（Bartsch）（2010）所描述的"深层次意义……以及阐述思想与感受的动机"（p.76）。趣味性是决定政治娱乐接触频率的一个重要因素，但最能预测政治娱乐接触频率的娱乐体验更倾向于幸福感，而非享乐主义。例如，德国的政治脱口秀观众观看节目是为了获取信息，自我反思以及社会交往。然而，放松和逃避现实等纯粹的享乐动机最不常被提及（Roth et al., 2014）。实验证据表明，接触"软新闻"会引发受众对于现实论娱乐体验的特有情绪反应，而这种情绪的介入会促使受众对政治问题进行反思并产生更大的兴趣（Bartsch & Schneider, 2014）。虽然享乐主义倾向确实解释了"软新闻"受欢迎的部分原因，但观众也从政治娱乐中寻求更有意义的体验。

### 享受、欣赏及传统政治媒体使用

与看电影、听音乐及消费政治娱乐相关的享乐欲望有时至少可以预测"硬新闻"（hard news）的使用情况（Diddi & LaRose, 2006; Roth et al., 2014）。逃避主义（Escapism），即利用媒体来振奋、放松、忘记压力，与喜剧新闻和有线电视新闻的观看都显著相关（Diddi & LaRose，2006）。同样，德国政治脱口秀的观众更有可能产生享乐的体验，即使这些节目通常被认为相当严肃或信息丰富（Roth et al.，2014）。就像政治娱乐一样，享乐动机并不能完全说明公众为何接触"硬新闻"。

人们对于真知灼见、意义及社会连接感的终极追求，刺激了传统平台与网络平台上的"硬新闻"消费（Bartsch & Oliver，2017，p. 81）。社会效用（social utility），特别是与他人进行政治讨论的愿望，似乎是一种强有力的动机（Johnson & Kaye，2003；Kaye & Johnson，2002）。经常与家人、朋友和同事讨论政治的人更有可能阅读政治新闻（Norris，2000），也更愿意观看电视辩论（Kenski & Jamieson，2011；Thorson et al.，2015）。此外，与他人一起看电视辩论，会提升你对辩论的体验感，也将增加了未来观看辩论的可能性（Thorson et al.，2015）。政治讨论和传统新闻接触之间的联系也适用于在线硬新闻。凯伊（Kaye）与约翰逊（Johnson）（2004）针对互联网用户的调查发现，娱乐和社会互动成为在线访问政治信息的第二重要预测因子，超过一般的政治信息搜索，且仅次于特定政治问题和特定政治家立场的导向。总之，研究结果表明，尽管获取信息是阅读"硬新闻"的动机，但信息搜索在一定程度上是为了实现更大的现实论目标。公民观看新闻节目并阅读报纸，以便与生活中重要的人讨论时事和政治。人们在互联网上易于建立和维护社会关系，因此作为促进因素的社会交网在政治媒体中的作用成为研究重点。这种社会互动立足于享受和欣赏视角并从中可以得到最好的解释。

享受、欣赏及新媒体使用

像 Facebook、Twitter、博客及 YouTube 等社交媒体平台不仅仅是工作或学习之外的娱乐消遣方式。它们也日益成为政治新闻来源以及政治讨论的渠道（Gil de Zuñiga，Jung & Valenzuela，2012；Kushin & Kitchener，2009；Robertson，Vatrapu & Medina，2010；Vitak et al.，2011）。随着智能手机和其他移动互联网连接设备的广泛使用，当前社交媒体每天都为用户提供接触政治内容的机会。就像政治娱乐和"硬新闻"一样，搜索信息与寻求一致性可以预测用户对政治内容的参与程度（Bobkowski，2015；Gil de Zuniga Jung & Valenzuela，2012；Macafee，2013）。然而，将社交媒体作为政治参与工具的使用模式也强调了享乐主义动机与自我实现动机的重要性。

与分析"硬新闻"相比，对于信息搜索与寻求一致性的阐释并不是社交媒体政治参与研究中理想的研究方法。如果公民通过社交媒体获取信息，他们的帖子应该涉及政策立场和政治意识形态等议题。如果他们期望寻求一致，那么他们的帖子应该展示关于政策和意识形态的讨论。但实际上，候选人社交媒体页面上的对话主要涉及个人问题（Ancu & Cozma，2009；Sweetser & Weaver-Lariscy，2007）。例如，公民更有可能询问候选人的爱好，而不是他/她在税收政策上的立场。此外，候选人似乎也没有使用社交媒体参与政治辩论的倾向。他们在社交网络上发布的帖子侧重于温和、没有争议的话题，比如音乐、体育和爱好等（Bronstein，2013；Holbert et al.，2007）。当在社交媒体上讨论政治问题时，他们关于竞选活动的讨论往往会选择争议较小的话题（Bronstein，2013）。

寻求娱乐动机尤其是追求社会交往的现实论为通过社交媒体进行的政治参与提供了更有力的解释。麦卡菲（Macafee）（2013）调查了Facebook用户参与四种在线政治活动的动机：在他人的页面上发表政治评论，发布政治新闻报道，发布政治状态更新，以及为候选人和政党点赞。主成分分析（Principle components analysis）揭示了社会动机，如参与讨论和找出其他人要说什么，这可以阐释上述四种政治活动中的三种活动中存在的主导因素。对于为候选人和聚会页面"点赞"的行为，自我呈现（即向他人展示知识的欲望）是主要因素。值得注意的是，信息和娱乐也是所有四种活动的重要因素（Macafee，2013），体现了求知、享乐和现实动机的融合。

"社交动机至关重要"这成为不同社交媒体平台相关的定性与定量研究中较为一致的结果，这些社交媒体包括Facebook（Levin & Barak-Brandes，2014）、Twitter（Park，2013；Thorson et al.，2015）和博客（Chen，2015；Grueling & Kilian，2014）；以及社交媒体的前身，如在线讨论社区和聊天室（Kaye & Johnson，2006）。对社交关系的渴望是人们与网络政治内容建立联系的纽带。在某些情况下，这种实现论动机似乎比搜索信息或寻求一致性更为强烈。用户自称，社交联系是参与政治留言板和聊天室的主要动机（Kaye & Johnson，2006）。最近，葛鲁林

(Greuling)和克利安(Kilians)针对博客的分析发现,"在德国,政治博客用户之间的社交互动成为他们撰写博客的主要动机",(2014, p.221),这一动机的强烈程度超越了人们对信息与自我表达的渴望。在社交媒体上发布、分享及查看政治信息不能被解读为一种纯粹的信息活动,社交功能也是社交媒体的重要部分。

用户能够结合传统媒体形式来使用社交媒体,这可能增加了社会联系动机对参与政治内容的重要性。超过70%的互联网用户称,他们在上网时会处理多项任务,看电视和听广播是最常见的相关活动(Pilotta & Schultz,2005)。辩论是政治多任务研究中引人注目的焦点,因为它们同时具有政治活动与社会活动的功能(Gottfried, Hardy, Holbert, Winneg & Jamieson, in press; Houston, Hawthorne, Spialek, Greenwood & McKinney, 2013; McKinney, Houston & Hawthorne, 2014)。2012年美国总统大选辩论之前,近三分之二的美国人表示,他们计划一边看电视,一边使用网络设备进行多任务处理。边看辩论边在社交媒体上讨论,这种方式日渐盛行,这表明观众通过社交互动增强了政治媒体的真实感,这也与调查研究的结论一致。那些观看辩论时使用Facebook和Twitter的受访者称,他们更享受和欣赏辩论,而Twitter用户可能会观看更多辩论,并对每一场辩论的关注时间更长(Thorson et al., 2015)。此外,经常发辩论帖子的推特用户往往是那些对竞选活动最感兴趣的人,他们在自我实现的动机(如政治兴趣)的驱使下使用社交媒体(McKinney, Houston & Hawthorne, 2014)。

## POPC政治娱乐媒体参与

从享受和欣赏的解释性原则来看政治媒体,公民在POPC信息环境中如何参与政治也就更加明朗。永久在线和永久连接为公民提供了一个机会,即以数字化、社交化和移动化的政治媒体内容补充传统的政治媒体经历(如新闻、辩论、政治广告),这些内容可能具有一些传统媒体内容无法提供的享受或欣赏价值。公民可能会转向他们的移动数字平台,加入社交网络来评论他们正在消费的传统政治媒体内容,了解政治精英在Twitter上对传统政治媒体信息作何回应,在YouTube或者其他一些内容聚合媒体上接触更加异想天开的政治相关内容,但同时也要观看更严肃、常规的传统政治媒体内容。即使传统媒体所制作内容对于用户期望内容类型的满足存在明显的天花板效应,公民在POPC环境中却

## 第五部分 POPC 公民：政治和参与

能够自己创造政治娱乐媒体体验，以满足他们的享受与欣赏期望。

公民在完全置身于 POPC 环境时，可以尽情地消费娱乐化的政治内容。传统媒体（如有线电视）仍然是许多众所周知且颇受青睐的政治娱乐内容的主要传播载体，但是这些内容也会以完整或碎片化的形式呈现于各种数字平台。普里奥尔（Prior）（2007）认为，高选择性的"后广播"（post-broadcast）媒体环境不仅增加了新闻回避者的比例，而且也催生出部分"新闻迷"（占比 12%—15%）。"新闻迷"是指那些大量消费传统新闻内容的人，他们在 POPC 环境中仍有机会这样做。相同的 POPC 环境刺激了有政治娱乐倾向的公民消费欲望。因此，才会出现类似于"政治娱乐媒体迷"这类群体。研究发现，这类群体的占比可能低于新闻迷的比例，但他们却是重要的亚群体，值得进一步研究和了解。

POPC 环境也让公民有机会创造自己的政治娱乐。即使是那些技术水平一般的公民，也能结合各种政治媒体经历来制作一些集锦，或者也制作关于现任官员、竞选者及当今重大社会问题的表情包。公民不仅可以随时随地消费他们所需要的政治娱乐媒体内容，而且他们自己也可以生产内容，并以数字化形式来向全世界发布其信息。享受和欣赏不仅来自于内容的创作与传播，而且产生于其他各种已知和未知的反馈。

补充传统政治媒体，消费各种娱乐型政治内容，以及用户生成政治娱乐媒体内容，这三方面的结合有助于用户在使用政治媒体时提高对于享受和欣赏的期望。在 POPC 环境中，公民的社交化已经延伸到政治领域，这更有可能满足他们在政治方面的享受与欣赏期望。对于 POPC 公民而言，政治既不是见多识广者在投票站做出优质决策时的一种个人理想，也不是以牺牲外部群体为代价来支持内部群体利益而做一名忠诚的党派人士。相反，他们的政治有一种玩世不恭的意味，这种玩世不恭在基本的享乐形式中以及更复杂的自我实现体验中都有所体现。正如我们所说，公民通过媒体参与政治可能总是会包含一些享受与欣赏的因素。然而，在过去的研究中我们鲜有提出这类实证问题，因此我们可能永远不会知道结论。无论享受与欣赏在传统媒体世界中扮演什么角色，我们都有信心为它们在 POPC 信息环境中会发挥更大价值而论证。然而，这是一个经验性问题，我们可以尝试随着时间的推移来解决这类问题。

## 未来研究

立足大众传播视角并将公民视为寻求享受与欣赏体验的生物（他们在享乐与自我实现动机的驱使下来消费政治媒体），这种做法颇具启发性。此外，我们认为在 POPC 信息环境中采用这种方法来研究媒介生态更为有效。基于上述观点，未来研究人员最好侧重于探讨以下四个问题：（1）继续将大众传播理论引入政治传播研究领域。迄今为止，所有政治娱乐媒体消费研究的结论与传统政治媒体（如硬新闻、辩论）的效果类型相同，但随着同一脉络新理论的引入，可能会产生新的变量；（2）娱乐和政治媒体研究的新理论或过程模型的建构以整个社会科学理论为基础（e.g., Hurley, Dennett & Adams, 2011）；（3）研究人员创造和使用新颖的政治娱乐刺激变量，这能够获得隔离特定信息效果所需的控制类型（参见 Boukes, Boomgaarden, Moorman & DeVreese, 2014；Holbert, Tchernev, Esralew, Walther & Benski, 2013）；（4）更好地了解各类政治娱乐信息的复杂性。幽默是一种立体的、多元的信息类型（Meyer, 2000）。该领域对于讽刺与戏仿等消息构成要素没有充分认知，从而无法隔离特定内容要素的效果。即使在大数据和计算机辅助内容分析的时代也于事无补，因为实践证明这些新方法并不适用于分析各种幽默（讽刺、反讽）形式。最后，我们认为，随着 POPC 信息环境的形成，研究人员需要回归到信息的基本知识，来探究是什么导致观众想要消费、参与、传播和创建政治能容并让观众产生某种享受和欣赏感。

## 参考文献

Ancu, M. & Cozma, R., MySpace politics: Uses and gratifications of befriending candidates, *Journal of Broadcasting & Electronic Media*, 2009, 53: 567 – 583. doi: 10. 1080/08838150903333064.

Bartsch, A., Emotional gratification in entertainment experience: Why viewers of movies and television series find it rewarding to experience emotions, *Media Psychology*, 2012, 15: 267 – 302. doi: 10. 1080/15213269. 2012. 693811.

Bartsch, A. & Olver, M. B., Appreciation of meaningful entertainment expereinces and eudaimonic wellbeing, In L. Reinecke & M. B. Oliver

(Eds.), *The Routledge handbook of media use and well-being*, 2017, (pp. 80 – 92). New York: Routledge.

Bartsch, A. & Schneider, F. M., Entertainment and politics revisited: How non-escapist forms of entertainment can stimulate political interest and information seeking, *Journal of Communication*, 2014, 64: 369 – 396. doi: 10. llll/jcom. 12095.

Baum, M. A., Sex, lies and war: How soft news brings foreign policy to the inattentive public, *The American Political Science Review*, 2002, 96: 91 – 109. doi: 10. 1017/S00003055402004252.

Baum, M. A., Talking the vote: Why presidential candidates hit the talk show circuit, *American Journal of Political Science*, 2005, 49: 946 – 959. doi: 10. 1111/j. 0092 – 5853. 2005. t01 – 1 – 00119. x.

Bobkowski, P. S., Sharing the news: Effects of informational utility and opinion leadership on online news sharing, *Journalism & Mass Communication Quarterly*, 2015, 92: 320 – 345. dorAO. 1177/1077699015573194.

Boukes, M., Boomgaarden, H. G., Moorman, M. & DeVreese, C. H., At odds: Laughing and thinking? The appreciation, processing, and persuasiveness of political satire, *Journal of Communication*, 2014, 65: 721 – 744. doi: 10. llll/jcom. 12173.

Brewer, P. R. & Cao, X., Candidate appearances on soft news shows and public knowledge about primary campaigns, *of Broadcasting & Electronic Media*, 2006, 50: 18 – 35. doi: 10. 1207/sl5506878jobem5001_ 2.

Bronstein, J., Like me! Analyzing the 2012 presidential candidates' Facebook pages, *Online Information Review*, 2013, 37: 173 – 192. doi: 10. 1108/OIR – 01 – 2013 – 0002.

Browning, N. & Sweetser, K. D., The let down effect: Satisfaction, motivation, and credibility assessments of political infotainment, *American Behavioral Scientist*, 2014, 58: 810 – 826. doi: 10. 1177/0002764213515227.

Bryant, J. & Vorderer, P. (Eds.), *Psychology of entertainment*, Mahwah, NJ: Lawrence Erlbaum, 2006.

Cao, X., Political comedy shows and knowledge about primary campaigns: The moderating effects of age and education, *Mass Communication and*

Society, 2008, 11: 43 – 61. doi: 10. 1080/15205430701585028.

Chen, G. M. , Why do women bloggers use social media? Recreation and information motivations outweigh engagement motivations, *New Media & Society*, 2015, 17: 24 – 40. doi: 10. 1177/1461444813504269.

Cialdini, R. B. , Trost, M. R. & Newsom, J. T. , Preference for consistency: The development of a valid measure and the discovery of surprising behavioral implications, *Journal of Personality and Social Psychology*, 1995, 69: 318 – 328. doi: 10. 1037/0022 – 3514. 69. 2. 318.

Compton, J. , Introduction: Surveying scholarship on *The Daily Show* and *The Colbert Report*, In A. Amar-*asingam* ( Ed. ), *The Stewart/Colbert effect: Essays on the real impacts of fake news*, 2011, ( pp. 9 – 24 ) . Jefferson, NC: McFarland & Company.

Deci, E. L. & Ryan, R. M. , The "what" and "why" of goal pursuits: Human needs and the self-determination of behavior, *Psychological Inquiry*, 2000, 11: 227 – 268. doi: 10. 1207/S15327965PLI1104_ 01.

Diddi, A. & LaRose, R. , Getting hooked on news: Uses and gratifications and the formation of news habits among college students in an Internet environment, *Journal of Broadcasting & Electronic Media*, 2006, 50: 193 – 210. doi: 10. 1207/sl5506878jobem5002_ 2.

Festinger, L. , *A theory of cognitive dissonance*, Stanford, CA: Stanford University Press, 1957.

Gil de Zuniga, H. , Jung, N. & Valenzuela, S. , Social media use for news and individuals' social capital, civic engagement, and political participation, *Journal of Computer-Mediated Communication*, 2012, 17: 319 – 336. doi: 10. 1111/j. l083 – 6101. 2012. 01574. x.

Gottfried, J. A. , Hardy, B. W. , Holbert, R. L. , Winneg, K. M. & Jamieson, K. H. ( in press ), The changing nature of political debate consumption: Social media, multitasking, and knowledge acquisition, *Political Communication*, 19 April 2016. doi: 10. 1080/10584609. 2016. 1154120.

Gray, J. , Jones, J. P. & Thompson, E. ( Eds. ), *Satire TV: Politics and comedy in the post-network era*, New York, NY: New York University Press,

2009.

Grueling, K. & Kilian, T., Motives for active participation in political blogs: A qualitative and quantitative analysis of eight German blogs, *Social Science Computer Review*, 2014, 32: 221 – 237. doi: 10.1177/0894439313508611.

Hmielowski, J. D., Holbert, R. L. & Lee, J., Predicting the consumption of political TV satire: Affinity for political humor, *The Daily Show*, and *The Colbert Report*, *Communication Monographs*, 2011, 78: 96 – 114. doi: 10.1080/03637751.2010.542579.

Holbert, R. L., Hill, M. R. & Lee, J., The political relevance of entertainment media, In C. Reinemann (Ed.), *Political communication*, 2014, (pp. 427 – 446). Berlin, Germany: De Gruyter.

Holbert, R. L., Lambe, J. L., Dudo, A. D. & Carlton, K. A., Primacy effects of *The Daily Show* and national TV news viewing: Young viewers, political gratifications, and internal political self-efficacy, *Journal of Broadcasting & Electronic Media*, 2007, 51: 20 – 38. doi: 10.1080/08838150701308002.

Holbert, R. L., Tchernev, J. T., Walther, W. O., Esralew, S. E. & Benski, K., Young voter perceptions of political satire as persuasion: A focus on perceived influence, persuasive intent, and message strength, *Journal of Broadcasting & Electronic Media*, 2013, 57: 170 – 186. doi: 10.1080/08838151.2013.787075.

Holbert, R. L. & Young, D. G., Exploring relations between political entertainment media and traditional political communication information outlets, In E. Scharrer (Ed.), *The international encyclopedia of media studies: Vol. 5. Media effects/media psychology*, 2013, (pp. 484 – 504). Boston, MA: Wiley-Black well.

Hollander, B. A., Late-night learning: Do entertainment programs increase political campaign knowledge for young viewers? *Journal of Broadcasting & Electronic Media*, 2005, 49: 402 – 415. doi: 10.1207/s15506878jobem4904_3.

Houston, J. B., Hawthorne, J., Spialek, M. L., Greenwood, M. & McKinney, M. S., Tweeting during presidential debates: Effect on candidate evaluations and debate attitudes, *Argumentation and Advocacy*, 2013, 49: 301 - 311. doi: 10. 1080/00028533. 2013. 11821804.

Hurley, M. M., Dennett, D. C. & Adams, R. B., *Inside jokes: Using humor to reverse-engineer the mind*, Cambridge, MA: MIT Press, 2011.

Johnson, T. J. & Kaye, B. K., Around the World Wide Web in 80 ways: How motives for going online are linked to Internet activities among politically interested Internet users, *Social Science Computer Review*, 2003, 21: 304 - 325. doi: 10. 1177/0894439303253976.

Kaye, B. K. & Johnson, T. J., Online and in the know: Uses and gratifications of the web for political information, *Journal of Broadcasting and Electronic Media*, 2002, 46: 54 - 71. doi: 10. 1207/sl5506878jobem 4601_ 4.

Kaye, B. K. & Johnsonj, T. J., A Web for all reasons: Uses and gratifications of Internet components for political information, *Telematics and Informatics*, 2004, 21: 197 - 223. doi: 10. 1016/S0736 - 5853 (03) 00037 - 6.

Kaye, B. K. & Johnson, T. J., The age of reasons: Motives for using different components of the Internet for political information, In A. P. Williams & J. C. Tedesco (Eds.), *The Internet election: Perspectives on the role of the Web in campaign 2004*, 2006, (pp. 147 - 167). Lanham, MD: Rowman & Littlefield.

Kenski, K. & Jamieson, K. H., Presidential and vice presidential debates in 2008: A profile of audience composition, *Behavioral Scientist*, 2011, 55: 307 - 324. doi: 10. 1177/0002764210392166.

Knobloch-Westerwick, S., Selection, perception, and processing of political messages, In C. Reinemann (Ed.), *Political communication*, 2014, (pp. 507 - 526). Berlin, Germany: De Gruyter.

Knobloch-Westerwick, S., Gong, Y., Hagner, H. & Kerbeykian, L., Tragedy viewers count their blessings: Feeling low on fiction leads to feeling high on life, *Communication Research*, 2012, 40: 747 - 766. doi: 10. 1177/0093650212437758.

Kushin, M. & Kitchener, K., Getting political on social network sites: Exploring online political discourse on Facebook, *First Monday*, H (Il). doi: 10. 5210/fm. vl4il1. 2645, 2009.

LaMarre, H. L., Landreville, K. D. & Beam, M. A., The irony of satire: Political ideology and the motivation to see what you want to see in The Colbert Report, *The International Journal of Press/Politics*, 2009, 14: 212 – 231. doi: 10. 1177/1940161208330904.

Levin, D. & Barak-Brandes, S., GabrielTarde's model and online protest in the eyes of Jewish Israeli teenage girls, In B. Patrut & M. Patrut (Eds.), *Social media in politics: Case studies on the political power of social media*, New York, NY: Springer, 2014.

Lewis, R. J., Tamborini, R. & Weber, R., Testing a dual-process model of media enjoyment and appreciation, *Journal of Communication*, 2014, 64: 397 – 416. doi: 10. 1111/jcom. 12101.

Macafee, T., Some of these things are not like the others: Examining motivations and political predispositions among political Facebook activity, *Computers in Human Behavior*, 2013, 29: 2766 – 2775. dor. 10. 1016/j. chb. 2013. 07. 019.

Matthei, B. T., Weinmann, C., Lob, C., Rauhe, K., Bartsch, K., Roth, E., Vorderer, P., Political learning through entertainment-Only an illusion? How the motivation for watching political talk shows influences viewers' experience, *Journal of Media Psychology*, 2013, 25: 171 – 179. doi: 10. 1027/1864 – 1105/a000100.

McCombs, M., *A look at agenda-setting: Past*, present, and future, 2005: 543 – 557. doi: 10. 1080/14616700500250438.

McKinney, M. S., Houston, J. B. & Hawthorne, J., Social watching a 2012 Republican presidential primary debate, *American Behavioral Scientist*, 2014, 58: 556 – 573. doi: 10. 1177/0002764213506211.

Meyer, J. C., Humor as a double-edged sword: Four functions of humor in communication, *Communication Theory*, 2000: 310 – 331. doi: 10. 1111/j. 1468 – 2885. 2000. tb00194. x.

Norris, R., *A virtuous circle: Political communications in postindustrial societies*, Cambridge, UK: Cambridge University Press, 2000.

Oliver, M. B., Tender affective states as predictors of entertainment preference, *Journal of Communication*, 2008, 58: 40 – 61. doi: 10. 1111/j. 1460 – 2466. 2007. 00373. x.

Oliver, M. B. & Bartsch, A., Appreciation as audience response: Exploring entertainment gratifications beyond hedonism, *Human Communication Research*, 2010, 36: 53 – 81. doi: 10. 1111/j. 1468 – 2958. 2009. 01368. x.

Oliver, M. B. & Raney, A. A., Entertainment as pleasurable and meaningful: Identifying hedonic and eudaimonic motivations for entertainment consumption, *Journal of Communication*, 2011, 61: 984 – 1004. doi: 10. 1111/j. 1460 – 2466. 2011. 01585. x.

Park, C. S., Does Twitter motivate involvement in politics? Tweeting, opinion leadership and political engagement, *Computers in Human Behavior*, 2013, 29: 1641 – 1648. doi: 10. 1016/j. chb. 2013. 01. 044.

Pavitt, C., Alternative approaches to theorizing in communication science, In C. R. Berger, M. E. Roloff, & D. R. Roskos-Ewoldsen (Eds.), *The handbook of communication science*, 2010, (2nd ed., pp. 37 – 54). Los Angeles, CA: Sage.

Pilotta, J. J. & Schultz, D., Simultaneous media experience and synesthesia, *of Advertising Research*, 2005, 45: 19 – 25. doi: 10. 1017/S002 1849905050087.

Prior, M., *Post-broadcast democracy: How media choice increases inequality in political involvement and polarizes elections*, Cambridge, UK: Cambridge University Press, 2007.

Robertson, S. P., Vatrapu, R. K. & Medina, R., Online video "friends" social networking: Overlapping online public spheres in the 2008 U. S. Presidential election, *Journal of Information Technology & Politics*, 2010, 7: 182 – 201. doi: 10. 1080/19331681003753420.

Roth, E. S., *Die Rezeption politischer Talkshows im Fernsehen: Der Einfluss des Unterhaltungserlebens auf die Infor-mationsverarbeitung* [The watching of political talk shows on TV: The influence of the entertainment experience on the information processing], Wiesbaden, Germany: Springer VS Forschung, 2015.

Roth, F. S., Weinmann, C., Schneider, E. M., Hopp, E. R. & Vorderer, P., Seriously entertained: Antecedents and consequences of hedonic and eudaimonic entertainment experiences with political talk shows on TV, *Mass Communication and Society*, 2014, 17: 379 – 399. doi: 10. 1080/15205436. 2014. 891135.

Ryan, R. M. & Deci, E. L., Self-determination theory and the facilitation of intrinsic motivation, social development, and well-being, *American Psychologist*, 2000, 55: 68 – 78. doi: 10. 1037/0003 – 066X. 55. 1. 68.

Stroud, N. J., Media use and political predispositions: Revisiting the concept of selective exposure, *Political Behavior*, 2008, 30: 341 – 366. doi: 10. 1007/sl 1109 – 007 – 9050 – 9.

Sweetser, K. D. & Weaver-Lariscy, R., Candidates make good friends: An analysis of candidates' uses of Face-book, *International Journal of Strategic Communication*, 2007, 2: 175 – 198. doi: 10. 1080/15531180802178687.

Thorson, E., Hawthorne, J., Swasy, A. & McKinney, M. S., Co-viewing, Tweeting, and Facebooking the 2012 presidential debates, *Electronic News*, 2015, 9: 195 – 214. doi: 10. 1177/1931243115593320.

Vitak, J., Zube, P., Smock, A., Carr, C. T., Ellison, N. & Lampe, L., It's complicated: Facebook users' political participation in the 2008 election, *Cyberpsychology Behavior, and Social Networking*, 2011, 14: 107 – 114. doi: 10. 1089/cyber. 2009. 0226.

Vorderer, P., Klimmt, C. & Ritterfeld, U., Enjoyment: At the heart of media entertainment, *Communication Theory*, 2004, 14: 388 – 408. doi: 10. 1111/j. 1468 – 2885. 2004. tb00321. x.

Vorderer, P., Krömer, N. & Schneider, E. M., Permanently online-permanently connected: Explorations into university students, use of social media and mobile smart devices, *Computers in Human Behavior*, 2016, 63: 694 – 703. doi: 10. 1016/j. chb. 2016. 05. 085.

Vorderer, R. & Ritterfeld, U., Digital games, In R. L. Nabi & M. B. Oliver (Eds.), *Handbook of media effects*, 2009, (pp. 455 – 467).

London, UK: Sage.

Weinmann, C., Feeling political interest while being entertained? Explaining the emotional experience of interest in politics in the context of political entertainment programs, *Psychology of Popular Media Culture*, 2017, 6: 123 – 141. doi: 10. 1037/ppm0000091.

Wirth, W., Hofer, M. & Schramm, H., Beyond pleasure: Exploring the eudaimonic entertainment experience, *Human Communication Research*, 2012, 38: 406 – 428. doi: 10. 111 1/j. 1468 – 2958. 2012. 01434. x.

Xenos, M. A. & Becker, A. B., Moments of Zen: Effects of *The Daily Show* on information seeking and political learning, *Political Communication*, 2009, 26: 317 – 332. doi: 10. 1080/10584600903053569.

Zillmann, D. & Vorderer, P., *Media entertainment: The psychology of its appeal*, Mahwah, NJ: Lawrence Erlbaum, 2000.

## 第六部分

# 美丽新世界:网络化生活与幸福感

# 第二十二章

# POPC 与幸福感:风险—收益分析

伦纳德·莱纳克

(Leonard Reinecke)

我们很难忽视媒介接触对于人们的心理健康与幸福感的重要作用:媒介塑造了我们看待世界和认识自己的方式,对我们如何安排时间和日常事务以及如何与社会环境沟通和互动也产生影响(for an overview, see Reinecke & Oliver, 2017)。当我们在 YouTube 上看到一个有趣的视频而大笑,或者为朋友在 Facebook 上分享的负面生活事件而感到难过时,媒介接触可能会产生短期影响,让我们此时此刻感到高兴或悲伤。但媒介接触也会对我们的幸福感和生活满意度产生长期影响,因为这为我们在危机时刻树立积极榜样或提供社会支持。虽然在社交媒体和移动互联网出现之前,媒介接触与幸福感的相关性就已经很明显,然而随着"永久在线和永久连接"(POPC)生活方式的日益盛行(Vorderer & Kohring, 2013;Vorderer, Kromer & Schneider, 2016),全面了解媒介接触、特别是了解在线内容及交流对我们幸福感的影响,这个问题也将变得越来越紧迫。智能手机、平板电脑和其他移动设备不仅使人们随时随地可以上网,还强化了媒介在我们生活中的存在感及其对幸福感的影响。持续上网也会改变用户的认知、期望和感知(参见 Klimmt、Hefner、Reinecke、Rieger 及 Vorderer 在本书的内容)。然而,这种 POPC 的生活方式是如何影响心理健康和幸福感的,这在很大程度上还不清楚。用户如何应对永久在线环境所带来的挑战?POPC 思维模式会产生何种机会和风险?

本章的中心目标是概述 POPC 对心理健康和幸福感的潜在影响。在

## 第六部分　美丽新世界：网络化生活与幸福感

简要介绍享乐幸福感与自我实现幸福感的理论概念后，本章将首先回顾当前传统互联网和社交媒体使用对幸福感影响的相关研究。基于对最新研究的概述，我们将讨论 POPC 生活方式带来的潜在变化，互联网使用对幸福感所产生的影响，以及未来研究的未解决问题。

### 什么是幸福感？

"美好生活"的构成要素或幸福感的本质是什么，这些问题可能和人类一样古老。自 20 世纪 60 年代以来，随着"积极心理学"运动的兴起，幸福的理论概念在心理学领域得到越来越多的关注（Diener, Suh, Lucas & Smith, 1999）。今天，关于幸福感的心理学研究主要由两个不同"学派"主导，它们分别提倡不同的幸福感概念（Huta, 2017）。

享乐幸福感（hedonic well-being）概念将幸福感定义为一种快乐愉悦的情感状态。该概念的传统研究通常是区分幸福感的三个组成部分：正面效应存在、负面效应消失、基于满意度高低的生活状态积极认知评价（Diener et al., 1999）。与这种享乐主义的幸福观相反，自我实现幸福感（*eudaimonic well-being*）已经超出愉悦与积极效应的限定，提出了更为复杂的幸福观。传统的自我实现论研究从更广泛意义来定义幸福，如心理成长、生活的意义和目标、道德教育或保持本真（Huta, 2017）。囿于自我实现论研究的复杂性，自我实现幸福感并没有形成统一或一体化的理论模型，该研究领域的共存定义、理论方法和操作方法都具有多样性（Huta & Waterman, 2014）。

享乐幸福感与实现幸福感的理论与实践之间的关系一直是学术界争论的话题（Huta & Waterman, 2014；Ryan & Deci, 2001）。因子分析方法（Factor-analytic approaches）表明，幸福感的体验构成因素实际上呈现出双因子结构：由提升、意义和自我关联等情感所构建的自我实现幸福因子；以及积极情感、无忧无虑和低负面情绪所代表的享乐幸福感因子（Huta, 2017）。然而，其他核心变量，如生活满意度或内在需求满足，这两个因素都没有明确的解释力，这表明享乐幸福感与自我实现幸福感可能并非完全独立的结构，而是通过一系列过程和结果变量将享乐与自我实现两个方面融为一体。

## 网络接触与幸福感：利益与风险

互联网出现之初，传播学者和媒体心理学家就着迷于研究一个问题，即网络内容和传播对用户日常生活产生何种影响。该领域的早期研究主要立足于风险视角，例如，互联网会增加孤立感，减少线下互动，还损害心理健康（Kraut et al., 1998）。然而，在过去 20 年里，一个广泛而稳步发展的研究机构已经确定了互联网使用与幸福感关系建构的各种过程和机制，详细分析了互联网使用的风险和益处（Vorderer, 2016）。尽管对该研究领域的全面回顾远远超出了本章的范围，但以下各节将简要概述与互联网使用和幸福相关的概念和变量。

### 媒介享乐

也许互联网使用与幸福感之间的显著关联构建于媒介享乐过程。媒介享乐（Media enjoyment）通常被定义为受众对媒介内容产生的一种愉快的情感反应（如 Vorderer, Klimmt & Ritterfeld, 2004），从而与主观幸福感的积极影响因素呈现强相关性。YouTube 或 Spotify 等在线平台不仅为传统视听娱乐媒介提供了新的分发渠道，社交网络的交互性也创造了新的媒介享乐来源。例如，现有研究明确认为，享乐是社交媒体使用的主要满足感和动机之一（如 Reinecke, Vorderer & Knop, 2014；Smock, Ellison, Lampe & Wohn, 2011），因此我们将享乐视为享乐幸福感产生的一个重要来源。

### 社会资本与社会支持

沟通和社会互动是早期互联网使用的两个核心驱动力。因此，在互联网使用和幸福感相关性研究的背景下，网络传播中的人际关系及其影响成为研究焦点，这也并不意外（概述参见 Trepte & Scharkow, 2017）。目前相关研究表明，社交媒体被视为一种重要的社会资源，因此社交媒体的使用能够提升社会资本和社会支持的可获得性（Ellison, Steinfield & Lampe, 2007；Trepte, Dienlin & Reinecke, 2015）。大量研究发现，较高级别的网络社会资本和可感知的网络社会支持与幸福感指数呈正相关，如生活满意度更高（Burke, Marlow & Lento, 2010），以及所承受压力更小（Nabi, Prestin & So, 2013）。然而，目前研究也表明，网络环境并不是所有社会支持的有效来源。虽然网络朋友圈的广泛性和异质性有助于提供信息支持（例如，给予建议），但其他形式的情感支持（如给与安慰和肯定）和物质支持（如具体的商品或服务交易）却不易在网上实现（Trepte et al.，2015）。因此，之前的研究发现，与网络朋友相比，线下朋友和线下社会支持更有益于心理健康（Trepte et al.，2015）。

自我肯定与情绪社会分享

除与其他用户的社交互动外，在线交流的自我表达功能也已经得到学者的广泛关注，而且还与幸福感呈现显著相关。Facebook 或 Instagram 等社交媒体通过用户简介、状态更新或分享图片和视频等多种途径来呈现自我。大多数用户倾向于以积极的态度展现自己，强调或选择性地呈现自我形象中理想的以及引人注目的方面，这对于幸福感的影响至关重要（for an overview, see Toma, 2017），也为自我肯定的研究开辟新视角（Toma, 2017; Toma & Hancock, 2013）。自我肯定（self-affirmation）是指"将积极和有价值的方面嵌入自我意识的过程"（Toma, 2017, p.173），这是对自我威胁（self-threat）的一种回应（如负面的效果反馈）。许多用户在社交媒体平台上精心策划并积极地展示自我，在经历了自我威胁的情况后，接触这些内容应该会提升幸福感。实际上，最新研究证实：参与者在获得消极的自我反馈信息后，查看自己的 Facebook 个人资料比查看陌生人（Toma & Hancock, 2013）的负面内容产生的积极效应更强。在线自我呈现除了可以实现自我肯定外，还可以通过情绪社会分享对幸福感产生有益影响。最新研究表明，在网上分享积极的经历和情绪能够通过资本化方式增加人们的情感幸福感（affective well-being）（Choi & Toma, 2014），即由于个人表达会增强事件和经历的重要性并加深它们在人们脑海中的记忆，所以公共分享会强化积极情绪。然而，这也存在缺陷，因为该机制也同样适用于消极情绪，所以在网上分享负面经历会降低人们的幸福感（Choi & Toma, 2014）。

社会比较

互联网用户的幸福感不仅仅受他们在线自我呈现的影响。在其他用户面前的自我表现以及由此产生的社会比较过程也是幸福感的影响因素（Toma, 2017）。与其他用户进行社会比较的效果可能具有双重性：下行社会比较（Downward social comparison）（即与某方面表现较弱的其他用户进行社会比较）可能是一种有效的情绪管理策略（Johnson & Knobloch-Westerwick, 2014）。相比之下，上行社交比较（Upward social comparison）（即与在某方面表现良好的其他用户进行社会比较）可能会产生自我差异且降低自我满意度（Haferkamp & Kramer，2011）。尽管网络社会比较的正面和负面影响貌似都具有合理性，然而目前研究表明，负面影响更为普遍（Toma，2017）。

缺乏自控能力与过度使用互联网

最后，越来越多的研究表明，缺乏自控能力地使用互联网与社交媒体是幸福感大打折扣的主要原因之一。研究脉络之一是将网络内容与传播视为频繁分散注意力且对日常生活中的自我控制构成挑战的原因之一（for an overview, see Hofmann, Reinecke & Meier, 2017）。令人愉悦的在线内容日益盛行，尤其在用户面对缺乏吸引力的任务与责任时，这将是一个诱人的选择。与上述推理结果一致，近期研究也表明，人们利用网络内容来拖延时间（即功能失调的任务延迟）已经成为一种普遍现象，在年轻用户中更为盛行，这对心理健康与幸福感都会产生负面效应（Meier, Reinecke & Meltzer, 2016; Reinecke, Meier et al., 2016）。除日常互联网使用对自我控制带来挑战外，大量研究已经探讨了过度且不加约束地使用互联网、网络成瘾等病态行为（fo an overview, see Muller, Dreier & Wolfing, 2017）。研究表明，心理健康与幸福感之间存在相互作用关系：一方面，问题性互联网使用行为和网络成瘾可以被理解为一种应对压力、个人缺陷和幸福感受损的功能性障碍。另一方面，网络成瘾经常被认为是影响幸福感的不利因素，并与生活中各种负面情况、人际功能较弱和精神病理症状的出现有关（Müller et al., 2017）。

## POPC 与幸福感：旧瓶装新酒？

前几节所综述的研究表明，早在 POPC 时代之前，互联网使用对幸福感的影响就已经引起学界的广泛关注。在"永久在线"社会到来之前，网络内容与传播就与心理幸福感密切相关，这为网民的日常生活既创造机遇，也带来风险。那么这种情况是如何随着 POPC 生活方式的发展而变化呢？在互联网使用对幸福感的影响方面，POPC 是扮演"游戏规则改变者"的角色，还是仅仅改变了游戏规则？虽然上述互联网使用与幸福的连接机制貌似很容易被引用于 POPC 环境中，然而 POPC 的生活方式也可能为用户带来新的挑战与机遇。因此，在接下来的章节中，学者们在讨论 POPC 时将其作为一个"放大器"，它强化了互联网使用对幸福感的传统影响，同时也被认为是互联网使用和幸福感新连接机制的来源。

## POPC 是一个放大器

POPC 可能对所有互联网使用与幸福的连接机制产生影响。技术变革催生 POPC 行为，即人们通过移动互联网连接智能手机和移动设备可以随时随地访问网络内容并进行通信，这可能会强化互联网使用对用户日常生活中幸福感的影响。显然，这为用户使用互联网提升幸福感带来机遇，许多有益于幸福感的过程和机制，现在都可以随时获得并在需要时灵活使用，如通过媒介享乐、自我肯定或社会支持来管理情绪。然而，同时也会扩大互联网使用对于幸福感的负面影响。网络环境的持续存在使得人们很难从互联网使用所产生的压力及潜在压力中得到喘息的机会。用户越来越频繁地感觉自己受到社会监督，或永久性地陷于负面的社会比较中。网络内容的源源不断与网络传播的可持续，加剧了网络使用享乐形式的诱惑对自我控制构成的挑战，因为这种使用方式与用户的责任和长期目标相左（参见 van Koningsbruggen、Hartmann 及 Du 在本书的内容），同时也会产生网络成瘾等病态行为的风险（see Klimmt and Brand, this volume）。

除了这些 POPC 的技术和行为维度，POPC 心态的认知层面可能对幸福感产生更大影响。换言之，用户不仅经常处于 POPC 状态，他们还倾向于"思考 POPC"，并对照网络世界的认知背景来观察自己所处的线下环境。"在线警觉"的不同维度（参见 Klimmt、Hefner、Reinecke、Rieger 及 Vorderer 在本书的内容）与在线内容技术支持的加强呈现正相关，并进一步强化了在线环境对个人用户的潜在积极与消极影响。移动互联网连接和智能手机不仅提升了在线交流的技术可用性；由于这些移动设备具有强回应性特征，用户也总是愿意对消息提示铃声或通知等外部"连接提示"做出反应（Bayer, Campbell & Ling, 2016），他们通过网络可以随时参与在线交流并建立联系。这种持续的交流意愿应该会显著地提升社会资本及网络社交资源的可用性，但也会加剧在线交流频繁中断和干扰的风险。人们的这种监控倾向（即不断查看网络环境中的新闻与相关[社会]事件）为持续连接网络空间提供了新维度。这将为提升幸福感创造新机会，如有助于更好地管理情绪，因为具有 POPC 思维的用户可能不会错过朋友在线发布和分享的愉悦性内容（如表情包、猫咪视频或最新八卦）。然而，这也增加了出现负面效应的风险，如监控将会产生连绵不断的自我相关信息流,这会引发与网络中的同龄人之间的非正常社会比较。最后,网络环境的永久性显著将有益于用户参与在线互动。当网络环境成为日常个人信息处理中的永久性附加项,人们会不断地评估线下环境与未来在线行为的相关性。例如,人们可能会不断查看线下活动或社交互动,以确保其自拍的可能性、新闻价值和在线自我呈现的效果。网络环境仍然成为了一个自我肯定的有效空间,通过加强离线参与体验,而仅仅是记录(如拍照)和再现分享活动的行为就可以深化用户的离线环境感知(Diehl, Zauber-man & Barasch, 2016)。然而,显性的网络环境不仅可以使用户更加关注在线互动所提供的积极潜力和机会,也可能致使他们过度关注网络世界,从而增加了患上网络成瘾的风险并危害个人健康(参见 Klimmt 与 Brand 在本书的内容)。

POPC 与幸福感面临的新挑战

如上所述,POPC 的行为和心理构成因素都可以放大互联网使用对幸福感的影响。此外,"永久在线"环境也对幸福感产生新的影响,这些均不在前 POPC 时代传统调查结果的范畴。随着在线内容与交流的永久了访问性以及用户在线警觉性的不断提高,用户也开始面临新的认知压力与社会挑战。

海量在线消息与通知的源源不断对于用户的注意力与信息处理资源提出了前所未有的要求(or an overview, see Hefner & Vorderer, 2017)。在线联系人、应用程序,以及在线服务、平台和网络的订阅数量的日益增长不仅扩展了消息的总量,而且随着移动互联网的连接,这些信息也可以立即、直接发送至用户的智能手机上。此外,在线警觉机制也放大了持续不断交流所产生的认知压力:具有 POPC 心态的用户几乎总是愿意对收到的消息立即做出反应。反过来,这种反应性又进一步增加了发送与接收消息的数量,形成了一个自我强化(self-reinforcing)的传播螺旋。用户对网络环境的持续监控能够确保他们即时发现相关活动与在线活动并对其进行认知处理,从而也增加了在线交流时产生的认知负荷,即使在没有收到任何消息或通知也需要用户注意。此外,当用户在处理一项主要活动(如工作、驾驶或吃饭等)时,他们会在认识上做出反应,即利用智能手机回复或主动查看在线沟通状态,这时反应与监控等行为都会增加媒介多任务处理的可能性(还是参见 Xu, Wang 和

David 在本书中的内容）。最后，在线内容的永久显著性加大了认知压力并要求调动更多认知资源，即使用户没有主动使用手机或处于离线状态，亦是如此。综上所述，源源不断的在线内容与在线交流，频繁的媒介多任务处理，以及 POPC 中互联网用户的长期在线警觉，这些将促使用户与数字压力的共存成为常态（Hefner & Vorderer, 2017）。实际上，最近研究表明，用户收发网络消息数量、查看信息的主观冲动及互联网多任务处理（即互联网使用与其他活动的同时发生）是用户压力增加与心理健康受损的重要原因（Reinecke, Aufenanger et al., 2017）。

POPC 除为用户带来数字压力外，还加剧了人际关系的紧张趋势（参见 Utz 在本书中的内容）。在稳定连接互联网的时代，在线交流和持续的线下互动之间存在的潜在冲突风险相对较小。在这个时代，用户通过使用互联网主动制定计划（如找一个可以上网的地方，打开电脑等），这样也不会对正在进行的社会互动造成干扰。然而，随着技术与内容的持续连接，以及用户的高度在线警觉性，这种线上与线下互不干扰的情况已发生了变化。显然，回应性与监测性都会增加风险：用户主动或被动地参与在线交流，同时也进行线下互动。用户将为这种"低头族"行为（Phubbing 这个新词是 phone 与 snubbing 的合成词，参见 Roberts & David, 2016）付出高昂代价。最近研究表明，仅仅是手机的存在就会降低双方谈话的质量（Przybylski & Weinstein, 2012），而"低头族"会对人际关系满意度和心理健康产生不利影响（Roberts & David, 2016）。POPC 也已经渗透到生活的方方面面，除产生人际冲突外，也会产生其他形式的冲突。例如，POPC 对工作—家庭关系边界也产生影响（Sonnentag & Pundt, 2017）：鉴于 POPC 所带来的网络持续可用，员工在情境不一致的情况下参与网络互动的风险也日益增长，如他们在工作时收到私人消息，或者在休息时收到工作相关信息。虽然这种技术使用环境的不对称性有助于提升幸福感（例如，人们可以在工作时间处理私人问题），它们也会造成工作和休闲领域之间的角色冲突和紧张关系。

## 结论　POPC 与幸福感——一个自主性问题？

上一小节清楚地表明，POPC 对于用户的幸福感而言是机遇与风险并存。但是，对于全面评估 POPC 对幸福感的"纯粹效应"（net effect）而言，POPC的部分反向效应意味着什么呢？新的"永久在线"文化是福还是祸？我想用一则建议来结束本章：即POPC对于心理幸福感存在的机遇与风险在很大程度上依赖于一个中心变量，即自主性（autonomy）。

自主性被认为是影响心理健康的主要因素（Ryan & Deci, 2000），是心理成长和发展的重要前提（Ryan & Deci, 2001）。根据自我决定理论（self-determination theory）（Ryan & Deci, 2000），内在动机（intrinsic motivation）是幸福感的核心来源。外在动机（extrinsically motivated activities）是指个体并非出于对活动本身的兴趣，而是为了"获得某种可分离的结果（Separable Outcome）"（如一种奖励或逃避惩罚）而从事某种活动的倾向，与外在动机相比，内在动机行为强调用户"从活动本身获得固有的满足感"以从事某种活动（Ryan & Deci, 2000, p.71），这种动机体现个人的自主性目标，而非来自外部的压力或期望。因此，感知自主性是内在动机不可分割的组成部分。

那么这种内在与外在动机的联系以及自主性对心理幸福感的关键作用与POPC现象有何关联？我认为POPC行为与在线警觉过程同时具有增强自主能力与抑制自主能力的特点。先前研究清楚地表明，在线交流与互动是满足用户内在需求的重要来源，因此它是一种自我决定和内在动机形式的行为（Reinecke et al., 2014; Sheldon, Abad & Hinsch, 2011）。POPC行为与高度在线警觉性的综合作用加强了用户在互联网使用和在线传播环境中对自主性的感知：随着过去几年的技术发展，互联网使用的内在激励（intrinsic rewards）已经无处不在。在决定何时何地使用在线内容与交流方面，用户从来没有像现在这样拥有更大的自主权。用户可以随时随地获取在线内容，从而凸显其自主性，POPC思维的心理构成因素也增强了用户的自主性。在线警觉性较高的用户会根据他们所处的在线环境背景来永久性地评估其离线环境，他们即时对所传入的在线交流做出回应，不断监控网络环境中发生的新事件与新信息，这体现了他们自然的行为倾向。所以，这些用户认为在POPC环境下的行为更为自然，这是一种自我决定与个人性格的表达。这种POPC形式增强了用户的自主性，对于幸福感也会产生积极影响。

然而，在许多情况下，在线交流尤其是POPC行为的产生受自我决定和自主控制因素影响较低，而更多的是外部压力的产物。在POPC时代，支持在线交流的可持续使用技术为人们带来了新的社交期望。因

## 第六部分 美丽新世界：网络化生活与幸福感

此，永久可用已经成为集体共享的内部连接规范（Bayer, Campbell et aL, 2016）。近期研究也支持这个观点，并认为社交媒体和即时消息平台的用户承受相当大的社会压力，他们被要求尽可能迅速地对所传入信息做出反应（Mai, Freudenthaler, Schneider & Vorderer, 2015; Reinecke, Aufenanger et al., 2017; Reinecke et al., 2014）。这种形式的POPC行为并不是一种内在动机的表达，而是受社会压力和被排斥的恐惧所驱动，是一种受外部因素控制的行为。之前的研究清楚地表明，社交压力会明显削弱了用户在线互动过程中的自主性，从而导致愉悦感受损和积极情绪水平降低（Reinecke et al., 2014）。

最后，受外部因素驱动的各种POPC行为所产生的可感知压力可能不仅源自社会，也来自于个人用户自身。最新研究表明，用户对于有益的社交活动及事件的错失恐惧（Fear of Missing Out, FOMO）是社交媒体使用与在线交流的重要驱动力（Przybylski, Murayama, DeHaan & Gladwell, 2013; Reinecke, Aufenanger et al., 2017）。在错失恐惧的驱使下，在线互动并不是用户自主地、发自内心地使用互联网，而是为了预防因离线而产生的负面后果的一种尝试，因此在线互动是外部因素驱动下的行为形式。最近一项研究表明，错失恐惧对互联网使用产生负面影响，该研究认为错失恐惧心理的产生与高强度沟通负荷和多任务处理相关，从而也导致数字压力的增加（Reinecke, Aufenanger et al., 2017）。

总而言之，这些研究结果有力地表明，用户在"永久在线"的社会中生活既存在机遇又面临风险，这并不是取决于个人是否处于POPC环境，而在于如何及为何处于这样的环境。一方面，POPC状态为提升用户幸福感提供了机遇，尤其当POPC体现为一种内在因素激励、自我决定及提升自主能力的行为时更为明显。另一方面，当在外部力量或内部恐惧驱使下，POPC可能会使得互联网用户不堪一击，幸福感也大打折扣，这时POPC成为一种受外部因素驱动和自主性受阻碍的行为。

这种风险—收益分析对未来POPC和幸福感的相关研究有何启示？尽管POPC的行为和认知维度与用户的生活质量和心理幸福感之间的相关性毋庸置疑，但仍有许多问题没有答案。如上所述，一般互联网使用与幸福感之间联系起来的基本机制似乎很容易应用于POPC环境。然而，POPC行为的具体方面和在线警觉的三个维度（显著性、回应性及监测性；of Klimmt et al.，this volume）如何与上述机制相互作用，迄今为止仍没有得到经验验证。在之前互联网使用对幸福感影响的相关研究中，POPC 被视为该影响的放大器，也是新挑战与新机遇的来源，然而就目前而言，这些作用仍有待商榷。研究人口普查对幸福感影响的重要前提是制定可靠和有效的 POPC 措施（参见 Schneider、Reich 及 Reineche 在本书的内容）。此外，以往关于互联网使用和幸福感的研究主要关注享乐幸福感的指标，所以也存在局限性，而迄今为止，学界鲜有关注信息和通信技术的使用对幸福感的影响。鉴于 POPC 在增强和抑制个人自主性方面有很大潜力，POPC 对于个人发展、生活意义或自我实现等实现幸福感的其他构成维度有何影响，这个问题的探讨比以往任何时候都更加紧迫。最后，未来关于 POPC 对幸福感影响的研究所面临的核心挑战是：对于互联网使用中的部分矛盾性效应产生的心理学根源的更为深入的理解，如为何个人在使用互联网时认为会降低他们的幸福感，而不是从中发现 POPC 环境所带来的益处？除了上述讨论中的外部压力因素，信息处理和决策机制也可能会发挥重要作用。长期以来，传播学研究一直从理性选择的角度来研究媒介使用，传统研究主要采用"使用与满足"的研究路径（参见 Malka、Ariel 与 Cohen 在本书的内容），将媒介选择描述为功能行为的一种形式。互联网使用对幸福感的正面影响和负面影响的两分法体现出一种不一样的视角：在许多情况下，用户似乎很难批判性地评估他们使用决策对幸福感的影响。在这种情况下，信息处理和自我控制的双系统模型（如 Hofmann，Friese & Strack，2009；Kahneman，2003）可能提供了有价值的见解。这些模型表明，信息处理和决策由两套不同系统所驱动：一方面是快速的、不费力的和冲动的过程，另一方面是费力的、深思熟虑的和反思的过程。最近研究表明，发短信等 POPC 相关行为很大程度上是自发的且无意识的，而不是基于有意识和深思熟虑的控制行为（Bayer，Dal Cin，Campbell & Panek，2016）。这表明，在许多情况下，互联网的使用避开了深思熟虑的处理和决策，凸显了用户不计成本和后果而直接满足互联网使用的情境性冲动。因此，这样的技术使用实例可能与个人的长期目标形成冲突（参见 van Konings bruggen 等人在本书的内容），并对幸福感产生不利影响。因此，在 POPC 环境中，更好地理解冲动和反思过程对幸福感的作用是未来研究的一项重要任务。

# 第六部分 美丽新世界：网络化生活与幸福感

上述问题和挑战的探讨无疑为我们研究互联网使用和幸福感之间的复杂关系提供新见解，也有助于更全面地理解 POPC 生活方式对个人和社会的影响。

## 参考文献

Bayer, J. B., Campbell, S. W. & Ling, R., Connection cues: Activating the norms and habits of social connectedness, *Communication Theory*, 2016, 26: 128 – 149. doi: 10. 1111/comt. l2090.

Bayer, J. B., Dal Cin, S., Campbell, S. W. & Panek, E., Consciousness and self-regulation in mobile com-munication, *Human Communication Research*, 2016, 42: 71 – 97. doi: 10. 1111/hcre. l2067.

Burke, M., Marlow, C. & Lento, T., Social network activity and social well-being. Paper presented at the *CHI* 2010, April 10 – 15, Atlanta, Georgia, 2010.

Choi, M. & Toma, C. L., Social sharing through interpersonal media: Patterns and effects on emotional well-being, *Computers in Human Behavior*, 2014, 36: 530 – 541. doi: 10. 1016/j. chb. 2014. 04. 026.

Diehl, K., Zauberman, G. & Barasch, A., How taking photos increases enjoyment of experiences, *Journal of Personality and Social Psychology*, 2016, 111: 119 – 140. doi: 10. 1037/pspa0000055.

Diener, E., Suh, E. M., Lucas, R. E. & Smith, H. L., Subjective well-being: Three decades of progress, *Psychological Bulletin*, 1999, 125: 276 – 302. doi: 10. 1037/0033 – 2909. 125. 2. 276.

Ellison, N. B., Steinfield, C. & Lampe, C., The benefits of Facebook "friends": Social capital and college students' use of online social network sites, *Journal of Computer-Mediated Communication*, 2007, 12: 1143 – 1168. doi: 10. 1111/j. 1083 – 6101. 2007. 00367. x.

Haferkamp, N. & Krämer, N. C., Social comparison 2. 0: Examining the effects of online profiles on socialnetworking sites, *Cyberpsychology, Behavior, and Social Networking*, 2011, 14 (5): 309 – 314. doi: 10. 1089/cyber. 2010. 0120.

Hefner, D. & Vorderer, P., Digital stress: Permanent connectedness and multitasking, In L. Reinecke & M. B. Oliver (Eds.), *The Routledge handbook of media use and well-being: International perspectives on theory and research on positive media effects*, 2017, (pp. 237 – 249). New York: Routledge.

Hofmann, W., Friese, M. & Strack, R., Impulse and self-control from a dual-systems perspective, *Perspectives on Psychological Science*, 2009, 4: 162 – 176. doi: 10.1111/j.1745 – 6924.2009.01116.x.

Hofmann, W., Reinecke, L. & Meier, A., Of sweet temptations and bitter aftertaste: Self-control as a moderator of the effects of media use on well-being, In L. Reinecke & M. B. Oliver (Eds.), *The Routledge handbook of media use and well-being: International perspectives on theory and research on positive media effects*, 2017, (pp. 211 – 222). New York: Routledge.

Huta, V., An overview of hedonic and eudaimonic well-being concepts, In L. Reinecke & M. B. Oliver (Eds.), *The Routledge handbook of media use and well-being: International perspectives on theory and research on positive media effects*, 2017, (pp. 14 – 33). New York: Routledge.

Huta, V. & Waterman, A. S., Eudaimonia and its distinction from hedonia: Developing a classification and terminology for understanding conceptual and operational definitions, *Journal of Happiness Studies*, 2014, 15: 1425 – 1456. doi: 10.1007/s10902 – 013 – 9485 – 0.

Johnson, B. K. & Knobloch-Westerwick, S., Glancing up or down: Mood management and selective social comparisons on social networking sites, *Computers in Human Behavior*, 2014, 41: 33 – 39. doi: 10.1016/j.chb.2014.09.009.

Kahneman, D., A perspective on judgment and choice: Mapping bounded rationality, *American Psychologist*, 2003, 58: 697 – 720. doi: 10.1037/0003 – 066X.58.9.697.

Kraut, R., Patterson, M., Lundmark, V., Kiesler, S., Mukophadhyay, T. & Scherlis, W., Internet paradox: A social technology that reduces social involvement and psychological well-being? *American Psychologist*, 1998, 53: 1017 – 1031. doi: 10.1037/0003 – 066X.53.9.1017.

Mai, L. M., Freudenthaler, R., Schneider, E. M. & Vorderer, P., "I know you've seen it!" Individual and social factors for users' chatting behavior on Facebook, *Computers in Human Behavior*, 2015, 49: 296 – 302. doi: 10.1016/j.chb.2015.01.074.

Meier, A., Reinecke, L. & Meltzer, Q. E., "Facebocrastination"? Predictors of using Facebook for pro-crastination and its effects on students' well-being, *Computers in Human Behavior*, 2016, 64: 65 – 76. doi: 10.1016/j.chb.2016.06.011.

Müller, K. W., Dreier, M. & Wolfing, K., Excessive and addictive use of the Internet: Prevalence, related contents, predictors, and psychological consequences In L. Reinecke & M. B. Oliver (Eds.), *The Routledge handbook of media use and well-being: International perspectives on theory and research on positive media effects*, 2017, (pp. 223 – 236). New York: Routledge.

Nabi, R. L., Prestin, A. & So, J., Facebook friends with (health) benefits? Exploring social network site use and perceptions of social support, stress, and well-being, *Cyberpsychology, Behavior, and Social Networking*, 2013, 16 (1): 721 – 727. doi: 10.1089/cyber.2012.0521.

Przybylski, A. K., Murayama, K., DeHaan, C. R. & Gladwellj, V., Motivational, emotional, and behavioral correlates of fear of missing out, *Computers in Human Behavior*, 2013, 29: 1841 – 1848. doi: 10.1016/j.chb.2013.02.014.

Przybylski, A. K. & Weinstein, N., Can you connect with me now? How the presence of mobile communication technology influences face-to-face conversation quality, *Journal of Social and Personal Relationships*, 2012, 30 (3): 237 – 246. doi: 10.1177/0265407512453827.

Reinecke, L., Aufenanger, S., Beutel, M. E., Dreier, M., Quiring, O., Stark, B., Müller, K. W., Digital stress over the life span: The effects of communication load and Internet multitasking on perceived stress and psychological health impairments in a German probability sample, *Media Psychology*, 2017, 20: 90 – 115. doi: 10.1080/15213269.2015.1121832.

Reinecke, L., Meier, A., Aufenanger, S., Beutel, M. E., Dreier, M., Quiring, O., Müller, K. W., Permanently online and permanently procrastinating? The mediating role of Internet use for the effects of trait procrastination on psychological health and well-being, *New Media & Society*, online first, doi: 10.1177/1461444816675437, 2016.

Reinecke, L. & Oliver, M. B. (Eds.), *The Routledge handbook of media use and well-being: International perspectives on theory and research on positive media effects*, New York: Routledge, 2017.

Reinecke, L., Vorderer, P. & Knop, K., Entertainment 2.0? The role of intrinsic and extrinsic need satisfaction for the enjoyment of Facebook use, *Journal of Communication*, 2014, 64, 417 – 438. doi: 10.1111/jcom.12099.

Roberts, J. A. & David, M. E., My life has become a major distraction from my cell phone: Partner phubbing and relationship satisfaction among romantic partners, *Computers in Human Behavior*, 2016, 54: 134 – 141. doi: 10.1016/j.chb.2015.07.058.

Ryan, R. M. & Deci, E. L., Self-determination theory and the facilitation of intrinsic motivation, social development, and well-being, *American Psychologist*, 2000, 55: 68 – 78. doi: 10.1037110003 – 066X.55.1.68.

Ryan, R. M. & Deci, E. L., On happiness and human potentials: A review of research on hedonic and eudai-monic well-being, *Annual Review of Psychology*, 2001, 52: 141 – 166. doi: 10.1146/annurev.psych.52.1.141.

Sheldon, K. M., Abad, N. & Hinsch, C., A two-process view of Facebook use and relatedness need-satisfaction: Disconnection drives use, and connection rewards it, *Journal of Personality and Social Psychology*, 2011, 100 (4): 766 – 775. doi: 10.1037/a0022407.

Smock, A. D., Ellison, N. B., Lampe, C. & Wohn, D. Y., Facebook as a toolkit: A uses and gratification approach to unbundling feature use, *Computers in Human Behavior*, 2011, 27: 2322 – 2329. doi: 10.1016/j.chb.2011.07.011.

Sonnentag, S. & Pundt, A., Media use and well-being at the work-home interface, In L. Reinecke & M. B. Oliver (Eds.), *The Routledge handbook of media use and well-being: International perspectives on theory and research on positive media effects*, 2017, (pp. 341 – 354). New York: Routledge.

Toma, C. L., Taking the good with the bad. Effects of Facebook self-presentation on emotional well-being, In L. Reinecke & M. B. Oliver (Eds.), *The Routledge handbook of media use and well-being: International perspectives on theory and research on positive media effects*, 2017, (pp. 170 – 182). New York: Routledge.

Toma, C. L. & Hancock, J. T., Self-affirmation underlies Facebook use, *Personality and Social Psychology Bulletin*, 2013, 39: 321 – 331. doi: 10.1177/0146167212474694.

Trepte, S., Dienlin, T. & Reinecke, L., The influence of social support received in online and offline contexts on satisfaction with social support and satisfaction with life: A longitudinal study, *Media Psychology*, 2015, 18: 75 – 105. doi: 10.1080/15213269.2013.838904.

Trepte, S. & Scharkow, M., Friends and lifesavers: How social capital and social support received in media environments contribute to well-being, In L. Reinecke & M. B. Oliver (Eds.), *The Routledge handbook of media use and well-being: International perspectives on theory and research on positive media effects*, 2017, (pp. 304 – 316). New York: Routledge.

Vorderer, P., Communication and the good life: Why and how our discipline should make a difference, *Journal of Communication*, 2016, 66: 1 – 12. doi: 10.1111/jcom.12194.

Vorderer, P., Klimmt, C. & Ritterfeld, U., Enjoyment: At the heart of media entertainment, *Communication Theory*, 2004, 14: 388 – 408. doi: 10.1111/j.1468 – 2885.2004.tb00321.x.

Vorderer, P. & Kohring, M., Permanently online: A challenge for media and communication research, *International Journal of Communication*, 2013, 7: 188 – 196.

Vorderer, P., Krömer, N. & Schneider, E. M., Permanently online-permanently connected: Explorations into university students' use of social media and mobile smart devices, *Computers in Human Behavior*, 2016, 63: 694 – 703. doi: 10. 1016/j. chb. 2016. 05. 085.

# 第二十三章

## 工作中的永久在线与永久连接：一种需求—资源视角

萨宾娜·桑纳塔格
(Sabine Sonnentag)

### 引 言

沃德勒（Vorderer）及其同事认为，近年来，越来越多的人通过网络媒体处于"永久在线与永久连接"状态（Vorderer, Krdmer & Schneider, 2016, p. 695; Vorderer & Kohring, 2013）。"永久在线"和"永久连接"指的是长时间公开使用媒介的行为，以及处于一种"永久性交流警觉的心理状态"（p. 695）。这一趋势的出现可以归因于移动设备可用性的增强以及宽带连接的普及，这为日常生活带来诸多便利，但"永久在线"的状态也可能致使信息过载、认知压力产生以及幸福感被削弱（Hefner & Vorderer, 2017; Reinecke et al., 2017）。

许多工作场所已经成为"永久在线/永久连接"（POPC）环境：在工作中，员工利用通信技术来在线完成他们的任务，并与上司、同事及客户保持联系（Mazmanian, 2013; Wajcman & Rose, 2011）。即使不在办公室，如在家和旅行时，员工也可以借助移动技术和其他互联网技术继续工作并与他人保持联系。为了探讨POPC对于工作的潜在影响，研究聚焦于工作相关技术在非工作领域的应用对个人幸福感的影响（Boswell & Olson-Buchanan, 2007; Ohly & Latour, 2014）。然而，大部分研究机构的文献在很大程度上忽略了POPC技术和工作安排在工作领域的影响（Barley, 2015; Orlikowski & Scott, 2008）。确实，技术和工作安排相关研究的结果相当复杂，甚至存在矛盾（Borges & Joia, 2013;

Fonner & Roloff, 2012）。

在本章中，我计划从需求—资源视角来讨论 POPC 工作环境对员工幸福感的影响，从而拓展既有研究。一般而言，幸福感是指在不同生活环境中"个人"的"最佳心理功能与体验"（Ryan & Deci, 2001, p. 142）。工作幸福感（work-related well-being）的研究主要探讨情感幸福与身心健康（Fisher, 2010; Nixon, Mazzola, Bauer, Krueger & Spector, 2011），将积极情绪、消极情绪或疲劳等体验作为判断短期幸福感的指标，并将疲劳、心身不适或其他对心理健康的损害作为长期影响指标（Sonnentag, 2015）。在过去的一二十年中，学界尤其将工作参与度（即工作时精力充沛、奉献及专注）视为一种积极的幸福感指标（Schaufeli & Bakker, 2004）。

当讨论 POPC 工作环境对于幸福感的影响时，我取用了 POPC 的广义概念，既指特定技术（如智能手机、平板电脑或基于网络连接的工作平台），也指工作安排，即利用技术来完成工作（如通过通信系统将位于各地的团队成员汇聚到虚拟团队工作环境中并为其相互之间建立联系）。因此，构成 POPC 工作的不仅是特定的硬件和软件技术，还有这些技术所支持的工作流程。

在本章中，我首先介绍组织心理学（organizational psychology）中发展起来的更广泛的需求—资源视角。然后，我将该视角应用于 POPC 工作环境中，并描述 POPC 工作的三个关键特征，它们既是需求也是资源，包括：持续可用性、信息访问和多目标追求。在最后一节，我将分别讨论 POPC 需求增加的因素并强调 POPC 的资源方面。

## 需求—资源视角

工作需求（job demands）和工作资源（job resources）是描述大多数工作时的两个重要维度（Bakker, Demer-outi & Sanz-Vergel, 2014）。工作需求指"工作在身体、社会或组织层面需要投入持续体力与脑力，因此也与一定的生理和心理成本相关"（Demerouti, Nachreiner, Bakker & Schaufeli, 2001, p. 501）。工作资源指有助于员工实现他们职业生涯目标的工作诸多环节（Halbesleben, Neveu, Paustian-Underdahl & Westman, 2014）。研究表明，高工作需求与低幸福感症状（如疲惫）相关，而高工作资源与积极幸福感指标相关（如工作参与度; Christian, Garza,

Slaughter, 2011; Crawford, LePine & Rich, 2010)。

学者们已经开始从需求—资源的角度来探讨信息与通信技术（Information and Communication Technologies，ICTs）（Day, Scott & Kelloway, 2010; Demerouti, Derks, ten Brummelhuis & Bakker, 2014; ter Hoeven, van Zoonen & Fonner, 2016）。戴（Day）等人认为信息与通信技术的某些方面被视为用户的特殊需求。例如，信息与通信技术故障、必须处理不兼容的技术和数据安全等需求就很典型，它们可能会构成挑战并为用户带来压力。此外，持续学习的渴望也被视为一种需求（Day et al., 2010）。戴等人认为信息与通信技术也提供了一些资源，涉及控制何时何地工作、获取有助于解决问题的信息、提高工作效率的手段以及有效的沟通。除这些特定的需求和资源外，戴等人还总结了信息与通信技术的特征，它们也属于资源和需求范畴。例如，提高工作效率及信息访问的可用性既是一种需求，也是一种资源。

## 需求与资源层面的 POPC 技术与 POPC 工作安排

与一般的信息通信技术类似，POPC 技术尤其提升了技术可用性（availability）并增加了信息获取途径。此外，POPC 技术和 POPC 工作安排有助于用户在短时间内实现多个目标。POPC 工作的这三个特性既是一种需求，也是一种资源。

戴等人（2010）认为，信息与通信技术使得员工在工作中更易于与他人相处，也使得员工与工作的关系更紧密，即便他们不在物理工作场所也是如此。这种技术可用性的提升是一种需求，因为它常常伴随着这样的一种期望：员工在非工作时间也可以了解和应对工作问题。然而，这种可用性的提高也可能是一种资源，这样员工有了更大的自由度和灵活性来规划他们的非工作时间，因为他们知道，如果有必要的话（例如，在待命工作的情况下），他们是可以被联系得到的。

戴等人（2010）主要探讨了工作和非工作之间界面的可用性。POPC 技术和工作安排也提高了员工在工作中的可联络性。当员工在开会或出差时，或者当他们全神贯注处理一项任务时，你都能找到他们。这种可连接性（availability）对于团队成员、主管、下属和客户等其他人而言是一种资源，因为他们可以快速回应紧急问题，而且也可以接收其他信息来解决问题，即使个人不在场也是如此。对于个体自身而言，可连接性也是一种资源，因为POPC技术有助于人们随时了解事件动态，甚至他们身处较为偏远的地方，也可以随时加入对话（Orlikowski, Mazmanian & Yates, 2005）。例如，米德尔顿（Middleton）（2007, p.170）认为，黑莓手机用户在无法亲临现场的情况下，可以通过监控项目或事件发展动态获得"一种安全感"。此外，在POPC技术加持下，人们可以在原本无法使用的时间内完成工作（如在等待时；MacComiick, Dery & Kolb, 2012）。

然而，人们在工作中可联络也是一种需求。这意味着人们会频繁受到干扰（Fonner & Roloff, 2012），他们所承受的压力与日俱增（Mark, Gudith & Klocke, 2008），甚至有被压垮的感觉（Chesley, 2014），从而使得工作日趋于碎片化（Rose, 2014）。人们要想有效地应对干扰，就必须迅速将注意力转向另一个话题，并熟知加入对话或做出决定需要的所有背景信息。此外，也需要额外的精力来回应被中断的主要活动（Bailey & Konstan, 2006）。重要的是，干扰不仅来自外部因素，也可能是自发性的（Adler & Benbunan-Fich, 2013; Mark, Iqbal, Czerwinski, Johns & Sano, 2016）。按照这些原则，比特曼（Bittman）、布朗（Brown）和瓦奇曼（Wajcman）（2009）认为，人们在工作时使用手机会产生更大的时间压力。这个结果表明，随时待命可能会压缩完成其他工作所需要的时间；然而，在工作中面临较大时间压力的员工为了更有效地利用时间，他们会更频繁地使用手机。

首先，在关于可及性（accessibility）与可连接性（connectivity）对于幸福感作用的实证研究中，一些观点颇为有趣。例如，特·霍文（ter Hoeven）等人（2016）称，员工所感知的可及性（一个类似于可用性的概念结构）与工作倦怠（burn out）程度呈负相关，与工作参与度（work engagement）呈正相关。更重要的是，特·霍文控制了结构模型中的干扰项。登·布鲁曼赫斯（ten Brummelhuis）、巴克（Bakker）、黑特兰（Hetland）以及科尔曼斯（Keulemans）（2012）采用每日调查法发现，当员工有比平时更多的连接体验（也与可用性概念相似）时，他们会较少感到疲惫，反而在工作中的参与度更高。同样，在这项研究中，研究人员也会控制干扰程度。尽管这两项研究中使用的"可及性"和"可连接性"概念包含了比"可用性"概念更积极的成分，但是结果表明，单纯的"可用性"是一种充满活力的体验，尤其当按照统计学方式消除了干扰项对于可用性体验的影响时，更是如此。

## 第六部分　美丽新世界：网络化生活与幸福感

POPC 技术和 POPC 工作环境使得人们可以随时随地获取信息。这种泛在的信息获取是一种宝贵的资源，因为在 POPC 的工作安排下，人们在完成任务和做出决策时所需要的信息可以随时被检索到。这种便捷的信息获取方式有助于改善与创新问题解决之道（Dewett, 2003；Dewett & Jones, 2001）。然而，在需求方面，获取信息也意味着会有海量信息可用，所以会出现信息过载的现象（Bellotti, Ducheneaut, Howard, Smith & Grinter, 2005；Eppler & Mengis, 2004）。

重要的是，POPC 工作安排的一个核心特征是，用户可以在短时间内追求多个目标：POPC 技术有助于用户几乎可以同时完成不同任务，并与其他人联络。"实现多个目标"的特征让人们在 POPC 工作安排中更加游刃有余，因为它允许一个人可以同时实现多个目标。例如，当员工在一项任务上暂时停滞不前，他们可以很容易地切换到其他任务；也可能会利用等待的这段时间来完成另一项任务。

然而，多目标情况会导致相互竞争的目标之间产生冲突，这会增加用户的压力，或无法实现目标（Unsworth, Yeo & Beck, 2014）。在同一时间处理多个目标会触发多任务行为，用户会因此而变得不知所措（Chesley, 2014），并出现生理应激反应（Wetherell & Carter, 2014）。基希贝格（Kirchberg），罗伊（Roe）和范·埃德（van Eerde）（2015）表示，当员工在一段时间内频繁处理多项任务，他们在工作日结束后的情感幸福感较低。对于那些多元性时间观（polychronicity）意识不强的员工（喜欢一次只专注于一项任务），多任务处理与负面情感的相关性却尤为显著。

为了解决目标冲突问题，员工需要优先处理一些目标，并预防其他目标干扰最主要目标的实现（关于 POPC 对自我控制和目标冲突影响的讨论，参见 van Koningsbruggen、Hartmann 与 Du 在本书的内容）。用户在相互竞争的目标中做出决定本身就是一项艰巨的任务。他们会抑制自己思考次要目标，以避免干扰重要目标的实现，这需要一定程度的自律（Lord, Diefendorff, Schmidt & Hall, 2010）。然而，过度自律可能会产生疲惫感。

### POPC 技术和 POPC 工作安排转向需求与资源的因素

我们可以从需求与资源视角来理解 POPC 工作环境的核心特征（可

用性、获取信息、实现多元目标)。本节将讨论影响 POPC 技术或工作安排能否被视为一种需求或资源的决定因素。以下我将探讨单位工作环境因素与个人因素。

关于单位工作环境,特定的任务环境、对技术使用的控制以及单位对技术使用的预期之间相互关联。首先,任务环境对于塑造员工对于 POPC 技术和 POPC 工作安排的认知至关重要。POPC 技术用于完成核心任务(相对于外围任务)的次数越多,这种技术也就越会成为一种资源。核心任务(Core tasks)是指对于一个人的职业角色(occupational role)至关重要的任务,并对个人的整体工作绩效水平有重要贡献(Campbell, Gasser & Oswald, 1996)。当人们必须利用 POPC 技术才能完成核心任务时,很难想象他们在没有利用该技术的情况下如何实现工作目标。然而,如果人们仅仅在为完成不那么重要的外围目标时才需要 POPC 技术,那么该技术产生的益处也较为有限,这时需求方面可能会占主导地位:用户在外围任务中使用 POPC 技术可能会分散他们对核心任务的注意力,以至于他们很难完成核心任务。反之,目标进展缓慢也与较低的幸福感相关(Williams & Alliger, 1994)。此外,在信息获取方面,当实时信息对于完成核心任务至关重要时,POPC 技术成为资源的可能性也会更大。当获取实时信息变得不再重要时,POPC 技术的优势也随之削弱。

第二,控制何时以及如何使用 POPC 技术至关重要。员工在自己何时何地被联系到、何时何地获取某种信息以及实现哪些目标等方面的决定权越大,他们将 POPC 技术视作资源的可能性也就越大。然而,当员工无法控制自己能否被联系、传入信息的时间与目标的安排,他们也就更可能将 POPC 技术视为一种需求。实证研究表明,当员工能够控制何时何地使用科技产品时,他们的身体和心理症状会缓减,怠工现象也会减少,睡眠质量也随之提升(Barber & Santuzzi, 2015; Day, Paquet, Scott & Hambley, 2012)。

第三,组织机构对员工使用 POPC 技术的预期也可能非常重要。例如,组织机构对于能够随时联系员工及他们能够及时回复信息的预期越高,那么对于 POPC 环境的需求也就更大。组织机构与客户期待员工能快速回应,这貌似已经成为一种常态(Matusik & Mickel, 2011),而关于这些期望对幸福感所产生影响的经验证据却参差不齐。例如,布朗、

# 第六部分 美丽新世界：网络化生活与幸福感

杜克（Duck）与吉米森（Jimmieson）（2014）发现，快速回复电子邮件所产生的常态压力（normative pressure）与情绪疲惫（emotional exhaustion）的倦怠维度呈正相关（即使是在控制消极情绪和电子邮件数量等一系列其他变量的情况下）。然而，其他研究没有发现反应预期与倦怠指标存在显著相关（Barber & Santuzzi, 2015; Day et al., 2012）。尽管组织机构对规范性反应预期可能要求很高，但员工往往能找到有效方法来应对，从而使幸福指数保持在可接受的范围内。

当提及个人因素，一个人的技能与知识、个性以及影响其工作状态（即工作重塑①）的有效途径这些都非常重要。首先，员工在POPC环境下用于提升工作效率的技能与知识可能也为他们将POPC技术和POPC工作安排视为一种资源而助力。例如，信息与通信技术应用的相关文献认为，特定技术的易用性与该技术的适用性呈正相关（Schepers & Wetzels, 2007），这与技术是一种资源的观念相对应。对于互联网技术而言，人们所感知的技术易用性和实用性之间呈现强相关（King & He, 2006），尽管人们对于易用性的感知取决于多种因素，但是若不具备基本的技能和知识，他们也将无法感知到技术的易用性。对于POPC系统被视为一种资源而非一项耗时的需求来说，人们除了需要具备使用特定技术系统的相关技能与知识外，他们的自律能力也同样重要。多目标处理要求确定目标的优先级和屏蔽目标（Unsworth et al., 2014），因此关于如何确定任务优先级及如何在特定时间段内（Macan, 1994）集中精力处理这些优先级任务的专业知识将非常有价值。

其次，除技能和知识外，一个人的性格也可能发挥作用。在大五人格维度（Big Five personality dimensions）中，神经质（neuroticism）和外向性（extraversion）可能在此最具影响力。高度神经质的人可能会将POPC安排更多地视为压力需求，因为他们会更加关注负面体验，对情况的消极方面也做出更为消极的反应（Bolger & Zuckerman, 1995）。因此，他们会将POPC安排的负面特征视为颇具压力的需求，有实证研究支持这种观点。布朗等人（2014）认为，消极情绪———一种与神经质密切相关的个性特征——预示着员工会提出电子邮件超载之类的评价。

---

① 工作重塑（job crafting）是指个人在工作任务与工作关系上所做的身体与认知改变。——译者注

员工的消极情绪越高，他们就越有可能赞同一些说法，比如"我发现在处理收到的大量电子邮件时压力很大"。

外向程度高的人们可能倾向于将 POPC 安排视为一种资源，因为他们往往更关注积极体验（Costa & McCrae，1980），在实现目标时对欲望刺激的反应也更积极。因此，较多外向性格的人将 POPC 安排的积极特征视为一种资源。此外，外向者也承认 POPC 技术能够实现自组织传播。

此外，更具体的个人差异可能也很重要。例如，多元性时间观（即一个人对于"同时参与两项及以上任务或活动"的偏好程度，并认为"偏好是处理事情的最佳方式"；Bluedorn, Kalliath, Strube & Martin, 1999, p. 207）可能很重要。因为 POPC 工作安排可以让员工在短时间内实现多个目标，喜欢多元工作方式的人更愿意将多目标的实现特征视为一种资源，而多元时间观意识较弱的人则在 POPC 环境中更容易感到疲倦，会将多元目标特征视为一种需求。

再次，不仅是技能、知识或性格会影响员工如何看待 POPC 环境。员工可能不仅对既定的 POPC 技术或工作安排做出反应，而且他们或多或少将 POPC 环境视为需求或者资源。关于工作重塑的研究表明，人们也可能会积极地改变他们的工作环境，例如，重新界定他们的工作任务，有针对性地完成任务，以及重新建立工作中的社交互动关系（Wrzesniewski & Dutton，2001）。这种工作重塑活动可以满足工作需求与工作资源。在 POPC 工作安排语境下，工作重塑活动意味着会降低 POPC 技术使用的需求，例如，在人们时间不方便且不希望被打断的情况下来重新协调时间。这也意味着——如果组织流程允许——他们会卸载特定设备中被强制安装的某种软件。当 POPC 技术与工作安排被视作资源，这可能意味着员工们会使用更有效的工具、自定义设备或应用程序，以使他们能更好地与自身的工作风格相匹配。

## 结 论

将 POPC 技术与 POPC 工作安排概念化为需求与资源，这为实证研究提供了一种有趣的路径。其一，应该研究其他类型永久在线和永久连接结构中需求与资源之间的关系。这类研究探讨 POPC 需求结构与 POPC 资源结构的聚合与发散效度，其中包括与 POPC 结构潜在相关的

## 第六部分　美丽新世界：网络化生活与幸福感

因素，如其他工作需求（如工作压力、情感需求）、其他工作资源（如工作控制、社会支持），幸福感指标（如疲惫度、工作参与度），工作态度（如工作满意度）及工作绩效等。其二，POPC 需求与 POPC 资源可能不仅与幸福感、态度或绩效结果直接相关，还可能与预测幸福感、工作态度与绩效所需的其他需求与资源相互关联。其三，应该更多地关注 POPC 需求与 POPC 资源的结构本身。例如，从静态与动态视角来研究这个结构也颇为有趣。将 POPC 技术与 POPC 工作安排视为需求或资源，并不具有稳定性，正如员工所以为的那样，会受到工作环境的影响。他们的这种认知可能会随着技术特性、组织环境、甚至短暂的状态（如疲劳或兴奋）而改变。

当然，无论是在工作中还是在工作之外使用网络媒体，可连接性、获取信息、实现多个目标都是 POPC 的一般特征。因此，这三个特性与 POPC 作为需求与资源之间存在关联，这不仅体现于工作环境，而且在其他生活领域中也有体现。而人们在工作之外也可能开始使用网络媒体并一直处于 POPC 状态，这可能因为他们期望特定媒体和他们的网络行为是一种有益于生活的资源（Cheung, Chiu & Lee, 2011；Ellison, Steinfield & Lampe, 2007），近期研究也强调了 POPC 的需求方面（also see Reinecke, this volume）。例如，有研究发现，信息获取的无处不在和多目标相关的多任务处理导致信息过载，这也增加了学生与普通群体的压力（Misra & Stokols, 2012；Reinecke et al., 2017；for a review, Hefner & Vorderer, 2017）。对于 POPC 的美好愿景如何转变为一种需求体验的考察，这将是一件有趣的事情。或许，与在工作中相比，在工作之余使用技术受到外部因素的制约较少，这是非常典型的情况，也为人们提供了更多的决策空间，这样他们可以决定什么时候上网、什么时候不上网。与此同时，他们可能需要通过加强自律来维护幸福感（Hofmann, Reinecke & Meier, 2017）。

## 参考文献

Adler, R. E. & Benbunan-Fich, R., Self-interruptions in discretionary multitasking, *Computers in Human Behavior*, 2013, 29: 1441 – 1449. doi: 10.1016/j.chb.2013.01.040.

Bailey, B. P. & Konstan, J. A., On the need for attention-aware systems:

Measuring effects of interruption on task performance, error rate, and affective state, *Computers in Human Behavior*, 2006, 22: 685 – 708. doi: 10.1016/j.chb.2005.12.009.

Bakker, A. B., Demerouti, E. & Sanz-Vergel, A. I., Burnout and work engagement: The JD-R approach, *Annual Review of Organizational Psychology and Organizational Behavior*, 2014, 1: 389 – 411. doi: 10.1146/annurev-orgpsych-031413 – 091235.

Barber, L. K. & Santuzzi, A. M., Please respond ASAP: Workplace telepressure and employee recovery, *Journal of Occupational Health Psychology*, 2015, 20: 172 – 189. doi: 10.1037/a0038278.

Barley, S. R., Why the Internet makes buying a car less loathsome: How technologies change role relations, *Academy of Management Discoveries*, 2015, 1: 31 – 60. doi: 10.5465/amd.2013.0016.

Bellotti, V., Ducheneaut, N., Howard, M., Smith, I. & Grinter, R. E., Quality versus quantity: E-mail-centric tasks management and its relation with overload, *Human-Computer Interaction*, 2005, 20: 89 – 138. doi: 10.1207/sl5327051hci2001 & 2_ 4.

Bittman, M., Brown, J. E. & Wajcman, J., The mobile phone, perpetual contact and time pressure, *Work, Employment and Society*, 2009, 23: 673 – 691. doi: 10.1177/0950017009344910.

Bluedorn, A., Kalliath, T. J., Strube, M. J. & Martin, G. D., Polychronicity and the Inventory of Polychronic Values (IPV): The development of an instrument to measure a fundamental dimension of organizational culture, *Journal of Managerial Psychology*, 1999, 14: 205 – 230. doi: 10.1108/02683949910263747.

Bolger, N. & Zuckerman, A., A framework for studying personality in the stress process, *Journal of Personality and Social Psychology*, 1995, 69: 890 – 902. doi: 10.1037/0022 – 3514.69.5.890.

Borges, A. R. & Joia, L. A., Executives and smartphones: An ambiguous relationship, *Management Research Review*, 2013, 36: 1167 – 1182. doi: 10.1108/MRR – 09 – 2012 – 0204.

Boswell, W. R. & Olson-Buchanan, J. B., The use of communications technologies after hours: The role of work attitudes and work-life conflict, *Journal of Management*, 2007, 33: 592 – 610. doi: 10.1177/0149206 307302552.

Brown, R., Duck, J. & Jimmieson, N., E-mail in the workplace: The role of stress appraisals and normative response pressure in the relationship between e-mail stressors and employee strain, *International Journal of Stress Management*, 2014, 21: 325 – 347. doi: 10.1037/a0037464.

Campbell, J. P., Gasser, M. B. & Oswald, R. L., The substantive nature of job performance variability, In K. R. Murphy (Ed.), *Individual differences and behavior in organizations*, 1996, (pp. 258 – 299). San Francisco, CA: Jossey-Bass.

Chesley, N., Information and communication technology use, work intensification and employee strain and distress, *Work, Employment and Society*, 2014, 28: 589 – 610. doi: 10.1177/0950017013500112.

Cheung, C. M. K., Chiu, R. - Y. & Lee, M. K. O., Online social networks: Why do students use Facebook? *Computers in Human Behavior*, 2011, 21: 1337 – 1343. doi: 10.1016/j.chb.2010.07.028.

Christian, M. S., Garza, A. S. & Slaughter, J. E., Work engagement: A quantitative review and test of its relations with task and contextual performance, *Personnel Psychology*, 2011: 89 – 136. doi: 10.1111/j.1744 – 6570.2010.01203.x.

Costa, P. T. & McCrae, R. R., Influence of extraversion and neuroticism on subjective well-being: Happy and unhappy people, *Journal of Personality and Social Psychology*, 1980, 38: 668 – 678. doi: 10.1037/0022 – 3514.38.4.668.

Crawford, E. R., LePine, J. A. & Rich, B. L., Linking job demands and resources to employee engagement and burnout: A theoretical extension and meta-analytic test, *Journal of Applied Psychology*, 2010, 95: 834 – 848. doi: 10.1037/a0019364.

Day, A., Paquet, S., Scott, N. & Hambley, L., Perceived information and communication technology (ICT) demands on employee outcomes: The moderating effect of organizational ICT support, *Journal of Occu-*

pational *Health Psychology*, 2012, 17: 473 – 491. doi: 10. 1037/a0029837.

Day, A., Scott, N. & Kelloway, E. K., Information and communication technology: Implications for job stress and employee well-being, In P. Perrewe & D. Ganster (Eds.), *New developments in theoretical and conceptual approaches to job stress: Research in occupational stress and well-being*, 2010, (Vol. 8, pp. 317 – 350). Burlington, VT: Emerald.

Demerouti, E., Bakker, A. B., Nachreiner, E. & Schaufeli, W. B., Job demands-resources model of burnout, *Journal of Applied Psychology*, 2001, 86: 499 – 512. doi: 10. 1037//0021 – 9010. 86. 3. 499.

Demerouti, E., Derks, D., ten Brummelhuis, L. L. & Bakker, A. B., New ways of working: Impact on working conditions, work-family balance, and well-being, In C. Korunka & P. Hoonakker (Eds.), *The impact of ICT on quality of working life*, 2014, (pp. 123 – 142). Dordrecht: Springer.

Dewett, T., Understanding the relationship between information technology and creativity in organizations, *Creativity Research Journal*, 2003, 15: 167 – 182.

Dewett, T. & Jones, G. R., The role of information technology in the organization: A review, model, and assessment, *of Management*, 2001, 27: 313 – 346. doi: 10. 1177/0149206301027003006.

Ellison, N. B., Steinfield, C. & Lampe, C., The benefits of Facebook "friends": Social capital and college students' use of online social network sites, *Journal of Computer-Mediated Communication*, 2007, 12: 1143 – 1168. doi: 10. 1111/j. 1083 – 6101. 2007. 00367. x.

Eppler, M. J. & Mengis, J., The concept of information overload: A review of literature from organization science, accounting, marketing, MIS, and related disciplines, *The Information Society*, 2004, 20: 325 – 344. doi: 10. 1080/01972240490507974.

Fisher, C. D., Happiness at work, *International Journal of Management Reviews*, 2010, 12: 384 – 412. doi: 10. 1111/j. 1468 – 2370. 2009. 00270. x.

Fonner, K. L. & Roloff, M. E., Testing the connectivity paradox: Linking teleworkers' communication media use to social presence, stress from interruptions, and organizational identification, *Communication Monographs*, 2012, 19: 205–231. doi: 10.1080/03637751.2012.673000.

Halbesleben, J. R. R., Neveu, J.‑P., Paustian-Underdahl, S. C. & Westman, M., Getting to the "COR": Understanding the role of resources in conservation of resources theory, *Journal of Management*, 2014, 40: 1334–1364. doi: 10.1177/0149206314527130.

Hefner, D. & Vorderer, P., Digital stress: Permanent connectedness and multitasking, In L. Reinecke S & M.‑B. Oliver (Eds.), *The Routledge handbook of media use and well-being: International perspectives on theory and research on positive media effects*, 2017, (pp. 237–249). New York: Routledge.

Hofmann, W., Reinecke, L. & Meier, A., Of sweet temptations and bitter aftertaste: Self-control as a moderator of the effects of media use on well-being, In L. Reinecke & M.‑B. Oliver (Eds.), *The Routledge handbook of media use and well-being: International perspectives on theory and research on positive media effects*, 2017, (pp. 211–222). New York: Routledge.

King, W. R. & He, J., A meta-analysis of the technology acceptance model, *Information & Management*, 2006, 43: 740–755. doi: 10.1016/j.im.2006.05.003.

Kirchberg, D. M., Roe, R. A. & van Eerde, W., Polychronicity and multitasking: A diary study at work, *Human Performance*, 2015, 28: 112–136. doi: 10.1080/08959285.2014.976706.

Lord, R. G., Diefendorff, J. M., Schmidt, A. M. & Hall, R. J., Self-regulation at work, *Annual Review of Psychology*, 2010: 543–568. doi: 10.1146/annurev.psych.093008.100314.

Macan, T. H., Time management: Test of a process model, *Journal of Applied Psychology*, 1994, 19: 381–391. doi: 10.1037/0021–9010.79.3.381.

MacCormick, J. S., Dery, K. & Kolb, D. G., Engaged or just connected?

Smartphones and employee engagement, *Organizational Dynamics*, 2012, 41: 194 – 201. doi: 10. 1016/j. orgdyn. 2012. 03. 007.

Mark, G. , Gudith, D. & Klocke, U. , The cost of interrupted work: More speed and stress, In *CHI'08. Proceedings of the SIGCHI Conference on Human Factors in Computing Systems*, 2008, (pp. 107 – 110).

Mark, G. , Iqbal, S. T. , Czerwinski, M. , Johns, P. & Sano, A. , Email duration, batching and self-interruptions: Patterns of email use on productivity and stress, In *CHI'16, May* 07 – 12, *San Jose, CA*. doi: 10. 1145/2858036. 2858262, 2016.

Matusik, S. E. & Mickel, A. E. , Embracing or embattled by converged mobile devices? Users' experiences with a contemporary connectivity technology, *Human Relations*, 2011, 64: 1001 – 1030. doi: 10. 1177/0018726711405552.

Mazmanian, M. A. , Avoiding the trap of constant connectivity: When congruent frames allow for heterogeneous practices, *Academy of Management Journal*, 2013, 56: 1225 – 1250. doi: 10. 5465/amj. 2010. 0787.

Mazmanian, M. A. , Orlikowski, W. J. & Yates, J. A. , Crackberries: The social implications of ubiquitous wireless e-mail devices, In C. Sorensen, YYoo, K. Lyytinen & J. I. DeGross (Eds.), *Designing ubiquitous information environments: Socio-technical issues and challenges*, 2005, (pp. 337 – 343). New York: Springer.

Middleton, C. A. , Illusions of balance and control in an always-on environment: A case study of BlackBerry users, *Continuum: Journal of Media & Cultural Studies*, 2007, 21: 165 – 178. doi: 10. 1080/10304310701268695.

Misra, S. & Stokols, D. , Psychological health outcomes of perceived information overload, *Environment and Behavior*, 2012, 44: 737 – 759. doii10. 1 177/0013916511404408.

Nixon, A. E. , Mazzola, J. J. , Bauer, J. , Krueger, J. R. & Spector, R. E. , Can work make you sick? A metaanalysis of the relationships between job stressors and physical symptoms, *Work & Stress*, 2011, 25: 1 – 22. doi: 10. 1080/02678373. 2011. 569175.

Ohly, S. & Latour, A. , Use of smartphones for work and well-being in the evening: The role of autonomous and controlled motivation, *Journal of Personnel Psychology*, 2014, 13: 174 – 183. doi: 10.1027/1866 – 5888/a000114.

Orlikowski, W. J. & Scott, S. V., Sociomateriality: Challenging the separation of technology, work and organization, *The Academy of Management Annals*, 2008, 2: 433 – 474. doi: 10.1080/19416520802211644.

Reinecke, L., Aufenanger, S., Beutel, M. E., Dreier, M., Quiring, O., Stark, B., Müller, K. W., Digital stress over the life span: The effects of communication load and Internet multitasking on perceived stress and psychological health impairments in a German probability sample, *Media Psychology*, 2017, 20: 90 – 115. doi: 10.1080/15213269. 2015.1121832.

Rose, E., Whos controlling who? Personal communication devices and work, *Sociology Compass*, 2014, 8: 1004 – 1017. doi: 10.1111/soc4. 12194.

Ryan, R. M. & Deci, E. L., On happiness and human potentials: A review of research on hedonic and eudaimonic well-being, *Annual Review of Psychology*, 2001, 52: 141 – 166. doi: 10.1146/annurev.psych. 52.1.141.

Schaufeli, W. B. & Bakker, A. B., Job demands, job resources, and their relationship with burnout and engagement: A multi-sample study, *Journal of Organizational Behavior*, 2004, 25: 293 – 315. doi: 10.1002/job.248.

Schepers, J. & Wetzels, M., A meta-analysis of the technology acceptance model: Investigating subjective norm and moderation effects, *Information & Management*, 2007, 44: 90 – 103. doi: 10.1016/j.im.2006.10.007.

Smillie, L. D., Cooper, A. J., Wilt, J. & Revelle, W., Do extraverts get more bang for the buck? Refining the affective-reactivity hypothesis of extroversion, *Journal of Personality and Social Psychology*, 2012, 103: 306 – 326. doi: 10.1037/a0028372.

Sonnentag, S., Dynamics of well-being, *Annual Review of Organizational Psychology and Organizational Behavior*, 2015, 2: 261 – 293. doi: 10. 1146/annurev-orgpsych-032414 – 111347.

ten Brummelhuis, L. L., Bakker, A. B., Hetland, J. & Keulemans, L., Do new ways of working foster work engagement? *Psicothema*, 2012, 24: 113 – 120.

ter Hoeven, C. L., van Zoonen, W. & Fonner, K. L., The practical paradox of technology: The influence of communication technology use on employee burnout and engagement, *Communication Monographs*, 2016, 83: 239 – 263. doi: 10. 1080/03637751. 2015. 1133920.

Tims, M., Bakker, A. B. & Derks, D., Development and validation of the job crafting scale, *Journal of Vocational Behavior*, 2012, 80: 173 – 186. doi: 10. 1016/j. jvb. 2011. 05. 009.

Unsworth, K., Yeo, G. & Beck, J., Multiple goals: A review and derivation of general principles, *Journal of Organizational Behavior*, 2014, 35: 1064 – 1078. doi: 10. 1002/job. 1963.

Vohs, K. D., Baumeister, R. E., Schmeichel, B. J., Twenge, J. M., Nelson, N. M. & Tice, D. M., Making choices impairs subsequent self-control: A limited-resource account of decision making, self-regulation, and active initiative, *Journalof Personality and Social Psychology*, 2008, 94: 883 – 898. doi: 10. 1037/0022 – 3514. 94. 5. 883.

Vorderer, P. & Kohring, M., Permanently online: A challenge for media and communication research, *International Journal of Communication*, 2013, 7: 188 – 196.

Vorderer, P., Kömer, N. & Schneider, E. M., Permanently online-permanently connected: Explorations into university students' use of social media and mobile smart devices, *Computers in Human Behavior*, 2016, 63: 694 – 703. doi: 10. 1016/j. chb. 2016. 05. 085.

Wajcman, J. & Rose, E., Constant connectivity: Rethinking interruptions at work, *Organization Science*, 2011, 32: 941 – 961. doi: 10. 1177/0170840611410829.

Wetherell, M. A. & Carter, K., The multitasking framework: The effects of increasing workload on acute psychobiological stress reactivity, *Stress and Health*, 2014, 30: 103 – 109. doi: 10. 1002/smi. 2496.

Williams, K. J. & Alliger, G. M., Role stressors, mood spillover, and perceptions of work-family conflict in employed parents, *Academy of Management Journal*, 1994, 37: 837 – 868. doi: 10.2307/256602.

Wrzesniewski, A. & Dutton, J. E., Crafting a job: Revisioning employees as active crafters of their work, *Academy of Management Review*, 2001, 26: 179 – 201. doi: 10.5465/AMR.2001.4378011.

# 第二十四章

# 剂量决定毒性:健康相关POPC的理论思考与挑战

尤塔·马塔、伊娃·鲍曼
(Jutta Mata and Eva Baumann)

## 引 言

100年前,传染性疾病是人类死亡的主要原因。今天,大部分人死于慢性退行疾病(chronic degenerative diseases),主要由不健康的生活方式所致,如饮食不均衡或缺乏运动(Centers for Disease Control and Prevention, 2015)。毫无疑问,健康行为的改变和保持已成为本世纪的主要挑战之一(Benjamin, 2014)。过去,健康或健身训练是上层社会少数人的特权。如今,移动健康技术(即移动健康或移动医疗)承诺为每个人提供便捷的、定制化的健康和健身训练指导。从短信提醒到手机或平板电脑上的健身应用程序,再到可穿戴传感器上的实时用户生成数据,我们都可以看到移动健康的影子(Miyamoto, Henderson, Young, Pande & Han, 2016)。与疾病相关话题(如疾病、药物和药剂)相比,健身、锻炼、饮食和营养都是年轻人感兴趣的话题,因为他们经常在互联网上搜索健康信息(Escoffery et al., 2005)。社交媒体提供了许多健康平台,它们通过社会强化、支持、激励或信息(Vaterlaus, Patten, Roche & Young, 2015)等方式为人们的健康行为提供持续动力。例如,社交媒体和互联网成为健康信息源,并接收和提供一些诸如一个人正在吃什么、餐馆评论、食谱或食物图片等信息(McKinley & Wright, 2014)。

人们越来越青睐于利用技术、社交网站以及其他网络/电子媒体

（如移动应用程序或智能手表）来参与健康活动（Kim, Park & Eysenbach, 2012）。2012年，美国已经有三分之一的手机用户和一半的智能手机用户出于健康目的而使用手机（Fox & Duggan, 2012）。2015年，超过10万个健康应用程序可供使用（Research2Guidance, 2015）；其他预计显示，应用程序高达40万个（Kramer, 2015）。健康应用程序可以帮助人们戒掉危害健康的行为，增加促进健康的行为，或监测慢性疾病的风险因素。体育活动或均衡营养等促进健康的行为是健康应用程序的共同目标（Kim, 2014）。

重要的是，这类健康促进行为每天都会重复发生，如吃饭或散步。社会比较还会引发其他行为，如用户公开展示运动目标的实现情况。因此，对健康行为的有效监测以及社交网络和移动健康应用程序的使用有助于改变人们的生活方式，而这往往需要永久在线和永久连接（POPC；Vorderer & Kohring, 2013；Vorderer et al., 2015）。POPC表现为两种情况：一种是持续使用网络媒体的公开行为，另一种是长期保持沟通警觉性的心理状态（Vorderer, Kromer & Schneider, 2016）。也就是说，一个人可以通过实际参与在线社交活动以及思考在线活动来实现永久联系，比如在当前没有在线互动的情况下，也可以接收信息或刷到社交伙伴的活动更贴。因此，人们处于POPC状态或形成"POPC思维"（Klimmt, Hefner, Reinecke, Rieger & Vorderer, this volume）不仅需要实际行动，如监测在线情况和快速回应消息和事件，而且还需要确保在离线的时候网络内容依然显著。

我们旨在本章探讨移动健康应用程序的有效（即有益于健康）使用与POPC之间的关系。本章的大部分理论论证及案例都与移动健康工具（通常为智能手机应用程序）有关，但我们认为这些内容也适用于其他形式的健康相关媒体，包括社交网络、博客或健康相关主题的网络渠道。

### 与健康相关的POPC

自我监控（self-monitoring）或自我追踪（self-tracking）——即记录一个人的行为、感受和想法——是行为评估和治疗功能中所需行为心理学、医学和保健措施中的核心工具（Korotitsch & Nelson-Gray, 1999）。移动应用程序易于访问、永久可用且经济实惠，可以用于追踪个人的健康和健身数据,这也成为一种流行趋势(Choe,Lee,Lee,Pratt & Kientz,2014)。2012年,大约五分之一的智能手机用户至少安装了一款健康应用程序——而且优选运动、节食或减肥等主题的应用程序(Fox & Duggan,2012)。在德国,11%至17%的人目前使用应用程序和服务平台进行健身、追踪与自我监控,其中年轻人的比例较高(Albrecht,Höhn & von Jan,2016;BMJV[The Federal Ministry of Justice and Consumer Protection],2016)。然而,健康应用程序市场无序、分散且鱼龙混杂(Research-2Guidance,2015)。关于健康应用程序使用者与使用行为决定因素的扎实基础研究也较为欠缺。目前,关于这类主题的大多数研究都是由商业市场公司展开的,而且并非出于科学目的。

用户是否以及如何使用移动健康技术取决于他们自身的特征及使用动机。总而言之,健康相关的自我跟踪现象在35岁以下的年轻人中尤为常见。一些用户原本就期待改善自身健康状况,或经常使用移动技术或追踪设备,所以移动健康设备很可能会持续性地改变他们的健康行为。对于大多数人而言,保持他们使用移动健康工具的初衷的确是一项重大挑战(Patel,Asch & Volpp,2015)。因此,应用程序和可穿戴设备有助于但不能直接改变健康行为。人们利用移动健康技术来促进健康,至少需要满足两个先决条件(Patel et al.,2015):(1)人们应该有切实获取与使用这类设备的动机。在活动追踪器用户中,过半用户不会长期使用,三分之一的用户在购买后半年停止使用(Ledger & McCaffrey,2014)。(2)长期使用活动追踪器等移动健康应用程序,这需要用户养成新的行为习惯,产生强烈动机,具备成功经验,以及朝着既定目标前进(Ledger & McCaffrey,2014)。因此,应用程序的信息应该根据个人情况来定制,必须易于用户理解,并且能够给予他们激励性反馈(Patel et al.,2015)。移动健康技术可以持续跟踪用户的健康指标及行为,并监控社交网络中的健康相关活动,例如健身伙伴的运动表现。POPC思维由多个方面构成,包括网络内容的显著性与对内容的监测性(如自己和他人健康状况的相关数据);对信息和内容的回应性(关于运动表现的社会支持),这不仅是使用移动健康应用程序的先决条件,而且可能会增强用户对这类应用程序的依赖性。以健康为目的的POPC思维能否长期改变健康行为并持续改善健康状况,这可能取决于多种因素,我们将在下面展开讨论。

## POPC 与移动健康终端使用及效果关系的建模

人们以健康为目的来进入 POPC 环境的前提是使用移动健康技术。我们将在下面内容中针对移动健康技术使用的决定因素来总结其概念模型，并探讨 POPC 和移动健康如何相互作用来长期改变促进健康的行为。

### 移动健康终端使用的决定因素

根据技术接受模型（TAM；Davis，Bagozzi & Warshaw，1989）以及技术接受与使用的统一模型（UTAUT；Venkatesh，Morris，Davis & Davis，2003），学界对移动健康应用程序的使用意图和实际使用情况展开研究。技术接受与使用的统一模型是技术接受模型的延伸，后者还综合了人类发展与社会变革等因素（Legris，Ingham & Collerette，2003）。在这两个模型中，用户的技术使用意图和实际使用情况取决于一些因素，如他们对于技术设备的认知、相应的预期以及对技术与其环境的态度。沃思（Wirth）、冯·帕佩（von Pape）和卡诺夫斯基（Karnowski）（2008）提出手机使用模型（mobile phone appropriation model），以作为上述两个模型的替代性方案，该模型可以预测新技术尤其是智能手机的使用情况，这是构成移动健康环境的核心因素。该模型已开始被应用于健康行为改变研究领域（e.g.，Stehr，Rossmann & Karnowski，2016）。孙（Sun）及其同事对于技术接受模型和健康行为的一系列相关理论进行整合，同时还加入主观规范和自我效能等心理因素（Sun，Wang，Guo & Peng，2013）。一般而言，移动健康研究语境下的概念挑战之一是为了适用于以健康促进为目的技术使用的具体方面和决定因素而调整现有模型。在早期的一项研究中，约甘纳丹（Yoganathan）和卡贾南（Kajanan）（2014）测试了健身应用程序接受度的预测指标。除技术接受度的预测指标外，个人参与体育活动的内在动机等心理因素也特别重要。

综上所述，个人决定使用和接受移动健康技术，但这并非是健康应用程序或可穿戴设备（即使免费提供）涌现的自然结果。促进用户使用移动健康应用的第一个重要步骤是接触潜在用户，并激励他们不仅要购买或安装应用工具，而且要以促进健康的特定方式使用工具。在下一节中，我们将阐述 POPC 如何能够促进人们长期使用移动健康终端并进而影响健康相关结果。

### 有效使用移动健康终端：POPC 的作用

在过去几年里，学者们已经从学理层面来探讨促进健康技术的相关方面，其中观点包括，虽然在人们的使用行为改变健康应用工具中的技术方面缺乏经验性论证（e.g., Azar et al., 2013; Breton, Fuemmeler & Abroms, 2011），而应用这些工具的实用性功能却对于移动健康更有说服力。我们认为，以下三种经过验证的策略的有效实施，有助于 POPC 促进健康行为的长期改变：（1）移动健康工具的持续使用，（2）实时监控活动与互动，以获得即时反馈或强化反馈效果，以及（3）与其他用户建立联系，以获得社会支持或进行社会比较。

### 持续使用

尽管在健康行为改变干预的理论与实践方面都取得进展，但人们想要长期改变健康行为（如体育活动或均衡营养）仍然面临巨大挑战。许多行为减肥（behavioral weight loss）的研究表明，治疗时间越长，干预也就愈成功（e.g., Levy et al., 2010; Perri et al., 2001）。移动健康技术为用户提供了经济有效的解决方案，因为他们可以长期使用该工具而不需要增加额外成本。重要的是，POPC 思维（包括用户对在线内容的显著性、监测性以及回应性）有助于长期坚持减肥干预措施。目前，学界尚未研究长期坚持健康行为干预背景下 POPC 思维的影响。在针对健康效果（如长期控制体重）的随机对照试验中（Gilmartin & Murphy, 2015），很少去研究技术解决方案，尤其是移动健康技术。根据系统性的综述得出结论，这些研究存在严重局限性，尚未触及到其潜在机制（Mateo, Granado-Font, Ferre-Grau & Montana-Carreras, 2015; Allen, Stephens & Patel, 2014）。总而言之，迄今为止，针对长期健康行为改变的随机对照试验鲜有挖掘移动健康解决方案在更长期干预中的潜力。POPC 思维的潜在促进作用还有待于进一步研究。

### 实时监控与互动

移动健康技术对 POPC 所产生影响的第二个重要特征是移动健康应用程序的交互性（Noar & Harrington, 2012）和实时监控的潜力。虽然实时监控活动轻而易举，但在某些情况下，监控还要依赖于新技术的更新迭代。如今的智能手机将步数、步行距离、卡路里消耗、心率等指标融为一体，通常只需点击几下屏幕就可以查看。实时监控有两个好处：一是消除对（健康）行为的常见记忆偏见（e.g., Shiffman et al., 1997），二是指导人们能更好、更精准地测量自己的健康行为（Rosenthal，McCormick，Guzman，Villamaory & Orellano，2003）。用户通过实时监控可以立即获得自己的表现反馈，有证据表明，这是一种有效改变行为的技术（Michie et al.，2013）。移动健康设备的交互性特征是指用户与应用程序及其他用户之间可以交换信息，可以对个人表现即时反馈。这种反馈非常有益，还具有强化作用（Hattie & Timperley，2007），有助于人们实现自律（e.g.，Ilies & Judge，2005），也最有可能形成深度 POPC 环境。与此同时，人们对网络内容的高度监控和快速反应有助于立即获得个人表现的反馈情况，从而提高了他们的行动力。重要的是，最近有研究对超过 3000 个付费健康应用程序进行分析，其结果显示，虽然强化（reinforcement）是促进行为改变的关键心理因素之一，但仅有约 6% 的付费应用程序正发挥强化功能（Becker et al.，2014），如此就发挥了移动健康的主要优势。

社会支持与社会对比

POPC 和移动健康环境的第三个重要方面是加入目标一致且使用相同移动健康技术的用户构成的社交网络。获得其他用户的社会支持（如取得成就时表示赞扬，或面对失败时给予鼓励）以及社会比较和竞争是许多移动健康工具的重要元素。与他人建立联系是人类的核心需求，也是其行为产生内在动机的前提条件，这也是改变长期行为的前奏（Ryan & Deci，2000；Teixeira et al.，2010）。社会控制与健康行为有关（e.g.，Lewis & Rook，1999）。社会比较会产生激励效果（特别是当人们的表现优于参照组时；e.g.，Deci，1971），但也会以同样的原因使人丧失斗志（当表现不如参照组时）。重要的是，当人们知道其他人正在监视自己的健康行为并对表现良好与表现不佳的行为进行评论时，他们会尝试超越自己的成就，这会加强人们对于 POPC 的渴望。人们会频繁监控他人在社交网络中的一言一行，所以他们会对这些社交化的移动健康功能做出反应并充分发挥它们的潜力。然而，并不是所有的社会支持都是有益的（Berkman，Glass，Brissette & Seeman，2000），在压力诱发源中，社会压力源可谓压力程度最大（e.g.，Heinrichs，Baumgartner，Kirschbaum & Ehlert，2003）。因此，出于健康目的而监控一个人的社交网络，可能是 POPC 形成的最为强劲的动力了（cf. Vorderer et al.，2016）。

### POPC、移动健康及健康促进潜力

如上所述，用户上网频率越高，他们就越有归属感，移动健康技术的核心功能和技术的更新迭代也可能会更有效。重要的是，根据"强化"相关理论的演变，可以推断出 POPC 何时会增强移动健康技术、社交网络或其他健康相关的互联网资源（如博客、Instagram 或 YouTube 渠道）对健康行为的益处，何时可能会削弱这些益处。每一个性能的增强都与权衡有关，绝大多数研究表明，技术性能的函数呈倒 U 型（Hills & Hertwig，2011）。也就是说，技术更新过快或过慢都可能会产生不良影响。与中等水平相比，体育活动水平低于或高于建议水平的人，他们的幸福感均较低（e.g.，Merglen, Flatz, Belanger, Michaud & Suris，2014）。关于社交媒体的使用，较为年轻的成年人称，自己的健康行为既有优点也有缺陷（Vaterlaus et al.，2015）。例如，社交媒体凭借社会支持动力为用户锻炼提供动力，但同时它也会成为一种障碍，因为过度使用屏幕媒体会导致用户久坐不动（Finne, Bucksch, Lampert & Kolip，2013）。当用户由于健康原因而处于 POPC 环境中，这可能有助于强化健康促进行为。一般而言，与健康相关的重度 POPC 行为可能会与其他健康行为产生冲突，因为 POPC 占用了其他活动的时间。此外，POPC 思维还会导致压力与分心，用户无法专心参加线下的社交活动，或拖延重要但长期的目标行为（如学习或体育锻炼），这对于用户的健康与幸福感产生潜在负面影响（关于 POPC 与目标冲突的讨论可参见 van Koningsbruggen, Hartmann & Du, this volume）。因此，我们认为以促进健康为目的的 POPC 行为和身心健康与幸福感之间的关系呈倒 U 型（见图 24.1）。

此外，可以假设 POPC 在促进健康的有效性方面存在个体差异。关于认知增强（cognitive enhancement）的研究表明，低于基础认知能力的个体在接受药物治疗后会得到改善，而认知能力正常或高于平均水平个体的改善情况则微不足道，甚至呈下降趋势（de Jongh, Bolt, Schermer & Olivier，2008）。我们对于健康行为也可以提出类似假设：与体育运动参与较少的人相比，体育运动爱好者可能从健康相关的 POPC 思维中受益更少。

# 第六部分 美丽新世界：网络化生活与幸福感

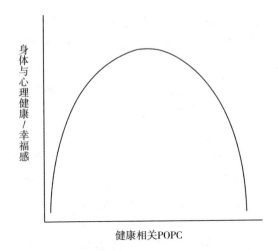

图 24.1 个人以健康为目的处于 POPC 环境与促进健康之间的关系

## 结论、影响及未来展望

在本章中，我们描述了移动健康终端的不同使用形式和决定因素及其与 POPC 思维引发的行为有何关联。我们认为，POPC 思维可以通过移动健康终端和其他电子媒介终端提高健康促进的有效性。在我们看来，根据上述研究现状，至少可以得出两个主要结论。

其一，有效利用移动健康技术和其他网络媒体来促进健康至少取决于两个不同的因素：（A）用户对信息和通信技术的青睐（这是处于 POPC 环境的先决条件）；（B）用户追求健康生活方式的动机倾向。A 小组成员可以基于他们对技术的兴趣，并从健康生活方式的触发因素中受益。B 小组成员已经在寻找改善健康行为的工具，并将受益于目标实现所需技术对他们产生积极影响。移动健康工具或社交网络等移动网络媒体在支持用户实现健康生活方式方面存在巨大潜力，因此有望成为长期改善健康状态所面临重大挑战的关键要素（Noar & Harrington, 2012）。

其二，正如我们在本章所述，适当使用（adequate dose）POPC 可能是充分挖掘移动健康终端和其他社交媒体工具潜力及更有效发挥作用的重要前提。这种工具的有效使用可能与精神和身体健康水平以及幸福感的高低有关（见图 24.1）。重要的是，移动健康终端和其他移动媒体工具为先前所面临的挑战提供解决方案，如健康行为改变干预措施的持续时间更长；实时监控能够替代烦琐的模拟跟踪及对健康活动的偏见性记忆；直接给予奖励反馈；与有相同境遇或共同目标的人建立社会联系。如此，用户的健康生活方式更持续、健康。与此同时，POPC 既是技术接受的决定因素，也是（移动）技术使用的结果，它与移动健康技术使用效果之间的关系尚未得到探讨。POPC 思维可能会影响有效行为改变的不同要素：移动技术作用下的健康行为改变的持续时间延长，很可能是用户 POPC 思维各维度（对在线内容的显著性、监测性和回应性）平衡的结果。为了获得有关健康行为的表现反馈，监测性可能是 POPC 最重要的维度，然而，无论是特别高水平的回应性还是监测性，都可能是获得他人社会支持的核心因素。然而，这些关系还未经过检验，所以这些假设仍然是一种假想。考虑到技术发展及相关 POPC 行为对现代社会个人的日常生活、传播和幸福感产生的深远影响，关于 POPC 思维对于健康目标的影响却普遍缺乏理论描述和经验证据，这多少令人感觉不可思议（Becker et al., 2014）。

许多悬而未决的问题依然存在。如上所述，适度的 POPC 状态对于移动健康的实现似乎至关重要。然而，这对日常生活而言意味着什么，却在很大程度上仍不清楚。根据之前研究，网络媒体的过度使用与较少的体育活动（Belanger, Akre, Berchtold & Michaud, 2011）相关，但是，这个结论也能够用于阐释健康相关（移动）的在线媒体使用行为吗？未来的研究需要讨论 POPC 与有效的健康促进工作如何共同发挥积极作用。为了进一步从经验与理论层面来探讨上述关系，我们最后重点阐述一个以过程为导向的健康相关 POPC 理论模型所面临的挑战：学者应将使用与效果之间各种相互作用的决定因素的连锁效应纳入考量，而非只关注使用与效果的单一影响（参见 Schneider、Reich 与 Reinecke 在本书的内容）。考虑到决定因素之间相互作用，这也就不难解释：为何一些人会持续利用移动健康终端有效改善健康状况，而另一些人则仅是短期使用移动健康终端，却不能长期受益。因此，从理论和经验两方面来纵向描述健康维度的 POPC 现象与行为是未来研究的关键。

人们的 POPC 行为很可能与健康相关移动媒体的（有效）使用相互影响，这种行为也可能遵循与许多其他行为相同的模式：剂量决定毒性。我们亟待需要开展更多研究，以更好地理解作为现代"富媒体"世界重要特征的 POPC 对改善健康水平和提升幸福感有何影响。当前研究表明，移动在线媒体（如移动健康）对医疗应用和健康生活方式的重要性日渐显著。要想理解本世纪的主要挑战之一——健康行为的改变和维护，POPC思维和在线媒体工具可能是破解谜题的关键。

## 参考文献

Albrecht, U. - V., Höhn, M. & von Jan, U., Kapitel 2. Gesundheits-Apps und Markt [Chapter 2. Health appsand the market], In U. - V. Albrecht (Ed,), *Chancen und Risiken von Gesundheits-Apps (CHARISMHA)* [*Chances and risks of health apps*], 2016, (pp. 62 - 82). Hannover: Medizinische Hochschule Hannover.

Allen, J. K., Stephens, J. & Patel, A., Technology-assisted weight management interventions: Systematicreview of clinical trials, *Telemedicine and e-Health*, 2014, 20: 1103 - 1120.

Azar, K. M. J., Lesser, L. I., Laing, B. Y., Stephens, J., Aurora, M. S., Burke, L. E. & Palaniappan, L. P., Mobile applications for weight management: Theory-based content analysis, *American Journal of Preventive Medicine*, 2013, 45: 583 - 589.

Becker, S., Miron-Shatz, T., Schumacher, N., Krocza, J., Diamantidis, C. & Albrecht, U. - V., mHealth 2.0: Experiences, possibilities, and perspectives, *JMIR mHealth and uHealth*, 2014, 2: e24.

Bélanger, R. E., Akre, C., Berchtold, A. & Michaud, P. - A., A U-shaped association between intensity of Internet use and adolescent health, *Pediatrics*, 2011, 127: e330 - e335.

Benjamin, L., *Abrief history of modern psychology* (2nd ed.), New York: John Wiley & Sons Inc., 2014.

Berkman, L. E., Glass, T., Brissette, I. & Seeman, T. E., From social integration to health: Durkheim in the new millennium, *Social Science & Medicine*, 2000, 51: 843 - 857.

BMJV [Bundesministerium für Justiz und für Verbraucherschutz; The Federal Ministry of Justice and Consumer Protection], *Wearables und Gesundheits-Apps, Verbraucherbefragung im Auftrag des Bun-desministeriums der Justiz und für Verbraucherschutz* [Wearables and health apps, Consumer research on behalf of the German Federal Ministry of Justice and Consumer Protection], Retrieved from www. bmjv. de/DE/Ministerium/Veranstaltungen/SaferInternetDay/YouGov. pdf] jsessionid = A31888202E4A6918AEB 880FA0FlF6084. 1_ cid297? _ blob = publicationFile & v = 4, 2016, February 9.

Breton, E. R., Fuemmeler, B. R. & Abroms, L. C., Weight loss-there is an app for that! But does it adhere to evidence-informed practices? *Translational Behavioral Medicine*, 2011, 1: 523 – 529.

Centers for Disease Control and Prevention, *Leading causes of death*, 1900 – 1998. Retrieved from www. cdc. gov/nchs/data/dvs/leadl 900_ 98. pdf, 2015.

Choe, E. K., Lee, N. B., Lee, B., Pratt, W. & Kientz, J. A., Understanding quantified-selfers' practices in collecting and exploring personal data, In *CHI'14 Proceedings of the SIGCHI Conference on Human Factors in Computing Systems*, 2014, (pp. 1143 – 1152).

Davis, F. D., Bagozzi, R. P. & Warshaw, P. R., User acceptance of computer technology: A comparison of two theoretical models, *Management Science*, 1989, 35: 982 – 1003.

Deci, E. L., Effects of externally mediated rewards on intrinsic motivation, *Journal of Personality and Social Psychology*, 1971, 18: 105 – 115.

de Jongh, R., Bolt, L., Schermer, M. H. N. & Olivier, B., Botox for the brain: Enhancement of cognition, mood and pro-social behavior and blunting of unwanted memories, *Neuroscience & Biobehavioral Reviews*, 2008, 32: 760 – 776.

Escoffery, C., Miner, K. R., Adame, D. D., Butler, S., McCormick, L. & Mendell, E., Internet use for health information among college students, *Journal of American College Health*, 2005, 53: 183 – 188.

Finne, E., Bucksch, J., Lampert, T. & Kolip, P., Physical activity and screen-based media use: Cross-sectional associations with health-related quality of life and the role of body satisfaction in a representative sample of German adolescents, *Health Psychology and Behavioral Medicine*, 2013, 1: 15 – 30.

Fogg, B. , *A behavior model for persuasive design*, Retrieved from www. bjfogg. com/fbm_ files/page4_ 1. pdf, 2009.

Fox, S. & Duggan, M. (Pew Research Centers Internet & American Life Project, Ed. ), *Mobile health* 2012, Retrieved from www. pewInternet. org/ ~/media/Files/Reports/2012/PIP_ MobileHealth2012_ FINAL. pdf, 2012, November 8.

Gilmartin, J. & Murphy, M. , The effects of contemporary behavioural weight loss maintenance interventions for long term weight loss: A systematic review, *Journal of Research in Nursing*, 2015, 20: 481 – 496.

Hattie, J. & Timperley, H. , The power of feedback, *Review of Educational Research*, 2007, 77: 81 – 112.

Heinrichs, M. , Baumgartner, T. , Kirschbaum, C. & Ehlert, U. , Social support and oxytocin interact to suppress cortisol and subjective responses to psychosocial stress, *Biological Psychiatry*, 2003, 54: 1389 – 1398.

Hills, T. & Hertwig, R. , Why aren't we smarter already: Evolutionary trade-offs and cognitive enhancements, *Current Directions in Psychological Science*, 2011, 20: 373 – 377.

Ilies, R. & Judge, T. A. , Goal regulation across time: The effects of feedback and affect, *Journal of Applied Psychology*, 2005, 90: 453 – 467.

Kim, J. , Analysis of health consumers' behavior using self-tracker for activity, sleep, and diet, *Telemedicine Journal and e-Health*, 2014, 20: 552 – 558.

Kim, J. , Park, H. -A. & Eysenbach, G. , Development of a health information technology acceptance model using consumers' health behavior intention, *Journal of Medical Internet Research*, 2012, 14: e133.

Korotitsch, W. J. & Nelson-Gray, R. O. , An overview of self-monitoring research in assessment and treatment, *Psychological Assessment*, 1999, 11: 415 – 425.

Kramer, U. , *Gesundheits-& Versorgungs-Apps. Report* 2015: *Einsatzgebiete, Qualität, Trends und Orientierungs-hilfen für Verbraucher* [Health and health provision apps. Report 2015: Areas of application, quality, trends, and orientation guidance for consumers], Retrieved from www. tk. de/

centaurus/servlet/contentblob/724458/Datei/83809/TK-Pressemappe-Digitale-Gesundheit-Praesentation-Dr-Kjramer. pdf, 2015.

Ledger, D. & McCaffrey, D., *Inside wearables: How the science of human behavior change offers the secret to longterm engagement*, Endeavour Partners Report, Retrieved from http://endeavourpartners.net/assets/Endeavour-Partners-Wearables-and-the-Science-of-Human-Behavior-Change-Part-l-January-20141.pdf, 2014.

Legris, P., Ingham, J. & Collerette, P., Why do people use information technology? A critical review of the technology acceptance model, *Information & Management*, 2003, 40: 191–204.

Levy, R. L., Jeffery, R. W., Langer, S. L., Graham, D. J., Welsch, E. M., Yatsuya, H., Maintenance-tailored therapy vs. standard behavior therapy for 30-month maintenance of weight loss, *Preventive Medicine*, 2010, 51: 457–459.

Lewis, M. A. & Rook, K. S., Social control in personal relationships: Impact on health behaviors and psychological distress, *Health Psychology*, 1999, 18: 63–71.

Mateo, G. E., Granado-Font, E., Ferré-Grau, C. & Montaňa-Carreras, X., Mobile phone apps to promote weight loss and increase physical activity: A systematic review and meta-analysis, *Journal of Medical Internet Research*, 2015, 17: e253.

McKinley, C. J. & Wright, P. J., Informational social support and online health information seeking: Examining the association between factors contributing to healthy eating behavior, *Computers in Human Behavior*, 2014, 37: 107–116.

Merglen, A., Flatz, A., Bélanger, R. E., Michaud, P.-A. & Suris, J.-C., Weekly sport practice and adolescent well-being, *Archives of Disease in Childhood*, 2014, 99: 208–210.

Michie, S., Richardson, M., Johnston, M., Abraham, C., Francis, J., Cane, J., The Behavior Change Technique Taxonomy (vl) of 93 hierarchically clustered techniques: Building an international consensus for the reporting of behavior change interventions, *Annals of Behavioral Medi-*

cine, 2013, 46: 81 – 95. https://doi.org/10.1007/S12160 – 013 – 9486 – 6.

Miyamoto, S. W., Henderson, S., Young, H. M., Pande, A. & Han, J. J., Tracking health data is not enough: A qualitative exploration of the role of healthcare partnerships and mHealth technology to promote physical activity and to sustain behavior change, *JMIR mHealth and uHealth*, 2016, 4 (1): e5.

Noar, S. M. & Harrington, N. G., eHealth applications: An introduction and overview, In S. M. Noar & N. G. Harrington (Eds.), *eHealth applications: Promising strategies for health behavior change*, 2012, (pp. 3 – 16). New York: Routledge.

Patel, M. S., Asch, D. A. & Volpp, K. G., Wearable devices as facilitators, not drivers, of health behavior change, *JAMA*, 2015, 313: 459 – 460.

Perri, M. G., Nezu, A. M., McKelvey, W. R., Shermer, R. L., Renjilian, D. A. & Viegener, B. J., Relapse prevention training and problem-solving therapy in the long-term management of obesity, *Journal of Consulting & Clinical Psychology*, 2001, 69: 722 – 726.

Research2guidance, *mHealth app developer economics* 2015. *The current status and trends of the mHealth app market*, Retrieved from http://research2guidance.com/r2g/r2g-mHealth-App-Developer-Economics-2015.pdf, 2015.

Rosenthal, V. D., McCormick, R. D., Guzman, S., Villamaory, C. & Orellano, P. W., Effect of education and performance feedback on handwashing: The benefit of administrative support in Argentinean hospitals, *American Journal of Infection Control*, 2003, 31: 85 – 92.

Ryan, R. M. & Deci, E. L., Self-determination theory and the facilitation of intrinsic motivation, social development, and well-being, *American Psychologist*, 2000, 55: 68 – 78.

Shiffman, S., Hufford, M., Hickcox, M., Paty, J. A., Gnys, M. & Kassel, J. D., Remember that? A comparison of real-time versus retrospective recall of smoking lapses, *Journal of Consulting and Clinical Psychology*, 1997, 65: 292 – 300.

Stehr, R., Rossmann, C. & Karnowski, V., The multi-faceted usage patterns of nutrition apps: A survey on the appropriation of nutrition apps among German users, *Paper presented at the 66th ICA Conference*, Fukuoka, Japan, 2016, June.

Sun, Y., Wang, N., Guo, X. & Peng, Z., Understanding the acceptance of mobile health services: A comparison and integration of alternative models, *Journal of Electronic Commerce Research*, 2013, 14: 183 – 200.

Teixeira, P. J., Silva, M. N., Coutinho, S. R., Palmeira, A. L., Mata, J., Sardinha, L. B., Mediators of weight loss and weight loss maintenance in middle-aged women, *Obesity*, 2010, 18: 725 – 735.

Vaterlaus, J. M., Patten, E. V., Roche, C. & Young, J. A., #Gettinghealthy: The perceived influence of social media on young adult health behaviors, *Computers in Human Behavior*, 2015, 45: 151 – 157.

Venkatesh, V., Morris, M. G., Davis, G. B. & Davis, F. D., User acceptance of information technology: Toward a unified view, *MIS Quarterly*, 2003, 21: 425 – 478.

Vorderer, P., Klimmt, C., Rieger, D., Baumann, E., Hefner, D., Knop, K., Wessler, H., Der mediatisierte Lebenswandel: Permanently online, permanently connected [The media-based lifestyle: Permanently online, permanently connected], *Publizistik-Vierteljahreshefte fur Kommunikationsforschung*, 2015, 60: 259 – 276.

Vorderer, P. & Kohring, M., Permanently online: A challenge for media and communication research, *International Journal of Communication*, 2013, 7: 188 – 196.

Vorderer, P., Krömer, N. & Schneider, F. M., Permanently online—permanently connected: Explorations into university students' use of social media and mobile smart devices, *Computers in Human Behavior*, 2016, 63: 694 – 703.

Wirth, W., von Pape, T. & Karnowski, V., An integrative model of mobile phone appropriation, *Journal of Computer-Mediated Communication*, 2008, 13: 593 – 617.

Yoganathan, D. & Kajanan, S., What drives fitness apps usage? An empirical evaluation, In B. Bergvall-Kareborn & R. A. Nielsen (Eds.), *Creating value for all through IT* (*IFIP Advances in Information and Communication Technology*, 2014, 429: 179 – 196). Berlin, Heidelberg: Springer.

# 索 引

Note: Italicized page numbers indicate a figure on the corresponding page.

## A

academic performance and multitasking 168
addiction-facilitating cognitions 63
adolescents and media use see early adolescence and media use; mindfully connected adolescents; networked young citizens affect misattribution procedure (AMP) 54
affordances in smartphone use 21
Airbnb 14
Amazon MTurk 118
amplification dynamics of POPC 65 anxiously-attached individuals 157
Apple watch 97 – 8
appreciation-seeking with political entertainment 222 – 5
apps (applications) for smartphones see specific apps
artificial tellers and meaning 101 – 3
attachment styles in relationships 156 – 7
attention and multitasking 85 – 7
attention-processing resources 238
audacious (chutzpadic) temperament 191
Auto-Awesome Movies 103
autonomy and social roles 166
autonomy and well-being 239 – 41
averse states, avoidability 24 – 5

# 索 引

avoidant-attached individuals 156 – 7

## B

behavioral components: continuum of behaviors 73 – 4; coping behaviors 63; dual-systems models of behavior 51; dysfunctional partner behavior 155; meaningfulness and privacy 110 – 11; meiwaku (bothersome) behavior 190; phubbing behavior 239; of POPC 32, 77; qualities of 189; unobtrusive assessment 31

Bluetooth proximity 35 bond-based groups 131 – 2 boycotting/buycotting online 212 – 13 breaking up and permanent connectivity 155 – 6 Bump app 15

## C

central bottleneck theories 74, 85 – 7

Chinese guanxiwang manners 190

The Civic Network project 210

cloud-based services 16

cognition and media 85, 168 – 9

cognitive resource theories 118

cognitive structures in smartphone use: defaultexpectations with smartphones 23 – 5; empowerment ps. overwhelm 25 – 7, 26; human reasoning and smartphones 19 – 23; introduction 18 – 19

collective political engagement 213 – 14 collective self-stabilization 67 common bond/identity 131, 134 Communication and Mass Media Complete (CMMC) 29

computer-mediated communication (CMC) 141

consistency-driven consumers 221

continuum of behaviors 73 – 4

coping behaviors 63

core social group 13

cosmopolitanism index 192

co-tellership 101 – 3

cross-cultural differences: intercultural linkages 192 – 4; introduction to 188 – 9; overview of 189 – 92; research perspectives 193 crowd sourcing 14 – 15 cultural identities 189

customizing apps 6

cyberloafing 56

# D

demands-resources perspective 244 – 9

dichotic listening tasks 85

digital communication observations/reflection 181

divided attention theories 85 – 7

dual-systems models of behavior 51

dutiful norms of citizenship 209

dyadic relationships 6

dysfunctional partner behavior 155

# E

early adolescence and media use: developmental characteristics 168 – 71; identity development and 169 – 70; importance of studying 165 – 7; introduction to 165; media and cognition 168 – 9; overview of 167; peer context and 170 – 1; summary of 172; *see also* mindfully connected adolescents

email technologies 248

embeddedness 99

emergent goals 90

emotional content 77

emotional privacy 111

emotional sharing and well-being 235

empowerment vs. overwhelm 25 – 7, 26

engagement with narrative 120

enjoyment-seeking with political entertainment 222 – 5

ethical concerns 34 – 5

# 索引

eudaimonic well-being 234, 240
EU Kids Online network 167
excessive online use 62
experience sampling method (ESM) 32, 33

## F

Facebook: cross-cultural connections 192; limitations in using 100; media enjoyment 109; memorial/R. I. P pages 124; political engagement on 214 – 16, 215; politician use of 217 – 18; reflective-impulsive model 53; self-presentation with 253; smartphone access to 143; vibrating notifications 122 face-to-face (FTF) communication: intoxication of 154; overview of 140 – 1, 145; perception of the value of 194
facial feature analysis 79
fandom 123 – 4
fan fiction 118 – 19
fear of missing out (FOMO) 145, 240
filter theory 85
focused attention 85
fourth age of political communication 199
"friending" a third party 151
functional magnetic resonance imaging (fMRI) 74

## G

general Internet addiction (GIA) 62 – 3, 68; see also Internet addiction
generation M 73
geographic (landline) addressability 12
Global Positioning System (GPS) 31, 35
goals and multitasking 78, 89 – 91
Google + Story album 103
GPS functionality 15
gratifications in smartphone use 21
group affiliation needs 177

group co-presence 134

group dynamics of POPC: effects of 135; group attachment 130 – 3; introduction to 7, 129 – 30; mobile instant messaging applications 129 – 36; norms in 133 – 5; overview 130; summary of 135 – 6

group norms 133 – 5

*guanxiwang* manners 190

## H

habitualized reactibility 21

habituation of online use 65 – 6

Hall, G. Stanley 166

health-related technology *see* mHealth (mobile health technology)

hedonic well-being 98, 234, 240

high-context communication 190

human reasoning and smartphones 19 – 23

## I

identity-based groups 132

identity development and media 169 – 70

impulsive influences on media use: conflicts over 55 – 6; examples of 56 – 7; further studies on 57 – 8; introduction to 51 – 2; overview 52 – 5; summary of 58

independent multitasking 122

individual addressability *see* mobile communication

individual political engagement 211 – 12, 211 – 13

informational privacy 111

information and communication technologies (ICTs) 53 – 4, 202, 245 – 6

information flow 76 – 7

information modality 76

information-processing resources 238

information utility model 51

Instagram app 168 – 9, 235

# 索引

Instantmeaningfulness 98 – 103

intercultural linkages 192 – 4

internalized connectedness 179

InternationalTelecommunications Union 10

Internet addiction (IA): availability and appeal concerns 64 – 5; chances for prevention and intervention 67 – 8; collective self-stabilization 67; defined 62 – 3; habituation of online use 65 – 6; introduction to 61; normalization of heavy online use 66 – 7; POPC connection to 64 – 7; research challenges 68 – 9; well-being and 237

Internet gaming disorder 62

Internet of Things 16

Internet use and well-being 234 – 6

interpersonal tensions 238

interstitial communication 141 – 2

intimate relationships with permanent connectivity: anxiety vs. control 151 – 2; attachment styles 156 – 7; breaking up 155 – 6; introduction to 149 – 50; jealousy concerns 154 – 5; online dating, effort vs. risk 151; positive aspects of POPC 152 – 4; stage of relationship formation 150 – 2; summary of 157 – 8

I-PACE (interaction of person-affect-cognition-execution) model 62 – 3

## J

jealousy concerns 154 – 5

job-crafting efforts 249

journalistic news content 201

## L

landline addressability 12

linearity 99

"live video" feature 97

living in the moment: artificial tellers and meaning 101 – 3; instant meaningfulness 98 – 103; introduction 97 – 8; perspectives on 103 – 5; self-

narratives 99 – 101
low-context communication 190

# M

macro developments 7
maintenance in romantic relationships 142 – 3
Maitland, Donald (Maitland Commission) 10 – 11
mass communication 221
meaningfulness and privacy: calculus of needs for 112 – 13; communication as entertainment 108 – 9; foundational theories 109 – 10; introduction 6, 107; POPC behaviors 110 – 11; social media use 107 – 8; summary of 113
media exposure: cognition and 168 – 9; enjoyment of 234 – 5; identity development and 169 – 70; measurements of 34; peer context and 170 – 1; psychology of 221; *see also* early adolescence and media use; impulsive influences on media use; social media
*meiwaku* (bothersome) behavior 190 memes on social media 134 messaging groups 14
mHealth (mobile health technology): determinants using 256; effective use of 256 – 8; introduction to 254 – 5; overview of 255; promotion of 258 – 9, 259; real-time monitoring 257; social support/comparison 258; summary of 259 – 60; treatment durations 257
microcoordination 13 – 14
mindfully connected adolescents: adolescents as connection seekers 177 – 8; challenges of 178 – 80; characteristics of mobile phone use 181; content created by others 180; encountering of challenges 180 – 3; introduction to 6 – 7, 176 – 7; online vs. offline integration 178 – 9; self-created content 179 – 80; summary of 183; *see also* early adolescence and media use
mobile communication: characteristics of 181; geographic to individual addressability 12 – 13; Internet of Things 16; introduction to 10 – 12; microcoordination and 13 – 14; smartphone development 14; social

spheres of 14 – 16; summary of 16; *see also* cognitive structures in smartphone use

mobile instant messaging applications (MIMAs) 129 – 36

mobile phones in Global North 11

monitoring concept 19, 22, 237

moral stance 99

motivation and multitasking 90 – 1

multidimensional framework of multitasking 76 – 7

multiple-goal situations 247

multiple resources theories 74, 86

multiscreening 117 – 18

multitasking: academic performance and 168; attention and 85 – 7; competing theories on 74; continuum of behaviors 73 – 4; goals and motivation 89 – 91; goals of 78; independent multitasking 122; introduction to 72 – 3, 83 – 4; level of analysis 77 – 9; modalities and features 78 – 9; multidimensional framework 76 – 7; narrative experiences 117 – 22, political information and 202 – 3; social multitasking 121 – 2; summary of 79 – 80, 92; task switching vs. 84 – 5; threaded cognition 74 – 5, 87, 87 – 9, 89, 91 – 2; time and 79

# N

narrative experiences of online environments: introduction to 116 – 17; multitasking and 117 – 22, POPC and 122 – 4; summary of 124 – 5

networked young citizens: introduction to 208 – 10; political conflict and 214, 214 – 18, 215; political engagement of (210 – 14, 211 – 12, 213; summary of 218

news finds me (NFM) expectation 202

normalization of heavy online use 66 – 7

# O

objectification theory 170

offline activities 20

one-sided liking 123

one-to-one communications 14

online dating, effort vs. risk 151

online procrastination 56, 65

online vigilance 19, 29, 113, 237

online vs. offline integration 178–9

origin-oriented migrants 193

## P

parental hovering 6–7

peer context and media 170–1

permanently online and permanently connected (POPC): availability and appeal 64–5; behavioral qualities 189; characteristics of 200–1; defined 29–30; disruptive shift of 4–5; as double-edged sword 145; downside of 144–5; ethical concerns 34–5; future challenges with 5–8; intercultural linkages 192–4; introduction to 29, 199–200; meaningfulness and privacy-11; methodological challenges 33–5; mindset of 3, 26, 26–7; as mood amplifier 237–8; obstacles and opportunities 30–3; political information exposure 201–4; positive aspects of 152–4; relationship-building function of 143–4; remedies and solutions to 35–6; research methods 29–33; summary of 47–8, 204–5; wellbeing and 236–9; *see also* group dynamics of POPC; Internet addiction; multitasking; workplace POPC

persuasion-oriented effects 221

Pew Internet Studies 214

Pew Research Center 210

Phatic communication signals 143

phubbing behavior 239

political engagement: conflict with 214, 214–18, 215; information exposure 201–4; networked young citizens 210–14, 211–12, 213; summary of 218

political entertainment: citizen engagement with 220–6; enjoyment-/appreciation-seeking with 222 – 5; explanatory principles 221 – 2; future research introduction to 220; media engagement with 225 – 6; traditional view of 221

POPC *see* permanently online and permanently connected

privacy concerns see meaningfulness and privacy

procedural resource manager 88 – 9

process-oriented approach 52

procrastination online 56, 65

PRP (psychological refractory period) paradigm 86

psychological refractory paradigm (PRP) 74

psychological state of vigilance 29

## Q

qualities of POPC behaviors 189

## R

reactibility concept 19, 20 – 2, 237

real-time notification 24

reflective-impulsive model 51, 52, 53 – 5

relational communication 141

relationship-building function of POPC 143 – 4

resource theory 86 – 7

## S

salience concept 19, 20

selective attention 85 self-affirmation and well-being 235

self-control concerns with media use 55 – 6

self-disclosure in social groups 134, 142

self-efficacy 6 self-esteem concerns 178

self-narratives 99 – 101

self-objectification 170

self-regulation: addiction and 64 – 5, 67 – 8; of digital communication 181 – 3;

impulsiveness and 57 – 8; Internet/social media use 236; reactibility and 238

self-report questionnaires 32, 52

self-worth and meaning making 99

sequential processing 75

shared modality 76

sharing economy 14 – 15

Skype 193

smartphones: apps for 43 – 8; averse states, avoidability 24 – 5; default expectations with 23 – 5; development of 14; disadvantages of 140; human reasoning and 19 – 23; member communication 24; monitoring concept 19, 22; multitasking behavior 76; online vigilance concept 19; reactibility concept 19, 20 – 2; real-time notification 24; salience concept 19, 20; social network accessibility 23; social network observation 24; summary of usage 22 – 3, 25; technology and software features of 69; *see also* cognitive structures in smartphone use

Snapchat 100, 104

soccer mom multitasking 79

social assurance needs 177 – 8

social capital/support 235

social cohesion 13 – 14

social comparison online 256

social identity of couples 153

social media: communication as entertainment 108 – 9; memes on 134; POPC with 107 – 8; Twitter 122, 217 – 18; well-being and 236; while doing homework 72; YouTube 109; *see also* Facebook

social multitasking 121 – 2

social network sites (SNS) 29, 36, 108; accessibility 23; context of using 191; encounters with news bits 204; observation of 24; political information on 199; relationship maintenance 143 – 4

social penetration theory 142

social-psychological perspective 200

social relationships: connected presence and interstitial communication 141 – 2; downside of POPC 144 – 5; introduction 140 – 1; relationship-building function of POPC 143 – 4; role of communication in 142 – 3; summary of 145 – 6

standardized psychological tests 32

*sturm und drang* (storm and stress) 166

subjective well-being 98

synchronous narrative 120

# T

tailoring apps 6

Tanzanians telecommunications 11

task contiguity 76

task output 77

task relations 77

task relevance 76

task switching vs. multitasking 84 – 5

technological tellers 102 – 3

telephony in Global South 10

tellability 99

temporarily expanded boundaries of the self model (TEBOTS) 121, 124

texts/texting during breakups 155

threaded cognition: multitasking and 87, 87 – 9, 89, 91 – 2; overview of 74 – 5

time and multitasking 77, 79

Twitter 122, 217 – 18

# U

Uber 14 – 15

uncontrolled online use 62

understanding-based theory 221

unobtrusive assessment of usage behavior 31 user experiences 108 – 9 uses and gratifications (U & G) research 44, 48, 51

## V

value and meaning making 99
videoconferencing technologies 188
video-stream platforms 142

## W

well-being: defined 233–4; enjoyment of media 234–5; Internet use and 234–6; introduction to 233; POPC and 236–9; self-affirmation and emotional sharing 235; self-regulated Internet/social media use 236; social capital/support 235; social comparison online 256; summary of 239–41
WhatsApp 45–8, 104, 193
wireless-based connectivity 10
workplace POPC: demands-resources perspective 244, 245–9; information and communication technologies 245–6; introduction to 244–5; summary of 249–50

## Y

young citizens *see* networked young citizens YouTube 109

# 致　　谢

编者们首先要感谢莎拉·冯·赫伦（Sarah von Hören）对本书的贡献。其次，要感谢德国曼海姆大学一直以来对"永久在线，永久连接"研究的支持。最后，要感谢美国数字出版技术公司 Apex CoVantage 公司①的项目经理奥特姆·斯波尔丁（Autumn Spalding）、劳特利奇出版社出版小组全体成员以及琳达·巴斯盖特（Linda Bathgate），感谢他们在完成这本书的过程中所进行的积极、友好和耐心的合作。

---

① Apex 是一家与全球图书馆、出版商等机构合作的数字出版技术公司，其主要业务包括：大型印刷或照片档案数字化，专家印前服务等。——译者注